虎跃：
现代性中的时尚

Tigersprung ：

Fashion in Modernity

［德］乌尔里希·莱曼　著
Ulrich Lehmann

李思达　译

重庆大学出版社

教育在他的身上，就像衣服挂在人体模型上。

这样的学者，充其量是进步时尚的试用期女郎。

——卡尔·克诺斯（Karl Kraus）

目　录

导 论

Introduction

　　这是一部关于服装时尚哲学思想的书，也是一部有关 19 世纪下半叶和 20 世纪头 25 年艺术和社会互补思想的书。决定这些思想的审美表达以及其中反映的因素，都可以归诸术语"现代性"[1]中。1 然而，现代性不仅仅定义那些塑造了过去 150 年的图像与文字表达，更确切地说，它意味着那些被称为现代的风格特质（stylistic qualities）。此表现形式中包含了这样一个想法：艺术家会毫无疑问地拥抱现代生活的所有表现形式（manifestation），并在他或她的艺术中加以反映，而不用在古典表达方式中寻求栖身之地。相反，对于现代性中的艺术家来说，美在于当代的表现力，不允许求助于古代崇高之美的理想。时尚就是这种时代精神的最高表现。它是不断变化的，也必然是未完成的；它是短

---

[1]　原文为法文"modernité"，书中使用法文或德文词汇。如未被英语借用或为特别名词，则以楷体标出，下同。——译者注

Fashion in Modernity

虎跃：
现代性中的时尚

图 1.

费利西安·罗普斯（Félicien Rops），《现代性》，约 1883 年，用铅笔和白垩绘于纸面，
20.7 厘米 ×15.2 厘米。巴布特·杜·马洛斯（Babut du Marès）收藏，那幕尔。

"但生活、现代生活、现代性，它在哪里？它就在这里，在你身边，无处不在。在画室里，
在大街上，真正的现代生活哭着、笑着、娱乐、自杀，带着属于它的快乐与悲伤，它那与众
不同的、带着神经质的憔悴面容被展示在斑驳如鳞的金色阳光之下。"——摘自罗普斯的一
封信，1878 年 3 月。

暂、流动和支离破碎的，正是这种品质让它同现代生活的步伐和节奏紧密相连。

现代性的特征在时尚（la mode）中得到了最直接的反映。[2] 而意识到此概念的艺术家则开始对服装时尚进行探索，以期触及他们可用来描述、分析和批判当代社会的形象化和隐喻性的词汇。因而，美学现代性的出现同时尚的进步密切相关——它既是一种商品，也是一种独立的艺术形式。

这种美学概念和服装表达之间发生最初互动的舞台是在 19 世纪 40 年代末至 20 世纪 20 年代末的巴黎社会。在这里，人们对转瞬即逝的事物的容忍度（正如时尚总是被视为短暂的），加上严格意义上时尚行业的出现，创造了一种氛围，让那些超越对服装表现价值单纯欣赏的讨论得以盛行。似乎只有在巴黎，人们才可能将服装时尚视为 19 世纪和 20 世纪初风格发展的引领和指标。这里的经济环境造就了一个进行炫耀性消费的富裕的布尔乔亚（bourgeois）阶层，同时政治上的需求也促使消费成为当地社会稳定的保障，这些都成了高级定制时装崛起的背景。这门手艺结合了服装商品的可移植性与艺术作品的排他性，很快就发展为一种产业，成为一个既依赖工业生产又依赖审美变迁的协会典范。

关于现代性已有相当数量的针对其不同方面的优秀研究，其中尤以法国人的研究最为瞩目，他们对现代生活的风格特质的研究有着贯穿学术话语体系的传统。不过，其他许多作家也对这一领域做出了基于心理、社会和哲学的分析。[3] 本书并不试图解释现代性的各种概念，更不用说对其进行"后现代主义"批评。它的重点是选定的现代性风格，为此，我采用了波德莱尔（Baudelaire）[2] 创造的"现代性"这个名词的概念。

---

[2]　夏尔·波德莱尔（1821—1867 年），法国著名诗人，现代派诗歌的先驱，象征主义文学的鼻祖。——译者注

的确，关于服装时尚的研究非常之多。特别是自 20 世纪 80 年代以来，伴随着服装史学家的作品和一系列关于服装设计师和造型师专著的出现，大量致力于服装及其文化价值研究的作品也不断涌现。[4] 然而，对时尚意义超越时装社会或心理学概念的基础调查却处于空白。所有在"知性"层面上对服装感兴趣的人，都能看到有关人们为何穿戴或穿戴过某种形制或风格服装的大量研究。要不，他们也可读到说明服装选择背后的个人心理构成或性倾向的研究，同样还可以看到许多诸如关于被主流服饰同化的亚文化如何出现的文章。但是，对时尚的抽象分析与构建艺术哲学、音乐哲学或文学哲学的尝试一样，在很大程度上仍然缺位。

显然，人们可以说，在探索了包括建筑在内的"艺术"哲学，以及随之而来的某些工艺（诸如室内设计）尝试性应用之后，专业学者不可避免地会转到时尚之中，因为他们总是在寻找崭新的、能给他们赢得荣誉的学术研究领域。此外，20 世纪 80—90 年代的时尚写作和理论热潮，可含糊地归因于一种世纪末（fin de siècle）精神，19 世纪晚期，正是该精神带来了宣称形式和外观优先于内容的过度装饰风格，极大地掩盖了文化和社会的焦虑，而时尚（经常被当作掩盖问题的虚幻外皮）则承担了罪名。

由于对此的阐释必然涉及本书的核心内容，而我又固执地不愿在一开始就对其进行分析，因而读者只能自行对此进行总结。假如读者在读过本书后认为其内容肤浅和"赶时髦"，那么我总是可以通过声称"毕竟，此种主题就应该这样处理"来化解这些批判。

本书并非对服装早期哲学分析的不足之处进行全面纠正。相反，本书更多的是尝试对一种时尚哲学进行追溯，将其放在一种针对该哲学的诠释学范本下加以理解，而这种范本正是由一些特别且理性之人，彼此独立却又相互呼应地发展起来的。书中的研究对象始于 1840 年的夏尔·波德莱尔（Charles Baudelaire）和斯特凡纳·马拉梅（Stéphane

Mallarmé），接着是格奥尔格·齐美尔（Georg Simmel），然后是一个世纪后的瓦尔特·本雅明（Walter Benjamin）、路易·阿拉贡（Louis Arago）和安德烈·布勒东（André Breton）。[3]5 选择这些作者和他们的选集、随笔和诗歌清楚地表明，本书尝试将服装时尚全方位地解读为现代文化的一种范式。因此，本书的一个特点就是将时尚与现代性的概念并列。这不仅仅是因为这两个词的词源——都来自拉丁语"modus"——暴露出两种现象之间的密切关系，它们的内在理念、美学变现和历史诠释的平行时序发展也表明，现代性与时尚在精神与外在方面实乃一对姐妹。

本书第 1 章讨论了现代性在 19 世纪中期的起源。在现代性最著名的倡导者之一夏尔·波德莱尔看来，只有在对时尚有着深刻理解后，现代性才有可能诞生。他在随后的论述中将短暂的时尚概念与发展中的艺术先锋派相提并论。

他的观点被另一位伟大的"现代主义者"斯特凡纳·马拉梅采纳，本书第 2 章即对此的讨论。1874 年，斯特凡纳·马拉梅撰写并编辑了名为《最新时尚》[4] 的期刊，在时尚和现代性的精神中成为诗意和商业化的综合艺术作品 [5] 的最高典范。他在工作中隐藏自己的身份，使用女性假名，让他的作品在雅致和坚定之外增添了更多的复杂性。

19 世纪末的这种象征主义精神被后来转为社会学家的德国哲学家格奥尔格·齐美尔继承。他的四部关于时尚的随笔式变奏曲被注入了彻底的现代性精神，让其风格特质服膺于世纪之交及之后的新政治和社会

---

[3]　斯特凡纳·马拉梅，法国象征主义诗人和散文家；格奥尔格·齐美尔，德国社会学家、哲学家，形式社会学开创人；瓦尔特·本雅明，德国思想家、哲学家和文学批评家；路易·阿拉贡，法国当代著名诗人、作家、小说家；安德烈·布勒东，法国当代诗人和评论家，超现实主义创始人之一。——译者注

[4]　原文为法语"La Dernière Mode"。——译者注

[5]　原文为德语"Gesamtkunstwerk"，以德国歌剧大师瓦格纳首创的一种融故事情节、音乐、舞台场景于一体的艺术表现方式而闻名。——译者注

结构。作为波德莱尔的同代人，马克思观察到现代性冲突，开始着手创建对现代生活的实质性分析。这些对时尚基本原理的探究正是本书第 3 章所讲述的核心内容。

第 4 章讨论了齐美尔的"继承人"——本雅明，他认为时尚是现代性的明显决定因素。作者将他未完成的《拱廊之作》[6] 解读为正在进行中的一部关于服装时尚的哲学著作，这种观点或许是众多针对本雅明和他的《拱廊计划》（*Arcades Project*）的研究中一个不寻常的甚至可能有些轻佻的补充，这些研究主要是基于各式各样的德国和美国的理论。本雅明的著作显然是一部有关现代性的原始资料，他以 20 世纪 20 年代末和 30 年代审美和政治的事后观点描述了 19 世纪的巴黎。《拱廊计划》中对服装和配饰的引用和参考条目数量之多，证明了本雅明对时尚的瞬时性和典范特质的迷恋。在他 1929 年至 1940 年有关现代风格特质的各类著作中，大都市生活与拥有革命潜力的激进现代性相互融合。

第 5 章是关于达达主义、超现实主义和时尚，旨在讨论这些哲学在其艺术方面以及理论方面的延伸。该章将服装商品视为现代神话的对象，充满神秘而激进的精神，还为本书前四章中提出的时尚解释学原则提供了一些例证。

本书标题"虎跃"源自本雅明最后的著作。透过时尚的猛然飞跃，本雅明将现代性的各分裂部分聚合在一起，打造出一个新的历史观念、政治理想和审美信条。在《历史哲学论纲》[7]（*Theses on the Philosophy of History*）后半部分的某段中，他挑选了时尚作为构建历史的隐喻，用以定义一个特殊的历史时刻：

---

[6] 原文为德语"Passagenarbeit"，该书和《拱廊计划》（Das Passagenwerk）略有区别，详见本书第 4 章。——译者注

[7] 德文版直译为《关于历史观念的论文》（Uber den Begriff der Geschichte），现名为英文版常用的标题名。——译者注

■

　　历史是这样一种结构的对象，这种结构的场所并非同质和空洞的时间，而是被"当下"(Jetztzeit) [8] 填充。对罗伯斯庇尔来说，古罗马正是如此被人灌入了"当下"，然后从历史连续体中被一脚踢走。法国大革命认为自己乃古罗马转世。它援引古罗马就像时尚援引过去的服装。无论曾在昔日何等错综的丛林中活动，时尚都带有现代气息。它是对过去的"虎跃"。然而，这种飞跃发生在一个统治阶级俯瞰的竞技场上。在历史的天空下，这种同样的飞跃则是辩证的——马克思将其理解为革命。[6]

■

　　在这段令人费解的引文的深处，暗藏着四个针对时尚的独立沉思：

　　在援引过去的服装风格时，时尚能够打破历史的连续性，既转瞬即逝，又超越历史。

　　时尚并不尊重它所援引的事物。那些（被援引事物在新环境下的）肤浅的外在制造出一种特别的独立，区别于人们能识别的内容——由此，它在诠释学上的潜力也随之而来。

　　本雅明认为（老虎的）飞跃是辩证的，其遵循了从黑格尔、恩格斯、马克思直到卢卡奇 [9] 的哲学传统。通过援引，时尚将主题（永恒或古典的理想）与它的对立面（堂而皇之的当代）融合起来。永恒和瞬间之间的明显对立被需要过去来延续当代的飞跃扬弃。相应地，"超越历史"描述了时尚的地位，它超然于永恒——亦即美学——与理想以及历史的持续发展。通过虎跃，时尚能够从当代跳到古代又跳回来，而不会仅停

---

[8]　原文为"now-time"，为本雅明所使用的德语术语"Jetztzeit"直译。

——译者注

[9]　格奥尔格·卢卡奇 (Szegedi Lukács György Bernát)，匈牙利著名哲学家和文学批评家，当代影响最大、争议最多的马克思主义评论家和哲学家之一。——译者注

留在某个时间或美学构造上。[7]若是再加上辩证意象，虎跃"在历史空间"中标志的是一种本质为革命的聚合。

在一个想象中的、"过时的"环境中，时尚才是最令人回味的。"五年前的衣服"（正如本雅明对超现实主义的假定，见本书第 5.2 节）——即对刚停止流行的过去的表达——为本雅明的个人史学所必需的想象和幻觉效应提供了动力。

出现在段落中的第三个沉思是本雅明的"虎跃"不可或缺的组成部分，是整部书的关键：时尚不仅被视为手工艺昙花一现和商品化的结果，而且被视为一种社会力量——一种与政治革命具有相同文化特征的风格革命。著名的马克思主义历史学家艾瑞克·霍布斯鲍姆（Eric Hobsbawm）在他的一系列现代史研究中得出了类似的结论："为什么杰出的时装设计师，一种众所周知无分析的人群，有时能比专业预测者更好地预测未来事物的形态？这是历史上最晦涩的问题之一；而对于文化史学家来说，这也是最核心的问题之一。对于任何想了解高雅文化、精英艺术，尤其是前卫艺术世界大转变的重要性的人来说，这无疑是至关重要的。"[8]

本书接下来的文字强调了第二点，即服装时尚的超越历史特性：它总是作为最即时的现在出现，以其不断的变化影响未来，但它又总是援引过去。高级时装业的创作者之所以能出色地"预见未来事物"，是因为他们根本就没有预见——他们仅仅是对当代精神做出了完美表达，而且讽刺的是，其本身在服装设计上的体现，正是源自过去的原始资料。他们能在这种表达被普遍实现之前就将其识别出来，这源于他们的作品对人体及其情感反应的绝对亲近。衣服比智慧的沉思或分析更接近心灵；而在一个真正新潮的设计师手中，它们能在同样的基础层面上运作。因此，他们提供了一个文化概念真实具象化的案例：短暂存在本身就是时尚日益增长的影响力的标志——它首先体现在某一季的新衣或套装中，然后传播到媒体。

例如，人们可以认为，在让-弗朗索瓦·利奥塔（Jean François Lyotard）开始写出他的"后现代主义"假设之前很久，对此术语显而易见的胡乱文化借用和援引就已经被诸如保罗·波烈（Paul Poiret）、艾尔莎·夏帕瑞丽（Elsa Schiaparelli）或伊夫·圣洛朗（Yves Saint Laurent）这些服装设计师预见。同样，对现代文化的"解构"，特别是在文学方面，也可以说在某种程度上被克里斯托瓦尔·巴伦西亚加（Cristóbal Balenciaga）的半定制西装，20世纪50年代的明显的死褶和接缝留料以及他用图案来暗示面料剪裁预见，这样，他就以显示服装下面的结构而不是"外观"作为该服装存在的理由。[9]

高级时装的特征是在19世纪后半叶现代性起源时确立的。随后的时装前卫总是具有厚古倾向。这正是本书的第三个主要观点：时尚必须标志着绝对的新颖性，但当它出现在物质世界中时就已死亡（齐美尔特别强调了这个观点）。为了成为"新"，时尚总是引用"旧"——不是简单援引古代或古典，而是它们在自己的服装历史中的反映。

自波德莱尔的时代以来，前卫艺术派就一直基于此概念而蓬勃发展。根据定义，它所包含的现代性既是短暂的，又是永恒的。在孜孜追求极端新潮的过程中，它必须意识到其此前来自何物。时尚是将新潮美学同对过去潜在的追求融为一体的完美载体；但只有真正的现代艺术家——这也是鉴别其成色的关键——才会故意使用这种手段。这些艺术家的艺术则变得自我指涉，讽刺性地意识到他们对过去的引用。从本质上讲，"现代性"等于"时尚"，因为正是服装时尚让现代性意识到了不断援引自身的冲动与必要性。针对现代性的研究通常忽略了这一观点，而是倾向于认为该理念是从前卫派内部逐步发展起来的。同样地，有些人宣称现代性业已"完成"，处于被"后现代状态"取代的过程中。正如本雅明所表明的那样，"现代"在其与"时尚"的必要性关系中，没有进步的必然性；它通过援引而由一些独立的、零散的时期构成，这些时期各自独立又相互关联。就像在时尚界一样，这种持续的变化和更新延续了现代性，从而使"后现代"这个限定术语变得毫无必要。[10]

虽然我不打算冒险对现代性展开元批判，因为对原始资料的实际讨论和诠释是一项相当庞大的任务，不过，基于本书的方法论对其进行简短的评论则可能会有所帮助。本书既不是对现代性的清单进行重述，也不是进入后黑格尔语境下的解构主义，而是回到了辩证法传统。因此，它不会简单地遵循现代主义风格或理论的更迭，也不会羞于进行"老传统式的"辩证对立的探索。

在接下来的篇幅中，我会表明时尚开辟了一种崭新的看待现代性的方式，该方式允许人们能从一些艺术、社会学、哲学和历史的角度进行探讨。为了保持论证的连贯性和相对简明，我采用了一个——或许会被批评为过于明显地秉承现代主义标准的——受限文化参考框架。从波德莱尔和马塞尔·普鲁斯特（Marcel Proust）到本雅明和布勒东，此处被引用的作家及视觉艺术家早已被探讨过无数次。然而，恰恰是因为他们的审美经验似乎众所周知，考察现代性中服装时尚对这些艺术家产生的惊人影响，就暗示了一种实质性看待时尚和现代性的不同方式。在对现代性和时尚进行彻底研究的同时，我提出了一些理念和表述，直白地表现了优雅与短暂的关联，但始终保持着显著的范式特点。

我感谢那些在本书完成过程中帮助和支持我的人。麻省理工学院出版社的罗杰·科诺菲尔（Roger Conover）、爱丽丝·福尔克（Alice Falk）、马修·阿巴特（Matthew Abbate）和米谷织（Ori Kometani）让本书得以出版；道恩·埃兹（Dawn Ades）教授对本书的雏形即我在埃塞克斯大学的学位论文的写作进行了指导，并继续给予我支持；瓦莱丽·斯蒂尔（Valerie Steele）博士对本书的出版给予了慷慨的鼓励；比阿特丽斯（Beatrice）、霍尼（Honey）、杰西卡（Jessica）、马提亚斯（Matthias）、理查德（Richard）和乌里（Uli）提出了许多问题，并耐心倾听我尚未成熟的"胡言乱语"；妮可（Nico）认真阅读文本并提出了宝贵建议。感谢利珀海德服饰博物馆（Lipperheid'sche

Kostümbliothek）的工作人员尤其是拉希尔博士（Frau Dr. Rasche，柏林）。感谢大英图书馆、考陶尔德（Courtauld）艺术学院和国家艺术图书馆（伦敦）、时装技术学院（纽约）、装饰艺术图书馆（Bibliothèque des Arts Décoratifs）、时尚博物馆（Palais Galliera）和法国国家图书馆（Bibliothèque Nationale，巴黎）。感谢汉斯 - 乌尔里希·穆勒（Hans-Ulrich Müller-Schwefe，法兰克福）提出的重要编辑建议。感谢鲁迪格·克拉默（Rüdiger Kramme，比勒费尔德大学）博士、汉斯·迈耶（Hans Mayer）教授和格特鲁德·吕克特（Gertrud Rückert，图宾根）、特奥多尔·W. 阿多诺档案馆（Theodor W. Adorno-Archiv，法兰克福）的克里斯托弗·格德（Christoph Gödde）和洪堡大学（柏林）的 W. 舒尔岑（W. Schultze）博士回答了我的问题。感谢罗切斯特的肯特艺术与设计学院（英国），特别是彼得·罗伯森（Peter Robertson）教授和布莱恩·贝尔（Brian Bell）提供了研究许可和学术建议。

最重要的是，我要感谢我的姐妹和父母，这本书是献给他们的。

只要有可能，我都使用并标明了所引用段落的现有英文来源。但许多文本——尤其是马拉梅和本雅明的文本——还没有被翻译出来，在这种情况下，我自己进行了翻译。此外，当我认为现有的译文在事实上是错误的，或者它们似乎没有反映出作者在论证中所使用的服装隐喻时（该情况很少），便对这些译文做了轻微的修改。文中所附的图片极少为直接性插图；相反，它们为一些文中提出的观点提供了联想性的视觉比照。我选择它们，旨在将其同引文联系起来，使其中的联系变得更为明显。

波德莱尔、戈蒂埃[1]，
以及现代性中的时尚起源

Baudelaire, Gautier,
and the Origins of Fashion in Modernity

第 1 章

[1]　皮埃尔·儒尔·特奥菲尔·戈蒂埃
（Pierre Jules Théophile Gautier），法国
19 世纪重要的诗人、小说家、戏剧家和文
艺批评家。——译者注

所有现代性都是由读者提供的。
（包括）起首语等。

——斯特凡纳·马拉梅，《书》（*Livre*）（约 1896 年）¹

1.1 时尚写作 I

描写时尚、探讨它的影响和重要性，总是意味着将转瞬即逝和短暂的东西转化为雕像般的永恒之物——即使只是通过白纸上的黑字这种方式。作为一个话题，时尚由于其所谓的缺乏实质内容——无论是在艺术方面还是在形而上学方面——而一直受到困扰和争议。²深刻和永恒的东西才被认为值得进行理性分析；短暂和无常之物几乎总是自觉或不自觉地被等同于肤浅和无关紧要。然而，时尚最引人入胜的魅力就在于此：它通过将短暂——这个现代性的标志，转换成一种被人高度重视的媒介，同时保有其明显的特性，对其进行理论化和分析（但又不至于僵化），对我们发出挑战。

正如开头的格言所说，"现代性"——我们将会在斯特凡纳·马拉梅的杂志中注意到，对他来说这其中隐含着"时尚"——被每个读者以不同方式理解。它只留下了个人阐释及对其诗意表达的个人解读。因此，任何对现代性的分析都将是不完整并且支离破碎的——有着来自艺术家、历史学家、经济学家、哲学家等的诸多解释。但是，相反的状况也内生于现代性和时尚的辩证法中。诚然，大量和多样的碎片化细节似乎妨碍了一切有关时尚的整体印象的形成，然而只有将许多粒子化细节汇总，才能表现在这个理论上——或者说诗意和想象上的现代性的风格及外观。历史学家、诗人或服装设计师越是熟练，其外观就越明显、越具有意义、越漂亮。为了对现代性和时尚进行合理阐释，人们必须在关注整体设计的同时呈现碎片。

在试图强调现代性的影响时，我们必须评估来自过去的一些引文——这些引文有时提到"永恒"，但更多提到的是古代，是在阐释中隐含超越时间和超越变化的人文主义价值观。与此类似，在这些引文中，时尚只是在同作为永恒理想的过去关联起来时才被赋予了实在性。但这种对过去的引用只显示出对现代性本质的误解。

本章介绍了最初创造"现代性"这个术语的一些人，并解释了它最初对服装时尚的依赖。本章集中讨论时尚的深刻性这个尚待解决的问题，并展示它在阐释学上的重要性——讽刺的是，这正始于对其批判性的否定。

1.2 时尚与现代性

1.2.1 提出者夏尔·波德莱尔

夏尔·波德莱尔的名作《现代生活的画家》（*Le Peintre de la vie moderne*）不仅是最早的，也是对现代性的分析最深刻的著作之一。

它最初构思于 1859 年至 1861 年，当时是为了对画师康斯坦丁·居伊
（Constantin Guys）的作品进行阐释。时尚不仅构成了居伊大部分绘
画作品的实际灵感来源，更重要的是，它激发和引领了波德莱尔的分
析，没过多久，它就成了有关现代性本身的范式。

有关时尚深刻地影响了波德莱尔的观点几乎从未被详细探讨过。[3]
尽管同居伊的画作结合起来的服装对理解波德莱尔关于现代艺术和现代
生活的看法不可或缺，但只有时尚被认为超越单纯、浮躁，超越时尚插
画的表象时，时尚才得以在回溯性的阐释中显现，这不仅启发了波德莱
尔对居伊的作品的阐释，也启发了他对美学的正确表达。

在这些阐释中，艺术评论家古斯塔夫·热弗鲁瓦（Gustave
Geffroy）的说法特别值得关注，原因在于：热弗鲁瓦藏有居伊的作品，
同时他对 19 世纪的文学有深入了解，最重要的原因是他对时尚的兴趣。
我们将会在后面看到，后两个特点是从他与斯特凡纳·马拉梅的友谊中
产生的。热弗鲁瓦将居伊当作波德莱尔的鲜明对照：

 ▪

他不会回避时装的任何部分；相反，他一丝不苟地描绘出他所看
到的服装每个方面的细节；不过它们总是以一种放大尺寸的方式被绘
制，类似于古人描绘褶皱帐幔以及古典大师作品中描绘同时代装束的
方式。此外，人们绝不会感觉需要强迫自己将这些图画看成"时尚插
图"：首先，服装伴随着人脸而出现，它处于自己应在之处，透露出一
种强烈而平静的和谐感；其次，脸部会被一种如此特别的和充满活力
的生命感激活，以至于脸是人们立即所能见到的唯一之物，而其他东
西的存在则需要人们有意识地去努力感知。在此之后，人们才会去看
衣物，或者说是看一具通过形体和姿势呈现出生命所有的灵活性和温
度的、穿着衣服的身体，人们就是这样看到脸、身体和衣服，然后看
到一个人的。[4]

4   ▪

图 2.
马克斯·恩斯特,《波德莱尔晚归》。用钢笔和墨水绘于纸上。
发表于《文学》第 8 期(1923 年)。之前为安德烈·布勒东的收藏。

热弗鲁瓦没有意识到，时尚并不意味着保持冷静和沉着，它在居伊绘制的形象中也不仅仅是简单地作为高度图像化的装饰或者背景而存在。面部、身体和服装——而不是"装束"——塑造了人；正是服装时尚将被描绘者确立为一个社会存在，作为一个在前进时代中的女人或男人。居伊的作品有一个长处，即在强调社会内涵的同时，也保持了时尚持久的美学价值，甚至在以艺术家的角度来观察都最特别的那些服装表现中也是如此。

然而，正是这个被热弗鲁瓦忽视的方面，使得居伊的作品成为波德莱尔在讨论现代性时所具有的根本倾向的有力象征：在最无常的表达中发现永恒的美。使热弗鲁瓦（以及其他人）的阐述产生局限的原因正是他否定了时尚所拥有的一种转瞬即逝的潜力——它能使持续的变化在一个短暂的时刻内具象化。通过它，诗人（波德莱尔）发现了决定现代性的基本辩证法：刹那与崇高、无常与深邃共存。热弗鲁瓦试图忽略第一组对立以突出第二组，他认为后者更适合作为艺术主题。

然而，对波德莱尔来说，他分析的灵感源头恰恰是短暂和卑微的时尚蚀刻画（gravures de mode）。他写道：

> ▪
>
> 在我面前有一系列始于大革命，约终于执政府 [2] 时期的时尚版画。这些服饰，在许多没有思想的人——这是一些讲究庄重但不懂真正庄重的人——看来是可笑的，但它们有双重性质的魅力，既是艺术又是历史。它们通常非常漂亮，而且内容妙趣横生；对我来说同样重要，而让我高兴看到的是，在所有或几乎所有的服饰中，人们都能发现它们所处时代的道德准则和审美感受。人类为自己创造的美的理念在他们穿过的整套服装上刻下痕迹，让他们的衣服起褶皱或保持硬挺，让

---

[2]　法国大革命爆发于 1789 年 7 月 14 日，执政府时期为 1799 年法国雾月政变推翻督政府后到 1804 年拿破仑称帝为止成立的政权。——译者注

他们的姿态更完美或笔挺，长此以往，最终会微妙地渗透到他的面部特征。直到让自己看上去像理想的自我，人们才会罢手。这些版画既可以被翻译成美，也可以被诠释成丑；以某种角度打量，它们犹如滑稽画，而以另外的角度来看，它们犹如古典雕像。[5]

．

这些波德莱尔为获得文学灵感而精心挑选的版画是由皮埃尔·德·拉梅桑日尔（Pierre de La Mésangère）绘制的，他是19世纪早期的"曾经的哲学和文学导师"。[6] 他不仅绘制了许多精致的插图，更重要的是，他还在《妇女与时尚杂志》（*Journal des Dames et des Modes*）上针对这些服装添加了详尽的分析。[7] 波德莱尔在一封信中承认，他使用这本杂志"不仅是为了其中的图画，更是为了它的说明文字"！[8] 因而人们立即可以看出，尽管唯美主义者非常欣赏衣服的感性特征，但正是对衣服的文字表述才给人提供了认识论层面的意义。通过版画所表达的概念是：时尚拥有双重特征，它的影响既是美学上的，也是历史性的。以插图和书面评论作为中介，波德莱尔首先将时尚本身确立为一种艺术形式，一个过去时光的提示物，一个从未消失的过去：它通过衣服继续存在，而且从每一季重新创造的服装风格细节中恢复。[9] 时尚不仅是短暂的，还如后来瓦尔特·本雅明所强调的那样，它同时是超历史（transhistorical）的内在。

然而，在波德莱尔看来，时尚起初确实包含了永恒的理念，一旦它被塑造为美，它所装饰的那具身体就会成为雕塑。因而事情看上去似乎又是如此的：想要提升时尚，就得赋予其实质，就必须将其同古代建立起联系。就其本身而言，根据定义，服装时尚几乎代表着绝对的新——代表着永久的新奇和永无餍足的不断变化。因此，正如我们接下来将看到的那样，本雅明眼中的时尚是革命性的，是脱离了历史的持续发展和静态永恒之美的概念。由于时尚的这一特征似乎不言而喻，因此有必要强调它的反面，以便让时尚的辩证逻辑变得清晰。故而波德莱尔一开始就提出他的那条需求："从时尚中提取出任何可能包含历史诗意的元素，从转瞬即逝中提炼出永恒。"[10]

在对现代性的追问中，这一需求仍将占据首要地位，而且让我们看到了"时尚"与"现代性"为何密不可分。它们都需要寻找具有诗意和永恒意味的元素，表达永恒——不是为了赋予其艺术或历史的厚度，而是为了解释其形而上学的影响。如果在时尚辩证美学中去掉"崇高"，那么作为其对立面和前身的"短暂"就无法存在；没有古代的内涵，现代性就失去了存在的理由——正是对手和分歧激励着它成长。需要注意的是，这并非一组简单的对立，而是一种不断变化的诠释学运动。现代性并不会将过去视为一个被打败的敌人。不过，即便如此，它也颠覆了古典历史学中经常宣传的那种关于永恒价值宝库的静态观点。

作为社会基本进步的表现形式，时尚和现代性需要以过去作为来源和参考点，却为了自己前进而以一种贪得无厌的方式掠夺和改造它。由于缺乏一个看清自己的固定根基，它们的匆忙前行显得毫无方向。因此，伴随着一种深刻的自导的讽刺感，对现代的追求一次又一次反复审视现代的社会和诗歌构造，试图从中找到一个永恒的元素（或许是崇高的），以对抗它们天生的无常和短暂的特征。正如我们将会了解到的那样（特别是本书第3章的开头部分），"永恒"标志着过去——但仅仅是过去的一个片段，而非古人（anciens）这个概念本身。其中没有对今胜往昔的基本偏好，只有一种瞬间的喜好，或是说对瞬间的喜好——对当下来说是重要的，却随时可能为新的表达方式让路。如果说这种短暂性似乎削弱了现代性的美学意义，那么我们不可忘记的是，此概念就其真正的本质而言就不是静态的，而是转瞬即逝，是一个可以从各种各样的角度来看待的形象。

就像波德莱尔给人们展示的居伊那样，（具有）现代性的艺术家面临一项任务：在现代的快节奏生活中追踪崇高之美，将它暂存下来。他们的目标不是剥离，而是"dégager"，即解脱和救赎，否则他们就会跌入通过憧憬遥远的过去而表达对时间的藐视态度的状态中——众所周知，这正是波德莱尔和他的艺术家同伴的态度。大多数浪漫主义诗人在遭遇当时社会上新兴的工业化和商业化时，都对理想化的过去投去了哀求的目光；而 19 世纪中叶的艺术家们则将此种无可避免的状况转化为自己的优势，他们接受了挑战，在反映现代社会的同时给人们提供了一剂诗意的解药。其中有两个人（他们之前都把自己归于浪漫主义派）——波德莱尔和他的朋友、同为诗人的特奥菲尔·戈蒂埃专门对现代性进行了探索——最成功的成果是他们所写的分析时尚的著作。两人在不同层面上都被认定为术语"现代性"——这个描述现代生活背后的美学和形而上学本原的新词——的创造者。

1.2.2 特奥菲尔·戈蒂埃，同时代之人

1863 年的晚些时候，当波德莱尔的《画家》（Le Peintre）刊载于《费加罗报》（Le Figaro）时（文章中早期的研究成果在 1859 年就已完成）[11]，由埃米尔·利特雷（Émile Littré）编撰的新的法语词典第二卷终于在巴黎出版。词典中，在"时尚"和"现代性"的词条下这样写道：

> ▪
>
> 时尚：
>
> 1. 风度，举止，想象力，创造力……
>
> 2. 心血来潮的短暂行为方式。
>
> ……
>
> 4. 复数形式的"时尚"一词，其意思是时尚的装饰品，不过这种用法一般只出现在形容女士的服装时。
>
> 现代性：新词，描述的是"现代"的状态；一方面是极端的现代性，

另一方面是一种对过时的严苛的爱。特奥菲尔·戈蒂埃，《总汇通报》（Le Moniteur Universel），1867 年 7 月 8 日。[12]

.

有关"现代性"的词条是后加的，第二版（1869 年）才列入词典中。然而，人们对现代性的模棱两可的特性缺乏洞察力，这一点在"时尚"的定义中已很清楚，它未能将时尚作为一种能指（signifier）[3]。对利特雷来说，"现代"不过是与"过去"的一种反复无常的对比，因为他将"最极端的现代性"与"对古代的朴素热爱"相对立。在早先关于"现代性（le moderne）"的词条中，他将其含义追溯到一个原始出处——"（古代和现代之争）是一个起源于 17 世纪的争论，涉及古人或现代人谁能在精神方面宣告更具优势的问题。"[13] 词典编纂者没有尝试对它们进行整合，而关于"争论（querelle）"的释义就此被带入 19 世纪。现代性没有被视为具有二重性，更不用说被当成它在后来的几十年里所形成的辩证形象，它只是被当作旧和新并列中的后者（如果你愿意的话，也可以说成是论题和反论题）。

　　该词条的最后一行是利特雷从戈蒂埃的一篇文章中摘取的，以此表达一个与波德莱尔的观点截然不同的关于现代性的概念。戈蒂埃被认为是最先准确、合理地在文中使用该词的人，并且表达出了恰当的文体感觉。尤为特别的是，它出现在路易·拿破仑建立的法兰西第二帝国[4] 的官方喉舌《总汇通报》上。[14] 在这期专栏中有一篇戈蒂埃写的书评，内容是关于丹麦雕塑家贝特尔·托瓦尔森（Bertel Thorvaldsen）的作品的："欧仁·普隆（Eugène Plon）先生在一部宏伟著作中描述了他的生活和

---

[3]　能指也叫意符，通常表现为声音或图像，能够引发人们对特定对象事物的概念联想。——译者注

[4]　法兰西第二帝国（1852—1870 年）为拿破仑一世的侄子路易·拿破仑·波拿巴复辟的帝国，以下简称"第二帝国"。——译者注

工作，这部著作就搁在我正在撰写此文的桌上。因此，我们一边有着最极端的现代性，另一边则对古代极为热爱。在此处，精神被在纸上飞掠的手燃烧；在那边，则是坚硬而冰冷的大理石被强有力的锤子雕琢。"[15] 不是时装插图，而是大理石雕像的复制品激发了戈蒂埃对现代性的这种想法，在现代性中新闻报刊则扮演着古典雕塑的对立面的角色。评论家对艺术作品匆匆一瞥，就迅速产出，形成文字。他们没空停下来思考，仅仅是尽可能又方便又能获得回报地提供作品。"现代性"在这里只不过是作为19世纪60年代末社会生活一部分的文学商品的一种表现；作为一种令人感到宽慰的对比，"过去"则保持着它不可动摇的地位——高贵美丽和永远自命清高。

不过，利特雷的词源研究并不太彻底。事实上，戈蒂埃是在一篇针对某件时尚作品的评论中首次公开使用了"现代性"这个术语。文中，正是服装时尚体现了新发现的现代性，这毫不令人奇怪。戈蒂埃在作品《1852年沙龙》（*Salon de 1852*）中描述了一位在第二帝国时期非常受欢迎的画家——爱德华·迪比夫（Édouard Dubufe）的作品：

.

因此，人们不应当对纯粹的当代表达产生某种厌恶或至少是某种鄙夷的情绪。就我们而言，我们认为，在那些我们称为"现代性"的理性且忠于原物的表象中，存在着一种崭新的影响和意想不到的特点。因此，当谈到肖像画时，人们必须摆脱古典大师作品 [5] 的奴役……肖像画家比其他人更能赋予作品以自己所处时代的观念，并给自己的绘画作品标上确切的日期……他（迪比夫）展出的三幅肖像画……用精神上的粗枝大叶来表达闲散的业余艺术爱好的做作；他那些有关上流生活的速写非常令人惊讶，他对被描绘者们要表现的态度漠不关心。

---

[5]　指16—18世纪欧洲绘画大师的作品。——译者注

总之，他们是现代人，现代充斥在他们的姿势、他们的目的、他们的衣服和配饰之中。[16]

■

戈蒂埃在此探讨的是"争论"一词的一个变体。对他来说，现代艺术必须触及现代生活，触及它的趋势和外观，一如触及它的精神。然而这种艺术演绎不应停留在表面——宛如迪比夫对时尚女装那样平淡无奇的表现，它应该对现代性进行"理性"审查，以此发现新的影响和特点。在时尚界，这需要把衣服作为当代美学趋势的抽象指标，而不仅仅将衣服当作最新时尚风格的说明。

戈蒂埃对现代性的两种运用都指向了一种商业可行性和当代风格接受度的交互构造。对路易·拿破仑的统治来说，这种组合被证明是重要的。他的统治在很大程度上依赖将作为静态的和有历史意义的事实的过去与摆阔的安逸生活的对比——这些事实毋庸置疑，更不用说将其与短暂的当下联系起来。第二帝国的名头是建立在他叔叔的政治和军事功绩上的，它宏伟、强大——而且最重要的是——属于遥远过去的时代。作为其（第一帝国）变化无常和无害特质的反面，现代性才是可被接受甚至是受欢迎的。作为古典美德世界——有人顽固地将拿破仑一世同他侄子的统治联系起来——的对立面，现代性意味着生产和消费——特别是奢侈品领域，从而为世人提供一个新奇的和让其分散注意力的世界。对这个国家的任何可能的批判，都可以参照被拔高的古代状况而被轻易地限制或消解，毕竟古代的公民美德是"当今"皇帝治下的理想化社会的本源。

当代世界被理所当然地看作一个市场，[17] 文学创作也绝不可能成为例外，而波德莱尔很早就意识到这一点。在理解现代性的寓意方面，他比戈蒂埃更具批判性。他在《时髦与陈套》（*Du chic et du poncif*，1846 年）中含蓄地分析了被人误解的现代性和其实际的范式特点之间

图 3.
19 世纪 60 年代初的无题照片。达盖儿银版摄影。

"我喜欢衣服，就像我喜欢书一样，（我）触摸它们，和它们玩耍。"
——嘉柏丽尔·香奈儿（Gabrielle Chanel）。

的区别。"时髦，一个糟糕透顶的、怪异的现代捏造的词……是对记忆的滥用；而且，它是手工的记忆而非智力的。"[18]——在戈蒂埃看来是无力地挥舞着的手的记忆。奇特、没有实质内容的风格变化——也就是说，没有任何对过去的认识——可以简单地成为"别致"，而基于潜在美学观念（或记忆）的风格创造则需要非凡的努力。

"创作出陈套[6]的，简直是天才。/我就需要做出陈套。"[19]这看上去绝非偶然，这个被波德莱尔以讽刺口吻使用的词语"陈套"——当时是艺术家的标志——在法语中表示一种模式：在此情况下，人们能从诗人和词典编撰者对时尚和现代性的不同阐释中看到该模式。利特雷在戈蒂埃之后定义时尚时，将时尚描述为"一时的品味"或"反复无常"；只有复数形式的时尚才是指服装，之后专门指女性服装，从这个词的字面意义上就否定了其单数形式的存在。时尚是一种时髦，而它显然不能创造出一种结构性的，因而也隐含实质性的文化模式，亦即陈套。作为对比，波德莱尔反思了存在于发展中的时尚里的形而上学的陈套，而这个陈套不得不在保留所有美和美学追求的同时被追溯和抽象化。

然而，陈套存在的背后也有着显而易见的本质缘由。时尚和现代性的接近可以被看作市场策略的直观反映。到了 20 世纪 30 年代末，本雅明就对波德莱尔的诗歌模式做出评价："波德莱尔也许是第一个构想出适合市场的原创性之人，而在当时，这种原创性正是基于此缘由而比其他任何方式更具有原创性。"[20]作为时尚存在的理由，人们对新事物的积极适应同仅仅是对最新商品的追随确实只有细微的差别。因此，本雅明总结说："市场大环境……决定了一种与早期的诗人所处的时代非常不同的生产和生活风格。对波德莱尔来说，在一个不再能赋予尊严的社会中要求诗人有尊严是非常必要的。"[21]诗歌对象的无常性和短暂性将会导致肤浅和短命的艺术的出现，此种危险似乎是有内在必然性的。波

---

[6]　原文为法语单词"poncif"，此处应指的是 18 世纪下半叶到 19 世纪上半叶法国浪漫主义时期的公式化作品。——译者注

14

德莱尔接受时尚，将其视为现代性的美学和社会存在的范式，而戈蒂埃则将他朋友的此种接受误解成对所有象征着商业的变幻莫测的时尚的肤浅追随。尽管戈蒂埃对"时尚"的怀疑因其在市场日益占据主导地位而得到证明，但他在发表于《总汇通报》的作品中所表达的结论带来了与他本意相反的影响。在反对时尚的历程中，他脱离了前卫并且变得喜欢回顾过去，依赖公开宣称的第二帝国的仁慈——具有讽刺意味的是，第二帝国恰恰需要时尚产业来确保其政治和物质上的延续。

在戈蒂埃转向静态和现状之前，时尚曾为戈蒂埃提供了各种可能性，而戈蒂埃也像波德莱尔那样看待这些可能性。此外，时尚也曾预示了在现代和古代的对立中进行沟通的能力。戈蒂埃早期研究服装时尚的文章名为《关于时尚》(De la mode，1858 年)，其内容始于对当时雕塑家、画家及其对古代理念的不合时宜的追求的考察：

> 裸体已经成为一种（过去的）传统；套装构成了人的露面形式……他们说，现代穿着阻碍了他们创作出杰作；按他们的说法，他们没有成为提香 (Titian)、凡·戴克 (van Dyck) 或委拉斯开兹 (Velázqueze)[7] 都是黑色套装、大衣和克里诺林裙[8] 的错。然而，就像我们一样，这些伟人都曾经为他们同时代之人画服装，这些服装虽然精美，但往往并不优雅甚至怪异。我们的服装真的像人们所说的那样丑陋吗？难道它不具有意义吗？可悲的是，那些只装满了古代概念的

---

[7]　均为古典大师，提香·韦切利奥 (Tiziano Vecellio) 为意大利文艺复兴后期威尼斯画派的代表画家；安东尼·凡·戴克 (Sir Anthony van Dyck) 为英国国王查理一世的宫廷首席画家；迭戈·委拉斯开兹 (Diego Velázquez) 为西班牙巴洛克时期的画家，其最著名的作品为《宫娥》。——译者注

[8]　克里诺林裙 (Crinoline)，一种流行于 19 世纪 50—60 年代的裙子，通过夸张的、膨大的裙子表现出女性身材的纤细，克里诺林裙撑一般至少重叠四至六层，最多可达三十层，也有使用马尾衬或者将毛、丝或棉织物浆硬以实现膨大的裙摆效果。

——译者注

艺术家对其一知半解。[22]

尤其是克里诺林裙，它已在第二帝国时期高奏凯歌，成为高档时装的主宰者，被赋予了一种几乎崇高的美。

既然裸体已不再被人接受，就用大量的华丽、昂贵的面料让身体中唯二重要的部分——胸部和头部获得某种崇高地位。如果允许我以神话的方式来讲述这样一个现代问题，那么我可以说，穿着舞会礼服的女性，其穿戴甚至符合（西方）古代奥林匹斯山诸神的礼节。[23]

　　　　·

戈蒂埃接受了时尚在当代美学中的范式价值，还赞赏陈套的存在。不过，他仍在努力——个中艰辛能部分解释他后来对现代性所抱有的一元化看法——了解其中所具有的暧昧性和瞬时性的特点，而这恰恰会使那些随意构建的反差和对立变得多余。就像戈蒂埃在《关于时尚》一文中所运用的方法那样，他将一件衣服或配饰移植到神话领域，借此希望让时尚和现实保持距离——这实为一种不同寻常的调和，[24] 因为将瞬时同神话结合起来，只会削弱时尚原有的影响力和独特性。

在《关于时尚》的结尾，戈蒂埃差不多要苦闷地完全认识到时尚的重要性了。事实上，他的文章最末的论述恰好介于波德莱尔在1845年/1846年写的《沙龙》与约15年后的《现代生活的画家》一文中对现代性和时尚的认识之间。戈蒂埃指出，在当代艺术家中，"古老的东西阻碍了他们对现在的理解。他们对美有一种先入为主的理想。对他们来说，现代理想就是一个谜"[25]。为了理解戈蒂埃为何花了近十年的时间将这种"现代理想"转换为一种现代性的概念（尽管看上去很有限），我们必须简单回顾一下这个词的词源。虽然利特雷将1867年作为"现代性"一词首次出现在文学中的时间，但奥诺雷·德·巴尔扎克（Honoré de Balzac）早在1823年就已使用了该词。[26] 十年后，夏多布里昂（Chateaubriand）[9]在1833年5月的日记中描述了他从巴黎到布拉格的旅行，并哀叹令人厌烦的手续破坏了他欣赏乡村的心情："粗俗、海关的现代性以及护照，与暴风雨、哥特式的大门、号角声以及激流的噪声形成了对比。"27在这里，现代性不仅等同于（天气的）变幻无常，更等同于粗俗。中世纪和尚未物化的自然，显然结合成了让人感觉亲切的浪漫主义，同现代的过分行为形成了对比。

不过，"现代性"在英语中首次被用于文字记载时，其含义似乎与时尚有更多的区别。霍勒斯·沃波尔在1782年的一封信中对当时围绕年轻诗人托马斯·查特顿（Thomas Chatterton）创作伪作 [《罗利诗篇》(*Rowley Poems*)，1777年] 的丑闻[10]进行了评论："我几乎没见过不被说服的人，说这首诗歌是查特顿自己的风格，尽管情况很可能是他或许找到一些古旧的东西来制造（古代）印象。如今这些诗歌已经被审查多次，没有人（但凡有耳的）能忍受其韵律中的现代性和其中的近代观念特性。"28对沃波尔来说，现代性在此处已经毫不奇怪地同时尚联系起来，首次显示出现代性的文体格式和其拥有的美学品质。他在刻意创作使之看上去具有古风且用遥远的中世纪语言写作的诗歌中发现的事实，后来被证明几乎一语中的，预言了一个多世纪后被归结于现代性的超越性的特点。

---

[9]　弗朗索瓦-勒内·德·夏多布里昂（François-René de Chateaubriand），法国早期浪漫主义的代表作家，著有小说《阿达拉》《勒内》《基督教真谛》，长篇自传《墓畔回忆录》等。——译者注

[10]　托马斯·查特顿，英国诗人，曾模仿15世纪英语词汇的表达和拼写法，冒充布里斯托尔僧侣诗人托马斯·罗利创作出《罗利诗篇》。查特顿把《罗利诗篇》中的几篇寄给霍勒斯·沃波尔。霍勒斯·沃波尔信以为真，后经他人鉴定得知真相后，方才将诗歌退还查特顿，并且停止与查特顿通信。——译者注

1.2.3 女性文章

回到法国，"时尚"与"现代性"一样，必须克服其中具有的无甚价值的不利寓意。值得注意的是，尽管"时尚"一词在 1380 年就厕身于法语之中，但直到 19 世纪中叶这个文化和美学标准发生变化的时期，并且在其被波德莱尔用在第一部《沙龙》[11] 中时，它才在社交圈和文学中被确立为主要表示服装风格的词汇。

"Mode"源于拉丁文"modus"，意思是"方式"或"风格"。它的阳性词形主要表达了变化的规则和对周期的预期（例如，"生活的方式"）。它支配着一个行动或历史进程的发展方式。[29] 尽管我们已经看到，这个词的复数形式可以用来描述服装，但这个词的单数形式变成了阴性（约 1845 年），此现象也正是应描述时尚美学（以及随后的时尚工业和商业）的需求而产生的。"La mode"破坏了词性变化规则，出于故意或对技巧的运用而放松了对参数 [12] 的要求。这种对确定和物化"时尚"行为的"不规则"挑战的出现，[30] 反过来又要求人们具有诗意的想象力：这种想象力不仅赋予女性形态意义，正如我们将在马拉梅的作品中看到的那样，还设法大胆地超越它。这种超越举动一直到今天都是真正伟大的时尚的特征。

就对不同风格的普遍认知来看，"La mode"开始专注于时尚——进而关注服装的客体化。简而言之，这种关注反过来又包含着主体和客体的分化，这种区分对现代性来说至关重要：与主体有关的、在浪漫主义的美学观念中占主导地位的男性行为风格，被与客体相关的女性"时

---

[11]　《沙龙》为波德莱尔撰写的系列文艺评论著作，最早一部为《1845 年的沙龙》。——译者注

[12]　此处为语言学中的术语，乔姆斯基和海姆斯提出所有语言中恒定不变的普遍语法，而不同语言之间的区别在于设定的参数不同。文中可以理解为按语法对词进行变化的要求。——译者注

尚"取代 [13]，而它既象征着一个变化的社会对进步和消费的迷恋，也象征着现代风格的品质。³¹ 在整个 18—19 世纪，主体和客体的分化不断深入，直到客体从主体中分离出来，进而支配主体——最终成为马克思主义所定义的异化（alienation）。哲学传统认为，只有单一的——英雄主义的——主体才是认知客观事物之处。然而，这种传统被大量涌现的客体化现象打破。在整个 19 世纪中叶，作为商品的客体越来越多地成为美学和社会表达的基础的标志物。³² "时尚"中的女性物品不过是这种变化中的一个象征而已。然而，它带来的影响不仅仅具有讽刺意味。女性时尚——也就是将女性客体化——将在一个绝对资本主义和父权社会的体系下蓬勃发展，试图主宰女性。重点是将"时尚"等同于短暂和无关紧要，它可能强大，但最终微不足道——因为女性并没有真正主宰任何事物，只是主宰着对奢侈和无常的人造现实进行的消费。

然而在表面，此类文章表达的基调也从基本的和人文的转为短暂的和具体的。诗意的想象力受到挑战：它需要在"普遍之美"（beauté universelle）之外建立起"相对之美"（beauté relative），来释义佩罗 [14] 在 17 世纪所做的区分。

直到波德莱尔加以研究，它才从"时尚"中发展出一种对直觉的、不可预知的和不断变化之魅力的表达。然而，波德莱尔正是从这种发展中预见到一种危险：它可能仅会成为"昙花一现"的代名词。他的目的是强调其所具有的特征，其拥有的超越自然法则和时间的能力。这些内容在他对"现代性"的分析中被表现到极致：

---

[13] 男性行为风格和女性时尚在原文中分别为"male mode of behavior"和"female la mode"，作者在此利用"mode"在英语、法语中的语义区别玩了个文字游戏。——译者注

[14] 夏尔·佩罗（Charles Perrault），法国诗人、文学家，以童话集《鹅妈妈的故事》闻名于世。——译者注

．

因此，时尚应该被看作一种对理想的鉴赏力的表现。时尚漂浮在自然生活积攒在人类大脑中的所有粗制滥造的、尘世的和令人作呕的廉价摆件之上：作为自然的一种绝妙的变形，或者尝试对她进行长久而反复的改造。因此，有人明智地指出（尽管尚未找到理由），相对而言，每一种时尚都是迷人的，每一种时尚都是向着美的方向做出的新的、或多或少令人高兴的努力，是对理想的某种程度的接近，而躁动的人类心灵则对这种理想有着持续的、心痒难耐的渴望……如果说"所有时尚都是迷人的"这句格言过于绝对而让你感到不快，要是你愿意，不妨将其改成"所有时尚都曾无可非议地迷人过"，那么你可以确定，这是正确的。[33]

直接判定一个时代的所有服装都是绝对丑陋的，要比致力于从中提炼出它可能包含的某种神秘之美要容易得多，无论这种元素是多么轻微甚至微不足道。我所说的"现代性"指向的是短暂、无常、偶然，是与永恒和不可改变的另一半相对应的艺术上的这一半。

．

该定义似乎也将现代性确立为"现代"和"古代"对比的一部分："绝妙的变形"标志着一个模糊的中间地带。是的，绝妙，但也是对自然的变形——也就是物化。在此，我们体验到现代性的两个要素，两个为解释现代性同时尚相联系的美学造词而被挑出的要素：（1）人类与自然之间的本体论意义上的决裂；（2）通过日益增强的异化而在主体与客体之间对应产生的决裂。尽管对现代性本身的构成有许多定义，也有许多方法（社会学的、经济学的等），但为了集中论证和保证主题的一致性，作者还是把重点放在这两个要素上。

在波德莱尔笔下，服装时尚（还有相当重要的化妆品时尚）以及融合反自然、变形——或像有些人说的，是对自然的改善——同自然状态的，也就是赤裸（无着装）的身体截然相反。正如我们将在本书第5章看到的那样，此种对立会作为一种最重要的超自然和超现实隐喻，轻易地进入时尚领域。处于其存在及有关其同自然联系的确凿性的掌控下的主体，同服装客体之间横亘着一条本体论鸿沟，而此鸿沟明确地贯穿于现代性之中，加强了它对人物化和变形的合法性，创造出齐美尔所言的"文化的概念和悲剧"。在这场商品化文化的"悲剧"中，时尚支配了有关生活和美学体验本身的美学概念（有时只需一个趋势或风格）。从字面上看，时尚是为客体化存在而装扮认知主体，而在持续的服装变化中，两股现代性的"丝线"交织在一起，在一个异常亲近的层面上直接影响着主体的身体。[35]

对波德莱尔来说，无论是现代性还是时尚都不具备描述性功能。因此，它们阐述的涨落范畴并不属于现在，也未能建立同过去价值的对比。若是存在一种普遍之美（波德莱尔受他所处时代影响太深而无法彻底抛弃此概念），那么它就能在最为昙花一现的阐述中被找到——只需转换成纨绔派或游手好闲者（flâneur）的视点和敏锐眼光，转瞬即逝之美就像艺术家对理想不断追求的近似物一般自我显现出来。以此方式，现代性收获了自己（涨落着的）格式塔（gestalt），古老的争论以及静态历史学概念的表述都已经达到其极限。[36]

除了以"时尚"作为其词源基础，"现代性（la moderne）"显然与"现代风格（le moderne）"有关，后者出自晚期拉丁语中的"modernus"一词。"Modernus"又来源于早期的"modo"，这两个词除了最初的同时间相关的含义，还带有风格含义。随着时间的推移，"modo"的含义从"只有""最初""也"和"刚刚"变成了"现在"；"modernus"不仅表示某物是"新的"，也表示它是"现实的"。刚刚被设定为与其过去相比绝对暂时的东西突然在一个历史结构中被建立起来。[37]很久以后，紧随着这一根本性转变，后来时间（time）的描述性成分，即阳性的"现代风格（moderne）"一词——作为同古代的对比而被创造出来，被赋予了短暂的涨落波动特征和阴性的现代性——但给她的崇拜者（诗人和历史学家）留下了如何区分此新概念这一轮廓极为模糊的问题。

时尚和现代性显然依赖于瞬间，但自波德莱尔到马拉梅乃至其他人，诗歌的任务都是将它们与永恒联系起来——以便让它们成为亨利·勒菲弗（Henri Lefebvre）所谓的"静态永恒的动态景象"。[38] 如果现代性丧失了它的描述性功能——它作为古代或永恒的对比（或曰对立面的立场）——那它就丧失了作为既定范围框架的功能。因此，为了强调其影响，人们就需要为它添加另一形而上学的层次标准——波德莱尔所说的"梳妆打扮的崇高精神意义"。[39] 首先，诗人提取出当下自我蕴涵的特征："我们从当下的表象中获得的快乐不仅是由于那些它能被赋予的美感，更是由于它的根本特性——当下。"[40] 然而这种涉及瞬间的意识只出现在"表象"中，换言之，存在于可能成为历史的文本中。一种抽象的理念或许能成为瞬间的真实写照，然而它的显现本身却处于被归于过去的危险之中。

当下转瞬即逝的特性——也正是现代性终将过时的可能性，被现代性相对于古代的公开属性预先阻止：不是作为一种承认失败的对立物，而是作为一种将被视为同古典理念一样珍贵的短暂品质的客体化——或许在遥远的某天，或许在下一个瞬间。于此，《画家》在关于时尚的认知方面同戈蒂埃先前在《关于时尚》中所阐述的内容产生了共鸣：

> 鲁本斯（Rubens）或韦罗内塞（Veronese）[15] 的画中，装饰性织物绝不会是波纹轧光条影丝织物（moire antique）、皇后缎（satin à la reine）或任何现代出产的面料，而这正是我们在克里诺林裙或薄纱衬裙上所见到的支撑或悬垂的面料。在质地和图案方面，它们都与古

---

[15] 鲁本斯为 17 世纪的佛兰德斯画家，巴洛克画派早期代表人物；韦罗内塞为 16 世纪的意大利画家，对巴洛克艺术的影响颇深。——译者注

代威尼斯或叶卡捷琳娜大帝[16]宫廷的人所穿的面料有很大不同。此外，裙子和紧身衣的剪裁也绝不相似；褶皱也是按照新方法排列的。最后，今日女性的姿势和仪态将过去女性未曾有过的生活和特性赋予她们的服装之中。简而言之，任何现代性若是意欲有朝一日配得上所谓的古代经典，那它就必须能被人从中提炼神秘之美，即那种在人类生活里偶然植入其中的神秘之美。[41]

.

然而，为何要将时尚与现代性同古代理想联系起来？如果现代性意味着象征当代和转瞬即逝，那么为何又要求助于古代的绝妙的东西？答案可以在波德莱尔对女性和男性时尚的各自的诠释中找到——某种程度上，也能在戈蒂埃的诠释中找到。

首先让我们考察一下女性服装。女装代表一种神秘之美（beauté mystérieuse），它为神话所修饰。为了强调时尚以及女性的诗意，女装的社会意义几乎完全被抽象化。几十年后，在普鲁斯特的《追忆似水年华》（以下简称《追忆》）第二部中（创作始于19世纪80年代初），主人公——年轻的马塞尔[17]做作地拔高"年轻的少女"，"就像那些寻求将古代的宏伟纳入现代生活的画家，将《拔刺的男孩》（Spinario）[18]的高贵之感套到正在剪脚趾甲的女人身上，或是像鲁本斯一样，将他们知道的女人装扮成一些神话场景中的女神。"[42]视觉和形而上学的美（"相对"和"普遍"）很容易遭到视社会和历史学为静态的看法的挑战。而女装或许能通过季节性变化建立起同当下不同的感觉。或者，它可以通过引

---

[16]　即叶卡捷琳娜二世，俄国沙皇，1762—1796年在位。——译者注

[17]　即普鲁斯特，《追忆似水年华》为回忆录或自传体小说。——译者注

[18]　《拔刺的男孩》（也被称为"Fedele"）为一尊青铜像，描绘了一个男孩正从左脚底拔出刺的场景，其现在位于罗马康塞巴托里宫美术馆，另有一尊大理石像藏于佛罗伦萨乌菲齐美术馆。它是极少数传承下来的古罗马青铜雕像之一。——译者注

用过去而与其取得联系。又或者，它可以致力于将其设计成一个崭新的古代风格。不过最重要的是，这些风格都是为了吸引人、取悦人、让人着迷才被制造出来的。

膨大而无甚实用的克里诺林裙是第二帝国肤浅的消费社会风气的最有力象征。它出现在波德莱尔对现代性的解释中——"我们看到，现代制造业就支撑和悬挂在克里诺林裙上"，以及在戈蒂埃写的文章《关于时尚》中——"大量的奢华面料构成了裙子的基座"。两人都没有提到克里诺林裙的政治内涵，即其对妇女的行动是一种华而不实的阻碍，或是其作为女性炫耀性消费极端客体化的深奥隐喻。对波德莱尔来说，克里诺林裙不过是最新的服装创作，因此从定义上来说其就是迷人和美丽的。戈蒂埃走得更远：他不仅回避了社会政治条件同克里诺林裙之间的任何联系，而且在他的文章中，时尚简直成为打破现实世界的桎梏，成为社会现实的例外之物。

1858年至1861年，对戈蒂埃和波德莱尔来说是美学体验丰富多产的时期，同时也是巴黎奥斯曼化[19]的鼎盛时期：拆除中世纪的城市建筑，为日益壮大的中产阶级开辟大型林荫大道和新房。从表面上看，这些措施是为了解决老城的拥挤和不卫生状况，但也代表了路易·拿破仑的显赫和虚荣做作。此外，他还试图通过破坏狭窄的市区建筑构造来防止1848年革命[20]重演，而正是过去这种构造让市民得以在各个街区内构筑街垒，各个街区社会能够相互团结在一起。

一位当时的评论家亚历山大·魏尔（Alexandre Weill）于1860年在评论奥斯曼项目时写道："从卫生和艺术的角度来看，没有什么能比塞瓦斯托波尔大道上新房的内部装修更可怕。所有这些克里诺林式公寓

---

[19]　指乔治-欧仁·奥斯曼（Georges-Eugène Haussmann），他受拿破仑三世委任，主持了1853—1870年的巴黎城市规划。今天巴黎的辐射状街道网络即其设计的产物，巴黎奥斯曼大道就是以他的名字命名的。——译者注

[20]　1848年法国爆发二月革命，七月王朝被推翻，随后欧洲各国相继爆发了革命。——译者注

都被伪装起来，头上戴着圆帽，然而它们的内部不得不被称为欺诈。"[43]
政治（和建筑）体系的"克里诺林式门面"下隐藏着对内部社会问题的
欺瞒和忽视。然而，正如戈蒂埃笔下不自觉地讥讽的那样，这些门面独
特的内在并非被人们对社会正义的热情摧毁，而是被此种甚嚣尘上的资
本主义最新服装表现摧毁。

∎

有种相当严肃的反对意见是克里诺林裙与现代建筑、室内设计不
相容。当妇女们穿着带鲸骨裙撑的裙子时，客厅要很宽敞，有大双开
门，椅子要展开扶手，马车要能轻易容纳裙子的摆幅，剧院的包厢不
能像餐具柜的抽屉（般大小）。那就好！我们只需建造更大的客厅，改
变家具和马车的形状并拆除剧院！一点都不麻烦！[44]

∎

戈蒂埃主张社会秩序要屈从于女性的任性。这段话或许与任何严肃
而深刻的分析一样，都说明了时尚那种转瞬即逝的力量。如果时装表达
率先假装反映城市发展，并在随后影响城市发展，那么，它将必然被置
于何种地位呢？

1.2.4 男性时尚

在对时尚的诠释中，第二个领域则是专注于男性服装。戈蒂埃用居
高临下的轻视掩盖了对女性时尚的社会内涵的探讨，但此种轻蔑在他对
男性服装的评论中完全消失了。我们看到的不是嘲弄解构，而是自命
不凡地竖起假雕像："难道燕尾服的开叉和裤子的折印不是像克拉米斯

(chlamys) 或托加袍 (toga) [21] 一样坚定、高贵和纯洁吗？难道在乏味的法衣下的'男性'身体不像帷幔下的雕像吗？"这种沉思引发了针对男性服装的一再重复的质问（和反问）："难道它不重要吗，它没有被可悲地误解吗？"[45] 这个问题回应了波德莱尔于十几年前首次对现代性精神进行思考时提出的问题。在《1846 年的沙龙》（*Salon de 1846*）中，诗人对大礼服风俗提出了质问："这样做难道没有滥用它自身之美和它的原生魅力吗？"[46] 不过再一次，当代套装之所以迷人不仅仅是因为能和古物相提并论。它的形而上，或至少是诗意的影响在于它运用风格变化的能力——这正是时尚的命脉，同时它还能保持一种奇特的不妥协——拒绝改变其整体观念。

（晨礼服）大衣、长裤，以及——甚至早在 1846 年就已出现的——马甲，都是由一块面料裁剪而成，象征着一种从几十年前的法国大革命时代延续下来的传统。奥诺雷·德·巴尔扎克曾宣称："大革命也是一个时尚问题，是丝绸和呢绒之间的辩论。"[47] 这是一场在精美长袜、精心装饰的骑手外套与一种通过外形几乎固定不变的服装所表达出的新式的节制、严肃之间的争论，这种新式服装统一由颜色暗沉的羊毛制成，[48] 正是这场争论诠释了新兴资产阶级的体面与节俭的美德，被视为对专制主义过度行为的适当的解药。不妨再回头看看巴尔扎克对革命的看法，我们会发现他对新发现的服装平等明显不太热心："大革命给正装以及公民和政治秩序带来危机……最后，法国人在权利和衣着上都变得平等了，面料或正装剪裁的不同再不能区分社会地位。然而在这种千篇一律之中，人们怎么能认出谁是谁呢？"[49] 在对其通常的赞誉之中，特别的服装标志正是基于波德莱尔"普遍的美"的基础之上的，它必然被每一季新出现的"相对的美"（通常是微小的）的风格变化修正。

波德莱尔想在黑色套装（black suit）中找到关于时尚的诗意的终

---

[21]　克拉米斯，一种古希腊男性穿着的斗篷；托加袍，一种古罗马男性穿着的罩袍。——译者注

极阐述。早在 1846 年，他就宣称：

．

在试图认清现代生活的史诗性的一面之前，在举例证明我们的时代在崇高主题方面并不逊于古代之前，我们就能断言：既然所有的世纪和所有的民族都有属于自己的美的形式，那么我们也不可避免地会有属于我们的美。这是事物发展的规律。

所有形式的美，就像所有可能的现象一样，包含永恒和瞬间的元素——绝对和特殊元素。绝对和永恒之美是不存在的，或者不如说它

图 4.
朱塞佩·普里莫利伯爵（Count Giuseppe Primoli），埃德加·德加（Edgar Degas）离开公共盥洗室，1889 年。明胶银版画，21 厘米 × 20 厘米。普里莫利基金会，罗马。

只是从不同之美的普遍表象中提取出的一种抽象概念。每种显现中的特殊元素都来自情感：正如我们有自己的特殊情感一样，我们也有自己的美。[50]

∎

这位男性诗人的激情是指向女性的。因此，他对女性时尚的看法是客观的——他崇拜她们的服装和身材，觉得女性时尚是如此令人迷惑或者说是公然勾魂。相比之下，他对男性服饰的看法则更为抽象和拔高。尽管他自己的纨绔派服饰中充斥着强烈的自体（或是同性）色情元素——所有同时尚打交道的艺术家通常都是纨绔派——但他对主体的诗意态度还是明显优先于物质与视觉的。为了让穿着显得现代，也就是与当代人合拍，人们不得不抱持一种现代态度以拥抱当下，让自己服从于现代性的感觉。"至于西装，这是现代英雄的外壳（,）……单间公寓乃至整个世界依然充满了那些想用希腊斗篷和斑驳罩衣来诗意化安东尼的人。"[51]为什么会出现这种奇特的诗意允准——让人伪装成与众不同呢？[52]对一些艺术家来说，求助于过去显然是他们对抗社会日益工业化的唯一武器了，但这种逃避现实和非政治化的态度并不属于波德莱尔：

∎

但同样的，这种被过度滥用的正装难道没有它自己的美和内在魅力吗？它难道不是我们这个苦难的甚至在其又黑又瘦的肩膀上都佩戴着永久的哀悼标志的时代所必需的衣服吗？还请注意，黑色套装和双排扣长礼服不仅有着他们的政治之美，表达了一种普遍的平等，还拥有着他们的诗意之美，表达了公众的灵魂：一个由缄默的抬棺送葬者（croque-morts）、政治、爱情、资产阶级的哑仆组成的无边无际的队伍。我们每个人都在庆祝某场葬礼。

一种苦难的统一制服成为平等的见证。至于那些使用热烈的、对比强烈的颜色，让人一眼就能认出面料差别的怪人，相比颜色上的差别，今天他们则更多地会满足于设计和剪裁上的微妙差别。看看那些"龇牙咧嘴"的折印，它们像蛇一样围绕着窘迫的肉体——难道它们没有属于自己的神秘的优雅？[53]

.

男性时尚中的短暂性被赋予了政治意义。尽管黑色套装和晨礼服拥有代表民主平等的潜力，但除了作为一种对道德败坏的君主制的幻灭的典型服装，它们没能反映出更多事物。戈蒂埃将 1837 年的巴黎人的活动描述为"名副其实的抬棺送葬者集会"时，[54] 更多的是出于一种温和的嘲讽，没有波德莱尔那种会涉及对布尔乔亚及其政府的无知和不公的批判的意味（尽管这种意味是被隐藏的）。

1.3 红色领巾和蓝色衬衫

波德莱尔早期的美学批评属于一个政治分裂和广泛呼吁社会改革的时代。拿破仑一世统治下的法兰西第一帝国崩溃后，在复辟时期(1814—1830 年)，波旁王朝试图在君主立宪的框架内维持君主制原则，其标志是基于《1814 年宪章》(*Charte Constitutionelle*)[22] 及其补充条款（包括两院部分负责制订预算案，部长们对议院负责，等等）进行的普选。极端保皇派的影响越来越大，迫使查理十世在 1830 年 7 月废除了新闻自由并修改了选举法。在随之而来的七月革命中，资产阶级和工人阶级

---

[22]　1814 年法国波旁王朝复辟后，路易十八于当年 6 月签署《1814 年宪章》，坚持君权神授，规定实行两院制，国王有权任命大臣，召集、解散议会，批准立法，但该宪章也不得不保留法国大革命与拿破仑一世时期的主要成果。1830 年七月革命推翻复辟的波旁王朝后，该宪章被取消。——译者注

在建立君主立宪制国家还是共和制国家方面发生了冲突，他们最终随着资产阶级的代表国王路易·菲利普（奥尔良公爵）的"当选"而决定支持君主制。法国工业化进程和资本主义经济的发展导致无产阶级和早期社会主义理论〔由傅立叶（Charles Fourier）、奥古斯特·布朗基（Louis Auguste Blanqui）和蒲鲁东（Pierre-Joseph Proudhon）提出〕的出现。19 世纪的法国社会日益分裂，其以里昂丝织工人起义（1831年和1834年）和1835年的布朗基起义[23]的形式表现出来。共同致富（Enrichissez-vous）政策[24]，即为维护资产阶级对君主制的支持而发出的经济增长号召，没能平息社会动荡；1845年和1847年的欠收进一步加剧了经济衰退，抗议者因此要求改革选举法。他们的要求没有得到满足，于是1848年法国爆发了二月革命。

同戈蒂埃不同，波德莱尔准备拓展和调整他的批判，一如他俩在对待时尚和现代性的不同态度所表现的那样。他认为时尚在自身的美学理想之外还是一种社会现象，拥有挑战对历史现实的既有认知的潜力。波德莱尔对"时尚"和"现代性"的看法绝非静态的，他对美学的不妥协态度也反映在他对当下的新阐释中。不过，人们不能由此就认为他的政治观点也同样是进步的。当丝织工人——几个世纪以来，这些工匠都是巴黎高级时装这一杰出艺术的底气所在——起义时，年轻的波德莱尔给自己兄弟写信说："作为一个巴黎人，我对他们在里昂庆祝路易·菲利普命名日的方式充满了愤慨。到处都是一些小小的彩灯，仅此而已……所有的年轻人都戴着红色领巾，这更多的是在显示他们的愚昧，而不是他们的政治信仰。"55

波德莱尔对同时代的年轻人将红色领巾当作社会主义者的标志和服装配件有着劈头盖脸的蔑视，这是很奇怪的，因为他本人也有通过服

---

[23]　1835年，在布朗基的积极组织下，秘密团体"家族社"成立，其成员制造炸药准备起义，后被侦破，布朗基被捕。——译者注

[24]　为时任法国首相弗朗索瓦·基佐提出的政策号召。——译者注

装——包括他仇视的红色领巾来表现"épater le bourgeois"[25]的习惯。

欧仁·马尔桑（Eugène Marsan）[26]曾耗费十几年编写了《优雅男士手册》（*Manual for the Man of Elegance*），他在1923年这样描述年轻的波德莱尔："（他）穿的是'小号式开口'的黑色套装，就是说衣服的布料在后颈处被裁开，后身几乎是敞开的，带着一种后来经常被模仿的对细节的关注，而对那些对此毫无了解的人来说，这看上去就像是个错误……同样地，黑色裤子则被绑在无可挑剔的黑漆皮靴上。他坚持穿精细而崭新的、宽松的、未上浆的白色衬衫（sans empois），但请注意：他还戴着血红色领巾和粉红色手套。"[56] 在他那让人瞩目的浪荡生活年代，纳达尔（Nadar）、阿瑟利诺（Asselineau），当然还有戈蒂埃等友人，都会看到波德莱尔在离开位于贝蒂纳码头（Quai de Béthune）或历史悠久的皮莫丹酒店（Hôtel Pimodan）的住所时穿着一件尾部斜裁的黑色晨礼服，穿着一件领口极低的精纺亚麻布白衬衫，戴着血红色或火红色的领巾（戴哪种颜色的领巾取决于他的心情），戴着高帽和淡紫色的、根据他手的大小定制的手套。[57] 勒·瓦瓦瑟尔（Le Vavasseur）[27]很早就为一本诗集向波德莱尔约稿，在诗人离开后他认为"他那宝贝（诗歌）的'面料'同我们的'棉线'没有任何共同之处"，他判定波德莱尔的服装风格是"拜伦（Byron）穿着布鲁梅尔（Brummell）[28]的衣服"[58]，他的朋友尚普夫勒里（Champfleury）则阐述了波德莱尔的时尚背后的意义。

---

[25] "épater le bourgeois"为法语术语，直译为"震惊（可敬的）中产阶级公民"，指让守旧庸俗之人大为震撼的（行为或事物），其为19世纪末以来欧洲文学和艺术先锋派的目标之一。——译者注

[26] 欧仁·马尔桑是19世纪末至20世纪初的法国作家和文学评论家。——译者注

[27] 即古斯塔夫·勒·瓦瓦瑟尔（Gustave Le Vavasseur），法国诗人。——译者注

[28] "博"·布鲁梅尔（"Beau" Brummell），英国摄政时期的王储、未来乔治四世国王的密友，男士时尚引领者，因矛盾与乔治四世绝交后在法国避难，在困苦中死去。——译者注

人们必须注意，不能将他的蓝色衬衫误认成大约在 1845 年到 1847 年间的社会主义的标志。对波德莱尔来说，这是一种纨绔主义的新形式。尤其值得注意的是，他在衬衫下面穿着黑色绑腿长裤（black strapped trousers），这是当时流行于诸如巴尔扎克等作家之间的时尚，在这些像睡裤般的长裤的底部，波德莱尔习惯于卖弄地穿上一双莫里哀式的讲究的鞋……因而实际上没有社会主义。对民主的厌恶在波德莱尔身上变得特别明显……这也是波德莱尔在那个时代的特点之一：他剃光头，戴着颜色鲜艳的领巾过河（；）……故意穿着圣日耳曼城区（Faubourg St. Germain）[29] 的双排扣长礼服，但也会只穿着衬衫。他讨论文学，但绝不会成为社会主义者。[59]

■

因此，革命的态度只是穿插在文学史中的时装名言的纨绔化矫饰吗？丝织工人持续五天的血腥起义是否只是被当成一种需要让 1834 年的时尚用棉花取代丝绸的不便？[60] 资产阶级对遵从约束的需求是否已如此明显，以至于政治问题都能被简单地客体化成时尚？据马克斯·冯·伯恩（Max von Boehn）描写的 19 世纪时尚史中的一位目击者所言："19 世纪 30 年代，政治暗杀变得如此频繁，以至于人们开始为这一多事之秋设计一种特殊的'暗杀服'。"[61]

看起来，对黑色的推崇——波德莱尔的"永恒之哀悼"——在此处不过是服装上反映出来的对社会不公的又一次拼命的抗议。但"黑色（noir）习惯"——以其"美丽迷人的外表，让习惯成为受害者"——在其黑色衣袖中产生了一个重要的、模糊且具有瞬时性的隐喻："黑色习惯"可能是一种资产阶级的时尚，但也很容易成为波西米亚风。股票

---

[29]   圣日耳曼城区是旧时巴黎显贵的聚居区。——译者注

经纪人可能在去证券交易所的路上将它与白色胸衣和珍珠灰领带结合起来，然而艺术家则可以颠覆此种装束，在左岸咖啡馆里穿着它讨论革命——尽管不一定是政治革命。波德莱尔向往的黑色套装的"民主平等"也具有讽刺甚至颠覆性的含义。事实上，整个"中产阶级"的男人（此阶层的人毫无特色可言）都穿黑衣服，为被混同一体留下了很大的空间，人们必须仔细观察细节——无论是对服装还是对诗歌或文学阐述。工业家和纨绔派、资产阶级和波希米亚人之间的区别，看上去没有现代性的起源所要求的那么明显。早期的客体化是模棱两可的，因为"当事双方"——现代商人和现代艺术家——都接受了时代的进步精神，并将其转化为各自的长处。[62]

波德莱尔不顾先前的嘲讽在脖子上挂上标新立异的胭红领结，或是穿上浪漫主义的绑腿裤，又或是选择在林荫道上穿着工人的蓝衬衫闪现，除此之外，波德莱尔的衣着风格的共同决定因素仍是黑色套装。只需看看埃米尔·德鲁瓦（Emile Deroy）在 1843—1844 年为这位诗人绘制的肖像，或是 20 年后摄影师夏尔·内茨（Charles Neyt）在布鲁塞尔为他拍摄的肖像，[63] 人们就可以观察到对历史性的超越是如何在男性时尚中运作的。波德莱尔创建了一个从波西米亚艺术家的浪漫派风格直达现代人的纯粹派时尚的无缝通道。然而，即使正装的颜色一样，其剪裁——或许还有面料也不尽相同。"相对之美"限定了同过去有关的任何联系，而装饰细节则可能泄露出风格方面的——哪怕最小的——"革命"。

对诗人来说，他的基本态度就是纨绔派态度，其因此具有双重性：他一方面对大声和公开的反抗表现出厌恶，另一方面又对顺从抱有更大的厌恶。波德莱尔不会主要从政治角度来考虑问题。

他的兴趣在于当代社会及其物化。这位诗人无法抛弃对美抱有的理想，而他在现代阐述中对美的追求又导致他无法质疑其制度，只能厌恶其庸俗。因此，当 1845 年 5 月波德莱尔亲切地描写资产阶级，甚至将

图 5.
埃米尔·德鲁瓦绘制，波德莱尔的肖像（细节），
1843 年 /1844 年。布面油画，40 厘米 ×35 厘米。
凡尔赛国家城堡博物馆。

图 6.
夏尔·内绘制，《波德莱尔》，1864 年。
现代印刷品。法兰克福苏尔坎普出版社
档案。

《1846年的沙龙》献给他们时，[64] 他对"现代性的主角们"的鞠躬或许并不像人们猜测的那样具有反讽意味。

当然，此番对资本主义点头致意并不妨碍他在两年后成为首批加入奥古斯特·布朗基的左翼中央共和社的人，[65] 也不妨碍他在《国家论坛报》（*La Tribune Nationale*）上称赞皮埃尔-约瑟夫·蒲鲁东（Pierre Joseph Proudhon）的无政府主义"交换银行"是一个"非常令人向往的机构，从中我们能看到代理人的明显增加和仓储系统的普遍化"[30]。[66] 尽管他经常表示遗憾，认为蒲鲁东"过去没有，也永远不[67]会成为纨绔派，即便只是在名义上"——"纨绔派"是波德莱尔对服装和文字形式相结合的美学一致性的称谓——不过在1848年的革命中，诗人对政治的看法以及在更大程度上对经济的看法都受到这位自由意志主义思想家的影响。然而，正如我们在他对时尚的诠释中所看到的那样，诗人并非追求一个新体系；现状（为他）提供了足够的自由度。他关注的是一个观点总是转瞬即逝的变化，如果此种显现于表面的变化和体系的改变与新社会（尽管不一定必须是政治性的）的要求相吻合，那就更好了。在波德莱尔看来，美学家和艺术家必须优先于政治存在。如果他认为对他的批评来说是社会框架有被打倒的必不可少的危险，那么某些保守的怀疑主义在他看来就是情有可原的。

无论如何，波德莱尔在《国家论坛报》上给出了充满激情的"给工人们的建议"："我们不准备把当下推回过去。共和国（政府）没有为我们做任何事情，除了用政治革命来获得社会复兴，我们别无他言，这是我们的权利和合法要求。"[68] 有关革命的短暂表演——到1848年冬天，革命已经被资产阶级、军方和拿破仑三世的卫士镇压——也可以被看成有关现代性的最高阐述。在《自白的心》（*Mon cœur mis à nu*）中，

---

[30]　指蒲鲁东在《人民银行》第七十条中提出的观点："由三十名代表组建的理事会将监督银行的管理机构，并代表与之相关的隐名合伙人。三十名代表将由全体大会从若干生产和公共服务行业的股东或赞助者中选出。"——译者注

他回忆起他的焦虑：

> ■
>
> 我在 1848 年沉醉。
>
> 这是何种酩酊？
>
> 是复仇的滋味，是毁灭中的自然乐趣。
>
> 是文学的陶醉，是对阅读的追忆。[69]
>
> ■

对他所读过的对既往革命的追忆促使诗人参与当下的革命，政治斗争变形为美学引用。就像时尚竞技场上的作家们每次都充满热情地回应那些在对一种风格创新或是再利用时所具有的号称"革命"的想法一样，那些描述现代性的人也常常需要一些挑逗和挑衅，以让现代性不至于跌入过往。在这种情况下，波德莱尔的宣言听起来近乎愤世嫉俗："生产必须是有组织的，而消费必须是无组织的。"[70] 第二帝国的"共同致富"将会同个性化的"沉醉吧"（Enivrez-vous）[31] 并列：[71] 在这个无情的时代，人的唯一的出路似乎是醉心于消费。

1.4 何为革命代价

对现代生活的艺术家来说，革命不是一场政治斗争，更不是一场前卫的阶级冲突，而是一个必要的重生结果。随着社会变得越来越抽象和客体化，波德莱尔意识到他将无法阻止伴随而来的知识分子（知性）严肃态度的丧失。他的解决方案是对客体尤其是服装客体赋予诗意和本体

---

[31] 出自波德莱尔的诗歌《巴黎的忧郁》。——译者注

论意义。而他对时尚和现代性体验的描述最能体现这一理念。与主体有关的"形式"（modus），或称"模式"（le mode），已经落后于作为现代范式的"时尚"；因此，后者需要升华成纯粹的诗意或本体论。如果合适的话，它或许应当被革命化——与其说是经历一场伟大的政治革命，不如说是经历大量的、小型的风格革命。如果要用一场属于自身的真正的革命来侵入社会现实，那它就必须被具体化——根据其癖好或胭红领结、蓝色衬衫，并且它的目标也要被限定为攻击社会现状而不是政治结构。

卡尔·马克思在两篇文章中对此结构进行了分析，这两篇文章以截然不同的术语勾勒出波德莱尔关于现代性的诠释学的时代。一篇是哲学性的《〈黑格尔法哲学批判〉导言》（1843 年），另一篇是历史政治性的《路易·波拿巴的雾月十八日》[32]（1852 年）。在《〈黑格尔法哲学批判〉导言》[33] 中，马克思解释道：

> ■
>
> 国家本身的抽象只是近代的特点，因为私人生活的抽象只是近代的特点。政治国家的抽象是现代的产物……人是国家的真正原则，但这是不自由的人。所以这是不自由的民主制，是完成了的异化。抽象反思的对立性是在现代世界才产生的。中世纪的特点是现实的二元论，现代的特点是抽象的二元论。[72]
>
> ■

在这里，知识主体和物质客体之间的分歧达到了极为重要的顶峰。

---

[32]　原文为《路易·拿破仑的雾月十八》（*The Eighteenth Brumaire of Louis Napoleon*），为英译本第一版误译名，第二版时马克思将其改为正确的书名《路易·波拿巴的雾月十八日》，此处遵循此改动。——译者注

[33]　原文如此，后面所引文字实际出自《黑格尔法哲学批判》的正文。本处译文出自同书，为人民出版社 1962 年 1 月第 1 版。——译者注

正是"抽象的二元论"将私人生活和政治制度的物化标识为现代性的缘起。资产阶级关于资本主义社会的所有阐述都反映了人类精神的完全外化和随后的唯物主义思想。

路易 - 菲利普的统治、1848 年革命的挑战，尤其是第二帝国，都是对现代性的追求表现。尽管出于不同的支持点，它们对物质客体有着同样的信念，即便被当成主体的宿敌时，这种追求表现也会被认为是主体的救星。波德莱尔和居伊（或许还有早期的戈蒂埃）对时尚及其潜在可能的诠释也是如此。尽管是以同样的方式对社会特征做出转瞬即逝且软弱无力的描述，但时尚还是指引着这个社会：它表现为对新事物的持续冲动以及毫无顾忌的朝生暮死，再加上为显示其化身崇高和永恒的愿望而对古代进行的选择性追溯。

因此，马克思写于 19 世纪 40—50 年代的关于现代社会的抽象性和二元论的文章，代表了波德莱尔关于时尚与现代性的美学的抽象性和模糊性主题的政治方面的表述，正如我们将在本书第 4 章看到的那样，两者在 20 世纪 30 年代末都会被转化到本雅明的认识论框架之中。

1.5 第一次虎跃

在写于 1851—1852 年的有关二月革命和路易·拿破仑上台的文章中，马克思将对历史的一元化认知同 1789 年的革命精神进行了对比，而这种一元化认知正是第二帝国的典型做法——类似于仅将时尚视为迷人新事物的引领者的简单的热情。他写道："观察世界历史上这些召唤亡灵的行动，立即就会看出它们之间的显著差别。旧的法国革命时的英雄卡米耶·德穆兰、丹东、罗伯斯比尔、圣茹斯特、拿破仑，同旧的法国革命时的党派和人民群众一样，都穿着罗马服装，讲着罗马语言来实现当代的任务，即解除桎梏和建立现代资产阶级社会。"[74] 对过去的追问被认为是有助于形成现代性和摩登时代的，就像通过对古代事物进行（视觉）引用来说明时尚的魅力和潜力一样。资产阶级式的现代社会起源于对古代民主理想的改编。但在 1850 年，情况发生了变化：回到过去意味着掩盖当代社会的分裂，意味着让巴黎的资产阶级与消费主义及肤浅政治相互妥协。现代认知中的质变即将实现，但它的政治实现还得再等二十年，[75] 波德莱尔写给工人的小册子几乎无人问津，在诗人的作品中依然只是现实政治的孤独之声。人们可以同马克思一样认为，现代性的概念不仅对这种迟钝和装模作样伸出了援手——时尚和现代性不过是对有可能发生但失败的革命的拙劣模仿，是对其中的徒劳部分进行的表面装潢。

然而，在波德莱尔以及后来的马拉梅的有关时尚象征的著作中表达出的是一种对现代的欣赏，他们将现代视为一种针对历史性，针对已构建的历史性和假装装点知识分子生活的社会架构的挑战。他们颠覆了这样一种理念，即当下只是一长串一个接一个整齐排列的时间实体中最后的一个。时尚不断引用过去，不仅借鉴风格，更因为它是一种社会现象，故而也借鉴了塑造社会的思想以打破历史连续体并赋予现代性超越时间（瞬时性 + 超历史性）的潜力——因为两者在此有着千丝万缕的联系。在接下来的几十年中，不少艺术家和理论家将会展现此种潜力。其中最具原创性的人或许正是本雅明，他在对历史性的挑战中释放了革命的潜力，并在波德莱尔和 19 世纪 50 年代初的马克思之间架起了一座桥梁。差不多一个世纪后，正如在本书导言中曾提到的那样，本雅明在巴黎回应了马克思关于法国革命中的罗马服饰的观察：

> 历史是这样一种结构的对象，这种结构的场所并非同质和空洞的时间，而是被"当下"填充。在罗伯斯庇尔看来，古罗马正是如此这般被当下填充并且从历史连续体中被剔除。法国大革命认为自己是罗

波德莱尔、戈蒂埃，以及现代性中的时尚起源

39

马转世。它引用古罗马，就像时尚引用过去的服饰。无论时尚是在过去丛林的何处开始萌生，它都有着现代的气息。它虎跃般扎入过去。然而这种跳跃发生在一个由统治阶级掌控的竞技场上。在历史空地上，同样的飞跃则是辩证的，而马克思将它理解为革命。[76]

■

革命——就本质而言是历史中的短暂一瞬——几乎会像时尚一样援引过去的理念，让马克思的政治思想应用在美学之上。社会的客体化和抽象化与它的最新表达方式相关。突然间，一个来自过去的时间实体——例如，通过对风格的引用——在其影响下被抽离出来（一种真正唯物主义的美德）并被抛入现在。历史学家需要向前飞跃，以在久远的过去中找到瞬间完成和即时。[77] 在现代性精神中，每一个历史事实都可能被引用。1830 年和 1848 年的七月革命和二月革命也是在尝试恢复1789 年的"原貌"。对一些人来说，古罗马的理想被重新修正，并成为法国大革命的真正美德；对另一些人来说，正如人们在 1800 年后的帝国时尚中可以观察到的那样，罗马的公民理想只是充满了魅力和当代美。

虽然本雅明援引的这句话是对波德莱尔和 19 世纪的解释，但它属于 20 世纪，因此将在后面讨论。就目前而言，我们只需将虎跃视为对一种潜力的描述，这种潜力在这种形式下既不可能由波德莱尔实现，也不可能由马拉梅实现。我们现在回到本雅明现代性的认识上——这些认识也许是非政治性的，但肯定是范式的。

1.6 援引中的援引

现代主义对古代的援引并不仅仅是恭敬的复制，就像人们在托尔瓦

森 [34] 的雕塑中所见到的那样，而戈蒂埃曾称赞过托尔瓦森的古代仿制品。时尚是现代性有关不敬、讽刺甚至无礼讲述的最完整的阐释。它能够把古老的东西变成非常现代的东西，因为它的引用总是不得不保持不完整。帝国时期的女式无袖罩衫同古典风格——希腊－罗马风格相去甚远，两者的差距就像一个世纪后马里亚诺·福图尼（Mariano Fortuny）设计的褶皱裙同它之间的差距一样。

然而，这两种设计都强烈要求将过去作为他们的灵感来源，也都试图忠实地遵循过去。在极端情况下，被戈蒂埃视为现代性对立面的古典雕塑，不是被令人肃然起敬的矫饰作品取代，而是被时尚替换。在写于 1859 年的一篇文章中——也是研究戈蒂埃的重要文献——波德莱尔抱怨说："这个世纪的风向已发疯了；现代理性的气压表显示，一场风暴正在酝酿。我们最近不是见到一位杰出的、有好名声的作家？……他在对一切美好事物的憎恶中感叹道：'一个好裁缝胜过三个古典雕塑家吗！'"[78] 这一感叹确实来自一个杰出之人——历史学家儒勒·米什莱（Jules Michelet）[35]，他以毫不妥协的实证主义方式刻画了对自然、社会特别是艺术作品的整顿和物化。米什莱在他（此前一年出版）的《爱》一书中称赞了时尚的潜力："给我一个能理解、复制和改进自然的裁缝，我愿为此支付三个古典雕塑家（的酬劳）。"[79] 套装或套裙代表客体；但由于任何服装时尚都要尽可能地贴近身体，因而主体设法从某些已经变成主导的商品化中重新找回他或她自己，至少是部分自己。波德莱尔把米什莱的书描述成"恶心的"，[80] 表明了二人对现代特性的对立态度。对现代性实证主义的拥护者来说，装饰超越了自然，短暂的时尚取代了永恒和崇高；而对诗人波德莱尔来说，这种装饰只是时尚辩证法的一个部分。对他来说，现代性不是对古人风格的连续改进；相反，它是在其

---

[34]　贝特尔·托瓦尔森，18—19 世纪丹麦雕塑家。——译者注

[35]　儒勒·米什莱，法国历史学家，被誉为"法国史学之父"。"文艺复兴"一词就是他在 1855 年出版的《法国史》一书中提出的。——译者注

41

最短暂的阐述中包含和反映了旧的风格。1848 年 1 月，米什莱在法兰西学院的"社会复兴与革命"讲座首次被暂停——此时，就在几条街之外，人们可以看到身着蓝色工装衬衫、外套黑色正装的波德莱尔正在散步[81]——他认为现代性在礼仪、风格和美学体验方面与现在相关，但并没有颠覆过去与现在的关系或历史性本身。

有时，无论是男装还是女装的"社会复兴"，都能表现出时尚潜藏的形而上：男装通过黑色的习惯而持续存在，以其抽象化和不变的外观超越时间和风格；女装则通过它们的美迫使艺术家将其升华到神话甚至神秘的境地。因此，波德莱尔写道："那些将时尚夸大到歪曲了它的魅力且完全破坏了其目的的妇女，正浮夸地用她们的裙裾和披肩的流苏清扫着地面；她们来了又去，过时，再过时，睁着一双如动物般惊奇的眼睛，带着一种完全无知的印象，却什么都没错过。"[82]当男人所处社会杜撰出的理性将男人同他所穿的衣服分开时，处于不断运动中（"过时，再过时"）的女人则发现自己被过时的时尚束缚着。一般来说，男性对风格和区别的感触来自他对静态的男性着装准则被个体挪用时的细微差别，而女性的个性则在她于任何特定时刻所穿的特定衣服中立即显现，无论它们属于绝对最流行的时尚还是过时的，或是旧款。在这个社会中，内在性和外在性（"模式"和"时尚"）相互作用，男装的统一性为女性的衣着超丰富化提供了背景。

然而，衣服只是表象：如果它们被挪开、掀开或解开，显露出面料之下的女性形体，它们会更有冲击力。对波德莱尔来说，这种暴露不仅提供了一种色情的魔力，还揭示了现代的另一面。对他的浪漫主义同行戈蒂埃来说，时尚和现代性反而掩盖了人性，强调了本体论的决裂，尽管这种决裂早不是一种抱怨的理由了。戈蒂埃在他的《关于时尚》中一开始就说："在现代，服装已经成为人们的第二层皮肤，人们不会找任何借口将自己与衣服分离，并且衣服就像动物毛皮一样属于他们。所以，如今身体的真正形态已经被人完全遗忘。"[83]人的形象已经成为一个完全抽象的概念，并服从于外观的不断变化——这就是现代主义者必须接受的事实。

此事实对于理解女性和她们的时尚更是不可或缺："在大街上，在剧院里，在公园里，有哪个男人没有以最公正的方式欣赏过精巧的妆容，没有将关于女性之美以及属于这种美的无形统一体——由女人和她的服装这两样东西组成——的这幅画面记在心上？"[84] 当客体化时，服装和女性看起来是一体的。但在现代性的辩证法中，又必须有一个与抽象化的服装表象相对立之物。波德莱尔不得不离开巴黎街头去寻找它。1841年，这位 21 岁的诗人踏上了前往毛里求斯和波旁群岛的旅程。在散文诗《美丽的多萝泰》（*La Belle Dorothée*）中，他的回忆特别集中于彼时的一个画面：

> ■
>
> 海风不时撩起她飞扬的裙角，露出一双光亮、健美的腿。她的脚，可以和欧洲博物馆里陈列的大理石女神的相媲美，在细软的沙滩上留下了完美无瑕的印痕。[85]
>
> ■

又一次，女性形体被当成偶像崇拜，而且古代被唤起；美女未经雕琢的纯洁，使波德莱尔将天真无邪、原生态的她同古典雕像相提并论。然后，他几乎用近乎恋物癖的态度，将这一形象转化到巴黎的林荫大道上。于是，在人行道上的时尚女性身上，古代之美找到了与之对应的崇高性以及与之对立的现代性："她向我们走来，滑步、跳舞，或带着她沉重的绣花衬裙走来走去，这些衬裙同时扮演着雕塑基座（参见戈蒂埃！）和平衡杆的角色；她的眼睛在帽子下闪耀。这就像一幅装于画框里的肖像画。她是潜伏在文明中的野蛮人的完美形象。"[86] 当时，裙边已经变成了克里诺林裙撑，提升和支撑着现代女性。她的野性转入精神

图 7.
爱德华·马奈，《波德莱尔的情人》，约 1862 年。布面油画，90 厘米 ×
113 厘米。布达佩斯美术博物馆。

方面，不再是粗野的身体表现。如今，"细软的沙滩"的脚步声回响在
城市的人行道上。不过，当它们听起来过于响亮、鲁莽和粗俗时，诗人
便会被吓一跳：真正的现代性是一种几乎无人赏识的微妙美德。那些只
对其时尚方面感兴趣的人，忽视了它的超越性和超历史性，正如波德莱
尔以肤浅的态度从巴黎的"风华正茂的妓女"身上观察到的那样：她"为
自己的年轻和奢华生活而自豪，在这种生活中她投入了自己的全部灵魂
和才智……即便她的整个盥洗室里没有一丝丝不必要的奢华，她脚趾上

挑起的过度装饰的鞋子也足以暴露她的身份。"[87]

为了形成严肃的反差——体现现代性的形而上学方面的形象——诗人继续用同样的方式召唤人们掀起裙角，露出掩藏其下的腿。然而这一次，与现代性相称的时尚并不是张扬、隐晦、阴郁的，但仍然充满了戏剧性的潜力——它只能是黑色。后来，本雅明在1939年关于波德莱尔的文章中声称，波德莱尔描述的诗意事件象征着"惊颤（chock）"[36]，实际上是灾难的形象"[88]，象征人的一生中"存在（being）"的短暂性（和徒劳性）在脱离普通的时间认知而偶然物质化的时刻。

．

给一位擦肩而过的妇女

大街在我的周围震耳欲聋地喧嚷。
一位穿重孝、显出庄重的哀愁、
高挑苗条的妇女走过，
她用一只美丽的手
摇摇地撩起她那饰着花边的裙裳；
轻捷而高贵地，露出宛如雕像的小腿。

在她那像孕育着风暴的铅色天空一样的眼中，
我像狂妄者般浑身颤动，
"畅饮"销魂的欢乐和那迷人的优美。

电光一闪……随后是黑夜！
——用你的一瞥突然使我如获重生的、随即消逝的丽人，

---

[36] "惊颤"是本雅明发明的术语，用于指代世界中形而上学元素的突然实现或实体化，参见本书第4章。——译者注

波德莱尔、戈蒂埃，以及现代性中的时尚起源

45

难道除了在来世，我就不能再见到你？

去了！远了！太迟了！也许永远不可能！
因为，今后的我们，彼此行踪不明，
尽管你已经知道我曾经对你钟情！[89]

．

这些写于 1860 年的诗句包含了波德莱尔在这之前表述的所有有关现代性和时尚的典型元素。在散文诗《巴黎的忧郁》（*Le Spleen de Paris*）中通过隐喻实现的文学和解，以及在《现代生活的画家》中通过不同部分的文字实现的批评，在这首诗中达到了高潮，重新创造了艺术家和他的现代缪斯的最初邂逅——不仅是出于神话，也是出于色情和词源因素，因而对象必须是女性。

场景不再是海滩或沙龙，漫游者在城市空间中遇见了现代性的幽灵。"她"的形象是抽象的，身披朴素的纯黑衣服。"她"的时尚把"重孝"（grand deuil）——对"永恒哀悼"的高尚的诠释表达成令人困惑和无从抗拒的时代的视觉宣泄。在"她"的悲伤中，作为现代社会的史诗方面（côté épique），"她"显得"庄重"，也就是崇高。"她"与诗人擦肩而过，只有在"她"的身影于瞬间成为历史后，诗人才能回忆起这个瞬间。在经过时，"她"收起了自己的裙子，然而那不是普通的裙子。再次被"撩起"的下摆作为当代时尚的特殊表现被诗人详加描述。此种精微玄妙之处很重要，因为它使衣服成为跨历史的、现代性的元素，并且同"她"的腿形成对比，后者以其雕像般的美构成了永恒的、古典的元素。

借助诗人的追忆，现代性因此能够满足他的要求成为古代，而他则听从自己的建议（"沉醉吧！"），沉醉于"她"在时光中短暂停留的片刻给他带来的"温柔"和"愉悦"。"她"的美必须是"无常的"，因为现代性只能由此成为"静态永恒的动态景象"。瞬间终成永恒；只有在未实现的愿望中，诗人才得以期望将此景象渲染成现代性的黑暗和转瞬即逝的死亡纪念品。

　　波德莱尔可能曾亲眼见过这个幽灵的肉身，不过从他开始搜集描绘现代生活的插画家居伊的作品起，"她"的视觉形象就已经提前构思并铭刻在他的大脑皮层上了。1859 年 12 月，他写信给朋友兼出版商普莱 -

图 8.
安德斯·佐恩（Anders Zorn），《寡妇》，1883 年。纸上水彩画，
54.6 厘米 ×32.2 厘米。佐恩博物馆，莫拉。

马拉西（Poulet-Malassis）说："尽管我有麻烦，尽管缺少你的（物质支持），我还是从居伊那里购买和预订了极好的画。"[90] 这些艺术作品中有大量是在描绘资产阶级妇女掀开裙子的下摆，小心翼翼地向前迈步。鉴于克里诺林裙那种极端的体积，自 19 世纪 50 年代以来，这幅景象在巴黎街头一定是随处可见的。居伊一次又一次地描绘这个危险而微妙的时刻，既是为了展示他在褶皱渲染方面的勾勒技法，也是为了在他的画作中增添神秘和色情元素。[91]

居伊在一幅画中描绘了"擦肩而过的妇女"的视觉等价物：[92] 他绘制了一幅身着黑衣的年轻女子的速写，女子露出了她的白鞋、长袜和宝塔式荷叶边裙，行进在观者的斜对角处。（图 9）这一姿态所呈现的优雅与灵动完美地诠释了所谓的现代风格特质。由于克里诺林裙内大都衬有马鬃，因而深色面料显得硬挺，从而构成了一个抽象的平面，而攒聚的织物则传达出一种稍纵即逝的特性，带有一种紧迫和瞬时完成的感觉。这个女人"提起、摆动着臀部和裙子下摆"，这一场景融合了静态与动态、静止与运动——再次体现了现代性的辩证法。

在描述居伊绘制的街上过往的妇女时，热弗鲁瓦的话唤起了近半个世纪前波德莱尔的批评：

.

另一位布尔乔亚妇女穿过街道，她穿着暗色裙子和大衣，侧脸被框在一顶巨大的兜帽中，纤细的手提着裙摆；脚底踩着鹅卵石，小心翼翼地前进……而另一位妇女戴着帽子、披着围巾，脸从黑丝带下露出来，（这让她）显得很灵巧，充满神秘感。她是一尊华丽、名副其实的雕像，披着披肩，戴着兜帽，在她周围是穿着类似服装的同龄人，这是一群得体的、符合 1860 年时尚的女性……

（这些）过去的妇女找到了她们的历史学家和诗人，从而变成永恒的角色，将会同图书馆和博物馆一样持久地存在。她们将会被提前构

图 9.
居伊绘制，《撩起裙子的女人》，19 世纪 50 年代。纸上水墨画。之前由古斯塔夫 - 格夫罗伊收藏。

"穿着高耸的衣服，穿着珍珠母色的衣服，她走路时也在跳舞。"——夏尔·波德莱尔。

思于未来人们的记忆中；她们统治着并会在未来统治那些与她们活着时所支配的事物完全不同之物。[93]

.

又一次，女人和她的衣服被转换为一种经典的艺术形式。她那如雕像一样的影响虽然已经被赋予过去，但同样被铭刻于"未来人们的记忆中"。正如本雅明所指出的那样，时尚欣然接受了虎跃。

1.7 过时的款式

波德莱尔满怀激情地搜集居伊的画作，而那幅提起裙子的女人的画不仅成为他有关现代性概念的视觉化表现，还成为其穿越时间的载体，通过它将这一概念传递给了其他诗人——而他们也将对画作中表达的时尚和现代性的接近视为他们各自美学体验的关键所在。

1928 年，一份对现代性中这种传统继承的追忆诞生了。作者描述了他在 1897 年 12 月的某个下午对一位著名诗人的访问，而他曾经是这位诗人的学生。在他导师的艺术品收藏中，莫奈和惠斯勒的作品旁边的一幅画特别吸引他的注意："他有一幅非同寻常的居伊的作品：一位穿着非常具有资产阶级特色的服装的女人正掀起裙摆，露出她的一条腿和一只系带靴子。这幅画是波德莱尔通过邦维尔（de Banville）[37] 送给他的。"[94] 考虑到这种传承谱系，推测一下这是一幅怎样特别的画以及它是如何和何时来到诗人画室的，是非常有趣的。然而，"instantané"——摄影师纳达尔对居伊笔下人物的形容，所谓瞬时"抓拍"——的品质，让我们无从确定画作的日期或标题。时装中的细节，如丰满的克里诺林

---

[37]　泰奥多尔·德·邦维尔（Théodore de Banville），19 世纪的法国诗人、作家。——译者注

裙上的大身，或许能让人相当精确地确定所描绘的场景发生的时间。然而，正如波德莱尔在《艺术记忆》(L' Art mnémonique) 中描述的那样，居伊是根据记忆而不是根据模特来写生的。[95] 这些场景的质量不取决于时间，尽管它们的魅力取决于对一个独特时刻的印象。它在艺术中的描绘为时尚增加了崇高和永恒的历史化品质，因为人工制品（在该处是绘画）只有在成为历史的一部分时才能获得影响力——当然，前提是假如艺术有足够的影响力和持久性。随着波德莱尔在他的批评文章和诗歌中向"一位擦肩而过的妇女"迈进，路过的女人收拢衣服的姿态越来越倾向于转瞬即逝。尽管它将不可避免地失去当代性，但多年来，这种阐述方式仍然受到推崇。

在 1867 年波德莱尔去世后，泰奥多尔·德·邦维尔保留了居伊的画作，从而象征性地接过了波德莱尔作为现代性倡导者的角色。不过，邦维尔是在公园里而不是在街角遇到他的缪斯的，但她仍然是居伊想象的那位女神，同时也是波德莱尔的缪斯。邦维尔对自己的理想缪斯如此描述道：

> ■
>
> 最终，你会有疑问，是否即便是最抒情的诗人，也会从他的天国中走出，降临凡尘，他是否从未感受周围的生命流动……？那是当然！诗人知道如何落到生活中去；但请放心，如果他愿意这样做，那他就不会在这段旅程中漫无目的地行走，一无所获……
>
> 即使在理想化的诗歌中，缪斯也可以与生活混在一起而不会违背传统。首先，她应该拿起一件新礼服。一件毫无新意的现代盛装会给女神的美增添一种精致的优雅，一种崭新的讽刺风格（有些人可能称之为辛辣）……当不朽的维纳斯想拜访巴黎时，她完全可以在卢森堡公园的树丛中降临人间。[96]
>
> ■

图 10.

居伊绘制，无题，19 世纪 50 年代。纸上水墨画。私人收藏。

现代性也允许缪斯穿上合适的即最新式的"时尚"去拜访巴黎社会及其艺术家们。当邦维尔将现代主义缪斯的画作留给被他视为"继承人"的诗人时，他也传递了一种思想。[97] 而在他关于时尚的写作中，居伊画作的新主人描述了曾经下凡至卢森堡公园的"女神"，如今她正穿越城市到达杜伊勒里宫（Tuileries），展开她对时尚和现代的寻宝之旅。就像以现代出版形式进行时尚报道一样，她的服装被描述得淋漓尽致："灰色的毡帽上面装饰着灰色的羽毛和青铜色的丝带，丝带末端是金银线混杂的流苏。在露天她这身装束可能并不耀眼，因为它确实需要脚灯（的照耀）。但在杜伊勒里宫，她就是戴安娜本人，她就是女神！因为无法获得这身时装，因此她才不得不从神座上下来，去……寻找一个著名的裁缝师或时装店，于是女猎人变成了女运动员。这几乎就是今日狩猎装不可或缺的风格。"[98]

在 1874 年，女神或者说雕像已经离开了她的基座。她下凡的原因或许是，到目前为止作为雕像基座——依据戈蒂埃和波德莱尔的比喻——的克里诺林裙已经完全过时。如今，她具有抛弃所有伪装成古典、崇高和永恒的嘲弄的意识，她自身完全依附于短暂的事物，并向最好的裁缝师订购她的狩猎装。居伊、波德莱尔、戈蒂埃以及其他人的缪斯女神再也不需要什么升华。她已经变得绝对现代，她已经从女人味进化为范式（甚至变成了实用主义？）然而，现代艺术家的基本任务仍然是在现代性中寻找辩证之物，此时他或她的"狩猎场"已经从主要的艺术领域——绘画、批评和诗歌转向现代主义领域，即时尚报道和时尚插图。

正如本章开头的题记所言，现代性需要由每个读者来提供。因此，时尚如今将获得一种独特的艺术，即它自身的诠释学意义。修正现代性以保持其"史诗般"的特征，成为新的挑战。

图 11.
保罗·埃勒（Paul Helleu），《在凡尔赛公园：埃勒夫人坐在雕塑旁边》，
约 1897 年。铺纸干点法，31.9 厘米 × 26.3 厘米。伦敦 Lumley Cazalet
有限公司。

"戴安娜"的形象和她的最新时尚。

马拉梅与现代性中的
时尚的高雅

Mallarmé and the Elegance
of Fashion in Modernity

第 2 章

安德烈·库雷热（André Courrèges）："棉花与合成物的联姻：合成的羽毛棉织物，羽毛可以保护你的面部不受气候变化的影响，棉花能让你保持你身体的内在温度。这些婚姻让你感到非常舒适！"

让-皮埃尔·巴鲁（Jean-Pierre Barou）："马拉梅，他也参与了时尚，但他没有谈及这个问题！"

"没有谈论它！"（笑声）

安德烈·库雷热："但马拉梅与他的时代共存。我则和洗衣机一起生活！"
——出自1983年的采访[1]

2.1 时尚与现代性：斯特凡纳·马拉梅，现代主义者

人们可能已经猜到，通过邦维尔，从波德莱尔那儿获得居伊的黑裙女子插画的诗人是斯特凡纳·马拉梅。

波德莱尔为"时尚与现代性"提供了一种诠释学体系。他围绕着时尚及其作为现代社会存在特征的永恒变化原则，建立了一种解释学话语。通过这种诠释学，如今马拉梅可以专注于现代性的纯美学性质，并且专注于对伴随这种新"发现"的生活节奏的修饰和高雅的探索。波德莱尔曾以在现代性和永恒性之间构建一种辩证关系（当然这并不是他所用的术语）为目标。视觉艺术和文学旨在将时尚表现为一个强有力的现代主题，它伴随着美学家、纨绔派、"老虎"或游手好闲者对服装的感性欣赏，由此产生了现代男人与女人在审美经验中对当代和当下的接受

的一面；另一面则以作为现代性的求助点和摩擦点的崇高为标志，预示着对崇高和古代的客体化和商品化。与此相反，马拉梅放弃了永恒；对他来说，瞬间就足够了，无须对立。当下作为当下是有价值的，这种性质就已超越了波德莱尔在《现代生活的画家》中颂扬的观点，[2]它是绝对独特的，必须以它本身为媒介。

马拉梅接受了马克思提出的抽象化，19世纪许多植根于浪漫主义的艺术家将这种抽象化当作同自然产生的致命距离而倍感哀叹，但这能让他专注于纯粹形式并专注于（时尚的）商品，而如此便可将其和资本主义领域分离，使其能成为真正的诗意对象。关于此种分离和升华所形成的现代神话，后来成为超现实主义者同本雅明争论的主题。

马拉梅通过选择看似最无常和短暂的主题范围，将现代性的这两股力量——本体论的决裂和物化——交织在一起。时尚是对自然的绝对抽象，同时也是瞬间之美的神秘载体。因此，在时尚报道这个看上去次要和肤浅的媒介中讨论的衣服和配饰为诗人提供了一个"神话外壳"，在其中现代主义者对语言结构的审查以及隐含的美学得以实施。[3]

然而，在本书所研究的艺术家和诗人中，他与时尚的关系似乎也是最为直接的，因为其被描述成一种商业行为。正如我们从巴尔扎克、巴尔贝·德奥列维利（Barbey d'Aurevilly）[1]、戈蒂埃等人的作品中了解到的那样，在整个19世纪，许多作家都给时尚刊物投稿，但马拉梅是第一个将时尚视为充满了所有必要特征的领域，在其中可以将时尚作为文化（以及社会、经济和政治）的现代性寓意更广泛的风格核心加以讨论。而且，这些讨论文章使他能够创作出一个完整的、真正的现代陈套（poncif），即非常波德莱尔式的"天才"（du génie）风格——这不只是出于物质原因，还是出于美学原因，尽管他显然希望看到他的研究在

---

[1]　巴尔贝·德奥列维利，法国小说家和短篇小说作家，对奥古斯特·维利耶·德·勒斯勒·亚当、亨利·詹姆斯、莱昂·布洛伊和普鲁斯特等作家产生了极大的影响。——译者注

图 12.
雅克 - 亨利·拉蒂格（Jacques-Henri Lartigue），《沿着布洛涅河》（*Along the Bois de Boulogne*），约 1911 年。玻璃底片，9 厘米 ×12 厘米。雅克 - 亨利·拉蒂格之友协会，巴黎。

20 世纪早期的擦肩而过的妇女。对当代时尚的现代表现的完美引用。

资本主义经济中也取得成功。

从时尚报道的洼地中，马拉梅脱颖而出，成为一位伟大的形式主义者，成为一个无休止地设计错综复杂的诗歌结构的作家，他把迄今为止被遗忘或晦涩难懂的词语都编织进去，用对象实际上并不存在的隐喻或比喻来刺绣，并以尽可能完美的正式格式为它镶边。⁴ 所有这些努力不仅仅是思维上的，它还涉及外在：外观，一篇文章的"形象"[参见《帽子》(Le chapeau)]有着超越内容的倾向。阿尔伯特·蒂博代[2]在首份完整研究马拉梅风格的报告中提到了"对主题的拒绝"。这种拒绝在语义上被延伸到《最新时尚》的句法和韵律上。⁵ 这种结构性操作显然符合现代性的"决裂"，但同时也指向了诸如《骰子一掷永不会消灭偶然》(Un Coup de dés)[3]或所谓的《书》等作品：在现代形式主义者的实践中，事实主题在白色书页的无垠空间内被贬到几乎不存在。

同他这些象征主义和稍晚一些的现代主义诗歌中的错综复杂的东西相并列的是一些小小的乐趣，诸如（给资产阶级上层妇女和家人的）《折扇》(Eventails)《冰镇的水果礼物》(Dons de fruits glacés)或《邮局带来的快乐》(Les Loisirs de la poste)。这些偶尔出现的诗句的平庸可能会让人目瞪口呆，然而它们的短暂和随意的权威，加上它们的形式之美，很容易让读者同它们和解。此外，内容的匮乏也是程式化的：当世界被视为越来越抽象化时，那么抽象化本身就成为美学和形而上学关注的焦点。19 世纪不断变化的社会政治表象呼唤马克思的分析，而波德莱尔和其他人让自己忙于研究这个世界的内在变化——但两者都对快速变化背后的哲学论证抱有好奇心。马拉梅接受了社会的这种影响，此影响在 1870 年后逐渐变得不再显著。他还通过赞美始终呈现和呈现过的事物，即那些在时间和物质层面相互接近的东西——时尚，⁶ 向资

[2] 阿尔贝·蒂博代，法国散文家和文学评论家，曾任教于日内瓦大学，是西方 20 世纪很有影响力的文学批评学派——日内瓦学派的创始人之一。——译者注

[3] 全名为 "Un coup de dés jamais n'abolira le hasard"。——译者注

产阶级展示了——其中隐含着反讽意味——它的肤浅天性。

在现代性中存在着一种诱惑——当然，不限于马拉梅的杂志——那就是远离艺术领域，完全专注于所有那些短暂的事物。人们被吸引到那些同当下联系最密切的社会和文化表达追求之上，同时伴随一种忘掉这种很快就成为它自身过往的即时性的"英雄能力"。[7] 马拉梅可能会认为，为一个极度无常、最终短命的时尚刊物编稿和撰稿，对一个诗人来说就代表了一种极其可能的最短暂的姿态。《最新时尚》的确是一件结构复杂的艺术之作，它的外观就像一件美丽的衣服，从旁观者（或者不如说是读者）面前流过。只有对其香味的突然怀念，才会让人冒险穿过结构进入作品的"褶皱"中[8]——这种怀念同它当时的读者格格不入，因而为回顾性评论所独有，就评论本身而言，它很难传达彼时时尚著作所传达出的感性。

图 13.
爱德华·马奈绘制，斯特凡纳·马拉梅的肖像，1876 年。布面油画，
27 厘米 × 36 厘米。奥赛博物馆，巴黎。

2.2 女神

　　人们相信马拉梅曾说过"时尚是外在的女神"。[9]当他开始考虑出版一本刊物献给这位难以取悦的女神时，她已经从自己的基座上走了下来，进入现代城市。这并不是说此次下凡会使她失去成为诗歌主题的资格。相反，作为在短暂和无常中的崇高过去的象征，她现在完全可以被观察到，而且顺便一说，是字面意义上的观察！一开始，女神作为时尚的缪斯激发波德莱尔做出声明："我所说的现代性是短暂的、无常的和偶然发生的，是艺术的一半，其另一半则是永恒和不变的。"[10]这一对现代性的定义出现在名为《美、时尚和幸福》（*Le Beau, la mode et le bonheur*）的合乎逻辑的讽刺性系列之后，刚好就在波德莱尔写的关于居伊的文章的开头。在这篇开创性的文章发表三年后，马拉梅写信给一位朋友说，他打算自己出版一本《美之赞颂》（*glorification of beauty*）——最终成品是《最新时尚》："我正在为一本关于美的书打基础。我的灵魂在永恒中游走，经历了许多令人激动的事物，如果能在文字中提到永恒不变的话。"[11]美再度同永恒以及不变之事物相伴。然而，对于它在现代性中的阐述，另一个概念也是必要的：它必须也是尽可能最当代、最直接的美。而且在波德莱尔之后，这种美必须完全无利害关系，不能用实用性或商业惯例的规范来判断。在此前一年，马拉梅的朋友保尔·魏尔兰（Paul Verlaine）[4]以同样充满颓废色彩的方式对波德莱尔进行了解读："当然，诗歌的真正目的是美，仅仅是美，纯粹的美，没有任何附加的有用性、真实性或正当性。"[12]利用这个美的概念，魏尔兰给时尚反复无常和不敬的举止以及它充当美丽表象的功能以先验赦免。

---

[4]　保尔·魏尔伦，19 世纪法国诗人，代表作为《智慧集》。——译者注

在一份未注明日期的手稿中，马拉梅将波德莱尔式的"美、时尚和幸福"同"美与实用"（le Beau et l'utile）中客体化和实用性的冲突相并列。波德莱尔早就将生活中的美（和史诗）部分视为针对过度工业化的一剂相应的解毒剂，而对马拉梅来说，此部分也是对持续客体化的一种必要平衡。对他来说，现代性所具有的模棱两可甚至辩证的特征，是两种概念的中和——正如人们所期望的那样，其终结于时尚之中。

∎

在美和有用性之间，人们必须引入一定程度的真实性。美可能只会成为某种被抛弃的点缀。有用性，就其本身而言，如果目的是平庸的，那么其只能表达出粗俗。塑造真正的时尚需要工匠对物品的用途有某种程度的遗忘。这才是至关重要的——将想法作为一种有关真实的完全现代的阐述加以实现。这种创造性天赋的转变并非完美无缺或不会失败的，但在达成时，在那把雨伞、那件黑色衣服、那种"剪裁"中，将会迸发出惊人的奇迹！ [13]

∎

套装、雨伞、礼帽或大摆礼服——所有这些都可以作为主观存在被移置到客体中的最有力的案例，将成为现代性的认识论要素。然而，正是由于对即时性的强调，波德莱尔的现代性看上去有成为单纯现代主义的内在危险。难道它不需要短暂的、跨历史的特性，以便让人们在过去和现在之间来回穿梭吗？

马拉梅在早期同样为短暂找到了一种阐述方式。在一些被统称为《照片》（Photographies）的四行诗中，诗人立刻被他的朋友，也是他的情人——偶尔出现的著名交际花梅里·洛朗（Méry Laurent）的服装风格迷住了： [14]

图 14.

爱德华·马奈绘制，《秋天》，1882 年。布面油画，73 厘米 × 51 厘米。
南锡美术博物馆。

"马奈试图从新杂志《艺术与时尚》的主编那里为［马拉梅］争取到写书评的委托；
然而马拉梅对马奈给他的其他消息更感兴趣："我将以梅里·洛朗为模特创作《秋
天》。我昨天去和她谈了这件事。她已经做了一件长袍。多么好的一件长袍啊，
我的朋友，鲜艳的棕色，内衬古金色织物。它令人惊叹。我离开梅里·洛朗时说：
'当你穿腻了这身长袍时，请你把它留给我好吗？'她答应了我，它将为我梦想
中的所有事情创造一个骇人听闻的背景"……这件精美的大衣标志着梅里·洛
朗奢华和优雅生活的开始。——亨利·蒙多（Henri Mondor）

II

白皙狡黠的日本姑娘

一起床便精心装饰打扮，

梦想着拥有光芒闪烁的

绿松石蓝的裙摆。

III

穿着长裙如仙女般飘逸，

花容月貌更胜过仙女，

梅里为一展自己的魅力，

用绮丽的幻想装饰自己。

……

V

我的友谊忠心耿耿，

倒映在泛着银灰的蓝天里。

若你怀疑，我愿起誓：

长裙常换，我心不变。

……

VII

我不知道为什么

穿上了这件如月光般的长裙，

我，天上的仙女，

无须任何衣饰装点。[15]

这位离开了神坛去赢得新的（蓝色）裙子或狩猎服的女神，如今要求被记录下来——即便不是永久地出现在檐壁饰带 [5] 之上，那么至少也要在社会专栏的照片上展示她每一件最新服饰。

然而，这只是对服装制作者和穿着者来说都很重要的外观，诗人则旨在更新审美体验。正如莱辛 (Lessing) 在一个世纪前就观察到的那样，诗歌——通常还有文学——的症结在于，写作时只能按时间顺序描述客体：一种观点、一种情况，然后是另一种。相比之下，视觉艺术则能够在一个"富有成效的选择时刻"中，在保证形象和色彩在空间共存的前提下具体表现客体。[16] 洛朗的《照片》可以在一个特定的瞬间捕捉到她的身体和衣服，然而包裹着她的蓝色连衣裙却在持续地改变其外观：从让人想起天空的绿松石蓝面料，到闪闪发光的唤起对神话中人物想象的丝绸褶皱，再到微妙而显眼的银蓝色，就像将她和诗人联系在一起的相互钦佩之情和爱恋。马拉梅面对着文字描述的局限性，不是从不同的角度连续描绘相同的情景，而是以一个单一的角度注视着洛朗的形象——不过，当他添加了另一个终将完成她诗意特征的不同方面时，他让视角再度回到她的服装上。很明显，对面部表情或手势的观察也可以根据瞬间的印象而采用不同的方式，但那些描述便没那么重要了，诗人打算描述洛朗的特点中对他最重要的方面——她的爱和友谊：一个不可改变的事实。但为了传达出他的朋友出现在他眼前给他带来了何种视觉印象，无常和短暂必须成为必不可少之物。时尚——如波德莱尔的《给一位擦肩而过的妇女》——给欣赏者留下了外在美的印象，这种印象可以改变，但也可以支持内在的情感，为灵魂提供一种富有魅力的平衡。即使处于摩登时代的速度中，诗歌也可以放心地"唯有长裙常换"（que [1] a robe seule est changeante），而它则仍然保留着内心的情感。[17]

因此，《最新时尚》不会成为社会变革或人物研究的记录。它的存在时间太短，无论如何都不足以实现这样的目标。但在 1874 年 /1875

---

[5]   指位于西方建筑正面的、在楣梁和檐口之间的雕刻装饰，在西方古典建筑中饰带是古典柱式中的重要组成部分之一。——译者注

年秋冬的短短几个月里，该刊物描述了一些相互取代的风格和服装的创新性变化。[18] 马拉梅没有质疑他的作品产生和传播的大环境（不过也并不等同于他必然接受它），但他确实参与了这些时尚所创造的印象流。而这些创造为艺术家在现代性中的想象力提供了一个高雅的出口，它们最终会成为映照这些想象的镜子。

在整个 19 世纪，艺术失去了与教会、宫廷和国家间的根深蒂固的联系。启蒙运动的原则为这一趋势增添了对既定秩序的质疑，并以"自然"推理取代了先验推理（ordo）[6]——迄今为止正是先验推理为艺术提供了传统主题和正当性。因此，艺术流派的分离有所下降。[19] 与此同时，现代性将要求艺术一次又一次地选择和界定其各自的任务。持浪漫主义立场的施莱格尔（Schlegel）[7]——正如我们所见，波德莱尔在他的《艺术哲学》（L'Art philosophique）中改造了此人的美学——坚持认为语言和理论中的主观应该成为艺术实践不可分割的组成部分。然而，这些组成部分的静态特性将成为艺术家表达现代生活转瞬即逝的能力的阻碍。马拉梅则有着双重目标，通过在他的诗歌中加入独特的外部特性、视觉和无常的性质而绕过此困境。最终，《书》（19 世纪 70 年代初）的形式主义将导致《骰子一掷永不会消灭偶然》（1897 年出版）一书中图画的激进主义。同时，他对视觉的主观追求在《最新时尚》中被转化为对客体化外观的专注，该作品提出另一个更具印象性（甚至可能是"印象派"）的选项。

---

[6]　出自拉丁文"ōrdō"，常用来指一些圣事的流程与内容。——译者注

[7]　卡尔·威廉·弗里德里希·施勒格尔（Karl Wilhelm Friedrich Schlegel），德国诗人，文学评论家、哲学家、语言学家和印度学家，他与哥哥奥古斯特·威廉·施莱格尔均是耶拿浪漫主义派的主要人物。——译者注

2.3 最新时尚

波德莱尔的陈套，即艺术家为了在现代文化中取得成功而必须生产的迎合市场的商品，似乎与马拉梅这个更内省的人格格不入。因此，人们起初会怀疑《最新时尚》只是对《当代高蹈诗集》(*Le Parnasse contemporain*)[8][基本上是阿纳托尔·法朗士(Anatole France)[9]的决定]在 19 世纪 70 年代初拒绝收录马拉梅著名的《牧神的午后》(*Faune*)[10] 做出的讽刺性回应。

马拉梅后来向魏尔兰坦白："由于对我必须创作的这本可怕的专制书籍感到绝望，我……尝试自己撰写和编辑……《最新时尚》这本刊物。"[20] 当诗人对艺术完整性的要求在商业世界中遭遇失败时，他决定故意按商业世界的规则行事。他没有采用批判或愤世嫉俗的方式（这是波德莱尔的做法），而是公开地让自己投入当代社会和它的期望中，没人能说，作为一种"陈套"，时尚刊物在商业上是不可行的。然而，《最新时尚》从一开始就有一种属于自己的暧昧。尽管马拉梅将刊物设想为一个企业，但一旦他开始在纸上扮演主编、工作人员、室内设计师之类的假定角色时，他心中的"诗人"的成长就会越来越明显，并在很大程度上渗透到他的编年史和他对服装的描述中。

现代性和时尚的修辞同样是辩证的。在它们之中，永恒之物同附加在瞬间之物上的自我反讽态度相互结合或相互对立。马拉梅最初的想法是跟随波德莱尔追求崇高之美。但正是那些他在前辈身上发现的针对瞬间和反讽的重要感觉，让他接受了从批评到评论时尚的转型。但是，波

---

[8] 《当代高蹈诗集》为高蹈派诗人的杂志，直译为《当代帕纳索斯》，源自希腊神话中缪斯的住处帕那索斯山(Mont Parnasse)，于 1866—1876 年发行。——译者注

[9] 阿纳托尔·法朗士是作家雅克·阿纳托尔·弗朗索瓦·蒂博的笔名，他于 1921 年获诺贝尔文学奖。——译者注

[10] 全名为"L'Après-midi d'un faune"。——译者注

图 15.
爱德蒙·莫林（Edmond Morin）绘制，《最新时尚》第 1 期（1874 年 9 月 6 日）
的封面页。石版画，20 厘米 ×13 厘米。

德莱尔是以玩世不恭的纨绔态度进行冷酷的讽刺，马拉梅的讽刺（尽管有时也是纨绔式）则显得宽宏大量而温暖。在《最新时尚》中，他并不追求时尚的绝对体现，坦陈"史诗方面"不过是追求自指，而"当代方面"（côté contemporaine）则是徒劳的。然而，出于实现完全成功的进取心，他不得不在诗意表达上小心翼翼，应用技巧。罗兰·巴特（Roland Barthes）在他的《时尚体系》（Système de la mode）中评论道："如果这是一个有关严肃和轻浮的辩证问题，即如果时尚的轻浮被直接视为绝对严肃，我们就会拥有一种最为崇高的文学体验形式，也就是说，马拉梅式辩证法的发展恰恰是时尚本身的发展（马拉梅的《最新时尚》）。"[21] "过分严肃"和"过度徒劳"构成服装时尚的修辞，[22] 但对于 19 世纪时尚期刊的热心读者来说，过分是陌生的，当然对于撰稿人来说也是如此。这本期刊提供"最为崇高的文学体验形式"的潜力绝非夸张——马拉梅从一开始就意识到该计划的复杂性，因为其中涉及时尚的自反和表现功能的碰撞。

然而，在 1867 年，他还在梦想着他那本有关美的书。他在给颓废派诗人朋友维利耶·德·利尔 - 亚当（Villiers de l'Isle-Adam）[11] 的信中说："我离达到这两本书中的完美的定义和梦想还差一点，它们既新颖又永恒，其中一本全是绝对之'美'。"[23] 这里，辩证法被解释为"永恒"和"新颖"（即波德莱尔的"转瞬即逝"）；然而新颖性的因素就其自身而言，内藏徒劳和严肃。对"绝对之美"的宣称再次涉及它最新的、瞬间的表达，而此种表达又正是依据其古典和崇高的标志而被认可。在任何关于现代生活的阐述中几乎都能找到美；任何工匠（如我们所见，特别是做黑色套装的裁缝）都能够创造美——根据定义——也能够创造艺术，因为所有这些客体如果能真实地表现出其内在思想，就有可能是艺术。其结果就是马拉梅想编撰"一部计划将时尚作为艺术来

---

[11]　维利耶·德·利尔 - 亚当，19 世纪法国象征主义作家、诗人和剧作家。其作品常具神秘与恐怖元素，并有浪漫主义风格，著有小说《未来的夏娃》等。——译者注

进行研究的纲要"。[24] 时尚作为艺术——嘉柏丽尔·香奈儿肯定会反对这种说法。然而，这一幕并不是发生在 20 世纪，那时候时尚和相关业务已经成为公共所有物，大量的出版物在其首次面世的几天内就能将最新风尚风传。到 19 世纪 60 年代末，时尚依然是在一个封闭的社会框架内被设计和生产出来的。对于广大的中产阶级公众来说，时装店和时装设计师或多或少仍是匿名的。当然，女神和世俗的巴黎女性一样，知道应该到哪里去进行某种剪裁、某种工艺加工，但裁缝的名字仍然带着一种光环，仍然被当作交易中应保守的秘密。不过在 1858 年，一位裁缝决定以尽可能壮丽的排场来展示他的"陈套"。查尔斯·弗莱德里克·沃（Charles Frederick Worth）[12] 在这一年开设了他的首家工作室。在当时那些一直努力隐姓埋名以维护自己声誉的工匠中间，他迅速成为首个名字家喻户晓的工匠。时装店和时装设计师工作室，如罗贝尔·平加（Robert Pingat）（1864 年成立了一家独立工作室）、雅克·杜塞（Jacques Doucet）（最终于 1871 年创办了一家真正的高级时装店）和卡洛特姐妹会（Callot Sœurs）（1895 年起）也相继成立。

从 1848 年到 1870 年，法国一直处于一种古代与现代纠缠不休的奇特的状态中，因为它的社会政治遭遇了现代性概念所带来的冲突。一方面，皇帝路易·拿破仑的统治坚持波拿巴主义和君主专制主义原则；另一方面，历史学家和后来的总统阿道夫·梯也尔（Adolphe Thiers）[后来是埃米尔·奥利维尔（Émile Ollivier）] 领导的议会反对派对先前革命中提出的"必要的自由"的呼声越来越高。诸如新闻自由和个别部长（对国会）负责制等的让步导致了自由帝国（Empire libéral）的诞生，这些让步在 1869 年的公民投票中以 83% 的公众支持率得到了

---

[12]　查尔斯·弗莱德里克·沃斯是英国时装设计师，创立了沃斯时装屋（House of Worth），为 19 世纪和 20 世纪初最重要的时装工作室之一，许多时尚史学家都认为他是高级时装之父。——译者注

保障。

旧制度和新民主趋势的结合在法国资产阶级中得到反映。在某座大楼里，人们可以发现旧家庭和习俗的装模作样；而在旁边一座舞厅里，人们则能看到那些在股票市场上或出人头地或一蹶不振的新贵们。这种传统与当代的令人不安的共存在普鲁斯特的《追忆》中通过盖尔芒特（Guermante）家族和维尔迪兰（Verdurin）家族之间的羁绊体现，这也正是马拉梅刊物的读者们的特点。他所编撰的出版物必须具有明显的贵族气息（马拉梅的文学良知要求他如此），但由于订户来自中产阶级而非贵族，他必须小心翼翼地调整自己的文字，避免用太多奢华的场景或比喻来疏远他们。正如我们将看到的，他的"同订户的通信"（Correspondance avec les Abonnées）将巧妙地解决这一潜在的困境。

尽管 1870—1871 年的普法战争显露了专制主义政权的绝望，但法兰西第三共和国的社会与战前社会并没有根本不同 [13]。保皇派 / 波拿巴主义者仍然掌握着议会的多数席位，最重要的是，经济运行方式一如既往。由此再度产生的针对社会不公的抗争，源于对根本性变革的可能性被再度浪费的挫折感，同时也有部分是基于历史回忆。1871 年成立的巴黎公社未必是由工人组织的，而是由城市手工业者、工匠和受过教育的中产阶级成员领导的。然而，作为一种理念英雄式失败的象征，巴黎公社催生了强大的劳工组织和工团主义。在那段时间里，尽管表现得更不积极，马拉梅还是延续了波德莱尔的现代主义传统并且同情激进的中央委员会（Comité central）和布朗基派。他自己也订阅了一些无政府主义出版物，²⁵人们不禁想知道，当他在公立中学教了一天书后，回到家里写作和编辑他的时尚刊物时，早上所读过的这些刊物将会给他带来

---

[13]　普法战争后法兰西第二帝国垮台，巴黎公社起义后法兰西第三共和国成立。——译者注

图 16.
让·贝劳德绘制，《欧洲之桥》，19 世纪 70 年代。布面油画，48 厘米×73.5 厘米。私人收藏，美国。

什么样的必然影响。

　　1871 年 11 月，马拉梅搬到了巴黎的莫斯科路。他移居此处后，出版一本献给女神的刊物的计划再次浮出水面（部分是由于他和他的家庭经济紧张）。他写信给朋友——诗人若瑟－马里亚·德·埃雷迪亚（José-Maria de Heredia）[14]：

　　　　■

　　　　最近，我走遍了巴黎，试图募集订阅者以帮助我启动这个占据我所有思绪的美丽而奢华的评论期刊:《装饰画艺术》（*L'Art*

---

[14]　　若瑟－马里亚·德·埃雷迪亚，出生于古巴的法国诗人，高蹈派的代表人物之一。——译者注

décoratif），每月出版，巴黎，1872 年。写此信是因为下述这个不容易启齿的事由：只有一个人可以设计出卷首插图，克劳迪亚斯·波普兰（Claudius Popelin）。他对我而言很有魅力，并且已经接受设计请求。一切他都已同意了，所以我无法对他再提任何要求。不过，既然他对你如此喜爱，你或许能在下一封信中提到这些？要尽快，诸如说些你已经听说我正在筹办一本刊物；而他正在为它设计封面；希望有更多、更好的；等等……不过你到底在离巴黎这么远的地方做什么？我敢打赌，你创作了一些精彩的新诗。快回来给我们读一读吧。[26]

这个项目即将成形，马拉梅已经设想由他的诗友们提供文学作品，而他业已选择了用平版印刷的封面来吸引尽可能多的潜在读者。[27]

计划中的《装饰艺术》的概念和形式源于马拉梅早先供稿的另一份奢侈品刊物。1865 年，巴黎的《艺术家》（*L'Artiste*）杂志发表了马拉梅的第二篇文章（第一篇文章发表于 1862 年），题目是《文学交响曲》（*Symphonie littéraire*）。[28] 在这篇文章中，在"现代的无能缪斯"的指引下，他向自己最欣赏的三位诗人表达敬意：波德莱尔、戈蒂埃和邦维尔。然而，在这种带着回顾语气的致敬中也有一种告别的意味。同年 7 月，由昔日的纨绔派阿尔塞纳·乌赛（Arsène Houssaye）主编的《艺术家》首次开设了一个专栏，名为《艺术与时尚》（*L'Art et la mode*），撰稿人是神秘的德奥尔伯爵夫人（Comtesse d'Orr）。这位（金发的？）伯爵夫人〔有些人认为她就是 19 世纪最著名的纨绔派之一德奥尔赛伯爵（d'Orsay）的女性化身〕坚定定期撰写有关永恒与短暂相结合的文章，而从一开始她的笔调就显示出与最具文学特征的时尚写作一致。其预示着随后在《最新时尚》中出现的对该主题的迷恋："如果我想要在所有怪异任性中寻求时尚，就会有很多可说、很多矛盾……不可能梦想有更多不同的和更令人陶醉的全套服装，这场秀让

73

人沉迷……永恒之美是一个小而迷人的文学缩影……出现在所有痕迹（香味）之中。"[29] 是谁在这个假名后面隐藏了他或她的诗意许可？在回忆录中，乌赛不准备揭下这位女性作者的面具，尽管他确实暗示了被马拉梅渲染为"杜伊勒里宫的戴安娜"的那位"女神"的身份。1865 年，也就是马拉梅和"伯爵夫人"首次为他的刊物撰稿的那一年，"还在她（戴安娜女神）17 岁时，她就敢于在歌剧院、赛马场及其他任何地方用督政府风 [15] 改变时尚：没有环箍，没有衬料，只有一件根据她的形体来塑造的衣服，值得法兰西艺术院（Académie des beaux-arts）为她开个价。"[30] 考虑到 1865 年的服装需求及纺织品过剩，这的确是一个相当大的成就。即使是最有冒险精神的品味引领者，也最好是一位少女，才能在 19 世纪初驾驭女式透明无袖罩衫。

1885 年，乌赛回顾起这个服装风格很容易被等同于艺术创新的时代，作为对比的当下显得肤浅且虚幻。他悲观地叹道：

■

不幸的是，时尚又回到了虚幻时尚和女帽飘带（suivez-moi jeune homme，连在轻巧帽子上，从佩戴者的背后落下的彩色长丝带）之上。事情总是如此。

对埃及人和希腊人来说，穿衣艺术是一门艺术。而对于法国人，它往往只是一种滑稽化的美。克利奥帕特拉和阿斯帕西娅 [16] 的穿着像女神，而我们周边那些贵妇和交际花则穿得像疯妇。[31]

■

---

[15]　一种新古典主义时期的装饰风格，流行于法国督政府时期（1795—1799 年）。——译者注

[16]　克利奥帕特拉（Cleopatra），即著名的埃及艳后；阿斯帕西娅（Aspasia），古希腊人，据说是一位女哲人和交际花，她的智慧让苏格拉底颇为赏识，同时她也是雅典著名政治家伯里克利的爱人。——译者注

正是这个被与他同时代的波德莱尔判定为"疯狂"的时代，当"理性气压表显示出酝酿的风暴"时，后人回顾此时会认为这是一个经典时期，它的时尚有着（古典）雕像之美，而后人所处时代的服装则被认为是浅薄甚至粗俗的。正如波德莱尔在反对米什莱时所做的那样，乌赛只会在对过去的怀念中将时尚升华为艺术。不过，人们不禁要问，在1865—1874 年，他是否曾欣然对德奥尔伯爵夫人和马拉梅表示过支持，而他们都曾提议研究"作为艺术的时尚"（la mode comme un art）。

时尚和艺术作品的范式价值之间的流动和反流动在马拉梅身上留下了痕迹。不过，他想出版一本类似于乌赛的杂志的计划没能实现。诗人不得不又等了两年，直到他在莫斯科路的邻居，出版商夏尔·温德伦（Charles Wendelen）要求他为那时还完全是纯视觉的系列版画加入描述性文字，并起名为《最新时尚》。温德伦曾与妻子一起出版过《当季》（La Saison）和《当季时尚》（Les Modes de la Saison）等时尚杂志。在一次创业中，他的作用仅限于协调印刷和发行，而他妻子则就有关巴黎时尚的实际问题——商店位置、价格和货物配送——向马拉梅提供建议。[32]

12 月，"马拉斯钦经理"（le Directeur Marasquin，一个由温德伦扮演的角色）对 1874 年夏季和秋季出版的前六期进行了总结："我们第二年的前六期（头一年的没有文字），确立了我们的出版物在物质和思想上的富足，没有任何不足，甚至没有不成功的。"[33] 尽管物质上成功的说法有些言过其实，但第二年的系列出版物所追求的目标变得清晰起来：实现外观和内容上的丰富。温德伦雇用了两位插画师为他之前相当不成功的出版物创作版画，[34] 由于马拉梅放弃了《装饰艺术》，让波普兰（以及德埃雷迪亚）感到失望，因而马拉梅必须找到另一位能让新项目与众不同的插画师。邦维尔又一次充当了中间人。1868 年，他与艺术家爱德蒙·莫林合作出版了《十四行诗与蚀刻版画》（Sonnets et Eaux-Fortes）一书，正如书名所言，该书将十四行诗与蚀刻版画搭配在一起，而这个点子来自出版商阿方斯·勒梅尔（Alphonse Lemerre）的建议。[35] 通过朋友邦维尔和勒梅尔的牵线，马拉梅获悉莫林在为文学作品绘制插图方面的才华。[36] 为了表示感谢，马拉梅匆匆向勒梅尔夫妇寄去了刊物的第 1 期："我茫然地离开，精疲力竭，杂志封面已经印好，还写了几百封信。很快，你，或者确切地说是勒梅尔夫人，就能收到这份蠢物。"[37]

有着奢华封面的"蠢物"就这样诞生了，下一个任务是编撰同样精致的内容。首先，马拉梅会召集他的一些朋友用文学作品来润色刊物，仅此一点就能使杂志同市面上的其他出版物区别开来。然后，他还必须确保定期专栏内容的更新——因为连续性对维护订户至关重要——同时也反映了他的杂志的独特性和高水准。为了找到文学评论《消息与诗歌》（Nouvelles et Vers）的撰稿人，马拉梅动用了他在过去二十年间建立起来的关系。邦维尔是对波德莱尔提出的时尚和艺术进行最初探索的现代主义的纽带；弗朗索瓦·戈贝（François Coppée）、苏利·普吕多姆（Sully Prudhomme）和卡蒂勒·孟戴斯（Catulle Mendès）来自先前发生过激烈争吵的高蹈派；现实主义作家莱昂·克拉代尔（Léon Cladel）是同政治联系的布兰基派，同样的还有埃米尔·左拉（Émile Zola），尽管他俩在美学观点上有着根本性的差异，马拉梅还是承认左拉是一股文学的新生力量。可惜！由于杂志社倒闭，左拉的投稿将永不会被刊用。1874 年 11 月，马拉梅在左拉的喜剧《拉布丹的继承人》（Les Héritiers Rabourdin，后来在《最新时尚》上大受好评）首次公演后写信给他："新闻界又一次证明了他们的完全无知。什么？俗不可耐的印刷品？但它不是被最优雅的品味欣赏吗？就我而言，我对一幅绘画或海报的欣赏程度不亚于壁画或神像，我不认为艺术的任何方面比另一个方面差；我同样喜欢它的每个方面。"[38] 如果从表面看马拉梅的这番表白，我们会奇怪地发现，他远离《当代高蹈诗集》（the Parnasse Contemporain），只是为了表达当代生活中一种同样崇高的东西——高级时装。商品被等同于艺术品，这是事实；但它确实又是一种非常独特的商品。马拉梅声称对反映现实生活（也许还有政治）有兴趣，但除了偶尔表达一番同情之外，他其实毫无行动。在他的"神话围墙"中，美总是优先于他在巴黎大街小巷看到的那些身边现实，显现在美学和思想品味之中。[39]

图 17.
爱德蒙·莫林，《最新时尚》的标题页，第 1 期（1874 年 9 月 6 日）。
石版画，20 厘米 ×13 厘米。

2.4 时尚写作 II-IV

2.4.1 史诗与通性

为了在其关于时尚的写作中区分和融合严肃与徒劳、永恒的一面与转瞬即逝的一面，马拉梅让自己轻微人格分裂。马拉梅模仿神秘的德奥尔伯爵夫人、他的女神戴安娜和波德莱尔式的纨绔子弟，将自己分裂成若干个诗意人物，所有这些人都被他隐藏在女性假名之下。因此，《最新时尚》由以下几个栏目组成，每个栏目都由一个高度个性化的虚构人物撰写：

1. 作为每期开篇的是关于"时尚"的文章，其中包含对时尚的哲学思考，"由一位世故的女性创作，她碰巧也是一位杰出作家。（玛格丽特·德蓬蒂［(Marguerite) de Ponty］夫人。）" [40]

2. "时尚公报"（Gazette de la fashion），始于第 5 期，以介绍巴黎时尚的商业方面为特色，同时还有"奢华而实用的每周推荐。夫人们，是否对这位听起来像外国名字的、众所周知的巴黎人的化名——萨坦（Satin）小姐抱有绝对信心取决于你们。[17]" [41]

3. 由 Ix. 撰写"巴黎纪事"（Chroniques de Paris），她是一个暧昧的人物，是波德莱尔的"人群中之人"（l'homme des foules） [42] 的嫡派子孙——对时髦的擦肩而过之人有着敏锐观察力的游手好闲者。她是一位交际花，她最终将无比接近艺术和时尚的真实联系起来。

4. 一些次要的"本地"角色：一位厨师、一位室内设计师、"一位克里奥尔女士"（une dame créole）、济兹［Zizi，"苏拉特的好妈妈"（bonne mulâtre de Surate)］、奥林匹（Olympe）以及其他一些人，

---

[17] 原文为"Miss Satin"，直译为"缎子小姐"。——译者注

马拉梅从不同的来源中采用他们的投稿。

5. 最后是"订阅者"（les Abonnées），他们以可靠的方式定期为马拉梅的解释和展开的论述提供线索。作为回报，他们为"负责《最新时尚》所有采购的巴黎专家夏尔夫人"服务，而"她完全听从你的安排"。[43]

从一开始，每个角色就像舞台上的人物一样被明确定义，以求尽可能地涵盖时尚修辞的各个方面。从德蓬蒂夫人的令人赞叹的分析到萨坦小姐的八卦叙述，从德蓬蒂夫人对时尚永恒性的形而上的推论到对隐藏在 Ix. 的女性世界中那位范式角色的考量，现代性和时尚的辩证关系在化名人物与读者的假想对话中、在不同专栏作家之间的假想对话中被讨论。就其修辞和文体的精炼度而言，这些虚构的辩论可以与其历史范本——柏拉图式的对话相提并论。

当意大利诗人路易贾·瓜尔多（Luigi Gualdo）收到《最新时尚》第 1 期时，他向同为高蹈派的弗朗索瓦·戈贝表达了自己的兴奋：

> ·
>
> 我收到了马拉梅的一封信，这可能是他最好的作品——写在传说中的时尚刊物的简章上。我还收到了一期杂志，在上面我认出了化名××（原文如此）的马拉梅，而且在上面我看到了你小说的第 1 章，就藏在一张时装画下面！！这到底是什么杂志？
>
> 我将在几天内给马拉梅回信，我已经给布尔热［诗人和纨绔派保罗·布尔热（Paul Bourget），总是追赶时髦］写信，我还没有读到他的任何东西。[44]
>
> ·

几个月后的另一封信显示，瓜尔多虽仍对该杂志的写作方式感到困感，但对其影响和重要性更为肯定："我只有一期时尚杂志。到底是所有文章都出自大师之手，还是马拉梅让所有作者都像他那样写作？"[45]使用笔名并不意味着让真正的作者完全隐身。马拉梅就在《最新时尚》的篇首语上公开通信。新创造的"马拉梅主义"文体将各种角色结合在一起，而诗人还没有走到为每个虚构的专栏作家设定不同散文风格的地步。这种做法无非是"拼贴与混合"（pastiches et melanges），让时尚写作的修辞水准很难有区别。

然而，假如这位男性艺术家几乎没有尝试隐藏他的诗意身份，嗣后却将作品记在一名女人的名下，岂不是显得很怪诞？人们能指望马拉梅产生跨越性别的共情吗？可以肯定的是，马拉梅非常享受这种化名下的角色扮演游戏。正如我们所见，他偶尔写的关于通信地址、庆典或扇子的诗，静静地躺在他那些错综复杂的现代主义作品之中。刻意选择这些并不重要的题材，诗人得以放松，而其中的讽刺态度则赋予谨慎、平庸以意义。对马拉梅来说，他假装成女性身份写作，与其说是超越性别，不如说是一种占据女性社会地位的方式。《最新时尚》允许诗人沉溺于所有琐碎的、肤浅的和家庭的事物中，不必担心由于自己不那么崇高——也就是说，不那么具有男子气概——的行为而遭到任何来自社会或艺术的制裁。在八个对开页的私密环境中，马拉梅陶醉于向他的"尊敬的订户"提供教育（此处为他的专业兴趣）、娱乐建议或者他最终将自己置于社会中的女性地位之上的购买甚至设计衣服和配饰的建议。[46]

《最新时尚》中绘制的女式裙装和帽子是事先制作好的。尽管莫林完全有能力在时尚插画中绘制舞台服装，但他肯定无须为杂志的资深读者负责设计新服装。对于服装类奢侈品来说，温德伦夫妇之前拥有的专业知识可能还会发挥作用，但马拉梅的美学需要其他更多合适的创作来源。因此，在第 6 期的平版画中，首次出现了"德蓬蒂夫人创创创

作 [18]"的标题——作家冒险成为一名服装设计师！⁴⁷在这里，高级时尚中的自然改革同语言的抽象化一致，在低调的商业散文的掩盖下，创造出一种无与伦比的语义和服装上的形式主义。波德莱尔和戈蒂埃的现代性共同影响了时尚。

19世纪70年代初的创新服装并非由工作室设计出来用于走秀台展示，设计师或时尚设计师们（faiseuses）是根据他们的女性客户群的愿望逐渐形成自己的想法的。看到这些新创作的唯一途径就是参加独家舞会或招待会，或在剧院包厢里偷看，或进到隆尚宫（Longchamps）的围墙内观看。一旦为人所赞美，这些衣服就会消失——通常都是在它们首次出场后就消失在拥有者的衣橱深处。彼时，时尚还没有与设计师的名字联系起来，而是与穿着者的地位和风格挂钩。但最重要的是，这些作品本身也被人当成艺术品来欣赏。德蓬蒂夫人就强调与女性身体一起流动和运动的裙子同作为独立于穿着者的实体的女式裙装之间的分歧：

■

也是唯一的一条：

然而，我们过去一直在使用传统材料制作舞会礼服，这些礼服看起来就像正在升腾的、纯白色梦幻迷雾一样笼罩着我们。

至于礼服本身，其大身和下摆比以往任何时候都更能塑造身材：美妙和灵巧在那些留下暧昧和显出区别的事物中对立。⁴⁸

■

这种对立通过德蓬蒂夫人和萨坦小姐的不同声音，得以在文本层面展示，或者更一般地说，是通过对服装的二分法评论和对其诗意的唤起来展示的。

---

[18]　原文是 Crééespar [sic] Madame de Ponty。——译者注

图 18.
爱德蒙·莫林绘制,《最新时尚》的封面, 第 6 期 (1874 年 11 月 15 日)。
石版画, 20 厘米 ×13 厘米。

马拉梅的女性朋友圈记录下关于重大场合的服装笔记，并迅速发往位于莫斯科路的"编辑部"。1874 年 11 月，卡利亚斯伯爵夫人（妮娜·德维拉尔）[19] 写道：

■

亲爱的斯特凡纳：

如果我用你杂志的名义在意大利［剧院］获取一张席位是不合适的行为的话，就请你毫不犹豫地告诉我。如果这个办法不可行，我还有其他办法。我会尝试并向你讲述《偶像》（*L' Idole*）中鲁塞伊（Rousseil）的打扮：

长长的深棕色罗缎裙裾，内衬浅色塔夫绸，下摆前沿有一千条淡色荷叶边，由一条大丝带紧紧地系在他身上，丝带上斜斜地镶有一朵巨大的深橙色花朵；与裙子同为棕色的无袖马甲与裙裾一样也是深棕色，再搭配浅色的衬衫袖子——这一切看上去有点精美，不是吗？不过，它效果极好，我建议你在时尚插图中将这身长袍复刻出来。[49]

■

巴黎舞台上的女主角在传统中处于时尚的前沿，著名交际花也是如此，许多女装设计师都会有一个特别的女门客（例如雅克·杜塞的雷雅纳[20]），他们会用自己最大胆的创作来打扮她，故意无视戏剧的实际要求。因此，《巴黎纪事》听从自己"记者"的建议，忠实地复制了卡利亚斯伯爵夫人的描述。[50] 除了依靠各种女性观众的眼睛，马拉梅还依靠梅里·洛朗的记忆术（参见《照片》），以及她凭借自己作为时装店前买手所具有的专业知识向他提供最新服装趋势信息的能力。

---

[19]　原文为 "Comtesse de Callias, Nina de Villard"。——译者注

[20]　原文为 "La Réjane"，应指19世纪末20世纪初著名法国女演员加布里埃尔·雷雅纳（Gabrielle Réjane）。——译者注

图 19.
爱德华·马奈绘制，《尼娜·德·维拉尔》，1873—1874 年。木版上的水粉和石墨画，
9.9 厘米 ×7.3 厘米 ×2.4 厘米。奥赛博物馆，巴黎。

然而最重要的是，他自己承担了为他的"女神"裁剪出一套完美服装的任务，这套服装是如此复杂，以至于它们将会变成他文学作品的视觉等价物。在《最新时尚》第 4 期中，当时还是加以限定并且只对其形而上的内容进行分析的时尚被细化了；由虚构人物发明的东西现在进入了真实的当代世界：

■

秋天开始了，杂志也随之而来：在过去两期中，杂志很好地……展示了最新时尚或多或少的让人眼花缭乱的变化。这本杂志旨在向那些哪怕是最仓促的读者描述巴黎社会的乐趣和义务，无论是在社交场合还是他们私密的家中。聚会，什么聚会？当然，它只是一个展示服装的借口……会有庆典礼服吗？不，那是狩猎装，为了让它们得到更多的赞赏，才将它们展示在绿色公园的背景中而不是在画室或街角，从而激发你的想象。这里的两张写生，第一张是在我们一家最负盛名的裁缝店里画的速写，这套衣服是以一位著名女士的名义拿走的，为的是参加一场高贵的——我敢说是皇家的——狩猎约会。（服装描述如下。）[51]

■

与这种可能是为"准皇家"场合创作的时尚相反，马拉梅放出一张想象中的设计：

■

我们是否应该把想象中创造的衣服拿来同真实的衣服进行对比？……（第二套服装描述如下。）趁着还可以进行选择，趁着大狩猎还没有开始，女士们，你们会选择哪一套？第一件衣服的优点在于它和另一件一样简单实用，是基于当代之美而设计的；后者则从没被人穿过。[52]

∎

对诗人来说，这个排他性问题完全只是一种反问修辞。无论是在服装上还是字面上，只有他想象中的衣服才有希望满足他对现代美的追求。马拉梅发明了时尚，正如他发明了一套自己的句法。不过，他的理想只要仍是诗意的，那就注定无法实现。在暗示一种可能的狩猎装（狩猎[21] 也暗示了对一种理念的强烈追求）的同时，马拉梅故意激起了一种沉睡于那些在茶余饭后翻阅他杂志的妇女心中的欲望——一种不太可能实现的欲望，可与他的《牧神的午后》里描绘的下午的肉欲之梦相提并论。在《最新时尚》中，炫耀性消费，也就是受社会限制而时常不得不被压抑的女性性欲的升华物，找到了一种温和而慷慨的表达方式。

由于德蓬蒂夫人设计的衣服无处临摹，因而即便是最熟练的女装设计师，也要一丝不苟地按照她／他的描述，按照文本寻找纺织材料。美丽衣服的形象意味着其保持非物质状态，就像马拉梅的诗中缺少的比较级或是他后期形式主义诗歌行间的空白。"服装是语言，时尚在这种语言中创造和做梦，但时尚也提供了一种有关服装的语言"，米歇尔·比托尔（Michel Butor）后来也这么回应。[53] 在这里，时尚的辩证法，尤其是马拉梅的时尚与现代性的配对再次浮现。时尚是语言中的一个无法言说的梦想（我们将在本书第 2.5 节和第 5.4 节中对这种语言进行系统的结构主义分析），在现实中，服装往往显得傲慢而又粗俗，更缺乏微妙和传神之处。狩猎装的形式是一种想象，而读者不得不虚构出的"背景"则构成了对被写出来的时尚中诗意的真实的、社会性的诅咒。

在文本层面上，有关狩猎装（costume de chasse）的段落以戴安

---

[21]　原文为法文"chasse"。——译者注

图 20.
古斯塔夫·凯尔博特绘制,《伞下的情侣试画》,1877 年。布面油画,46 厘米 ×32 厘米。
私人收藏。

虽然他在草图中清楚地画出了男性服装,但凯尔博特把女性日间服装的定义留到了最后一刻,
以便把他在作画过程中出现的任何时尚变化纳入最终画面——《巴黎大街;下雨天》。

娜神话般的回忆结束，她突然从杜伊勒里宫的宝座降落，订购新衣服，成为一名巴黎女运动员。这是一个包含在时尚语言之中的梦幻形象，以描述秋季新事物为借口来与读者分享。然而，商业现实又要求德蓬蒂夫人（即马拉梅）向"订户"们提供杂志中流行的精致风格的证明，并在对服装有同样独特品味的时尚女士之间打造出一种亲密关系。诚然，任何女装设计师都可以在职业上扮演这一角色，但马拉梅并不打算成为一名单纯的工匠（尽管他对制作黑色衣服的裁缝有很高的评价），他希望自己在文学上提供真正现代之声的努力被认真对待。站在《最新时尚》背后的现代诗人的隐藏形象让他可以恣纵于所有"非男子汉的"东西，不过由于艺术界对他真实的作者身份缺乏了解，实则避免了他本人在艺术界或社会上地位的衰落。

马拉梅在此就如同他在政治中一般，同那些一丝不苟的承诺（义务）保持距离。[54] 他喜欢扮演一个被动的、软弱的和顺从的角色——部分原因是其展示了对女性在 19 世纪公共生活中预期行为的同情。然而他没有意识到，或者说他禁锢了自己对这种特定的虚拟转换性别的行为在性和社会方面的复杂后果的了解。他描写的不是利奥波德·冯·萨克－马索克（Leopold von Sacher-Masoch）[22] 那样的奴仆，后者通过创作出一个快乐地服从于女性意志（并且在其一生中都按多种方式以此角色被动地生活下去）的男性文学形象，从而夸张地颠覆了当时的社会准则和性准则。

关于马拉梅对女性心理的共情理念，有一个特别的先驱，那就是儒勒·巴尔贝·德奥勒维利，而巴尔贝·德奥勒维利在《最新时尚》问世之前约三十年就已经为时尚杂志写过专栏。马拉梅的弱点是女性角色的家庭生活，而巴尔贝·德奥勒维利则把自己放在女性（当然，是他自己

---

[22]　利奥波德·冯·萨克－马索克，奥地利作家，以描写受虐行为而著名，"受虐狂"（masochism）一词即源于他的名字。——译者注

所处社会阶层的女性）的位置上，因为她们把自己的生活奉献给了优雅和精致。他并不像马拉梅那样希望写出一本《世界与家庭公报》（*Gazette du Monde et de la Famille*）[23]，而是开始为《时尚观察》（*Moniteur de la Mode*）和《宪法报》（*Le Constitutionnel*）构建时尚及其范式价值。早在 1843 年，他就提出了同优雅有着辩证关系的"美"的概念："因此，在真正的美和优雅之间存在着巨大的差异，因而要再次声明，优雅是小尺度上的美，是缩微之美。但请大家注意！缩微之美就像退化成种子的王国，两者都寿命短暂。"[56] 美与它的现代组成部分优雅相伴，而优雅则是一个"由女性统治的王国"。衣着优雅远非时尚，然而优雅可以在缺乏美的情况下实现——甚至可以排除美。现代性越发需要做出反应而非泰然自若。它留的培育美感的时间越来越少。波德莱尔在衣服的外观中发现了美，而马拉梅则在穿着打扮的精神中，在最新时尚的短暂和肤浅的品质中描述它。

巴尔贝·德奥勒维用女性笔名"马克米丽娜·德瑟仁（Maximilienne de Syrène）"[24] 发表了他关于优雅的文章，以纪念他年轻时"默默崇拜"的女性。他曾在一篇散文的片段中提到过她那特殊的风格与娴雅，[57] 这是他几乎完全感同身受女性对自己服装方面看法的感性基础。他宣称说："优雅是小型之美的性欲。"[58] 优雅——较小和温和的性欲？——看上去更为现代和时髦。对巴尔贝·德奥勒维来说，永恒之美的规范性特征并不存在，它迫使人们进入拘谨的无聊状态。生活的速度反映在时尚所追踪的曲折中。

---

[23]　即《最新时尚》，"Gazette du Monde et de la Famille"为该杂志兼题。
　　　　　　　　　　　　　　　　　　　　　　　　　　　　　——译者注

[24]　该笔名中的"瑟仁（Syrène）"即塞壬，出自希腊神话，她们用自己天籁般的歌喉使过往的水手因倾听而失神，航船触礁沉没。——译者注

．

在我们之间，人们被奢靡服装这种最为隆重的语言包装，就像一
件穿了很久的黑色制服一样。我们的确会发现，此种对奢靡服装的所
谓容忍其实相当无礼，因为在时尚领域，当一切处于真实的光辉之中
时，最终还有什么能比奢侈精美更有魅力、更神圣、更耀武扬威呢？
在我们身处的这个近乎极度无聊的社会中，人们不得不为各种形式的
奢靡拿起武器！[59]

．

他确实是波德莱尔年轻时的榜样，而且当时他正是遵循着同样任性
的衣着风格，保持着"真实的光辉"，穿着浮夸而多彩。

尽管他后来转向了纯粹派，但巴尔贝·德奥勒维利本人永远无法与
黑色套装特有的严格意味产生共情。1861 年，53 岁的他仍然穿着五颜
六色的服装——这也暗示其女性气质："他戴着白色的手套，上面镶着
黑色、玫瑰色或是两者混搭[25]的手套；袖口浆得很挺，几乎到了像漆革
的地步。他的紧身裤上有带子，还有白、红、黑、绿的苏格兰格子呢，
有时则是斑马一样纹路的图案，有时则像蛇皮或老虎皮。"[60] 他的穿着
是一种始终如一、自视甚高的虎跃。[61] 他永远不会满足于从波德莱尔到
马拉梅以及其他同时代男性的穿着中那无处不在的黑色。虽然，巴尔
贝·德奥勒维利的穿着预示着波德莱尔和马拉梅他们那些关于时尚的精
炼辞藻，但他的风格比他们所讽刺的更为急切，更为愤世嫉俗。1846
年 4 月，当波德莱尔在卢浮宫忙于编撰第二本《沙龙》，将他对时尚（以
及黑色服装的重要性）的思考首次公诸大众时，[62] 巴尔贝·德奥勒维利
则离开了博物馆，他在女性顾客中发现少了一丝崇高但属于大都市的现
代性。"当卢浮宫的展览将那些业余绘画爱好者聚集在一起，认真评判

[25]　原文为"mi-partie"，本指法国历史上新教和天主教法官各占半数的法庭。
——译者注

提交给他们的作品时，另一个不同的展览则有幸将一群人聚集在一起，虽然人数较少，但整体上也是由崇拜者——或许应该说是由女崇拜者组成，因为它只针对女性。我们在此提到的就是沿着绍塞 - 昂坦[26] 开设的美丽商店提供的披肩展览。"63 在时尚的永恒与转瞬即逝之美的冲突中，马克米丽娜·德瑟仁知道他 / 她站在哪一边。也许，时尚太过虚无，但其肯定也太严肃，以至于无法经受不断地对其崇高性进行的美学反思。这种二分首先由巴尔贝·德奥勒维利挑起论争，再由波德莱尔理论化，从而得以实现，之后才能作为马拉梅用德蓬蒂、德巴黎等化身撰写的作品的不言而喻但又暧昧不清的基础。

19 世纪的巴黎女性将《时尚杂志》(*journaux de modes*) 据为己有。因为她们被排除在任何政治——也就是"严肃"——的媒体之外，被迫将自己的兴趣、希望和激情聚焦于时尚杂志的版面。尽管大多数杂志的所有者和大多数编辑是男性，她们还是期望这个"遗世独立"的世界的撰稿人是女性——如果不是体现在性别上，那么至少在态度、多愁善感的风格和笔名上如此。在这些期刊的专栏中，成功的写作风格会被期望包含某种陈套的内容，但其整体表达语气应类似于一种亲密的、礼貌的聊天。人们希望女性订阅者欣赏文雅——有时轻佻的赞美，但如果要分析时尚的特色，即便出于好意，也会被认为是不合适的。中产阶级女性生存的徒劳可以被温柔地嘲笑，但作家绝不应该摧毁订户娇弱的脚下的立足之地。因此，被巴尔贝·德奥勒维利和马拉梅用过的有抱负的女性假名生命短暂。关于前者，雅克·布朗热（Jacques Boulenger）在他的《论路易 - 菲利普时期的优雅》(*on elegance under Louis-Philippe*) 一书中写道："他以马克米丽娜·德瑟仁的笔名为《时尚观察》撰写社交专栏，'为本世纪最迟钝的头脑和最美丽的形象撒上无礼的香

---

[26]　绍塞 - 昂坦: 法国巴黎商业区，老佛爷、巴黎春天等著名商店就位于此处。
——译者注

水'。1843 年 4 月，为了这本'无聊大全'[27]，他提议讲述乔治·布鲁梅尔（George Brummell）[28] 的生活。但编辑们发现他们的撰稿人实在过于'文艺'，不久德瑟仁小姐就和他们闹翻了！'"[64] 她文风中的"无礼"表现显示德瑟仁小姐未婚，这对于一个象征青春崇拜的虚构人物来说似乎非常合适，而德蓬蒂夫人更带反思性的语气似乎表明她关心着丈夫和家庭。不过，尽管断断续续，"马克米丽娜·德瑟仁"还是为专栏撰稿长达十九个月之久，而"玛格丽特（·德蓬蒂）"的时尚达人（monitrice de la mode）职业生涯只维持了六个月。

曾在《最新时尚》第 6 期上得意洋洋宣布的"成功"其实从未实现。[65] 德蓬蒂夫人和其他人在另外两三个场合撰写了他们的专栏，然后杂志末日便来临了。1875 年 1 月中旬，马拉梅向出版商温德伦发出了绝望的呼吁，希望能让他的项目继续。从对这份遗失信件的回复来看，诗人的阴暗建议让这位昔日仁慈的"马拉斯钦经理"神经紧张。

·

正如我一再告诉你的那样，因为担心破产欺诈，维亚尔（Willard）完全禁止我在你提议的交易中扮演任何角色；如果被怀疑有任何欺诈意图，我对德洛克马里亚（de Locmaria）以及其他人的承诺都会遭到质疑。

我并不介意别人说我生意不成功，但我想保持我正人君子的完好声誉。正如我昨天告诉你的那样，就像我打算偿还莫兰先生（Monsieur Morin）和其他所有债权人的债务一样，我发誓一定会回报你，只要我所期盼的为自己打拼的行业地位更加稳固一点。[66]

·

---

[27]   指《时尚观察》。——译者注

[28]   即"博"·布鲁梅尔，参见本书第 1 章脚注。——译者注

上流社会的德洛克马里亚男爵夫人后来从温德伦手中获得了《最新时尚》杂志的版权，但她只设法出版了一期。没有了"马拉梅主义"的不同声音之间错综复杂的关系，缺少了杰出作家的文艺稿件，该杂志就失去了吸引力和存在的理由。马拉梅立即警告那些真实存在的撰稿人，《最新时尚》的性质已经改变。因此，在1月底，他写信给戈贝说：

　　　　　■

简单说几句。

　　我为时尚杂志所付出的好几个月的心血全都被抢走了，包括那些您曾慷慨地允许我发表的您的大作。

　　目前，我不确定这份刊物落入了何人之手，看上去它有可能会面临某种模糊的胁迫企图等。

　　因此，您能否尽一切可能拒绝和任何不知名的人合作？他们会像当年您惠赐我稿件一样向您约稿。[67]

　　　　　■

同样的信件被寄给了左拉、阿尔贝·梅拉（Albert Mérat），还有阿方斯·勒梅尔，但这也只是保护他精妙创作的最后挣扎。几天后，将艺术和时尚的幽深修辞强加于商业世界的马拉梅式宏图就猝然结束了。

2.4.2 时尚与虚构—修正

1874年9月，马拉梅的记者朋友菲利普·比尔蒂（Philippe Burty）称赞《最新时尚》是马拉梅的信仰正式意义上以单词形式的早期实现，其结构的独立性是一个物化的现代性的标志。这一概念在后来更为严肃和零散的《书》中找到了类似的表达。比尔蒂充满热情地表示："我刚刚收到你们的第2期刊物。简直完美。你用三行文字织成的网就发明了单词。"[68]

就如一件衣服一般，如果"单词"被视为一种自身的抽象实体而不仅仅是语言表达中的小品词，那么它就可以被发明、倒装和重塑。尽管日常交流中使用的大多数词语已经通过它们的社会或字面意义被规范，但如果脱离了它们的规范语境，它们确实可以获得独立性。为了创作出这种独立性的表达，作家既可以将该词剥离，回溯到它的词源或结构基础之上，也可以通过让其具有罕见的或外来的内涵、意义来"取代"或"装扮"它。在马拉梅的全部作品中，诗歌的一致性要求读者体验这两种技巧的融合：出于明显的理由，《最新时尚》的语言主要关注"妆点词汇"，而将马拉梅的风格易位到时尚杂志的版面上（"马拉梅主义"）本身就是一种宏大的移位。

在该杂志倒数第2期中，德蓬蒂夫人就智力培训问题向母亲们提出了教育建议（Conseils sur l'Education），她说："语言不可能被偶然发现，它的构成就像一件令人惊叹的复杂的刺绣或花边：没有任何想法的线头遗失了，这个线头不断出现和消失，与另一个线头缠绕在一起。一切都被组合成一个留住记忆的纹案——复杂的、简单的或理想的；这不是人们——不管他成年与否——在自己内心深处所拥有的和谐的本能。"[69] 就像花边中复杂的图案，词语的最终目的——不管是以口语还是书面表达——都是创造出一种美的设计。它更多地像一根线在面料中反复出现一样，语气实体，或者更一般地来说，诗意的可能性永远不会消失，只是暂时被另一个线头掩盖，将会在下一刻重新出现。这既适用于时尚的纺织基础，也适用于其上层建筑。在现代性中，时尚是故意保存过去的代理人，它保证一种思想或美学观念能在任何特定的——有时是不恰当的时刻重现。

然而，在马拉梅那里，词语的区别与其说是概念性的，不如说是触

图 21.

埃德加·德加、马拉梅和雷诺阿绘制，1895 年。明胶银版画。雅克·杜塞文学图书馆，巴黎。

穿着黑色西装的老年现代主义者。"即将出现的最古老的东西，曾作为最现代的东西首先出现。"——安德烈·纪德

觉的、敏感的，而且最重要的是感性的。瓦莱里[29] 将这种能力与现代人的特征联系起来：

　　■

　　在现代人中，除了这位诗人之外，没有人敢在言语的力量和便于理解的程度之间做出这种尖锐的区分……也没有人胆敢用语言的神秘性来表现万物的神秘性……

　　这些语言的感官属性也同记忆有着明显的联系……马拉梅对形式的助忆价值（mnemotechnical value）的本能显得异常强烈和自信，他的诗句极易被人记住。[70]

　　■

　　"助忆价值"可被定义为通过适当练习形成记忆的艺术，或者像弗洛伊德后来所说的那样，是"记忆作品"（Erinnerungsarbeit）。对于那些希望确保其作品在读者或观众心中留下持久印象的艺术家来说，开发观众的记忆能力显然是很重要的。不过，它在作品创作中更为重要。正如我们已见到的那样，为了让诗句或图片永恒化，就有必要在古代和现代、过去和现在之间建立一种功能性联系。从波德莱尔到马拉梅、瓦莱里再到普鲁斯特，[71] 这种对记忆的强调同服装都是分不开的。19 世纪进步所带来的印象接二连三地强加在艺术家身上，伴随而来的快速发展则遭遇了抵抗，而这种抵抗的阐述方式又最为当代——时尚，回溯过去，创造停滞（正如本雅明所指出的那样）表现出来的远非保守或留恋过去；相反，它在其超越历史的潜力中成为现代性的真正范式。

---

[29]　保罗·瓦莱里（Paul Valéry），法国象征主义大师，法兰西学院院士，其作品有《旧诗稿》（1890—1900 年）、《年轻的命运女神》（1917 年）、《幻美集》（1922 年）等。
　　　　　　　　　　　　　　　　　　　　　　　　　　　——译者注

正如本雅明所观察到的，从交织的织物深处不断浮现出来的线头也在普鲁斯特处重现。时尚的助忆价值说明它有能力创造自己的持续时间 [30]，对于这位将亨利·柏格森（Henri Bergson）[31] 的理论运用得最诗意的作家来说，助忆价值也是最重要的。在普鲁斯特的《追忆》中，决定了主人公生活的、追求更多复杂（以及亲密）记忆的方式，成为此书融合过去和现在的终极尝试。主人公马塞尔并不打算停留在过去，然而正是这个过去为他提供了一个现在存在的理由。通过对时尚的细节描述，过去被唤起：礼仪的风格、习惯的风格，以及最重要的——服装的时尚。在他生命的最后几个月里，普鲁斯特仍然给某些公爵夫人写信，要求她们描述自己在特定场合所穿的礼服细节——方式甚至比马拉梅对卡利亚斯伯爵夫人的依赖还要更直接。作者将这些描述与自己的记忆相匹对，通过一件衣服将过去带入他本人的现在。同自愿回忆（mémoire volontaire），也就是有目的地唤起早已逝去的事实，形成对比的是"非自愿回忆"（mémoire involontaire），它将作者包裹在有关过去的诗意织物中。本雅明描述了普鲁斯特的《追忆》："此前，陷入回忆中的作者笔下的主要角色并非被其经验占据，而是被他的记忆编织，被珀涅罗珀（Penelope）[32] 的回忆作品占据。抑或应该说，是珀涅罗珀的遗忘作品？"[72] 这是一个恰如人们所期望的那样的精妙比喻，还有什么会比将织成衣物同珀涅罗珀对丈夫尤利西斯（Ulysses）[33] 的记忆相提并论更合适的呢？她将所有记忆都织了进去，而她与丈夫分离二十年的经历也交织在里面。最终，通过一个简单的姿态——尤利西斯披上她的"记忆作

---

[30]   原文为法语"durée"。——译者注

[31]   亨利·柏格森，法国哲学家、作家，1927 年诺贝尔文学奖得主。——译者注

[32]   珀涅罗珀，《荷马史诗》中奥德赛的妻子，在丈夫出征特洛伊期间拒绝了 108
        位求婚者，被视为贞洁妻子的典范。织衣典故出自《荷马史诗》，珀涅罗珀为了拒绝
        求婚者的纠缠，托辞为丈夫织完衣物便答应改嫁他其中一人，但她白天织衣夜晚便
        将其拆掉，以此拖延至丈夫归来。——译者注

[33]   原文如此，习惯上按《荷马史诗》应拼写为奥德赛（Odyssey），尤利西斯为
        其异体词。——译者注

品"，将其作为对事物转瞬即逝状态的永恒提醒穿上，从而将两者融入现在（人们也会希望珀涅罗珀的记忆足够准确，让衣服合身）。本雅明继续写道："罗马人把文字形容为织物，没有任何文字能比普鲁斯特的织物更精细、更稠密。"[73] 普鲁斯特在他的叙事循环中编织着复杂而密集的图案，其中某些主题的纱线重现在诗意织物的表面，而这种诗意织物从一开始又被当成其纬线使用，显示出作者在失去它之前已经找到那些逝去的时光（le temps perdu）。

对文本进行润色也意味着使其更有人为痕迹。同时，众多的"思想的线索"（fils de l'idée）——在此，马拉梅主义显得特别复杂——使得迄今为止被掩藏的意义浮现在文字之间。由于写作本身与时尚有关，其结构——线索——必须唤起过去。因此，诗歌结构（织物）越密集，现代与古代、短暂与永恒之间的关系就越复杂。玛格丽特·德蓬蒂在1874 年夏天的第 1 期杂志上为她的文章做了一个总结：

　　■

　　难道时尚不能是正从艺术展览中出现吗？人们已经惊愕地，而且并非不曾带一丝满足地看到了一幅甚至几幅肖像画，在这些肖像画中，人们可以看到年轻的现代面孔，而不是过去几个世纪中那些老式的、低腰身的人物。人们很想知道，到了 9 月初，这种复兴能否持续超过一季！现在，我们被这些彩虹般绚烂、在乳色玻璃灯罩下闪烁的色彩弄得眼花缭乱，就像难以看到未来一样，只能模糊视物。[74]

　　■

波德莱尔对《沙龙》的插画师颇有责备，因为他们不准备同当代美学——也就是与现代性——建立联系，而德蓬蒂在二十多年后将这种想法推向了荒谬的地步。在《现代生活的画家》中，波德莱尔将时尚划分成一种对古典学院派绘画的现代主义平衡；马拉梅则揭露了当代的阐述——现在（和未来）的时尚——是建立在典型的沙龙艺术之上的，它将古老的服装与"年轻而现代的面孔"结合起来。这种无礼却又经过礼节性修饰的讽刺并没有停留在自身的思想遗产上；它还提供了一种极其恰当的方法，不仅使其与作者的写作保持距离，而且正如他使用笔名的目的那样，同主流艺术传统保持了距离。

通过避开美术的道德和批判的"高地"，专注于礼仪和模式，马拉梅进入了一个没有实质意义干扰的现代境界。讨论女性时尚时的看似徒劳和浅薄的特性为他提供了一个私密内部，相当于他给奥古斯特·维利耶·德利尔-亚当 (Auguste de Villiers de L'Isle-Adam)[34] 提到的"内心梦想"（rêve intérieur），在其中，诗人的批判眼光可以探寻和触及任何主题，只要他能很好地掩藏住被切实批判的、颓废而错综复杂的事物，并对其加以乔装改变。马拉梅带着一种深刻的讽刺意识自愿地走进这个内部。他能做到来去自如，因为他不像那些写商业稿的记者，但他也远离了文学批评的托辞，看上去他似乎没有职业约束的负担。马拉梅纵情于暧昧，任何可能隐藏在他文体判断之下的社会批判，都如他在时尚出版物中化名作家的性别一样难以确定。

在 19 世纪结束之前，雷米·德·古尔蒙（Remy de Gourmont）[35] 评估了《最新时尚》及其作者的影响。他在《斯特凡纳·马拉梅和颓废派理念》中写道：

> ▪
>
> 马拉梅是讽刺和近乎伤害领域中的王子——如果他的文字被人理解并且被人还原出它的真正含义的话，本当如此……

---

[34]　奥古斯特·维利耶·德利尔-亚当，19 世纪法国象征主义作家、诗人、剧作家。其作品常具神秘与恐怖元素，并有浪漫主义风格，著有小说《未来的夏娃》等书，"Android"一词即出自该小说。——译者注

[35]　雷米·德·古尔蒙，法国象征主义诗人、小说家。——译者注

马拉梅的作品是迄今为止提供给已厌倦了如此多沉重而无用的断言之人的最奇妙遐想的借口：一首充满疑惑、充满细微差别变化和暧昧气息的诗歌，也许是自此以后唯一能够给我们带来快乐的诗歌。[75]

∎

早在八年前，德古尔蒙就将天蓝色封面的《最新时尚》的所有意义挖掘了出来："正是围绕着女人，围绕着碎布，诞生了最宝贵和不同寻常的文字（它们具有很高的专业水准）……这些淡蓝色版面在其短暂的存在过程中证明了……一件事物只要以风格和派头武装起来，便能留下持久的印象，无论它是在无聊的食谱中，还是在对一件衣服所有技术细节的描述中，更有甚者是在宣传品或广告的编撰中。"[76]

然而，诗人的写作不是简单的符号或风格（griffe）呈现，也不是波德莱尔对那些希望在资产阶级社会中取得成功的艺术家所提出的陈套。句法和词语选择变得引人注目，并不是因为它们处于时尚杂志的语境下，而是因为它们被天衣无缝地融合在一起并且特别适合这个主题。事实语态（faits modals）并不是在简单地描述服装时尚，可以说是它们构成了时尚，充当了时尚的能指——同时很重要的一点在于，它们并没有沦为时尚自觉的言论，也没有成为追求标新立异的时尚。

每期杂志都必须在十天内完成，以便有时间排版和印刷。1874 年秋，马拉梅开始了他在丰塔纳中学（Lycée Fontanas）（即后来著名的孔多塞[36] 中学，普鲁斯特曾在此就读）教师生涯的第四个年头。一位曾上过他英语课的学生后来抱怨说："他非常心不在焉，注意力不集中，他专注在他无名的作品之上。他不关心自己的班级，把所有的时间都用在为他自己时尚杂志的写作上！"[77] 不过，商业出版物所要求的快速周转并没有给作者带来压力，奇怪的是这反而能让他放松。制作的速度

---

[36]   法语为"Condorcet"。——译者注

同期刊主题所要求的快速变化相对应。现代性不断要求人们重新评估自己的位置，而缺乏时间以及在插图和食谱之间留给批评的有限空间，为（作者）不在某个特定主题上停留太久提供了一个欣然接受的借口。马拉梅迅速切换笔名进入下一个主题，在相当"有害的领域"中探索另一个机会——这一次是对女式裙装的诗意描述。[78]

马拉梅在创作诗篇时极为谨慎和精确，他的现代主义（创作）实验往往停留在零散或是转瞬即逝的状态，因为他对纯粹性的追求让他必须不断地重新创作和抽象化。[79]《即景诗》（*Vers de circonstance*）只是他偶尔的消遣，只有《最新时尚》中的惯用主题和风格的结合才提供了一个定期（尽管时间短暂）的"快手搅拌心灵的奶油"（la crème de l'esprit fouetée d'une main rapide）论坛，而这被戈蒂埃认定为现代性的基础。然而，戈蒂埃也曾建议说当代写作应具有商业价值，而马拉梅则以一种故意和讽刺的方式颠覆了市场的预期。当《最新时尚》于 1874 年 9 月首次面世时，杂志中的时尚专栏并没有实际的主题。在夏季，巴黎的富人逃离这座城市，工作室或沙龙里也没有创作或展示时尚。正当此时，德蓬蒂夫人的第一篇文章出现了，题目是《时尚珠宝》（*La Mode-Bijoux*）。在这篇文章里，马拉梅启动了一个深耕的计划，即出版"有关宝石的专著"——早在 1867 年他就在与维利耶·德利尔-亚当的通信中提到的一个项目。[80] 在现代性中，对一个主题的艺术呈现成为其自身存在的理由。对现代诗人来说，饰品，无论它是珠宝、刺绣，还是文本术语上的隐喻，都和内容一样重要。如果这些内容是用来描述和讨论装饰对象的，那么隐喻就必须在优美和精巧方面与其竞争。[81]

这篇文章首次对马拉梅将会采用的方法进行了说明：他的理论是为一个设想中的读者群量身定制的，该读者群应该拥有关于诗歌所有知识和文学体验的自我。不过，他对此并没加以详述，而仅仅暗示了其中潜在的美学。现代主义者更倾向于呈现而不是理论化，这不仅是在迎合潜在用户，更是一种对其短暂和瞬时性的反映：缺少了坚定的认识论基础使量变升华为准则。但这并不是说，理想（永恒／崇高）之美的指导原则不得不被抛弃。在关于"珠宝"（les bijoux）的文章中，珠宝作为矿物的永久性具有讽刺性地被臣服在时尚之下：

<blockquote>
今天，在还没有掌握描述穿着的所有元素的情况下，我们将会先谈论那些完善它的手段：珠宝。这矛盾吗？并不：难道在珠宝中没有永恒的概念吗？既然我们不得不等待 7 月和 9 月之间的时尚风格，难道我们不该在时尚杂志上探讨它吗？……装饰！这个词说明了一切：我会建议那些对该委托谁来设计一件让人梦寐以求的珠宝而犹豫不决的女士，去找为她建造房子的建筑师吧！而不是去找那些为她定制舞会礼服的著名裁缝。[82]
</blockquote>

建议聘请（男性）建筑师而非女性裁缝来制作珠宝，不能简单地被理解成一种马拉梅在其女性化伪装之下可能采取的高人一等的或是父权主义态度。作为一名现代主义者，他知道在装饰方面克制是非常重要的：剪裁得无懈可击的黑衣、都市别墅的几何形状的石头外墙，以及切割匀称的珠宝都是同一纯粹主义美学的呈现。因此，判断宝石设计（优劣）应该从质量、朴素和切割的关系出发，而不是仅仅从其装饰价值出发，[83] 因为其值得关注的是服装和配饰之间的关系，而不是物品本身。

如果说这个建议似乎暗示了对思想基础而不是对装饰性和感性的偏爱，或是对静态工艺而不是飘逸面料的偏爱，那么这种偏爱肯定应归功于德蓬蒂和其他撰稿者的性别模糊性。尽管他们或是说他们背后的那位诗人以女性形象面世，但他们当然接受的是典型的 19 世纪的男性教育，因而也有着相应地包含了所有偏见和陈腔滥调态度的社会化倾向。这种偏见在 Ix. 的首个专栏中就变得很明显。就像专栏《时尚》一样，《巴黎纪事》在第1期中没有任何真正的社会新闻，因此无意中让语气变得"形而上"，lx. 在开始处就写道："编年史：缺少过去？我们在此只有未知的未来。"[84] 然而，或许除了即将到来的娱乐活动和出版物之日，了解未来能引发时尚读者群的任何兴趣吗？期望精确预测下一季会穿着衣服是合理的吗？时尚杂志能真正预测未来风格吗，或者说，不过是在展示它知晓当下的优越，而这一切实则归功于服装设计师提供的内幕信息？

只有在回顾中，时尚才依赖于过去，以此唤起它的未来；它存在于一种转瞬即逝的状态中，同布尔乔亚上层妇女的日常生活相当——她们过着一种毋需关心世俗约束的生活。lx. 宣称："女士只有在同政治及郁闷的问题隔绝的情况下，才有必要的闲暇来释放自己，她的服装已经完成，可以满足装饰灵魂的需求。"[85] 头一项任务是选择服装，第二个是打扮灵魂。这两种行为都在现代之中唤起了远古之物，一个是通过服饰引用，另一个是通过诗歌印象（派）：

-

一本书很快就被合上，太无聊了；人们凝视这朵印象密云。就像古代的神祇一样，它被人们凭空臆造出来，轻易地插入现代女性对自我的世俗冒险中……难道外部世界没有对我们最深层次的本能产生深刻影响吗？它激发并完善了本能。

人们当场领会一切，甚至是美，而如何昂首挺胸，人们则必须向某人学习：就是说，向每个人学习如穿衣风格等内容。我们应该逃离这个世界吗？我们是它的一部分；那么，我们回到自然界又如何呢？人们全力以赴在其中行进，伴随着它的风景、它的场所一起在其外部真实中行进，以此到达其他地方，一个对我们来说匮乏的现代形象！因为，假如我们所熟知的四面墙之内的乐趣，将让位于自然界季节所带来的室外游戏、树林中的长途漫游或河上的赛舟，在此，我们将渴望让自己的双目在广阔无垠的地平线所带来的茫然若失中休憩，我们是否会由此发现一种新的认知，能够藉此欣赏海洋用其泡沫在底部绣出错综复杂的装扮的那种矛盾之处？[86]

■

在这段非凡的段落中，Ix.不仅展示出纨绔子弟的时尚倦怠，她更表达出对颓废派诗人的讽刺性宿命。生活中所有深刻的印象、所有美丽的事物，都不过是一种重复——特别是体现在礼服风格上。可是，人们要逃归何处才能寻找真正的阐述？即便是最容易让人分心的反复无常的现代生活速度，也不能——也不打算——改变由时尚与现代性接触所创造出的认知。每种现象都被当代商品化社会的规则评判。海边的地平线可能是提供了一个短暂的喘息机会，但在下一瞬间，它又被转化为时装：一种就如马拉梅杂志封面般天蓝色的、受制于时尚规则的面料。当波德莱尔于1860年将一件女人的衣服和装饰刺绣穗边捧为现代性的范式时，他不可能预见此种阐述会在十几年后发展成甚至能将天空及下面的海洋视为同样的服装表达：广阔的地平线是一件精妙的服装，装饰着大海泡沫的刺绣。

2.4.3 服装用词

《最新时尚》所用词汇的特点就是不可定义、转瞬易逝和非物质性。诸如"蒸汽""云朵""香水"或"梦境"等词被插入周边空间，反复联系到女性和她们的衣服上。瞬时创造的外形或形式就是客体对其诗意演绎的全部需求；在当下，形式有着类似于时尚的短暂寿命和现代性的变化外形。这些创造物注定将会很快消逝，但其留下的空白并不消极：对马拉梅来说，它们构成了物质的必要对立面。浩瀚平静的海洋同旅行的时尚人群形成对比；书页上的留白让诗歌的联想阅读成为可能。

无形也创造了女性与她裙服的诱惑力。她依然疏远、被美化，因此基本上无性。虽然她的身材乃至想法都被人察觉，但只有服饰理念才能够定义她。正如现代主义者所观察到的那样，服装的影响总是在于它废除了永恒的价值、理想。因此，Ix. 在她的第一篇《纪事》（*Chronique*）中选中"在热切中用空想面料皴起的女式裙装"。[87] 萨坦小姐也是这样在短暂的 1874 年 /1875 年秋冬季时尚中将其捕获，诗意地唤起了理想中的女式裙装，同时不忘插入一段小小商业宣传："我们都曾在不知不觉中梦想着这件女式裙装。只有沃思先生知道如何设计同我们想象中一

图 22.

不知名的摄影师，沃思档案馆的晚礼服的对开页，1903 年 5 月至 1904 年 1 月。摄影版画，6 厘米 ×10 厘米。巴斯的服装和时尚研究中心博物馆。

样飘忽不定的服装。"[88] 服装不是梦想出来的新奇事物；它的影响来自其在我们集体想象中的前尘往事。设计师只需要实现服装，而它则飘忽不定，就像女顾客的思想。Ix. 将这些女顾客与现实隔离开来，并将她们限制在沙龙及其"内心梦想"之中。布尔乔亚女性是纯粹的接受者；她的外表和存在都被男性决定——而这些正是反映在她的丈夫和供养者以及她的服装设计师的形象中。当那些男人的头脑为现代性中的理性——也就是政治和经济的进步——所困扰时，她的头脑——正如时尚杂志的词汇所暗示的那样——"云山雾罩"，只关心她那徒劳梦想的表现。

玛格丽特·德蓬蒂自然会从服装上说明（穿出）她"自我性别"的社会地位："面对男性套装这个迷人的悖论，以及某天又可能会被美女和贵族穿上的官方地位标志，我们却反对婚礼上穿的白色梦幻、基本女性化的古代服装，还有什么反差能比这更大吗？"[89] 古代和现代的双重性反映在男人和女人的习惯性服装上。然而，不变的男性黑衣占据了当代的位置，即掌控现代服装的位置；而女性婚纱则代表永恒古典之美，即便她们的外形比男性套装变化多得多——人们可以对比马拉梅笔下的希罗底（Hérodiade）所穿的"漂成象牙白的长裙"。[90] 虽然社会变迁在表面上可能属于"时尚"，但它的基本要素受"形式"约束。因此，马拉梅对笔名的选择是否意味着一种知性和审美的变化，与巴尔贝·德奥列维利更感性和更色情的改变形成对比？萨坦小姐和其他人对最新时尚的持续讨论，是否只是试图展示诗意结构中的经线，并通过暗示其仍然更具实体性而塑造出一种现在对过去的支配？

在他最早的一首诗中，马拉梅业已暗示了他对飘逸、流动的服装的偏爱，以及相对于象征男性社会定位的黑色套装那种画地为牢的纯粹主义对女性美学的偏爱。1862 年，一首题为"跟一位巴黎诗人唱反调"（Contre un poëte parisien）的十四行诗出现在《泳者报道》（Journal *des Baigneurs*），在迪耶普^[37]的海滨度假地出版，在更后来的 Ix. 的专栏中，此地的时尚世界将达到顶峰：

■

跟一位巴黎诗人唱反调

诗人的眼光常常冲击着我。

穿着黄褐色胸衣的天使，他是否有妖艳的一面？

剑的闪光，或者，白色的梦想家，他有斗篷。

拜占庭式的斜塔和雕花杖。

但丁，戴着苦涩的月桂花，用裹尸布裹住了自己。

笼罩着黑夜和宁静。

阿纳克雷恩，赤身裸体，笑着亲吻了一串葡萄，

没有想到叶子，在夏天。

满天星斗，疯狂的天蓝色，伟大的波西米亚人。

在他们欢快的手鼓的红光闪烁中。

路过，幻想着在上面放上迷迭香。

但我不喜欢看到，缪斯，诗歌的女王啊。

穿上披风看起来像一个僧侣。

一个用黑色习惯擦拭的诗人。⁹¹

■

---

[37]　法语为"Dieppe"。——译者注

马拉梅与现代性中的时尚的高雅

107

不同的服饰代码就是他早期诗歌宣言的尝试。梦想家的白色斗篷、"但丁的裹尸布"或伟大的波希米亚人的华丽服装，对马拉梅来说都代表着高贵的过去，代表着有崇高理想的古代。因此，他批评巴黎诗人[这里他说的是埃马纽埃尔·德斯·埃瑟茨（Emmanuel des Essarts）[38]，他是一名最为宽仁的"受害者"，至死珍惜着这首十四行诗] 描述的当代服装。在追寻社会生活的途中，诗人将出于艺术考虑的隐遁之必要性置之脑后，并且不得不背叛他对缪斯的义务。浪漫主义的残余在马拉梅身上激起了针对现代主义中的庸俗的异议，并且导致他将当代时尚视为一种奇想，而非新风格的基础。但马拉梅很及时地——事实上是在他搬到巴黎之前——穿上了黑色的双排纽男式骑装长外套和配套的长裤，这使他穿越了现代性。然而，"呢绒"（le drap）或"黑衣"（l'habit noir）具有约束力的纯粹主义给人们带来了对松垂的、非物质性的以及即时之物根深蒂固的欲望。马拉梅穿着他当时惯常的深色羊毛套装，在"内心梦想"中却为之让路：他描述的是一个充满精美设计的轻浮物品的私密女性世界，同时深入语言、文字和音节的内部——深入文本的精致褶皱中。

2.5 马拉梅和他的订阅者：理想共鸣

尽管诗人决定从诗学角度出发寻求文体和性别立场的模糊性，不过他还是寻求着肯定。除了同艺术家和作家交换信件之外，马拉梅还与《最新时尚》的读者通信，向他们进一步详细说明自己的目标，并亲自保证同收信者分享审美体验。对于艺术问题，他自然要依靠高蹈派和其他朋友。但是，他同那些业余爱好艺术的"亲爱的订阅读者"（très chères

---

[38]　埃马纽埃尔·德斯·埃瑟茨，法国诗人，代表作《巴黎之诗》（*Poésies parisiennes*）、《革命之诗》（*Poèmes de la Révolution*）等。——译者注

abonnées）到底能有多大共鸣呢？马拉梅在杂志上创建了这么多化名作者，优雅地回避了态度同外表上可能出现的不一致。那么，为什么不确保那些倾听他思考的对象也符合他的审美理想呢？在他的想象中，每两周都会有不同社会的、形而上学的和衣着风格上的美女飞快地翻阅《最新时尚》。因此，他甘冒风险，先验地创造出这一女性读者群体，而不是真的等待她们的任何来信。[92]

第2期的通信以向侯爵夫人（Mme la Marquise）M. de L的道歉开始，说法国邮政部门没有以应有的方式妥善投递该杂志——这是某种巧妙和洒脱的暗讽，还是试图阻止进一步投诉？就像其他作品一样，马拉梅对着装的建议是建立在废除的基础上的：废除语义学和服装的配件和装饰。始于当代的丰富细节，却只是为了随后将其抽象化，或许还是以一种"建筑"的时尚方式。

■

致纳韦尔（Nevers）的DE C. L夫人：夫人，请不要为我们服装的丰富性而烦恼。在繁复的服装中压制某些装饰物效果总是办得到的，而在服装过于简洁的情况下，往往却很难添加。[93]

■

在该杂志中，来自贵族的通信者占绝大多数，"侯爵夫人"和"男爵夫人"带来的独特印象必然——也肯定？！——要归结于他们（在这方面）更为经验老到，因此乐意动笔。10月底，一大批服装和配饰被送往俄罗斯宫廷，"编辑人员"[马拉梅夫人或是康斯坦斯·温德伦（Constance Wendelen）]定然曾认为要花掉宫廷的津贴是一个极大的挑战——不过此事终究只是马拉梅的另一个童话（féeries），一个小小的商业散文，它为诗人提供了一个机会，为一个未知的，甚至或许出于想象，但肯定是理想化的女人编写服装代码。

致圣彼得堡的 K 亲王夫人：我们已经收到了亲王夫人您寄来的款项；这些箱子将于本月 29 日起运，其中包括一件雪维特吉赛尔 [Cheviotte gisèle，一种有浮雕效果刺绣苏格兰羔羊毛平纹细呢] 的日装，另一件是非常简约的波斯浅色羊毛衣物，上面带有漆黑的饰边，搭配鼠灰色立绒和装饰波纹状羽饰缎子的夏日斗篷，还有一件是玫瑰色开司米，半圆外套饰有光滑丝绸的白纱。此外还有蓝色棱纹塔夫绸 [poult-de-soi，一种边角有垂直镶边的又厚又有弹性的塔夫绸] 的大摆礼服，有亮白色的薄纱效果以及玫瑰色花环。三件女孩的服装非常简单，因为 15 岁令爱还是个孩子：一件海军蓝羊毛连衣裙，一件黑色立绒连衣裙，配着底色为玫瑰红的缎子腰带，以及一件白色的尚贝里 (Chambéry) [39] 女式裙装，上面绣着蓝色衣结。我们还为这些不同的衣服和装束提供了配套的头饰和面纱。[94]

推测一下亲王夫人的定制规格如何（假如有的话）是非常有趣的。看上去，第一件羔羊毛呢衣与上一期杂志中的版画相符。或者说，这位高贵客人就是在没有亲见的情况下，简单寄去了一些身材尺寸，就让人为她特别定制所有的衣服？

虽然温德伦夫人在 9 月底的一封信中声称在英国和巴黎已经有了一些订户，[95] 但该杂志假装出来或是珍重拥有的独特风格本身就可能导致其消亡。德蓬蒂在第 1 期的通信中（收件人中只有一位男爵夫人）几乎完全是在阐述财务问题、期刊内容和后续主题。然而在第 2 期中，通信就只有一部分是对杂志本身的评论，其余已被关于服装的建议占据。由于《最新时尚》没有在其版面上公布下期出版的期刊或主题介绍，所以

---

[39] 尚贝里，罗纳 - 阿尔卑斯大区，过去以生产缝制女式裙装的丝织品而闻名。

——译者注

通信版块从一开始就必须当作自我宣传的阵地。不过为了保持与众不同的气质，此种宣传必须尽可能地隐蔽。所以，通信都是回复给一个虚构但绝不平凡的读者群。从第 3 期开始，来自贵族阶层和法国以外的收件人——英国、意大利、西班牙、波兰，甚至德国（可惜，自普法战争爆发后不久两国间就再没有邮政协定，马拉梅对此感到遗憾）[96]——的数量稳步上升，《最新时尚》编辑部的语气也越来越亲密，越来越个人化。在最后一期出版的杂志中，德蓬蒂强调："我们的信息不只是来自服装设计大师，就像杂志中在不同地方所说的那样，也来自上流社会。"[97]

这种说法，也许是出自某位伯爵夫人（在此场景下应该是卡利亚斯伯爵夫人，而不是德奥尔伯爵夫人……）的书信，对杂志的吸引力来说只可能是增强而不是妨碍，因为布尔乔亚妇女渴望模仿上流社会的风格。不过，这些衣物的价格让《最新时尚》超出了大多数中产阶级（juste milieu）的承受能力，[98] 使它几乎就像那些通信者的贵族头衔一样暗示着排斥。温德伦所期待的杂志发行量没有留下记录，但是在 9 月，他只向各省发出"百来本"第二期。[99] 由于来自巴黎本市的通信者略少于半数，所以我们可以推测，开机的印数不会超过三百份。可以肯定的是，巴黎人可能更愿意与一个据说经常出入他们圈子的编辑进行口头交流，而不是通过信件。或许可能的情况是，人数上的差异反映出马拉梅企图让他的杂志发行范围看起来比实际更广。温德伦夫人宣称，自马拉梅编撰完第 1 期杂志后，读者群就不断扩大，此说法可能是真的，特别在她已经偿还了马拉梅最初投资的 1/5 的情况下。[100] 毋庸置疑，一些读过的妇女肯定订阅了该杂志并写信。显然，这些信不足以触动诗人的文学灵感，所以他选择回复那些他其实从未写出的信。即使他与"可爱的女读者"的对话有时偏离了柏拉图式的理想，趋向于他喜好的那种将《最新时尚》的文字提升（或限制）到干瘪瘪和"云山雾罩"的感觉，但它们依然充满魅力："致布鲁塞尔的莉迪（Lydie）：是的，亲爱的孩子，你在人生首次舞会上璀璨夺目。白色不会让你显得过于苍白，而你咨询的我们上一期专注于社交场合的《时尚信使》（*Courrier de Modes*）中提到的薄纱效果，会让你笼罩在一片移动的透明云雾之中。"[101]

德蓬蒂选择回复了一封 1874 年 12 月送达杂志的投诉信，来信者批评杂志遗漏了最新的时尚潮流——这是时尚出版物最令人发指的罪行，特别是一本以《最新时尚》为标题的出版物。她把这一批评放在引号中，暗示信件来自"会员"之一。然而，信中的语气却无缝地融入了那些早已笼罩在看似不同的撰稿人身上的诗意织物（结构）中："难以置信！在几个世纪的面料［那些塞米勒米斯女王（Queen Semiramis）穿过的，或是出于沃思或平加的天才而制成的］[40] 形成的天幕下，时尚掀开了帷幕！突然向我们展示了它自己的蜕变、新颖和前瞻性，而此时你们正在展示那些主导了从 3 个月大的婴儿到 11 岁的儿童的穿着传统。"[102]这篇愤慨的控诉将塞米勒米斯女王的面料同巴黎服装设计师的作品相提并论，应用了马拉梅主义在时尚中的变形，其风格确实表明它来自杂志内部。如果诸如精致的三角形头巾（fanchon-fileuse）或"大立领"之类的新奇事物被杂志遗漏引发了人们对其专业性的怀疑，进而促成其消亡——实则杂志最后一期对它们都有专栏介绍，那么人们或还可相信来信控诉的内容是一次偶然成功的带有诗意的自杀尝试。就某种意义而言，马拉梅利用此次批评作为借口，认真阐述了他在时尚方面的正确写作信条："不！对于一个意图将时尚当作艺术的提纲来说［追随神秘的伯爵夫人和她在 1865 年的文章］，仅仅谈到'这是所穿之物'远远不够，我们必须阐明'这正是其依据'。"[103] 由于时尚似乎是无限自我参照的，每个细节都引用或指向过去，因而其魅力的基础如其重要性一样隐蔽。只有对其多重意义进行诗意探究，人们才有希望实现与这一领域亲密接触并进行深入洞察。这种多重性在马拉梅式的折叠文本中找到了相似

---

[40]　塞米勒米斯女王，传说中的亚述女王，巴比伦建造者。沃思全名查尔斯·弗雷德里克·沃思，早期的时尚巨子，有"高定之父"的美誉。 平加全名埃米尔·平加（Emile Pingat），早期的时尚设计师。——译者注

之处——就是说，一种基于"重重皱褶"（pli selon pli，英文为"fold upon fold"）式的创作。[104] 作家同时又作为设计师，以德蓬蒂夫人的身份创作并打扮身着羊毛或雪纺绸褶皱的上流社会妇女，并且就像马拉梅象征主义的诗歌一般，将文字隐藏在文本褶皱（纺织品的空隙）中，对时尚的典范价值进行充分而完美的调查。

尽管马拉梅旨在创造抽象美学，但他的诠释对象却是艺术性的。因此，为了让褶皱出现，服装必须先从瞬间之线（们）[41] 中织出来。马拉梅是在字面上理解经纱，理解这个后来在普鲁斯特有关持续时间的创作中变得异常重要的事物。而它所决定的诗意织物仍然是一个潜在的、能超越历史潜力的元素——作为时尚变形的基础的经线反复交织，在创造未来的同时依然扎根于"古代态度"。不过，这根线对于时尚和装饰品的私密性和内在诠释同样重要。

■

我们看到，社交季节中时尚的变化和演化就像两条线，一条是丝线或（甚至是）羊毛线，另一条是金线，它们相互交叉然后缠绕在一起。在过去的两周里还没有出现任何明显变化，舞会礼服没有任何明显改变……出现这些特殊场合的装扮本身就构成一种幻想，有时是一种大胆而带有未来主义的冒险努力，而这又通过古代衣服体现出来。是的，请看，你也能看到，在缎子中，在纱罗、薄纱或蕾丝之下，已经有一些有关某种秘密的证据显现出来。[105]

■

在此出现的时尚几乎就是短暂的蒸发。对诗人来说，它标志着一种自己渴望探索的梦幻和非理性状态。不过，它也保留了强烈的社会成分，

---

[41]　原文为法语"fil（s）"。——译者注

马拉梅与现代性中的时尚的高雅

113

图 23.
埃德加·德加，研究画作《钢琴旁的加缪夫人》，1869 年。棕色纸上的黑色粉笔和
粉彩画，43.5 厘米 × 32.5 厘米。苏黎世 E. G. Bührle 收藏。

因为女性用户被限制在一个"悬浮的世界"，即摆阔之上。高级时装如
果严格按照季节性变化，将会让女性保持在悬浮的状态中——或许会在
沃思或平加的新作中一直悬而未决。男人被指望具有一种认识论传统及
历史学的意识，女人则只能被导向目前和永恒之新。这种"新"不一定
是对未来的预测，因为时尚从未被事先仅仅设想成某种静态概念，而是

一种针对风格的反应和猜测。它的外形和形式永远不会让我们大吃一惊，因为所有的东西都已经以其他某种形式存在过。因此，女性被局囿于当下，注定要将过去仅仅视为原始资料，另一个将会出现的肤浅变化会改变事物的表面，但不幸的是，从不会涉及规则。

在 Ix. 的首个专栏中，一位时髦的读者——或许更多是出于想象而不是讽刺地——抱怨道："书籍、戏剧和用颜色或用色彩或大理石打造的拟像（参考戈蒂埃和波德莱尔的现代性）：它就是艺术，但生活呢？直接、值得珍惜、多种多样、带着深刻虚无（les riens sérieux）的我们自己的生活，难道它就从未进入你考虑的范围吗？"[106] 这位读者的诉求是将她的生活及其所有极为琐碎之事都纳入业已诠释为艺术和拟像的时尚话语中。她宿命地接受了世界会将一个布尔乔亚妇女限制在其中的事实；她唯一关心的是主体，因为只有通过它，她才能带有一定深度地考虑自身。马拉梅，或者说 Ix.，在一片香水和雪纺绸的云雾中围着隐含在"深刻虚无"（以及前面提到的"平庸的自我冒险"[42]）中的道德问题打转。他／她的回答升华了"为你提供荣耀证明的沙龙"内的社交生活——人们或许会争论说，这种沙龙也存在一种特定的性别失败，让它聚合了当下时代——实际上是现代性——中所有的重要事物。在将闪亮的珠宝、平滑的面料、饰品以及室内打听到的"成千个秘密"融合成一篇特别的文字（littérature particulière）后，Ix. 最后总结道："在一个时代的生活方式中，没有什么可以回避；在其中，一切都会属于其他一切。"[107] 在《最新时尚》中，社交生活本身成为虚构。在布尔乔亚妇女的社会存在中，她们出现在"一致的褶皱（群体）面前"，正如马拉梅用不经意的批评陈述女人和她的粉丝洋洋自得而又肤浅的魅力——在此，他并没有豁免自家人物。[108]

将许多细节巧妙地并置于一件衣服之中，为女性打造出当代风貌，

---

[42]　原文为法语"aventures banales de soi"。——译者注

查尔斯·弗雷德里克·沃思的声誉部分就来自他的此种能力。作为一个曾在面料工厂当过印刷学徒的人，他能够将不同的图案结合起来。而视觉和语言的瞬间，"形式重叠"（le pli modal）[109]——用一个词 / 定义指代另一个词 / 意义——从字面上看是写作和话题相互依赖的原因。在宴会上或舞厅中，对每个客体的描述在观念上都同另一个客体的外在风格有关——也就是"形式重叠"——并且进一步自指地指向其自身意义。马拉梅为此设计了一件"褶皱"，可视为（自我）指涉和隐喻重复；"围裙"，可读作叙事；"荷叶边"，可当成（层次）潜台词——对一件衣服的短暂描述，就变成了对诗歌创作的结构主义的阅读。

　　　　　　·

　　1874 年 9 月底的礼服。外裙为暗红色罗缎，在裙裾的底部装饰有三个小小的大褶皱荷叶边，每条褶皱正前方都有着缎面滚边：第四个褶皱要更高一点，是由一个很小的斜裁层聚拢支撑起来的。围裙（前片）由一个大三层褶皱形成；在前片的两侧，能看到由小块堆积面料和三条三重长且窄的褶皱组成的支撑衬里：在这些上面，是一个极大的菊苣形的设计。一件相同色调的开司米波兰连衫裙……带翻领的袖子，上面的罗缎荷叶边有着三层褶皱，并且中间装饰有一条同样罗缎的小带。背部有系带。[110]

　　　　　　·

　　由此，写作、主题和意义之间的关系变得一目了然。衣服，尤其是女性礼服，呈现出褶皱——因此，它们同马拉梅旨在探索艺术问题而提出的有关文字与意义的相互依存关系形成一种实在的类比。[111] 为这些衣服量身定做的面料由纬线和经线组成，它们或在彼此之下或在彼此表面交织——类似于现代性的诗意体现中的过去（的一种回忆）。由充满时间性和容纳着反思空白的线索构成的文本的不同交叠，相互结合展示出一个错综复杂、隐秘的——最重要的是现代的世界。在这个世界里，时尚渴望将其所有符号融合到一个最终的"词句"里。[112]

书面表达的局限，即莱辛曾提出过的问题，在时尚的暂时性中消失了。衣服的视觉表现并不优于书面表现，因为《最新时尚》中的服装从来都未定位在一个特定时间段内。这些服装远离当代时尚的漩涡，被它们的"作者"升华到抽象价值之上。这种拒绝向读者提供最新时尚信息的狂妄之举将会让作为企业家的马拉梅付出沉重的代价。然而，诗人的关注点在其他地方。线和皱褶（pli）的意义让书面的时尚丧失了它的时间性，但并非历史的一面。此外，正如我们所见，使用诸如"烟雾"（vaporeux）和"云"（nuage）这样的词语，让主题变得无形。当马拉梅冒险涉足形而上学时（"诗意的理念"[43]），他对裙子或礼服的描述总是让它们变得不可捉摸，因为它们被塑造成不敬和想象中"内心梦想"的客体。即便是那些对版画的密集描述也设法避开了材料，而是更多的围绕着审美经验；瞬时演替的事物不会影响到表象。时尚的短暂性和无常性的纵聚合使它的书面形式以及其梦想潜力高于任何绘画描述："多么神奇的景象，一幅人们更愿意想象而非将它绘制出来的画面：因为它的美暗示着某些类似于诗人深刻或无常印象之物。"[113] 讽刺的是，这种对时间性的抹杀发生在一本完全致力于最新时尚——也就是说，致力于瞬间和现在——的杂志之中。不过，正因为马拉梅从未忘记他的艺术追求，也从未降低自己的追求去记录新兴的高档时装工业，才让他的杂志中有关时尚的表述在如今不受任何具体时间和地点的限制而悬浮在一切之上。

在诠释服装方面，马拉梅与他的前辈波德莱尔形成鲜明对比。他并没有止步于观察服装上的刺绣，为它着迷，对波德莱尔来说，这种观察就是一种现代主义的助忆术练习而不仅仅是描述。马拉梅寻找服装饰品

---

[43]　原文为法语"vers l'idée"。——译者注

背后的理念，从风格上甚至是形而上学上阐述它："今天在波德莱尔的《给一位擦肩而过的妇女》问世十几年后，用丝绸和黄金的刺绣来打造衣物底色，同时不忽视宜人和闪亮的细节——品味所带来的画龙点睛之笔已经成为一桩要务。"[114] 与这种不忽视服装细节的承诺相反，时间方面的要求——对 1874 年 /1875 年秋冬这个确切的时间段内的穿着进行说明的需求——被忽略了，因而导致了马拉梅主义的时尚论坛在现实和商业世界中的衰落。

在回忆中，魏尔兰对《最新时尚》和它的作者大加赞赏：

> 我该补充一句，这样一位伟大的艺术家所编撰的文章有多不同寻常和有趣！他关心的只是那些他想要的生活，对服装、珠宝、家具，甚至有关剧院和佳肴的专栏都拥有透彻的理解和复杂的规定。都是为少数聪明和幸运的读者做出推荐！……
>
> 人们能发现，这位精致的诗人也是一名深刻而博学的哲学家，对那些能够看清楚的人来说，他在艰苦而专注的探索方面非常先进。[115]

魏尔兰在此转述了马拉梅写给通信者的一篇回忆文章，即便到了晚年，马拉梅还在想着他曾在时尚杂志中做出的精巧演出："我……试图自己写出服装、珠宝、家具甚至有关剧院和晚餐菜肴的专栏。《最新时尚》，当我把它们从灰尘中拿出来时，这八期还是十期杂志仍然能让我做很久的梦。"[116]

图 24.

詹姆斯·阿博特·麦克尼尔·惠斯勒绘制，马拉梅的肖像，1892 年。铺纸石版画，
9.5 厘米 ×7 厘米。马拉梅博物馆。

2.6 回眸《最新时尚》："我们之后的快乐？！"（Après nous le délice）

翻阅他的时尚杂志时，马拉梅会吸入杂志持续传播的那种最精致的、生活"史诗方面"的芳香吗？或者说，这种香味只是一种怀旧尘埃？他是否曾幻想过他的"女神"和浪漫的理想之美，或者更俗气地想象过与上流社会女性之间文学性的亲密关系？他有没有曾仅为错过一个潜在的有利可图的机会而嘟哝遗憾，抑或是对一个能用来扮演隐藏的暧昧性别——也就是像巴尔贝·德奥列维利那样的精神变装癖——论坛遭遇挫折而感到懊悔？马拉梅是否曾梦想过化身为他的女性读者之一，又或者《最新时尚》只是一种想偷偷遛入女性闺房观察主人穿衣脱衣的男性欲望的夸张表达？[117]

对于这些问题的答案，我们只有猜测。然而，这本杂志所拥有的让作者牢记乃至梦到的能力，后来更吸引了那些将 19 世纪的文学和视觉表现视为被时间无意中掩盖的社会和性资料的超现实主义派。特别是半个世纪前的服装和配饰，以其超越历史的即时性为 20 世纪 20—30 年代的艺术家们反映出一种高级布尔乔亚品味，而正是这种品味嗣后依然决定着他们自己的社会规范特征。只有那个年代才能赋予此种时尚一种神秘的、非理性的和想象的特征——而它一开始就理所当然地存在于《最新时尚》之中。

1933 年，超现实主义派杂志《米诺陶洛斯》（Minotaure）发表了《马拉梅的〈最新时尚〉》，亨利·夏庞蒂埃（Henry Charpentier）在其中讲述了一种超越单纯历史趣味的魅力。[118] 夏庞蒂埃是一位诗人，也是一位多产的马拉梅编年史作者，[119] 经常为《新法兰西评论》（La Nouvelle Revue française）撰稿。他只是超现实主义运动的边缘人物，而《米诺陶洛斯》本身也算不上最前卫的杂志。不过，夏庞蒂埃的评论与特里斯坦·查拉（Tristan Tzara）有关超现实主义和达达主义对时尚认知的开创性文章——《某种自动主义品味》（*D'un certain automatisme du goût*）——出现在同一期杂志上，表明当时流行一种倾向，即将服装和配饰视为一种"令人战栗的美"（la beauté CONVULSIVE）的范例。每个客体中都存在一种固有的能力，能够重新定义自己的历史或审美意义。

在夏庞蒂埃的文章中，将佩克尔（Pecqueur）为《最新时尚》第 4 期所绘黑白版画的细节放大作为开篇页。[120] 版画中女士的剪影和精美发型——用眼球大小的珍珠装饰着的浓密黑发——被裁剪出来并放大置于文字中的方式，不禁让人将其同马克斯·恩斯特在 20 世纪 20 年代末创作的拼贴式小说（例如《一百个无头女人》[44]）进行比较。恩斯特发掘了 19 世纪的版画和木刻，将它们从其不显眼的背景中剥离出来，将它们修改或重新用于讲述恐怖、神秘和充满想象的传说。虽然许多拼贴画来自大众科学杂志，但恩斯特对布尔乔亚世界所谓的纯真内在的迷恋，表现在他反复利用来自家庭出版物、邮购目录和时尚杂志的插图之上。[121] 除了这名女子的剪影简介，《最新时尚》中另外两幅插图以相似的方式复刻，图案照旧从背景中剥离。一种奇怪的光泽将 19 世纪 70 年代中期的时尚平版印刷品变成了超现实对话作品，而对儿童服装的描述则在更多方面体现出了《爱丽丝梦游仙境》的精髓。[122]

夏庞蒂埃在评论马拉梅的时尚文章时，首先描述了"衰败的 1874 年"，当时人们能发现"在略显阴沉的沙龙的柱脚桌上，在蒙索区（Quartier Monceau）和香榭丽舍大街（Champs Elysées）如莫奈画作中蕾丝窗帘低垂的窗户的高楼大厦后面，透出秋日城市的淡淡灯光：最新时尚"[123]。他唤起了一种内敛美景和艺术化氛围，人们在其中带着一种衰败时代的气息构想和阅读这本杂志。它是成熟的，但注定要成为

---

[44]　原文为法语"La Femme 100 têtes"。拼贴式小说（collage-novellas）常见于后现代主义文学中，作者会在小说文本中插入引语、隐喻、外来表达方式以及非词语的成分，如詹姆斯·乔伊斯、T.S. 艾略特等人的作品。——译者注

不断进步的现代性和现代化的牺牲品。

在列举了一些该杂志的"撰稿人"后，夏庞蒂埃讲述了作者及其背景："马拉梅先生出身于巴黎的布尔乔亚阶层。他那爱摆官架子的祖父是督政府的一名财政部长，他对凡尔登的少女相当残忍，而且看上去他所有后代似乎都希望通过极其英勇的行为从人们记忆中抹去那些被英俊皇帝轻易勾引的年轻女子洒下的鲜血和砍下的头颅。"[45]124

因此，读者不仅看到了一篇夏庞蒂埃对诗人祖先弗洛伊德式的借题发挥的批评，而且至少还见识到对其亢奋政治热情的一些讽刺，正是这种热情让他与许多达达主义和超现实主义者迥异。尽管马拉梅被认定为布尔乔亚，但他"首先是一名诗人"，更重要的是，他是一个自我定义为"经常有梦想之人"："这种经常性的梦想是他的精神为其准备好的礼物之一。我经常看到他在我面前，深陷在椅子里，笼罩于烟雾中，目光呆滞地无限地梦想着某个客体。"125 自然，这种习惯对超现实主义者来说是非常合适的，只是他们更喜欢在咖啡馆或小型聚会上对客体进行集体想象。然而，事实证明，最具灵感的梦境将会出现在他们隐居在四墙之中的时刻。梦想一个客体，意味着要将强烈且深刻的洞察力专注其中。这也意味着日复一日地回到该客体上，直到发现它的根本性质为止，否则，他们自己平凡的和常规的行为将让人无法理解。遵循波德莱尔和马拉梅关于"游手好闲者"和"内心梦想者"的传统，夏庞蒂埃表示："那些在迷雾中徘徊的路人中，做梦的诗人实际上是唯一真实的、清醒的勘路者。"126

主体，尤其是诸如衣物的短暂天性，让大多数路人无法辨认它；只有做梦的诗人或波德莱尔式的"人群中之人"才拥有实现其想象的潜力。

---

[45] 指马拉梅的祖父弗朗索瓦·勒内·马拉梅（François René Mallarmé），法国大革命期间他身居高位，曾下令处死一些向入侵的普鲁士兵献花的凡尔登少女，夏庞蒂埃所言可能有误。——译者注

图 25.

F. 佩克尔为《最新时尚》绘制的插图，第 4 号（1874 年 10 月）。
纸上木刻版画。

图 26.
特立松（Trichon）和 F. 佩克尔为《最新时尚》绘制的插图，第 3 期（1874 年 10 月）。纸上木刻版画。

图 27.
不知名的艺术家为《文学》杂志绘制的插图，第 17 期（1920 年 12 月）。

超现实主义者讽刺性地引用了一则童装广告，暗示在资产阶级的表面下潜藏着卖淫活动，"客户青睐"未成年女孩——不仅仅是她们的衣服。

就像那位被充满象征意义的"饰着花边的裙裳"[46]惊呆的游手好闲者一样，马拉梅能够观察到错综复杂的服饰，直到"对他来说，完全占有主题并首先转化成表达它的文字"。[127]一旦马拉梅创造的诗意织物在他对服装的梦中生成了"文字皱褶"并且随机进行转化，他就会思考它在精神上与万物赖以依存的世界是否存在一致抑或不协调。"当它将创造出那个流动的、奇异的思想和感觉的世界时，这些世界会不断地围绕着俗气的借口增长、传播：限期香脂之丝绸、转瞬即逝的玻璃器皿，或是炫目的支架。"[128]

这个形而上学的世界并不要求崇高的诗学。它明确需要的是最新、最肤浅、最短暂的客体。而且正如夏庞蒂埃所言，这些客体的必要性不仅仅是出于社会或商业的恩赐："一个女人的服装或饰品架就完全可以满足他的想象。不用耗费他一丁点最为宝贵的才能，这就能帮助他将彬彬有礼、欢乐和一些轻浮之感的兴趣结合起来，将其作为最得体的牧神形象，展现给巴黎上流社会的女士们，同时还伴随着他不间断地在所有隐藏之物中唤起诗意的需求。"[129]在马拉梅的主题中，"轻浮"被赋予了负面含义，此种现象归功于超现实主义派（以及20世纪30年代法国其他的艺术家）对布尔乔亚受众表现出的矛盾心态：一方面是公开的、带有强烈政治色彩的厌恶，另一方面是对其非自然之物和对"深刻虚无"的迷恋。"所有牧神中最得体的那个"对这个世界的坚持只是次要的政治动机，其主要动机是拒绝参与现代生活中的庸俗。这本身就是一种颓废、几乎是精神分裂的态度，然而并不像人们想象的那样罕见。[130]特别是那些在写作中毫不妥协地寻求现代的艺术家们更是如此，他们常常将自己与社会后果隔离开来。他们厌恶1830年后法国甚嚣尘上的消费主义、工业进步和政治活动，因为他们担心自己的艺术会失去充分的社会基础。因此，他们的第一反应——在某种程度上就体现在巴

---

[46]　出自《恶之花·给一位擦肩而过的妇女》第4行"feston et l'ourlet"，见前注。——译者注

尔贝·德奥列维利、波德莱尔、戈蒂埃和马拉梅身上——就是孤立、颓废、精英主义和纨绔派式的态度。[131]

对《最新时尚》的作者来说，街上的人群没有提供可同沙龙中的社交聚会相媲美的魅力；不过，即便如此，在街上他——同普鲁斯特一样——仍然保持着他所扮演的角色，即带着距离感的成熟看客。关于马拉梅对公众评价和意见的漠视，瓦莱里如是写道：

> 我想你会欣赏他那种拒绝中所具有的满满的高贵。但有些人想从中看到一个意欲远离最普通意见的灵魂的孤僻倾向。他们或许会说是"精神分裂症"，这个被发明出来指代将自己同追随者隔离的弊病的奇怪名词——因为我们生活在一个一切都要求、强加、致力于将个人融合的时代，正如城市、名字、衣服一样……可是，马拉梅是靠着什么在他的远离、清醒和坚定的信念中找到他的决心的呢？[132]

1933 年，瓦莱里和夏庞蒂埃都将马拉梅的作品描述为"明晰"，尤其是在他对服饰的诗意诠释方面。就像那些在她的沙龙里努力"打扮自己的灵魂"的女人一样，马拉梅的特点就是带着一种柔和的精致氛围，一种从严酷的外部世界逃离的精致。在特殊的现代"女神"，即"无能之现代的缪斯"的引导下，他沉沦于衣服的褶皱和自我反思中，直至将自己视为"一个除了女性沉静之外什么都不是的纯粹消极的灵魂"[133]。这种描述会再次引发他曾在《最新时尚》中表现出的潜在的跨性别角色问题，如果不是瓦莱里解释的那样，说马拉梅的被动是出于一种纯粹的审美感觉："他表现出一种无限的柔和，这种柔和来自最纯粹的精神。"[134]

永恒的"内心梦想"、自我映照、专注于个人的艺术提炼，这些显然会让人将其同普鲁斯特的《追忆》相比较，而在《追忆》中，现代性出现在最复杂巧妙的场景中，非常类似马拉梅时尚杂志中瞬息万变的世界。无论是寻求还是"追忆"，主要针对的都是话语、时尚或现代性[47]，它们都必须与母题相适应——在服装时尚方面，这是最重要的；而在文本语境下，则意味着被分割开来。的确，缺乏市场竞争力和财务误判缩短了《最新时尚》135 的生存时间，普鲁斯特的去世也阻碍了《追忆》最后几卷的校对工作。然而这两部作品中隐秘而又充满自我指涉的氛围，无论如何都会让它们显得不完整。因此，瓦莱里对马拉梅诗歌的描述也适用于普鲁斯特："但这个人差不多是在命令我们猜想出一个与诗歌有关的完整思想体系，这个体系作为一个本质上无限拓展的作品会演化、检验和不断更新，其中任何已实现或可实现的作品都只是片段、初稿和准备性研究。"136 如果说《最新时尚》是马拉梅寻找"那个词"的一个支离破碎而又不可分割的部分，是他寻找终极诗意阐述的现代主义式的努力，那么这本刊物的短暂一生也只是在促使人们猜测马拉梅关于时尚写作的后续以及可能的终极形态。或许，他的最后一部作品《书》会包括对服装之美的沉思，但或许马拉梅的时尚写作也正是有赖于商业企业的限制才得以茁壮成长。

　　然而，在世俗层面，这本杂志的结束并不意味着马拉梅的名字从时尚新闻界消失。1896 年 5 月，当时 31 岁的藏在"一致的褶皱"遮挡下卖弄风情的诗人的女儿热纳维耶芙·马拉梅（Geneviève Mallarmé）在给她父亲的信中写道："昨天，我给德布鲁泰勒夫人带去了日志的第一部分……请不要因为我将一些部分划掉而责备我，我疯狂地撰写所有的条目直到今天早上 6 点，其他所有早上也是如此；不过我对结果很满意，因为我有了近三个月的实况记录和缮本。"137 她所言的日志不过是彼时的另一版本的 Ix. 的《巴黎纪事》和《半月志》（*Journal de*

---

[47]　原文为法语"mot""mode""modernité"。——译者注

Quinzaine)。该日志必须像 1874 年那样每两周编撰一次。马拉梅的女儿从 7 岁起就记得，她的父亲"在公社失败之后的那个秋天回到巴黎，然后在莫斯科大街定居。当时，他完全独自编写着自己的时尚杂志"[138]。在当时，他的纯粹主义品味和他作为"深刻虚无"通信者的技巧看上去已塑造出热纳维耶芙的审美经验。如此，她为自己的专栏向这位昔日的记录者寻求建议，该专栏在巴黎的《时尚实践》（*La Mode Pratique*）杂志上连载了好几年。

热纳维耶芙在 1898 年写给她父亲的一批信中，有一封表明她对观察和诠释时尚有着同父亲一样的兴趣："我们工作、筹备，为夏天的离去做准备。我就像街头流浪儿说的那样，在无休止的日志中苦苦挣扎……我见过穿着半丧服的洛朗夫人，黑色裙子，戴着灰色的帽子；也见过她穿得就像在苏丹后宫一样，装饰着令人眼花缭乱的亮片、羽毛和浅色的衣服——让姨妈显得就像女仆。"[139]19 世纪即将结束，随之而来的是一个属于现代性的时代，而该时代早就肇始于四十多年前，伴随着波德莱尔式的游手好闲者对转瞬易逝、过往的时尚的那种热情。交臂而过者的形象最后又转移到了梅里·洛朗[不再是"永恒之哀悼"或"重孝"，而是"半丧"（demi-deuil）]，她裹在亮蓝色裙装里的年轻形象，曾经是马拉梅《照片》一诗的灵感来源，同样也是《最新时尚》见多识广的顾问。她的风格，尽管依然引人注目，但如今已经变得过时、普通和阴暗；相比之下，她穿着闪亮新衣的女伴和亲戚们，则显得没有区别、不精致，也没有档次——总之，没有任何真正具有时尚潜力之感。

在时尚与现代性的等式中，实证主义的天真永远消失了。现代世界的进步将继续反映在服装时尚中。不过，波德莱尔对其最初的认知——即现代生活是顺应人还是围绕着人，取决于他将自己看作艺术家还是颓废派，以及这种看法本身是否应进行审美评估的信念，不能以任何简单的方式断言。尽管马拉梅可能已经意识到，作为现代的前提的现代性实际上是对日益混乱的社会状况的掩饰，但他没有表现出揭露这种状况的兴趣。他的目的是找到一种具有想象力的平衡，并达成一种现代审美经验。具有讽刺意味的是，他选择将服装时尚作为接近这种体验的简短但重要的基础，非常符合现代性的自我指涉模式。

图 28.
爱德蒙·莫林绘制，《最新时尚》的封面，第 7 期（1874 年 12 月）。
石版画，20 厘米 ×13 厘米。

齐美尔与现代性中的
时尚理论依据

Simmel and the Rationale
of Fashion in Modernity

第 3 章

时尚的抽象性植根于其最深层的本质，并且作为"疏离现实之物"赋予美学之外领域的某种现代性自身的美学特性，同时自身也在一种历史表达中发展。

——格奥尔格·齐美尔（1911 年）[1]

一旦连最有美学倾向的人都意识到，现代性不能被简单地描述为一种实证主义和进步的力量，而应视为包含现代的社会现实之时，对其认识论具有凝聚力的研究就会立即出现。在发现波德莱尔的散文和诗歌描述了现代性的原始形而上学，以及马拉梅的作品反映的美学之后，现在我们要转到现代性的理论依据方面。在将探讨限制在作为现代性最纯粹表达的服装时尚之后，我们必须对时尚与现代性的社会学与政治学诠释加以区分。[2] 社会学说法在齐美尔的四篇文章中得到了体现，对它们的全面的平行解读构成了本章的主体；政治学观点将在本书第 4 章中通过对本雅明《拱廊计划》的解读得以深入。想要理解这两个概念，重要的是要牢记，后马拉梅时代的现代性已经获得了它自身的、可以被后来诠释者有意识地反映出来的历史实体。

3.1 时尚与现代性：哲学家格奥尔格·齐美尔

格奥尔格·齐美尔（1858—1918 年）对时尚及其哲学和社会学的诠释构成了本章的基本内容。他并不仅仅是现代性的诠释者。然而，他在自己的考察中专注于周边的现代城市生活。齐美尔的与众不同之处还在于他是第一个对时尚进行深刻分析之人，即第一个尝试对该主题进行表达性及简明诠释的学者，并且还是第一个将该主题放置于其过往的现代性背景下来分析的人。他将对时尚与现代性的真诚兴趣同受过学术训练的思维洞察力结合在一起。

尤尔根·哈贝马斯（Jürgen Habermas）曾将齐美尔形容为"世纪末之子"（child of the fin de siècle），即在消极的意义上，他是自己时代之子，无法超越"时髦的"限制。起初，这似乎并未削弱齐美尔对哈贝马斯的影响和意义：

∎

（他）依然站在横亘在罗丹（Rodin）和巴尔拉赫（Barlach）、塞甘蒂尼（Segantini）和康定斯基（Kandinsky）、拉斯克（Lask）和卢卡奇、卡西雷尔（Cassirer）和海德格尔（Heidegger）之间鸿沟的另一侧。他关于时尚方面的写作与本雅明不同，然而，他也是建立时尚与现代性之间关系者中的一员。他影响了卢卡奇，甚至影响了其对题目的选择，他启发了本雅明对刺激的泛滥、联系的密度以及对都市空间经验下加速运动的观察，他改变了整整一代知识分子的认知模式、主题和写作风格。[3]

∎

在本章中，我们将清楚地看到，哈贝马斯受法兰克福学派传统的影响，在他的现代美学研究《现代性的哲学话语》（*the Philosophical*

图 29.
不知名的摄影师，格奥尔格·齐美尔的肖像，约 1900 年。现代印刷品。
法兰克福苏尔坎普出版社的档案。

他穿着凉爽的羊毛夏季套装，米白色羊毛马甲，可拆卸领口和袖口的白色棉
质衬衫，丝绸领带。这是知识分子出游时的完美休闲装束。

Discourse of Modernity）中略去了齐美尔，削弱了对齐美尔的积极评价。该书是基于 1983 年和 1984 年的一系列讲座——正是在哈贝马斯为齐美尔的论文集撰写的后记发表之后，正是在这篇后记中人们能看到所引的这段批评。恰恰是这篇后记的瞬时性和商业性促成了哈贝马斯略为随意但极为重要的描述：齐美尔确实建立了时尚与现代性——服装时尚和现代性之间的联系。

齐美尔希望他的哲学能够反映转瞬易逝的存在。他部分是学术上的颓废派，部分是敏感的"人群中之人"。就像波德莱尔一样，他对周围的现代社会努力保持着一种世故疏远，但又不得不对其加以观察。由于他在作品中强调城市社会群体结构，使得社会学家们倾向于将他划归为自己人。最近，德国学界对齐美尔作品的兴趣点，以及事实上芝加哥学派及其后继者关于齐美尔是第一个建立"正统社会学"之人的早期观点，似乎都将齐美尔的研究牢牢地降到社会学领域。[4] 但是，人们可以说抛开齐美尔对早期社会学形成的影响不谈，他对当代的文体学——现代性的持续着迷——事实上超越了学术的界限。[5] 无论如何，同诗人波德莱尔和马拉梅不同的是，齐美尔是在描述和分析而不是唤起。因此，他的观察呈现出似乎是"构建性"的，不过在他作品的核心中始终保持着一种对生活中转瞬即逝之眼下的迷恋。

齐美尔的哲学植根于康德，[6] 他受到世纪之交德国西南部发展起来的新康德主义（鼓吹者为科恩、李凯尔特、拉斯克）[1] 的影响。新康德主义关注文化阐述，即它们的合理性和相对价值。20 世纪初，齐美尔提出了一种生活哲学（Lebensphilosophie），试图通过诉诸于一个绝对而短暂的原则来涵盖和解释社会及美学的表现。这种关于生活是一个过程的想法与亨利·柏格森的"生命冲动"（élan vital）的观念类似，在 20 世纪晚期的德国文化界中引起强烈反响。

---

[1] 指赫尔曼·科恩（Hermann Cohen）、海因里希·李凯尔特（Heinrich Rickert）、埃米尔·拉斯克（Emil Lask）。——译者注

在他的著作中，齐美尔充分认识到，现代性的社会现实就是支离破碎，仅会在其绝对分散的不连贯性中保持连贯性。社会作为一个整体被视为织物 [2]，社会学家 / 哲学家详细观察社会互动中的关系，就像他们冒险进入褶皱中，在不同方法论的刺绣或线之间寻找连接之处。齐美尔在精神上用一种接近于马拉梅式的美学来对待生活，由此获得了像德国"象征主义"诗人斯特凡·格奥尔格（Stefan George）及法国雕塑家奥古斯特·罗丹（Auguste Rodin）等人的友谊，但他对现实有着永不满足的好奇心，开始把时尚视为现代生活最直接的显现。对他而言，服装的碎片代表了整个社会的外观。

他最初对时尚主体的分析可以追溯到 1895 年，齐美尔展示了一种实用主义，它既借鉴了赫伯特·斯宾塞（Herbert Spencer）的社会进化论，同时也有来自康德的认识论，由此产生的思想在《论时尚心理学》（*On the Psychology of Fashion*）中有所阐述。[7] 在该文中，康德的传承表现为齐美尔对主客体关系的哲学关注。齐美尔追问认知的基础，是基于认知的对象中还是存在于认知主体中，又或者，将此问题应用于时尚中：认知能否说是建立在我们选择穿着的衣服中，或是存在于选择衣物之人的思想中？在文章中，认知和自我意识被认为是主体在那些从经验集合体中提取的准则帮助下获得的创造性实现。因此，美学感知看上去是由现代的美感决定，相当于波德莱尔的相对之美（beau relatif）。

十年后，齐美尔将自己关于着装的想法换成了一个更适当的标题——"时尚哲学（Philosophie der Mode）"[8]，依然聚焦于主客体问题。但此时他将其转到了另一个领域——建立主观和客观文化的二元关系。虽然此项工作可被视为对经验主义和理性主义二元性——康德最初试图通过建立它们之间的相互依存关系来解决两者间的冲突——的具体化，但它也显示出齐美尔和其他人日益增长的侧重于分析生活本身的物

---

[2]　原文为德语"Gewebe"，同时也有结构之义，文中作者将其同英文"fabric"对应。——译者注

图 30.

莱瑟·乌里绘制，坐着绅士的咖啡馆，1889 年。纸上水墨画，20 厘米 × 16.2 厘米。
私人收藏。

质抽象性的倾向。齐美尔又一次受到为现象学思想奠定了基础的新康德主义的影响，遴选出诸如"价值"（value）和"文化"（culture）等术语，确定了它们在自然因果关系之外的存在。他还探索了"非理论性"作品的独立地位，作为其研究的参考。这种方法反映在他自己对在文学散文和小品文中系统阐述观点的偏好上，也正是这种偏好让他的作品与从巴尔扎克和戈蒂埃到巴尔贝·德奥列维利和马拉梅等作家关于时尚的作品相一致。此外，齐美尔对历史成因采用了现代主义批判手法，这后来在

图 31.
莱瑟·乌里绘制，鲍尔咖啡馆，1906 年。布面油画，59 厘米 × 38 厘米。
私人收藏。

两幅坐在柏林咖啡馆里的戴高帽的男人的画，显示了在近二十年的时间里，男
性时尚的变化是如此之小。然而，尽管形状和颜色似乎没有变化，但剪裁和细
微差别发生了很大变化。齐美尔关于世纪之交前后的时尚的文章也是如此。

恩斯特·布洛赫(Ernst Bloch)和本雅明的唯物主义研究中也留下了痕迹。

这些想法和倾向也塑造了齐美尔的观念，即在我们的日常存在中有着不同的"世界"，如宗教、哲学、科学和艺术，它们可追溯到我们思想中不同的组织模式，每一种模式都根据某个单独的规划安排构成该世界存在的全部材料。每一个世界都遵循一个完整的、有着自己最高主权的逻辑，同其他任何世界都不会发生联系。每一个都有同等的价值；每一个都拥有它自己的真理以及错误。因此，哲学家得像波德莱尔笔下打扮华丽的观察者那样退后一步，才能看到全貌。然而，在远处对这个世界的一瞥也不会被特写镜头否定，每种观点都有自己的权威。因此，个人的存在可被视为由诸多这样的世界所决定，但它们中没有任何一个可以起到决定作用。对齐美尔来说，由此可见，社会是在其成员将所有这些异质世界或圈子的同质部分统一起来的不断尝试中形成的，这种尝试导致了社会冲突，提供了我们存在的背景。

在这一点上，正统社会学家也掺和进来，他们宣称齐美尔构建了一个社会的类几何秩序，就像在集合论中一样，其中某些群体或圈子产生交集，形成暴露出社会互动的交叉点。尽管这种诠释对于解释社会学如何运作可能有用，尤其是在世纪之交的初期，社会学正在定义自己，但我们更感兴趣的是其中解释了齐美尔对时尚的本质理解，讨论侧重于他的生活哲学中各要素的哲学起源和创造。

齐美尔认为，无论是在生活中还是在哲学思考中，如果不去争论异质世界之间的冲突，而是将它们作为基本可能性加以协调，我们的思想就能获得心智能力和创造潜力。因此，黑格尔在客观领域中所寻求的合题是无法找到的——这种想法与马克思所假设的现代生活的客体化相一致。相反，这种合题存在于对立两极之间的运动中，并最终在主体反思的认知中实现。齐美尔对现代性的看法和思想特点就是努力维持二元性，通过类比把它们联系起来，并寻求一个不需要废除它们的"第三领域"。问题的结构不是为了等待解决而存在，它们的意义在于出现，在于经历它们的这种行为。因此,齐美尔对时尚主体的深刻兴趣看起来是合乎逻辑的,因为时尚最基本的暧昧性和短暂性似乎否定了任何先入为主和不变的解决方案,并且引出一个重视每种阐述方式的共存系统。

短暂易逝包含另一个概念,该概念对齐美尔向生活哲学的发展具有重要意义。他后期的著作围绕着一个理念:生活总是被限制在反映它们自身的主观形式中。对这些自我反映的形式如何限制我们对现实功能的诠释的察觉,扮演着一种对抗死亡的自然"局限"的生存策略。对这些形式的不断重新评估,使得可能的诠释增多,促进了人类对生活的渴望。在齐美尔看来,死亡并不来自外在。生命故意自身携带着死亡,从而被迫走向根本性反思;一个人越是有个性,越能自我反思,他/她就越接近死亡——他/她越是有着"死亡的能力"。

1911年,齐美尔对一篇1905年关于时尚的文章进行修正时,在简明扼要的"时尚"(die Mode)标题下,提出类似的观点。[10] 在这篇文章中,他加入了一段内容,论述哀悼的不变性以及其"民主的"黑色如何作为一种象征而保持了几个世纪。通过将此概念与不断变化的服装时尚原则并列,他得出一个结论:时尚本身就包含死亡。只要时尚能够决定一个群体的整体外观——这一定也是它的终极目标,它就必将因其特征中与生俱来的逻辑矛盾而消亡。[11] 而一种服装风格越是主观和个性化,它的消亡就来得越快。

时尚和现代性都存在于时间和寿命的双重限制中,在物质层面上,是通过资本主义生产方式的不断物化而形成的;在生命层面上,则是基于独立于现实的个体持续时间(也许如普鲁斯特那样出于想象)而创造。因此,齐美尔对现代文化的理解游移于马克思的抽象化与客体化世界的消极面和积极面之间,在前者中,时间和寿命都被视为商品;而在后者中,时间和自我有着柏格森式的认同。

3.2 齐美尔的方法论

3.2.1 测量模式

重要的是，格奥尔格·齐美尔最先用服装的比喻来例证现代性的碎片化现实，这种现实也是他随后在生活哲学中试图加以解释的。他在《货币哲学》（*Philosophie des Geldes*，1900 年；2d 版，1907 年）中论述现代社会中主体和客体的划分时写道：

> ■
>
> 主体和客体之间的根本对立，在理论上已经通过让客体成为主体感知的一部分而调和。同样，只要客体是由单一主体或为单一主体产生，主体与客体之间的对立就不会在实践中演进。由于劳动分工破坏了定制生产……产品的主观灵晕 [3] 在同消费者的关系中消失，因为如今商品生产独立于消费者。它变成了消费者从外部接近的客观实体，其具体存在和特质是自主于他之外的。例如，在向着最专业化方向发展的现代服装店与过去那种人们将其邀请到家的裁缝，两者的差异尖锐地凸显出经济宇宙日益增长的客观性，它相对于原本与其紧密联系的消费主体呈现出超个体独立性……显然，多大程度上将交易性质客体化，以及多大程度上主观性遭到破坏并被转换成冷冰冰的拍卖底价和匿名的客观性，就有多少中间环节被引入生产者和接受其产品者中，一旦如此，他们最后就会从相互的视线中消失。[12]
>
> ■

---

[3]　灵晕（aura）也为本雅明在《机械复制时代的艺术作品》（*Das Kunstwerk in Zeitalter seiner technischen Reproduzierbarkert*）中提出并由此广为人知的术语，用以形容一种他所谓的与本真性、独一无二有关的特殊氛围或气质，一种在机械复制时代凋萎的东西。——译者注

尽管这段分析开始是经济性的，最后一句话还是强调了主观和客观文化之间日益增长的不平衡，齐美尔后来在《文化的术语和悲剧》(*The Terminology and Tragedy of Culture*，1911 年) 中继续分析这种不平衡。[13] 日益复杂的文化内容变得自相矛盾，以至于到了它们被推测为由主体为主体而创造，但在其中间状态中，它们被客体化，从导致它们出现的社会文化习俗中抽象出来：它们开始遵循一种内在的进化逻辑，渐渐远离它们的最初目的。齐美尔的结论是，马克思在商品时代赋予经济客体的拜物教式的特性，只是即将降临在所有文化内容之上的普遍命运的一个具体修正案例。

恰似在主体创造出客体一般，为个体量身定做的衣服在现代性中被基本独立于主体之外的现成套装和礼服取代。在物化中，这些衣服获得了它们自身的动力，同有朝一日可能会将它们穿上的主体实际愿望无关。马克思在劳动者和产品的关系中观察到的异化现象，也被引申到对服装商品和消费者关系的描述中。

这一理论架构起初看起来并不完全适用于时尚，因为在解释服装的演变时，人们更倾向于依赖社会学因素。然而，由于财富的传播和顾客群的扩散，现代性中服装的变化变得更难以用明确定义的社会习俗来解释，反而是美学考量的关系变得更多。同样的，齐美尔在写作过程中也从正统社会学转向更具形而上学的观点。这种转变使得文化内部的普遍冲突和标榜的"悲剧"完美适用于时尚哲学。"时尚……变得不再依赖个体，"1907 年，齐美尔如是宣称，"而个体也不再依赖时尚。它们的内容就像独立的进化世界一样各自发展。"[14] 因为时尚在现代性中曾是根据个体的、任性的或许非理性的想法来演化的，所以现在它可获得一种作为认知手段的重要性。通过赋予时尚一种特殊的演化论，齐美尔希望对在成衣服装中起主导的反个体做法加以反击，从而回到主观的量身定制上。依靠在个体的社会环境中创出的新类别和分类的认知倾向，他创造性地在先前疏远的主体和客体之间建立起联系。

1906 年，齐美尔派社会学家马克斯·韦伯（Max Weber）曾在一篇关于支配文化研究的逻辑问题的文章中，阐述了时尚的历史和认知的重要性。[15] 韦伯首先提到了新康德主义哲学家海因里希·李凯尔特早先的一句话。李凯尔特说，虽然拒绝皇冠[4]构成了一个历史事件，但皇帝在那一刻穿哪件特定的衣服则毫不重要。韦伯则回答说，某位特定的裁缝为国王制作了某件衣服，这对于历史因果关系确实没有意义，然而作为构成时尚的认知方式，正是这些衣服将具有最大的意义："在这种情况下，国王的大衣应被视为一种阶级观念的实例，它将会被当作一件具有启发意义的工具加以阐述——另一方面，被拿来对比的拒绝皇帝（Kaiser）宝冠，则应被视为历史情景中的一个具体联系，被视为作为具体的一系列真实变化事件中的真实因果关系。这些就是绝对根本性的逻辑区别，而且它们将永远如此。"[16] 拒绝皇冠的行为很容易被归入历史主义的规范中。然而，服装则需要在因果关系的领域之外进行新的分类。在现代性的形成过程中，时尚就是以这种方式摆脱了对传统和历史化观念的屈从地位，因其瞬时的特性而拒绝了任何分类划分。而且正因为时尚被认为太不重要而不能被纳入历史分析，它才避免了停滞不前，同时也满足了齐美尔的要求，即创造性成为认知基础。不断变化却不受历史主义内部僵化的实证主义变化进程的影响，时尚由此得以同现代性的所有不敬运动并行不悖。

3.2.2 时尚、碎片和整体

齐美尔的第一篇关于时尚的文章充满了世纪末的精神。他的《论时

---

[4]　指德国统一时，威廉二世先后拒绝了"德意志的皇帝""德意志人的皇帝"等称号，最终确认加冕为德国皇帝，三者在德语语境和德国政治传统中的内涵区别极大。

——译者注

尚心理学》于 1895 年发表在维也纳的《时代》（*Die Zeit*）周刊上。[17]
起初，它与德蓬蒂夫人的一篇关于"时尚"的短文相似，只是没有诗意；
不过在富有感染力的文字之外，文章还分析了服装时尚未来十年可能的
发展。

图 32.
库尔特·施维特斯绘制，*Mz 180-Figurine*，1921 年。纸上拼贴画，17.3 厘米 ×19.2
厘米。马尔伯勒国际美术馆，伦敦。

1904 年 10 月，纽约的《国际季刊》（*International Quarterly*）发表了齐美尔的一篇长文，题目简明扼要:《时尚》。[18] 该文后来在德国以《时尚哲学》之名出版。它在 1905—1906 年的系列丛书《现代性中的当代问题》（*Moderne Zeitfragen*）中排名第 11，由潘发行公司（Pan Verlag）在柏林出版。这套丛书以齐美尔派社会学家斐迪南·特涅斯（Ferdinand Tönnies）的《刑法修订》（*Strafrechtsreform*）开始，他被认为对齐美尔正式的社会学观念产生了相当大的影响。[19] 其他内容则包括妇女运动倡导者的著作，如埃伦·凯（Ellen Keh）和海伦妮·斯托克（Helene Stöcker）。该丛书以爱德华·伯恩斯坦（Eduard Bernstein）的《议会主义与社会民主》（*Parlamentarismus und Sozialdemokratie*）结束。最后一书的标题可以被视作具有一定纲领性的意义，因为《现代性中的当代问题》系列所表达的政治和社会理念与当时主流社会民主主义中盛行的自由主义倾向相吻合。

六年后的 1911 年，齐美尔将《时尚》收录在一本名字"令人恼火的"《哲学文化》（*Philosophische Kultur*）书中。[20] 它是该书第二部分的开头，标题是"关于哲学心理学"（Zur philosophischen Psychologie）。因此，我们可以把齐美尔这篇关于服装问题的最新完整著作看作时尚心理学（1895 年）与时尚哲学（1905 年）的融合。齐美尔先是以同样的方式设想通过处理货币心理学推动自己在货币制度方面的工作，不过在 1897 年后他改变了方向，转为在该书中以同样的题目分析货币哲学。[21]

虽然齐美尔的早期作品仍然是由"心理学家的洞察力"所塑造，但正如他的学生卡尔·约埃尔（Karl Joël）所说，齐美尔后来发展出了一套哲学相对主义，以便发现"所有风格背后的原理"。[22] 与阿多诺[5] 相反，约埃尔在齐美尔身上更多看到的是一个关注时尚而不是像他看上去的那样仅仅具有审美经验的编年记录者。"那些可能满足唯美主义者兴趣的

---

[5]　特奥多尔·阿多诺（Theodor W.Adorno），法兰克福学派创始人。——译者注

东西，"约埃尔总结说，"对这位所有现代性的先驱来说，不过是一个信号，一个进入高速的变速杆。"[23] 在这里，高速旅行和现代性的结合让人联想到本书第 2 章中描述过的马拉梅变出的另一个自我 Ix.：他 / 她将 19 世纪晚期的上流社会描述为在现代世界中飞驰，在复杂而又毫无意义的"虚无感"（les sens riens）领域中寻找理性——最后终结于一个海滨度假胜地。在此，海洋并未带给人们休憩之感，而是再度让人回想起现代性中时尚的那种明显难以动摇的、让变化逐步加速的主导地位。[24]

齐美尔的观念中带有复杂的世纪末美学的影响，不过他在关于时尚的最初研究中，还是将基础建立在方法论之上："我们存在的生理基础表明，在平静与运动之间以及在认同与能动之间存在交替，由此包含了我们的智力和精神上（geistigen）发展的特征。"[25] 这种植根于亚里士多德哲学的二元论从本质上决定了齐美尔随后提出的内在与外在、主观与客观文化、稳定与波动、崇高与短暂、永恒与无常的二元论。而此概念后来在《时尚》中被表达得更为深刻，他在文中指出："我们认识到两种对立的力量、倾向或者说特征，若不加干涉，其中任何一种都会趋于无限，而正是由于这两种力量的彼此制约，才产生了个体和公众的思想特征。"[26] 在此，他已经发现了"文化悲剧"中的主客体的二元论。后来，齐美尔在 1905 年关于时尚的文章中将其转化为更为普遍的术语："我们被赋予用于感知生命力表现的方式，促使我们在我们存在的每一刻都能体验到多重力量，通过这种方式每种力量在本质上都超越其实际表达。这些生命力表现的无限特征相互碰撞，并转化为纯粹的紧张和渴望。"[27] 现代生活中强有力的——尽管是碎片化的——客体化和抽象化对个体的影响如此之大，以至于他们要么试图加强主观——具有讽刺意味的是，往往是通过对一个客体进行美学冥思，要么就是乐于让自己屈服于外在的客体支配。这两者中何者将会在现代性中最具影响力是毋庸置疑的，因此，齐美尔关于时尚的第二篇和第三篇文章都指出："人们曾有过二元天性。然而，这一事实对他的行为一致性无甚影响，这种一致性通常是许多因素叠加的结果。一种行为若不是由大多数本质力量产生，就会显得贫瘠和空洞。"[28] 从本质上看来，齐美尔是将波德莱尔的美学箴言引入社会学术语中，同样也是围绕着人的二元性构建："美的永恒部分将被掩盖，若不是通过时尚，那至少也是通过艺术家的特殊气质才得以表达。艺术的二元性是人们二元性的一个灾难性后果。"[29]

1911 年，齐美尔提出了这样一个概念：各要素（或"世界"）之间相互制约所拥有的内生紧张关系，通常会带来一致性，这种紧张关系在根本上比视觉表象所显示的更为有力——服装就是例子。人生由此获得了用之不竭的可能性——正如我们所见，这是人类生存所必须的——来补完它支离破碎的现实。[30] 这一想法指回到现代性的概念本身，因为支离破碎是其组成部分，也是其隐喻。在他死后发表的一篇日记中，齐美尔沉思道："作为一个整体，被我们认识、生活和接受的世界和人生实则支离破碎。然而，命运或成就的单一细节往往显得自身圆满，和谐不破。只有整体才是一块碎片；一块碎片便可是一个整体。"[31] 不仅是波德莱尔如此强调，齐美尔也主张即使是最小的时尚碎片对理解现代性整体也非常重要（比如，他呼吁画家认识到现代布尔乔亚如果穿着"领带和黑漆皮鞋"将多么具有美感和"诗意"）。[32] 尽管思考鞋子和颈部服饰的形而上学意义一开始显得很荒谬，但齐美尔对主观和客观文化的研究让时尚成了现代社会现实的碎片化抽象的恰当隐喻。如果没有它，后来达达主义和超现实主义对布尔乔亚自我反思的观察，无论是看到他们黑漆皮鞋的闪亮表面时还是在镜子前选择领带时，肯定都不会以同样有力的方式去理解——即便有精神分析理论的帮助。在试图通过现代性理解社会发展时，人们必须首先理解碎片化。正如特涅斯在 1895 年已经观察到的那样："社会进化的形式是自发的瓦解。"[33] 而这种瓦解的最直接表现莫过于服装时尚的快速更迭，它是社会状态的即时反映。

每一个社会美学碎片都拥有产生的力量，齐美尔写道："在我们这

齐美尔与现代性中的时尚理论依据

147

个物种的历史中，迈向连续性、一致性和平等的趋势，同迈向变化、专业化和单一性的趋势融合在一起。"[34] 在社会中，其自身首先表现的就是摹仿——也就是说，坚持一种预设的社会、政治或事实上的审美理想。齐美尔将摹仿 [6] 的倾向描述为"心理学遗传"，一种从群体生活到个体生活的遗留之物。[35]

为了更好地理解为什么现代性中的摹仿在齐美尔的理论中如此重要，我们应该将其视为一种引用过去的方式。在波德莱尔式的意义上，摹仿不仅对把握时尚至关重要，而且正是对它的讨论开启了齐美尔对现代的探究。此外，摹仿和它的对立面——发明构成了本书第1章中曾提到的著名争论的基础——最初的古代和现代美学理想之争。因此，对这一争论的起源做一个简短的讨论似乎是合适的。

3.3 摹仿与差异化

3.3.1 古代与现代之争
(La querelle des anciens et des modernes)

现代性的诞生同样是建立在其独立的社会文化属性上，它不同于那些传统的和古代的、不可改变的理想，正是这些不可改变的理想决定了美学思想和历史主义中的进步概念。

在古代和现代之间的争论中，现代性发现，从 17 世纪开始，它最雄辩拥趸的都是那些认为争论不仅仅是新旧风格问题，而是一种追求意外收获之人。他们追求的是一种完全原创的艺术和历史差异，可以在不丧失特性的情况下持续地被再定义。争论的根源在于从古典到历史观念

---

[6]　原文为拉丁文"imitatio"，基督教常用术语"Imitatio Christi"（遵主圣范，效法基督），作者在此显然隐含了此意。——译者注

的转变。在美学、伦理学或艺术领域，文化阐述不再拿来同完美之美的绝对定义作对照，而是交给相对关系来评判。古代或当代的艺术作品不再被视为独立于时间之外的体现古典美学概念的理想，而是作为各自时代的产物。人们看待作品时，必须同它们的文化背景联系起来。

图 33.
不知名的摄影师，《短裙变成长裤的奥特伊》，1910 年。私人收藏，慕尼黑。

作为相对之美早期的鼓吹者，圣索林的让·德马雷（Jean Desmarets de Saint-Sorlin）[7] 于 1670 年在他的《法国语言和诗歌同希腊语和拉丁语的比较》（Comparaison de la langue et de la poësie Françoise, avec la Grecque et la Latine）中提出了该争论的首个批评性论述。36 这篇文章至少在一个重要方面是夏尔·佩罗（Charles Perrault）的更全面的《古今对比》（Parallèle des anciens et des modernes，1688 年）的先驱：强调了摹仿和发明（inventio）的双重性。德马雷写道，没有理由对古人那些在古代就已达到了无法超越的完美程度的论点提出异议。自然和人类一样，自被创造的那一刻起就已经完美无缺。因此，摹仿这种完美一直都是可能的。然而，对所有艺术家来说，更重要的任务是发明那些自然界没有提供模特的形象。37

佩罗在他的《古今对比》(1688—1696 年出版了三个修订版)中以"对话"的形式构建了这一概念：摹仿的理想不再是不言自明；艺术不再被理解为自然相似之物，而是独立抽象出自然所描绘的东西。古人可能会接受自然形式而不会对其进行反思；如今，现代人则分析了自然过程。他们发明了以自然法则运转的设备和机器，对过程进行了理性化和抽象化，从而让他们能够应对新的问题或情况。

佩罗在假设中所赞美的机器主要是一种制造丝袜的机器。这台机器能以单一进程生产那些即使是最熟练的工人也要花很多时间手工制造的产品。佩罗对此惊叹不已：

　　　有多少个小发条将丝绸纤维拉向它们，然后让它们离开，将它们提起，以如此这般的让人费解的方式穿过针脚，而操作机器的工人对

---

[7]　圣索林的让·德马雷，法国戏剧家和小说家，1595 年出生在巴黎，1676 年在巴黎去世。早年在宫廷中担任各种职务，曾任国王的参赞，为法兰西学院首任院长。

——译者注

这一切什么都不懂，什么都不知道，甚至都未曾思考过；以至于人们可以把它与上帝创造的最非凡的机器进行比较——我说的就是人，他们每天都有成千上万的活动，以便让他们能够养活自己，维持生命，但他本身对此一无所知，也不了解甚至没思考过发生了什么。[38]

.

这项特殊的发明意义重大。白丝袜对于 17 世纪社会的任何上层阶级成员来说都是在礼仪上的绝对必需品，而佩罗这样的学者显然也属于该行列。考虑到当时巴黎的情况，如果人们要能为自己整天都可维持无可挑剔的外表而感到自豪，那么就需要相当数量的此种精致的服饰配件。因此，像佩罗一般的人自然会对这种机器的效率赞赏不已。不过，操作它的工人却对该设备"一无所知"。现代性中异常重要的过程——正是马克思和恩格斯后来在 19 世纪利兹或曼彻斯特的纺纱厂中明确发现的，劳动者与他的产品的异化——在 17 世纪末法国的面料织造中就已可以看到。[39]

从一开始，现代性的自觉自主就与时尚既紧密相关，又截然不同。作为与绝对和崇高的对比，相对之美自肇始以来所倡导的就不是一个肯定概念；它的特征是在与时尚的关系中发展起来的。相对之美最初表现为故意的、随心所欲的、一种无法归入属于永恒之美的既定规范之物——尽管它需要后者的特征来创造自身的独特之美。因此，在佩罗的《古今对比》中，现代美的正当性同服装时尚的"特别允许"（extraordinary approval）联系得最为紧密。抽象的"突发时尚革命"（subite révolution des modes）强烈要求依赖文化决定因素，并将美从永恒和自然的标准的影响中剥离出来。[40] 虽然"时尚"的复数形式——此处和其他关于品味或时尚的文本中——有着关于时尚随机和频繁更迭的消极意味，但佩罗还是意识到这种越来越激烈的发明具有多么强的革命性；他得出结论：就像所有其他的文化阐述一样，古代的书面语言曾易受到时尚的影响："这适用于所有取决于品味和不切实际想象之物，雄辩术也是其中之一，它以两三种不同的方式出现，有时是装扮成'希腊式'（à la Greque），以德摩斯梯尼（Demosthenes）、修昔底德（Thucydides）和柏拉图（Plato）的时尚出现，或者装扮成'罗马式'（à la Romaine），按照西塞罗（Cicero）和提图斯·李维（Titus Livius）的风格出现。"[41] 在该情景中，佩罗在讲述文学的"装扮"时选择的术语绝非随意。摹仿，即对古典艺术所基于的自然形式的摹仿，正在被发明取代；而时尚则同时为它提供最无关紧要和最精致的创造。

19 世纪下半叶，当法国建立起强大的时尚产业后，正如戈蒂埃、波德莱尔等人的著作所表明的那样，时尚作为一种文化现象逐渐为人们所接受。具有讽刺意味的是，正是在此时，文体上的发明，即现代中特有的频繁出现新形制的现象，开始被人们用对摹仿的关注取代，以便于他们能评估时尚在现代性的社会结构中的地位。

3.3.2 我摹仿故我在（Imitor ergo sum）

摹仿的魅力在于它能够让适宜而又有意义的行为成为可能，同时又毋需强大的个人和创造性努力。齐美尔指出："我们可以将其定义为思考和轻率之子。"[42] 他对"摹仿"一词的诠释很可能源于他早年对加布里埃尔·塔尔德（Gabriel Tarde）在 1890 年出版的《摹仿的法则》（Les Lois de l'imitation）的评论。[43] 齐美尔接受了塔尔德对其的定义，即强调某些东西从群体传递到个人的习俗，但对摹仿只有一个方面的绝对主义原则提出了质疑。他在其中看到了一种对立平衡，即"矛盾的魅力"，这后来导致摹仿和差异化的二元论——在时尚领域得到了最有力的实现。[44] 关于此，塔尔德仍然认为："作为时尚潮流的一部分，摹仿只不过是一条伴随着习俗主流流淌的微弱小溪。"[45]

对这位法国社会学家来说，社会中的形式是客观化、明确的实体，在其若是被当作"超逻辑"（extra-logiques）的情况下更是如此。齐美尔和特涅斯都追随塔尔德将社会视为一个科学实体。齐美尔强调整体与片段、总体与个体之间的关系，从而在社会关系和逻辑关系之间创建了一种类比，用以强调社会学在方法论上的重要性。当时，社会学还是一门年轻的科学，亟需学术上的严肃性和自信心。

摹仿向个体保证，他或她不需要独自采取行动，通过遵循别人已经选择好的道路，他或她就可以从自我定义的困境中解脱出来。齐美尔补充说，或许是在对自己的反思中，摹仿可"在实践中给予我们一种奇怪的安慰，一旦我们设法将某个独一无二的事件放在一个普遍名目之下，那么它在理论层面上也可让我们如此。"[46] 摹仿还将现在与传统联系起来，并在每个人都越来越感受到（处于）主观丧失的"不可调和的时代"提供严肃性。同摹仿被当作对过去客体的不假思索的指涉相比，主体需要发明来定义什么是无可争议的现代。在古今对比的争论中，现代人的历史观需要同齐美尔早在 1895 年就提出的悖论区分开来：因为个体感知自己的存在是连续的，所以他倾向于将历史同样看作是连续的，然而不同和不相关的事件并不是连续的。[47] 对齐美尔来说，对历史和现世发展的认识除了通过理性和有考量的目的论之外别无他法。[48] 在《时尚哲学》中，齐美尔总结道："目的论者是摹仿之人的对立面。"[49]

康德学派的目的论塑造了齐美尔自己的目的论定义，即坚持认为世界必须存在某种目的。如果个体意识到这个目的并据此行事，便可以做出主观决定，毋需摹仿他或她的环境就决定万事万物。通过齐美尔解读康德，我们可以看到，这样的个体可以对客体拥有先验的美学思考而不必先对其加以定义。因此，在将一种形式定义为目的性的情况下，无论是出于实用主义还是美学范畴，人们都可以依靠一种完全主观的判断得出上述结论。[50] 齐美尔在人类行为中观察到的目的论和因果性之间的争议，就能通过坚持认定一个事实来解决，即最终后果在"它在客观可视性中被穿上"之前，就已经在心理上产生了作用。[51] 因此，目的论并不影响因果关系的严格性。齐美尔还指出："时尚作为我们种族历史上的一种普遍现象的重要状况，正是被这些概念限定的。"[52] 如果我们接受有别于摹仿的目的论观念假设，那么它在被客体化之前就存在于人们的精神中——与其说是实现的实用主义目的，不如说是一种被渴望的美学体验，而假如我们进一步设想，这种客体化的后续审美判断也在客体本身被定义之前就为人所期待，那么我们就可能得到时尚是如何产生的这一古老的问题的答案。

当一种服装风格的根源可归功于目的论时，它会通过摹仿实现在社会中的传播。美学的目的性使得高级时装的原始设计者与单纯的设计师相反，突然间成为一个决定某些服装特征的群体（毫无疑问，受物质条件或一种对过去时尚特定引用的共同偏好影响）。没有任何自然的因果关系能强迫他们一致——即便被问及，他们也会否认彼此之间有事先接触，他们都会坚持认为自己的特定服装风格完全出自他或她自己的想法。在现代时尚中，发明不再作为一种个体行为出现——或者至少不会被轻易识别出来，而是作为一种集体努力。而该集体声称没有意识到自身存在。[53]

3.3.3 差异与参考

齐美尔将摹仿视为一种在现代性带来的高速变化中寻求和谐的行为，将其与改变社会现实的渴望——差异化相对。他认为，差异化也需要和谐。因为衣服或配饰的设计必须建立在引用的基础上，即使是最有特色和最杰出的时尚追随者也不可避免地要摹仿他人。为了在现代性中保留发明和差异性的原初一面，塔尔德在他的《摹仿法则》中进一步区分了"对自己及古代范例的摹仿和对外国新颖范例的摹仿"[54]，他描述了前者占主导地位的时代，譬如古罗马，也描述了其他由第二种形式塑造生活的时代。后者被他称为"最激进和最革命的"[55]。不过，这种划

图 34.

不知名的摄影师，查尔斯和玛丽 - 路易斯·德·诺阿耶斯在圣母舞会
（Bal de Matières）上，穿着用纸、卡片和玻璃纸制作的服装，1929 年。
私人收藏。

一个想象的时尚——传统的晚装几乎是凭空设计的。

分是模棱两可的，因为古代作为现代性的一个组成部分，辩证对立地存在其中，反之亦然。正如波德莱尔所说："每一位古典大师都有属于他自己的现代性。"[56]

塔尔德显然意识到了问题所在——与其说是美学问题，不如说是社会学问题。"人们在接触到政治上的新事物或变革时，总是回忆起旧的道德。"由此，他进一步细化了分类，由此得出了现代性自己创造的新词摹仿。"当首要的座右铭为'一切新事物都是美好的'时，时代潮流基本上是具体形象化的……而当唯一的格言是'一切古代事物都是美好的'时代潮流则是以一种内省的方式生活。"[57]看上去有点奇怪，自我反思的主体将自身限制在内在生活（vie intérieure）中，尽管他或她的感性和智慧无法塑造现代性。只有通过与外在接触，现代生活中的物化和抽象化才为现代性的定义提供了后验的指引。因此，现代性的发明是对客体分类的发明，它可能摹仿了一种前所未有的、施加于群体之上的外在影响。发明者——穿上了一种新服装形式，其在风格上引用了一种尚未被认识或被遗忘、被忽视的外在力量——从而成功地实现了差异化。相比之下，适当摹仿——适应一种到处都在遵循的服装风格——只是一种自我限制。它起源于主体的内部，并且否认了现代环境中的客观力量。

塔尔德对外在性和内在性之间以及明显的发明和摹仿之间所做出的区分，也正是社会不同阶层之间的区别。正如建筑师阿道夫·卢斯（Adolf Loos）[8]后来观察到的那样，通过时尚体现的现代性是由城市中的统治阶级创造并为其服务的。因此，齐美尔说，在拥挤的城市空间中至关重要的分化，"是通过时尚总是基于阶级这一事实更为有力地实现的。上层阶级时尚与下层阶级时尚不同，并且在后者刚开始采用它的时候就将其抛弃。"[58]上层阶级可以和为其提供服装区别的奢侈品行业一

---

[8]　阿道夫·卢斯，奥地利建筑师与建筑理论家，现代主义建筑的先驱之一，曾提出著名的"装饰即罪恶"的口号。——译者注

图 35.

格奥尔格·格罗兹为他的文章《巴黎印象》绘制的插图，1924—1925 年。纸上墨水画。

起，作为"外在"出现，因为它在社会主流之外运作。齐美尔从目的论性质上描述了一种过程，即作为社会较低阶层摹仿的对立面，上层社会的发明总会为一种特定的时尚敲响丧钟。然而，此种过程的"目的"会预示且支配某些基本上是由长期传统定义的服装或装饰——诸如白领结和燕尾服或长款大摆礼服，时尚将会试验性地修正它们（因此从 1886 年开始，无尾燕尾服成为白领结礼服的替代品）。装扮成"Ix."的马拉梅当然会不屑地得出结论：上层阶级风格中这种目的性的方面只不过是一种"深刻虚无"。

　　齐美尔试图在形而上学层面构建出一种对客体的美学判断，并在物质层面定义时尚的起源和发展。但是，他很大程度上回避了时尚形成过程中经济因素的重要性这个问题（他把该任务留给了同事和同代人维尔纳·松巴特（Werner Sombart）[9]。59 此种故意疏漏让齐美尔将自己对时尚的分析放在了人际关系领域。通过其强烈的区分元素，时尚形成了一个封闭的生态环境，在其中，人们可以仔细研究社会表达的哲学基础和基于其上的繁荣场景。齐美尔将时尚从社会主流中剥离出来，从而几乎可以完全摒弃迄今为止在大多数关于时尚的学术讨论中占主导地位的道德立场。当人们意识到是差异化，或是发明，或是目的论导致时尚的形成，而社会中间阶层的摹仿又经常给予时尚致命的反戈一击时，那么他们对其采取排他和看似势利的态度，就变得不可避免。

所以毫不奇怪地，齐美尔遭到许多同时代人的批评，包括一些曾欣然承认在思想上受惠于他的人。在《历史与阶级意识》（History and Class Consciousness）中，卢卡奇轻蔑地把齐美尔称为"时尚的辩护士"。60 最近出现的一篇文章试图化解此批判，将齐美尔关于时尚的文章描述为"客观上在反讽"，并且在其中看出了掩盖在配合形式之下的持续战斗的对抗："齐美尔式系统阐述的价值蕴含在那些细微差别中，而这些差别被卢卡奇以及像塔尔科特·帕森斯（Talcott Parsons）[10] 那样旨在从齐美尔非系统性的形式主义中重建系统的人忽视。"61 不过，这种说法显得对齐美尔过于维护，因为，即便当成隐含反讽，他的相对主义还是回避了直接批判而没有反驳它。齐美尔的作品毋需相对主义，他是将时尚中固有的二元论类比为现代性的辩证认知（某种程度上可以说是再度把康德和黑格尔结合起来），在时尚和现代性之间建立了一种既为原创又在理论上牢固的关系。

---

[9]　维尔纳·松巴特，19 世纪末 20 世纪初德国经济学家、社会学家。——译者注
[10]　塔尔科特·帕森斯，美国社会学家，结构功能主义的代表人物。——译者注

3.4 时尚革命

在 19 世纪，现代主义所谓的"突发时尚革命"同波德莱尔现代性通过时尚塑造的概念相融合，被不断变化的风格影响决定。这场永恒革命在每个季节都会对其大部分文化参数进行再定义，从而确保美在本质上是相对的。

1974 年，法国社会学家皮埃尔·布尔迪厄（Pierre Bourdieu）[11] 明确指出了这个革命的概念在时尚方面的特殊性："事实上，我认为一场具体的革命，一场在某个特定领域中标志着'转折点'［qui fait date］的革命，是一场与更广阔世界中的外在事物同步发生的内在革命。"[62] 外在的变化是对现有规范或规范美学风格的反叛，它可以与内在革命融合，能够挑战历史的因果关系。

布尔迪厄提到的具体的服装革命是安德烈·库雷热设计的服装，他被认为是"时尚界的勒·柯布西耶"[63]。正是库雷热在 20 世纪 60 年代后半段使用诸如塑料和金属等"高科技"材料以及融入新兴青年市场的时尚（如迷你裙），对已有的高级时装提出了挑战。布尔迪厄引用库雷热的案例是异常重要的，这不仅因为库雷热是一个革命者和时尚天才少年，而且更重要的是，他用建筑式方法——用工业材料或预制构件建造出的设计——所提出的挑战，是一种现代主义者用纯粹活力对还深嵌在传统观念中的感性的挑战。在世纪之交，像亨利·范德费尔德（Henry van de Velde）[12]和阿道夫·卢斯等建筑师也提出这一挑战，同齐美尔将时尚定位为现代社会在摹仿和差异化两极之间的指导原则的思想相呼应。[64]

---

[11]　皮埃尔·布尔迪厄，现代法国著名的社会学家、思想家和文化理论批评家。

——译者注

[12]　亨利·范德费尔德，比利时建筑师与设计师。——译者注

布尔迪厄的"内在革命"（révolution interne）可以从字面上理解：它是从内部分析时尚，从沙龙或裁缝工作室的内部，或从文本褶皱（就像《最新时尚》）之间分析。在社会学层面上，人们找不到能比研究社会服饰更能接近社会内部的方法，[65] 而分析家则试图在社会服饰上找到当下"包罗宇宙万象"（l'univers englobant）的变化迹象。这些变化是如此复杂和多样，以至于人们很难发现其起源。因此，像齐美尔这样的社会哲学家或本雅明这样的文化哲学家试图从现代性的微小碎片中推导出现代性，就变成了现代文化本身的一个重要隐喻。

当看到齐美尔和本雅明的哲学体系中强烈的认知倾向时，我们就会了解为什么他们认为解释整体——涉及社会以及置于认识论中——很重要。齐美尔的学生、本雅明的密友齐格弗里德·克拉考尔（Siegfried Kracauer）[13] 说，对齐美尔来说，"单一实体的关系……是……整体世界的片段"，他渴望"将世界纳入其总体性之中。为了达成此目标，他选择了认识论和形而上学这两条路，一条将他引向对绝对真正的现实主义否定，引向对整体性个体理解的抛弃，引向对多种多样典型世界观的呈现；另一条则将他引向生活的形而上学，引向一种试图理解绝对原则中外在表现形式的宏大设计"[66]。这种描述强烈地回应了齐美尔关于在社会哲学世界观及典型的有关现代性的美学或经济上层建筑两者中所固有的二元性的理念。一方面，齐美尔意识到，无论是关于美还是关于思想的绝对原理，都是无法确认的；另一方面，他不顾一切地试图通过在美学感知或存在模式中寻找形而上学的理由，以抵消这种彻头彻尾的分裂。

---

[13]　齐格弗里德·克拉考尔，德国著名作家、社会学家、文化批评家。——译者注

3.5 阶级与分类

正如克拉考尔所叙，齐美尔的"理论织物"（das Gewebe）并非按照固化的思想体系编织，同样也不能与本雅明后来在普鲁斯特身上发现的有关回忆文学作品的回忆相提并论。它的基本目的是存在，并且通过其存在来证明所有事物的相互联系。[67] 时尚就是串起该织物的红线："对时尚精神的洞察有助于人们理解它在文明时代日益增长的支配地位，而齐美尔认为这一直延续到现代。"[68] 据克拉考尔所言，齐美尔觉得现代社会中缺少一个能够奠定形而上基础的信仰。由于男人和女人都不再从内在决定自己，时尚（Moden）将会作为一个重要的客观文化元素主导许多社会行为和表现。

这里有两点很重要。首先，"时尚"是复数。每当齐美尔将时尚作为一个概念或范式加以讨论时，他总是给人一种涵盖所有时尚表达类型——礼仪、风格等——的印象。从词源学的角度来看，这显得合乎逻辑，因为德语中用来描述服装风格的"Mode"，与法语一样起源于拉丁语"modus"。尽管齐美尔一开始指涉的就是不同形式的行为、态度等，但他的文章始终持续地专门使用阴性单数词"die Mode"，并以服装时尚及其在社会存在中所扮演的重要角色为中心。

对齐美尔来说，时尚最初是基于阶层的。一个阶层与另一阶层的区别显然可以通过许多方式来表达——生活方式、谈吐，诸如此类——然而，没有任何一种其他方式能像着装规范那样有效和直观地表达这种区别。在20世纪头十年的柏林社会，此种规范化确实相当显著。城市地区的高房价让学术圈子的成员也无法获得大房间，甚至就连齐美尔和他的妻儿都和其他普通中产阶级家庭一样，住在租赁的公寓里。[69] 此外，尽管有许多口音和说话方式，但德语不像当时的法语或尤其是英语那样能清楚地反映出阶级差别。因此，反映出时尚这个话题本身所具有的精致性及其所强调的排他性，就成为齐美尔旨在将自己与大众——也就是与中产阶级——区分开来的方式，因为更低阶层事实上不会同他构成竞争关系。为此，他必须采用一种独特的穿着方式。当时，男性知识分子偏爱英式裁缝：裁剪适合在城市穿着的定制西装。这种西装比普鲁士公务员的服装要轻便得多，也没有那么多浮夸和生硬的细节。那些公务员还得穿着晨燕尾服，而且被迫忍受着夏日酷暑穿着外套大衣（或躲在车厢里），以免在去办公场所的途中被人当街嘲笑。维也纳建筑师卢斯在服装能指和荒谬性方面是一名敏锐的观察家，针对这种着装规范的生存时间他如是写道："它有着一种滑稽的效果——这常常正是导致各种服装走向衰败的根源。"[70]

在同年发表的另一篇文章中，卢斯阐述了现代性中的时尚以及他最终认为是正确的着装方式："相反，这是一个让人的穿着方式最不起眼的问题。"[71]这样的标准就意味着在合适的场合穿合适的衣服：在滑冰时戴高帽看起来很荒谬，而在盛大的舞会上身着红色燕尾服也是如此。然而，这一假设不可能在所有地方都得到支持：在伦敦海德公园里显得得体的衣服，可能会在北京、桑给巴尔，甚至在维也纳斯特凡广场（Stephansplatz）都显得奢华。因此，要想穿着得体而不被注意，人们就应该在卢斯所说的"文化中心"。对于英国人和现代主义美学家来说，这个中心必须是当代男性服装的定制之地——伦敦。

同样在1898年，诗人纪尧姆·阿波利奈尔（Guillaume Apollinaire）会以诗意和讽刺的方式讲述某次为了时装——他所言是指定制西装——而前往英国首都进行的精神和美学朝圣之旅。他的诗就以《兰多路的移民》（L' *Emigrant de Landor Road*）开头。

■

兰多路的移民

他手里拿着帽子，用右脚走进去

给一个非常聪明的裁缝和国王的供应商

这个商人刚刚砍下了几个人头

穿得像模像样的模特儿 [72]

•

然而，并非只有一条特定的道路或是城市的时尚部分才会让衣冠楚楚的人聚集，卢斯也不得不进一步修正他的说法。

•

当然，在漫游过程中，漫游者肯定会遇到与他形成鲜明对比的环境，而他就不得不在从一条街到另一条街的过程中更换外套。这是不可能的。我们现在会用最完备的形式制订我们的戒律。它应如此：当穿着者在文化中心、在特定场合、在上流社会中愈是尽可能不起眼，那这套衣物就是现代的。这是一条非常英国式的公理，每个时尚的知识分子可能都会同意。[73]

•

就像在从巴尔扎克到马拉梅的纨绔人物的态度中能看出的那样，如果想要真正的现代男性时尚，那么人们就应该尽可能地纯粹、抽象（比如粗呢黑礼服 [14]）和不引人注目。正如齐美尔的作品所主张的那样，卢斯关于时尚的假设只能获得社会最上层的支持，而在该社会中，有关服装的决定又基本上被限制在城市范围内。克拉考尔观察到："脱颖而出的强烈欲望与人们生活在一起的亲近程度成正比。因此，时尚本质上是一种城市现象。"[74] 我们必须假设，齐美尔对时尚的兴趣不完全是学术性的，因为它也适用于齐美尔本人。他自己也利用时装，也就是那些英国定制西服，因为它与他周围的柏林街头开始出现的现成西装不同。同

---

[14]　原文为法文 "le drap noir"。——译者注

图 36.

1902 年，阿道夫·卢斯设计的维也纳绅士服装店 Knize 的木质内饰照片。

值得注意的是，卢斯的第一个现代主义和纯粹主义的室内装饰也是为这家著名的维也纳公司做的，该公司以萨维尔街的风格为大陆客户定制西装。

为经济学家和社会学家的松巴特也因此对齐美尔寻找教职方面的困难做出如是评价:"他太高贵了。"[75]

对与众不同的需求不仅仅是基于阶级或美学,尽管齐美尔在时尚方面甚至从他的朋友——诗人斯特凡·格奥尔格那里学到穿着黑色外衣,[76] 而两人当然也都知道大衣的浪漫主义传统以及它自戈蒂埃、波德莱尔和马拉梅时代以来所承载的象征主义含义。对区别的需求仍然深深地扎根于现代城市社会中,[77] 时尚主导着现代性,因为它对于一个在客观化的异质社会中相互排斥和接近同质的领域来说至关重要。

3.6 批评理论与齐美尔式的类比

哈贝马斯开创的说法——齐美尔"确立[起了]时尚与现代性之间的关系"——似乎将对现代性范式的深刻洞察力归功于这位哲学家兼社会学家。此种说法表明,正是齐美尔在波德莱尔和马拉梅之后,将服装变化同现代生活中风格上的整体再次评价联系起来。不过,哈贝马斯并没有延续那种将服装当作诠释和研究重点的艺术及知识传统概念,尽管他确实也强调了齐美尔对本雅明的持续影响。正如下一章所表明的,此影响可以轻易地在本雅明为研究服装时尚主题而收集的大量文学和科学方面的资料中看出来。放在此情况下,齐美尔在 19 世纪对时尚和现代性的态度中以及在 20 世纪对服装商品和时尚社会影响的分析中就占据了一个关键位置。

哈贝马斯如何看待齐美尔在这个重要时刻的作用呢?可惜,他认为齐美尔并不太重要。除了上面提到的赞誉之外,他似乎否认齐美尔的哲学在我们对现代性本身的认识中有任何影响。某种程度上,他展示出了那些现代性诠释者们对时尚的习惯性忽视。尽管如此,哈贝马斯的《现代性的哲学话语》(1985 年)完全忽略了齐美尔的思想,的确还是让人

齐美尔与现代性中的时尚理论依据

感到讶异，特别是考虑到他的研究强调了瞬间性因素，而且也主张现代性仍未完成，其规范依然决定了知识和社会存在，而这些正如我们所知，全都是齐美尔在探讨时尚时就已提出的特征。

哈贝马斯对此书主题的首次正式思考始于 1980 年 9 月接受阿多诺奖（Adorno Prize）时发表的演讲。演讲题目是"现代性——一个未完成的项目"。演说中他专注于对现代性的美学解读。哈贝马斯构建了一个以时间感知为特征的，从波德莱尔到本雅明，再到达达和超现实主义的逻辑推导链："通过柏格森著作而进入哲学的新时间意识，在表达社会中的流动性、历史中的加速性，以及日常生活中的不连续性的经验之外还做了更多。对短暂、难以捉摸和转瞬即逝之物赋予的新价值，对活力的高度赞美，揭示了一种对不受玷污、无瑕和稳定当下的渴望。"[78] 当然，赋予柏格森哲学中短暂和转瞬即逝的"新价值"离崭新还很远，波德莱尔、马拉梅以及文学和美学传统中的其他人，为了确定蜉蝣中的永恒性，都关注着时尚，"稳定的当下"必须作为主体所渴望创造出的个体的持续时间的另一说法出现，从而达成其与现代文化中短暂性的对立。然而，就在下一句中——奇怪的是，在美国出版的译本中找不到此句——这种现代性被描述为对真正的、形而上存在的渴望，可以用于描述一种崭新且同时具有时间性和历史性的概念，它反对古典，反对崇高："作为一种自我否定的运动，现代性是'对真实存在的渴望'。"[79] 正是"自我否定"一词而非后现代主义的花言巧语，揭示了哈贝马斯特别的现代性概念源自什么传统。该传统对齐美尔进行了重要的批判，也说明了本雅明对历史主义的暧昧挑战中的一个要素。

主体与客体之间、思想与现实之间构建身份认同的持续斗争，被齐美尔浓缩为主观与客观文化之间关系的不可或缺之点，在阿多诺的《否定的辩证法》（*Negative Dialectics*）中则以新方式加以探讨。虽然此书出版于 1966 年，但这种新方法在更早之前就已准备好，最为关键的内容就在 1947 年阿多诺与马克斯·霍克海默（Max Horkheimer）[15] 合写的《启蒙辩证法》（*Dialectics of Enlightenment*）中。在回顾法兰克福学派遗产时，哈贝马斯将阿多诺的否定的辩证法解读为"对我们为什么要在这种述行矛盾［performative contradiction，即对意识形态的批判必须在它不得不事先谴责的批判的描述中获得证明］中打转并确实应留在其中的一个进行式解释；并且，为什么只有坚持不懈地展开这一悖论，才能开辟一个前景，能够宛如魔法般唤起'主体内的自然记忆，其在实现过程中隐藏着所有文化的未被承认的真理'？"[80] 虽然阿多诺是出于政治动机对理性和批判提出质疑，但最后一句话显然意味着一种美学取向，而且它似乎——当然是在方法论上——与齐美尔对文化批判的看法相去不远。在这种批判中，悖论并不是被解决，而是被转化为二元性或类比，使得辩证结构能停留在其基础上。

　　在席勒（Schiller）和施莱格尔这样的德国传统理想主义者和浪漫主义者的美学认知中，"总体艺术（Gesamtkunstwerk）的表现解释了法兰克福学派对美学的迷恋，它具体体现了人与自然、主体与客体、理性与判断之间的非疏远关系。"[81] 然而，在 20 世纪，这一概念背后的政治动力变得截然不同，因为资本主义的抽象性必须被否定，美学中的社会合理性原则必须获得支持。同他与本雅明的讨论一脉相承，哈贝马斯注意到主观表达在面对不断增涨的合理性时为保持其地位所做的努力："只有在面对其外在应用要求时变得自主的艺术，才会代表布尔乔亚合理性的受害者。布尔乔亚艺术已经成为满足那些在布尔乔亚社会的物质生活过程中似乎是非法需求的庇护所，即便它是虚拟的。"[82] 这类似于齐美尔所提到的"真正修养的存在"，具有讽刺意味的是，它是一种本质上非常布尔乔亚的，类似于齐美尔主张的一种蕴含所有可能的知识、创造力、高雅而又没有赋予任何真正文化身份的存在，假如这些要素只

---

[15]　马克斯·霍克海默，德国哲学家，法兰克福学派的创始人之一。——译者注

是当下和将来保持个体个性之外的价值模式的补充的话。在这种情况下，可以说一个人是文明的——"besitzt Kultiviertheiten"，但并非有教养的——"ist nicht kultiviert"。只有当源自超个体（supraindividual）的重要文化要素在灵魂中发展出已存在的并能在内在中被探寻出的渴望和冲动，从而完成主体和他或她的认知行为时，文化才得以实现。齐美尔总结说："在此，文化的条件性终于出现，通过它，文化为主客体等式提供答案。"[83]

本雅明、阿多诺、霍克海默等人的最终目的是抨击知识、意识形态和最终的现实政治手段，正是这些手段密谋在文化中建立一个平等和极权主义的原则。然而，这种源于现代主义针对压迫性理性倾向的斗争的对立，正是在齐美尔的哲学织物的褶皱中准备好的。因此，如果没有齐美尔，本雅明后来将时尚诠释为"虎跃"就会变得毫无依据。

3.7 第二次虎跃

1904 年，在一次关于康德的演讲中，齐美尔谈到了时间感知以及它是如何在主体记忆中产生的。过去是"奇特的有限度的意识"，与新的东西相比，它必须保持来自早期印象的东西，"就像未来——我们通过在幻想中赋予现在以过去的特定意识烙印以创造的未来——过去绝不是真的"[84]。

客观地讲，即使是现在，其本身也是不真实的；现实只存在于一个特定的时间点内。任何时间上的延伸必须是主观的，是通过记忆而产生的。一旦不同的时间段被建立起来，它们之间的关系就会通过"心灵的行动"而产生，被定义成"再现"。对于过去和现在的这种具体关系，齐美尔写道："过去在客观是上不存在的，只是被记忆。过去和现在之间的时间联系只是通过——放在现代语境之下——体验它而产生，换言之，它采取了我拥有的经验形式，它遍及现实，并且通过记忆遍及不再是现实的东西。"[85] 通过对康德的解读，齐美尔将"时间"的概念定义为非真实：只有在体验中，主体才能区分任何时间的交替。这个定义当然也与波德莱尔一致，他曾试图解释自己在美学中"体验到的"，同时也是他认为对艺术创作本身最具影响的时间实体，即是说作为不可定义或瞬时的现在。当齐美尔怅怅地表示"体验"在本质上是一个现代术语时，他就肯定了波德莱尔关于即时（现代的时间点）和永恒（否认时间性）之间对比的著名论断："La modernité, c'est le transitoire, le fugitif, le contingent, la moitié de l'art, dont l'autre moitié est l'éternel et l'immuable（我所说的"现代性"指的是短暂、无常、偶然，是与永恒和不可改变的另一半相对应的艺术上的这一半）。"[86]

正如我们所看到的那样，波德莱尔的想法源于他对时尚的反思。他要求历史场景的画家给人物穿上合适的也就是现代的服装和服饰。因此，作为当代艺术作品的现在变得既区别于过去，又成为过去的一部分。对某一事件的艺术记忆在再现中创造了一种时间关系（正如齐美尔继康德之后所要求的那样）。[87] 在引入一种瞬时性，一种与迄今为止的美学认知的唯一衡量标准的永恒和绝对成对比的时间关系后，波德莱尔得以进一步区分历史观，从而赋予艺术作品一种同现在和即时有着联系的相对而真实的美。[88]

不过，波德莱尔也要求时尚拥有双重特性以维持其崇高的美学原则，这种原则也是他认为艺术作品中不可或缺的。艺术家从记忆中描绘出的衣服应该显得现代，并被归类为现代（见本书第 3.2.1 节中马克斯·韦伯[16] 的相关内容）；不过，事件本身仍然属于历史，并且高贵。永恒的美德将在画面中得到展示，或被诗人赞美；而由于时尚，即使在最现代的形式中也会引用过去的东西，现代衣服再现于古代事件也不会

---

[16]   马克斯·韦伯，德国社会学家、历史学家、经济学家、哲学家、法学家，与埃米尔·涂尔干、卡尔·马克思被公认为西方社会学奠基人之一。——译者注

显得不合时宜。在时尚界，引用是服装的回忆——能够创造一种错综复杂的时间关系，如同描绘一种形而上的体验。

在波德莱尔之后，本雅明在《虎跃》中将这个主题表达出来，此主题也成为他《论历史概念》（*Theses on the Concept of History*）[17] 的组成部分之一；而哈贝马斯在《现代性的哲学话语》中也用自己的本雅明式"辩证意象"[18]（dialectical image）对此加以阐述："永恒之美只有在穿着特定时间的服装上演的哑剧中才得以显露。"[89] 时尚，这个由当代服装所具象化的事物，以一种美学和放纵的形式展示着自己，就像时尚辩证法体现在早期现代主义所创作出的高级时装中［埃米尔·平加、马里亚诺·福图尼、保罗·普瓦雷等人的作品］。其中，过去的文化——例如罗马服装或督政府时代的服装——以丝绸和雪纺瞬间的格式塔形式流传到现在。然而，从哈贝马斯的知识紧缩（intellectual austerity）和批判理论来看，这一启示被消极地断定为掩盖了艺术的真正价值——而且具有讽刺意味的是，它演化成了一种比波德莱尔时代还要更布尔乔亚的感知。对于塔尔德、齐美尔和本雅明这样"主观"写作的理论家来说，显然并不存在这样的哑剧；相反有的是服装交替产生和现代性的缩影。

本雅明采纳了波德莱尔的假说，用来解决"为已成为简单瞬间的现代性中的偶然性，如何获得自己的标准"这一矛盾。[90] 鉴于波德莱尔在此问题上满足于将瞬间性和永恒性的合体视为与艺术作品中真实性的结合，于是本雅明便试图建立审美经验与历史的联系。此种关系对哈贝马斯来说是最重要的，因为他自己也开始对现代性进行诠释。本雅明创造了"当下"这一术语，这是一种瞬间性的即时，它与已完成的时间的"碎

---

[17]　又名《历史哲学论纲》（*Thesis on the Philosophy of History*），该作品创作于 1940 年初，原名《论历史概念》，后人整理收入文集时定名为《历史哲学论纲》。
　　　　　　　　　　　　　　　　　　　　　　　　　　　　　　——译者注

[18]　"辩证意象"是本雅明历史哲学的重要概念之一，涉及本雅明思想中诸如认识论、历史时间观、文化批判与救赎等多方面的内容，也体现了其思想中宗教神学与马克思主义的融合。——译者注

图 37.
埃米尔·平加，长廊服装，约 1888 年。丝质天鹅绒，金属银线刺绣。林顿·加德纳（Lynton Gardiner）拍摄的现代工作室照片。布鲁克林艺术博物馆，纪念约翰·罗布林夫人的匿名礼物。

在这里，裁缝师平加——根据龚古尔兄弟的说法，他在谈论时尚时总是像在提供一些非法和不道德的东西——不仅引用了 18 世纪的风格，而且还改变了时装的性别。一件刺绣的男式马褂被他放大，一百多年后成为日间服饰中的女式外套。作为时装回忆的引用，确实是不敬业的。

片"分散交织在一起，而这也是他所谓的"弥赛亚"——就是说，它可能是一个解决历史标准性格式塔中固有问题的方案。哈贝马斯指出，"当下"最有力的实现："需要一个已变得匮乏的模仿母题的帮助，就像现在需要人们在时尚表象中将其寻找出来一样。"[91]

然而，对过去的最大不敬是通过作为摹仿的引用实现的，而非模仿，因为不断变化的时尚不可能简单地通过精确复制历史就得以满足。衣服必须"发明"出古物，而不是模仿。哈贝马斯注意到本雅明的这段话："法国大革命认为自己乃古罗马转世。它援引古罗马就像时尚援引过去的服装。无论曾在昔日何等错综的丛林中活动，时尚都带有现代气息。它是对过去的虎跃。然而，这种飞跃发生在一个统治阶级俯瞰的竞技场上。在历史空间中，这种同样的飞跃则是辩证的——马克思将其理解为革命。"[92]时尚的"内在革命"与来自外在社会的挑战同时到来，因为它包含了现代性的抽象特征，使得它能够颠覆迄今为止专门的历史性认知。就像齐美尔在本雅明之前 20 年所写的那样："时尚抽象化的潜力就建立在它的存在之上，这种潜力让现代性本身具有某种美学风格，甚至在非美学领域亦如此；由于时尚'与现实的疏离'，因而这种潜力也在历史表达中得到了发展。"[93]时尚的抽象潜力，它对客体化的冷漠——具有讽刺意味的是，正是因为它本身导致了新商品不断产出——让我们可以不只是在进行零售，而是在对历史做出价值判断。物化，这个马克思认为是主体的不确定性和失去对客体控制的原因——"一切固定的东西都烟消云散了"[94]，对它的恐惧从伦理学转移到美学，在此过程中变成瞬时和即时。

通过接受瞬间这个现代性中美学的体验标志，本雅明积极地诠释了伦理和道德问题的物化，将其视为一种必要性而不仅仅是一种必要的邪恶。伴随着虎跃（同时也暧昧地汲取了马克思的思想），对现代性的政治批判又跳回到波德莱尔最初对现代性基于美学的创造之上。齐美尔相应地解释了对主体精神和终极人文主义需求的"现代性冷漠"，因为这些需求"与时尚发展中的绝对非客观性相冲突，也与时尚的美学吸引力相冲突，而这种美学吸引力就来自它与客体的实质和物质意义的距离"[95]。齐美尔并没有在此哀叹主体在商品沉重的操控下的消亡；相反转到了对现代性的主观诠释上，商品，尤其是装扮主体的服装，反过来被赋予了形而上价值，从而在一个支离破碎的现代文化中将主导权交还给行为主体。

虎跃（Tigersprung）的核心仍然是对历史进步的线性规范的抨击。通过此种历史主义，本雅明希望抵消他对现代性的担忧，即植根于布尔乔亚资本主义经济的现代性可能会利用时尚，以此适应艺术前卫派在形成期的 20 世纪初新发起的任何冲击。

在暂时套上了本雅明式的诠释马甲之后，他的朋友阿多诺发现"时尚是用艺术进行的永恒告白，大意是说艺术未达到摆在它们面前的理想"[96]。人们不能像布尔乔亚的艺术宗教（Kunstreligion）所希望的那样，简捷利落地将时尚从艺术中，也就是所谓的将短暂从崇高中划分出来。阿多诺指出，艺术家、美学主体已经在先锋派内部争论着要将自己同社会划分开。在现代性中，艺术通过时尚与"客观精神"进行交流——无论它看起来多么虚伪或腐朽。艺术已无法维持早期理论赋予它的随心所欲和无意识特性。它被完全操纵，但独立于需求——尽管因为讨论发生在资本主义之内，某些时候必须将需求置入其中。阿多诺强调，由于在垄断时代针对消费者的操纵已经成为流行一时的社会生产关系的原型，时尚本身代表了一种社会和文化的客观力量。在此他提到了黑格尔，黑格尔在《美学讲演录》中坚持认为，艺术的任务是将本质上与之相异的东西纳入其中。[97]然而，因这种纳入的可能性，艺术会变得混淆起来，时尚将它装饰过的帽子扔进了圈内，渴望自己纳入这种异化、物化或律令化的具现化文化。因而阿多诺认为，假如艺术想要防止自己被出卖，它就必须抵制时尚，与此同时又要纳入或接受时尚，以避免对如进步和竞争之类的社会和文化存在的主要推动者视而不见。阿多诺——毫不出

173

奇地——认为波德莱尔笔下的"现代生活的画家"居伊是真正首个在昙花一现的事物中失去自我的情况下，还能保持自己力量的现代艺术家。他紧随马克思和齐美尔观察到：

∎

> 在这个主观精神在社会客观面前变得更为无力的时代，时尚宣布了后者在主观精神中的盈余，并痛苦地从中异化出来，但对主观精神是纯粹存在本身的幻觉来说又是一个矫正。对于那些鄙视它的人，时尚最有力的回应就是：它参与了恰当的、浸透历史的个体运动…… 通过时尚，艺术与它通常放弃的东西同床共枕，并从中汲取力量，否则，在艺术被认定必须将那些事物弃绝的情况下，这种力量必然会萎缩。艺术，作为幻觉是无形身体之衣。因此，时尚就是绝对的外衣。[98]

∎

那些被阿多诺视为本质上是负面的事物——也就是说从服装编纂的角度来看，时尚的绝对主义消除了文化中的模糊性，而这种模糊性又是防止出现极权主义所必需的——不得不同时被解读为对其认知价值的肯定。正如齐美尔曾在《货币哲学》中所假设的那样，主客体的划分是通过将后者的精神重置到前者中来调和的，而且本雅明和阿多诺——尽管后者对齐美尔的"生活哲学"的模糊性提出了批评——都接受了这种说法。时尚对这三个人来说都是一种历史纠正，甚至更重要的是，是一种哲学思想（尽管程度有所不同）。它将客体无缝地整合到个体的主体中。时尚指导衣着，但也超越了它。因此，与通常对文化客体的评价相反，时尚似乎只是在"妆扮"社会或历史，并宣称对其绝对理解，而时尚正是在其不完全性中表现出了现代性潜藏的基本原则。[99]

图 38.
奥古斯特·马克绘制，《时尚精品》，1913 年，布面油画，50.8 厘米 × 61 厘米。威斯特法伦州艺术和文化历史博物馆，明斯特。

3.8 时尚的要素

3.8.1 陌生人

齐美尔始终坚持时尚具有哲学意义，尽管如此，他也继续用社会学的观察来巩固它："社会形式、服装、美学判断、人类表达的整体风格，都不断地被时尚改变，然而，所有的时尚——最新时尚——如此这般只影响上层阶级。"[100] 正如齐美尔所察觉到的那样，社会演化要求一旦下层阶级开始采用某种特定的时尚，从而破坏阶级之间的区别和每个阶级内部的一致性，上层阶级就会抛弃他们的旧衣服，换上新的风格，以保持区别——"这样，游戏就会愉快地进行下去"[101]。

虽然齐美尔将塔尔德《模仿》中的结构性概念引入了 20 世纪的城市现代性，但他也借鉴了赫伯特·斯宾塞[19] 早期的《社会学原理》，该书以"模仿"和"区别"等术语首创了一些非常恰当的社会学词语。在城市现代性中，衣物的外观和内部都变得精致，以适应藏在固化阶级壁垒中的差异化服装法则，而这种差异化传播越来越广泛。1882 年，斯宾塞写道：

> ▪
>
> 无论何地，下位者维护自己的趋势总是与强加于他的限制相抵触；一种普遍的维护自己的方式就是采用同上位者一样的服装、用具和习俗……习惯上此趋势一直在增加对先例的模仿，从而为更广泛的阶级确立了一种在生活和穿着方式上类似于少数阶层的自由。特别是一旦等级和财富不再一致，这种情况就会发生，也就是说，当工业化创造出了足以在生活方式上同等级更高之人一较高下的富人之时。[102]
>
> ▪

现代性加速了这一进程，因为拥抱外在生活的时尚最容易响应金钱的召唤。现代性也导致了时尚（以及一般奢侈品）对资本主义生产方式的依赖。松巴特认为，有好几个原因导致奢侈品生产除供给宫廷和贵族以外，开始为布尔乔亚阶层提供炫耀性消费。一个原因在于奢侈品生产过程本身的天性。其大部分原材料来自国外，因此必须投入时间和金钱来进口。而对它们的后续加工一般都比较精细、费时，总之是昂贵的：它要求生产者具有极高的专业化和技能水平。这种高质量产品独有的天性，只是为了将其与资本主义建立起来的广泛的基础产品区分开来。另

---

[19]　赫伯特·斯宾塞，英国著名的哲学家、社会学家和教育家。——译者注

一个因素则在于这些独有商品的分配和销售的性质。奢侈品贸易不仅依赖时尚，而且对时尚变化还高度敏感。它若想成功，就既要有市场停滞时能生存的资本，又要有能调整生产过程以适应不断变化的需求的灵活性。[103]

与劳动者和他们的产品之间日益分离所创造出的唯物主义时代相适应，时尚的成功需要一种异化要素。作为一种人造之物，它不得不以一种非有机发展事物的形式出现。它的目的论根源总是存在于最终采用它的文化、阶级或社会群体之外。塔尔德写道："一般来说，似乎只有陌生人才有能力创造一种被尊重的感觉，从而导致我们模仿他们。"[104] 就像我们见到的那样，他描述社会中维持时尚的趋势特征是"外在化"。松巴特发现，从外在带来的或由陌生人发起的时尚，会包含着强烈的合理性要素，因为它是在远离一种可能存在主观关系的既定秩序环境中被创造出来的。为了让这种时尚被接受，需要在社会和美学考虑方面想出权宜之计。[105] 就像参考了塔尔德和松巴特的齐美尔在 1904 年的一篇作品中察觉的那样：

> ■
>
> 人们有着喜欢从国外进口时装的嗜好，这种外国时装在圈子里被视为具有更多价值，只因为它们不是原产自那里……事实上，时尚的异国来源似乎对采用它们的群体的排他性非常有利。由于它们的外在来源，让这些时尚创造出一种特殊和重要的社会化形式，它通过与圈子外的某一点发生互动关系而产生，有时看上去又是通过社会要素产生，就像视觉轴线一样，在一个不太近的点上汇聚得最好……巴黎时尚经常被创造出来，而它的唯一目的就是在其他某地创建一种时尚。[106]
>
> ■

在现代性中，时尚的演化路径变得越来越不可预测和反复无常，直到主体再也无法理性地评估客观世界中的变化。此时，随之出现的很可能就是将时尚斥为异想天开和徒劳无功的论调：因为主体感觉自己无法解释时尚的个中曲折，尽管其实际创作可被理解为对历史模式或不同文化背景的引用，然而他或她会否认时尚的影响，将其归为无足轻重的和晚到的。

上述关于时尚中疏远或异化的段落，其后半部分是从齐美尔《货币哲学》的第一版中摘取出来的，书中对货币过程中的陌生人做了总结性的简短分析。"陌生人"（Der Fremde）也是齐美尔1908年写的《社会学》中的一篇长篇附记的标题。[107] 这些研究表明，个人体验是齐美尔思考和分析的基础。对他来说，陌生人是"潜在的流浪者"，今天来，明天去，没有任何具体体现，只是一个短暂的存在。接近和远离之间的奇特关系使得陌生人与众不同：他与一个群体关系中的本初距离，意味着他即便在物理上接近，却依然遥远，而陌生要素引起了群体成员的好奇心，从而与一个本质上有距离之人建立起了接触。

作为一位犹太裔自由知识分子，齐美尔的学术价值遭到普鲁士官方和他寻求疏远的社会群体[20] 同时否定，因而对他来说，陌生人确实是一个非常重要的角色；此外，陌生人在理性上也等同于波德莱尔所谓的善于观察的游手好闲者。在陌生人的"客观性"（作为一个不会参与到群体关系中的人）和他的"抽象特征"（群体中人只能观察到来自外在之人的最通常品质）中，齐美尔在个体层面上找到了与现代性社会经济趋势的相似性。[108]

被松巴特作为自己分析的主要议题的正是齐美尔的出发点：在从封闭的初级生产发展到先进资本主义的过程中，除了在经济结构中已经占据的位置之外，还有一个人进入了这个区域，他并不要求在其中占据一席之地，只是将其拓展到与其他区域相关联，而他自身则没有任何实际

---

[20]　似指当时的犹太人群体。——译者注

的生产能力。在资本主义的货币体系下，这变得很明显。从最早的文化开始，因为它们的抽象价值——它们的实际用途必然未知——以及它们的稀有性，货币符号总是从外在被带入。在此，齐美尔又一次用现代性范式类比来总结："这让人想到了时尚，如果它是进口的，往往会有特别的价值和力量。"[109] 时尚中的暧昧性与陌生人形象中体现的矛盾客观性类似。它不能简单地用距离或不参与来解释，它的存在主要是由于接近与远离的辩证结构：

.

客观性绝不是不参与——因为后者的存在无论如何都超越了主观或客观行动——而是一种积极而明确的参与方式：类似地，理论观察中的客观性（在这里，齐美尔作为社会远距离观察者重复了自己的信条）绝不意味着心灵是一个被动的白板，只会让事物在上面印下它们的性质，而是以心灵的充分活动为标志，按照它自己的法则工作；心灵只是抹去了偶然失真和强调，它的个体和主体差异会制造出同一客体的完全不同的形象。[110]

.

在保持距离的过程中，陌生人可以观察，并通过观察创造出个体美学，或仅仅是一种让他从人群中割裂出来的风格。卢斯说过，衣着完美的人是那些在上流社会中也不显眼的人，但我们必须补充的是，他只需与任何特定群体保持一种良好的判断距离，就有可能也成为时尚的引领者。就服装而言，这一点在黑衣抽象和严峻的特点中得到了最好体现，或者，用后来女式对应物来说，就是嘉柏丽尔·香奈儿的初版"小黑裙"。

个人主义美学在巴黎比其他地方更占主导。齐美尔在 1905 年关于时尚的文章中，加入了一段对法国高级时装的事后回想："正是在巴黎，时尚既显示出最强烈的矛盾，也显示了二元要素［即摹仿和差异化］的调和。个人主义，那些顺应个人成为之物，在此比在德国更显得不可或缺；然而与此同时，某种普遍风格的广泛框架以及最新时尚都被严格维持着，所以个体表达永远不会陷入平凡，而总是从平凡中升华自己。"[111]两种社会倾向结合起来，成为形成时尚的先决条件：一方面是对相互联系的需求，另一方面是对相互区别的需求。如果缺少其中之一，时尚就不会出现。大多数下层阶级几乎没有非常具体的时尚，而所谓的原始文化中的服装风格则比西欧文化中的风格要稳定得多。因为，他们有更明显的仪式化的社会结构，因而在西方社会中各阶层存在的、为其通过分化来加以对抗的混合或抹杀的危险就显得不是那么迫在眉睫。齐美尔写道，时尚帮助不同社会群体保持他们各自的一致性，因为"穿着同一款衣服的人或多或少会有相同的举止"，[112]这在具有个人主义和碎片化特点的现代生活中是一件非常重要的事情。时尚界的变化频率表明，我们的感知已经变得多么迟钝，又多么需要不停地刺激。一个社会越是显示出由于持续不断的外在刺激而引发的神经过度紧张症状——在齐美尔的时代，这被众所周知地称为"神经衰弱症"——时尚就越是不得不快速变异（参见塔尔德），因为不断发展的脱敏现象将让越来越多的刺激成为成功区分群体的必要条件。齐美尔推断，虽然"原始文化"中的人害怕陌生外观，但文明化的进程会消除人们对新事物产生的不安感。此外，在现代社会中，有种特殊的内涵开始发挥作用：那些想要并且有能力追随时尚的人，大多数都会穿上新衣。不过，由于服装的新颖性，衣服或套装给予我们比旧衣多得多的姿态和个人风格。最终，每件衣服都变成完全顺应了我们身体的旧衣，并经常在最微小习性中显示出我们的联系。我们穿着旧衣服比穿着新衣服感觉更"舒服"，这表明前者将其特殊形式法则强加给我们，通过长期的穿着，这些法则被转移到我们的行为之上。因此，新时装赋予了穿着者一种齐美尔所谓的"超个体的规律性"。[113]当新衣服被穿上时，唯物主义的抽象就

图 39.
不知名的摄影师，雷德芬指导服装设计的试穿，约 1907 年。

雷德芬工作室将英国的裁缝技术介绍给了巴黎的女性。设计师宣传量身定制的女性"服装"，即用同一块布制作的外套和裙子（普鲁斯特虚构的奥黛特·德·格雷西对此非常欣赏）。查尔斯·波因特·雷德芬（品牌创始人约翰·雷德芬的儿子）在照片中像个艺术家一样，穿着画家的斗篷，用一根充满阳刚之气的画家棒指着模特的中腰；长袍本身比平时要朴实得多。

抵达了身体本身——这一切都发生在消费者在思想上先验地接受了此假设之后。

就像我们在本书第 1 章指出的那样，现代美学中的辩证创造对波德莱尔来说是以短暂和崇高的分歧为标志的。对齐美尔来说，它表现为同质化摹仿和差异化之间的二元对立，表现为价值的稳定性和社会表达的不断变化；因此，它是时尚构成现代性的特殊方式。齐美尔发现，如果上述任一"模式"不存在，时尚就会像在历史上某些时候的文明社会中一样无法发展。比如，据说在 14 世纪末的佛罗伦萨公国，男装就几乎没有任何实在意义上的时尚，因为每个人在穿着风格上都在尽可能地努力追求个性化。其结果就是，由于缺乏天生的社会凝聚力，时尚也衰微得无从谈起：过度的个人主义表达占据了上风。作为另一个极端，齐美尔描述了威尼斯贵族是如何下令让人们只能穿黑色衣服，从而让大众无法意识到统治他们的贵族人数是多么稀少。在这种情况下，时尚也不存在，因为时尚的另一个构成要素——区别的概念，已被故意剔除。威尼斯的这项公共法令并没有单独否定时尚。服装上的完全平等——由不变的黑色所代表——象征着这个贵族政体的内部民主。即使在贵族内部也不允许时尚站稳脚跟，因为它将会立即起到在贵族内部制造出一个独立团体的作用。

黑衣属于那些看上去否定了时尚的服装表达。然而，通过对潮流的竭力抵制，它也获得了一种极其"客观"姿态的地位，在服装变化中不受时间推演的影响。这种地位说明了黑色套装的魅力——正如波德莱尔在 1846 年所说的那样是"被滥用的黑衣套装"[114]——自 15 世纪中叶的勃艮第和 18 世纪的西班牙宫廷以来，对艺术家和美学家都有着吸引力。纯粹主义在服装方面的限制中创造出制服，而在其下最大胆和最革命的思想得以萌芽；随后的思想之花在忧郁的黑色套装的暗黑平面上生长得更加尊贵和显眼。关于现代之美，波德莱尔（更多是讽刺地）声称，颓废派头上带着"最有趣的美、神秘的特征之一，以及最后的（我承认，我在自己美学的某点上，算是个现代人）悲伤"的痕迹。[115]

这种"悲伤"，比如像是因失去亲密的朋友或亲戚而引发的那种，反映在一种特殊的黑色服装上：丧服，它同样属于那些否定时尚的服装表现。虽然区别、关联或平等的概念也可能出现在哀悼中，但黑色服装的象征意义让哀悼者从其他人更多彩的躁动中剥离出来。因为所有哀悼者的情况都是一样的，他们就在同社会他者的区别中构成了一个理想的群体。不过，由于该群体不具有社会性质，存在的只是衣着上的平等，而非统一性，故而也不存在创造时尚的潜力。在齐美尔看来，"这凸显了时尚的社会性"[116]。尽管深色服装可能提供了分别和联系的概念，但缺乏社会意图——这与单纯的习俗有所区别——让它们成为时尚的视觉反面。

在维多利亚时代的英国，一种奇怪的悼念方式占据了主流地位。许多丧偶妇女会一直穿着黑色的衣服，直到她们去世，或是罕见地再婚，而她们的女儿也要一直穿着黑色的衣服直到订婚；一些妇女甚至几乎是欣然为最疏远的亲戚过世服丧，因为这为她们提供了一个持续穿着黑色衣服的机会。不过，当此种无彩的衣服变得无处不在时，人们开始对这些原本虔诚而朴素的服装给予"不适当的"关注。妇女们表现出某种差异化的嗜好，微妙的变化开始塑造出布尔乔亚阶层妇女对裁缝的要求，即不断变化丧服"时尚"。

·

"哪个是母亲？"塞文欧克斯勋爵（Lord Sevenoaks）问道。

"两个人中看起来比较年轻的那个。她的女儿洛贝丽亚（Lobelia）总是戴着这种看起来很病态的帽子，这让她看起来比实际年龄大了十岁。她的母亲总是穿黑衣服——现在她的身材也在走样。她总是假装在为某人服丧，实则这只是她穿黑衣服的借口；她现在已经穿了三季黑衣服了。"

"换句话说，"塞文欧克斯勋爵说，"她的身材已经走样三年了。"[117]

·

在维多利亚时代，当感官享受似乎已经完全从公众心目中消失时，哀悼就是最终和最充分的借口，让人得以拒绝时尚中的任何放纵，而不必担心被指责为不时尚和落后过时。黑色是实用的、经济的、道德正确的，甚至可能是"民主的"。然而，维多利亚社会摹仿的是道德约束，而不追求美学理由。19 世纪 70 年代或 80 年代伦敦或巴黎的布尔乔亚夫妇的黑色燕尾服以及臃肿的服装，同颓废派的黑色服装以及为亚马逊女战士量身定做的骑马装没有任何共同之处，除了颜色。

3.8.2 瞬间性

正是瞬间性在 19 世纪末使得时尚没有屈服于布尔乔亚社会的讹诈。1895 年，齐美尔指出："时尚的本质就在于，永远只是一部分群体实践它，与此同时绝大多数人还在走向时尚的路上。它从来都未成为是，而总是在变成。"[118] 在后来的一篇文章中，齐美尔将这一假设纳入形而上学的背景中。在谈到柏格森时，他把生命描述为："不断地流动地创新，创造出以前未存在过的东西；它不会在只是从一个事物中产生同样事物的因果律中耗尽自己，它是一种真正的创造性力量，不能像机械那样被算出来，而是必须被体验。"[119] 齐美尔再次指出，正是时尚的特性要求它在某一时期只能由某一给定群体的一部分人行使，此概念即是说：一旦创造性的例子被普遍采用，一旦以前由少数人穿的服装成为普通的服装术语时，人们就不能再将时尚说成是文化参数。

■

一套时尚为确保其在早期阶段能有某种特别分配方式的特有性，它会随着传播而遭到破坏，随着特有性要素的削弱，时尚也必然走向消亡。由于普遍接受趋势与此种普遍采用导致的最初目的被破坏这两者之间存在一种特殊游戏（关系），使得时尚包括一种特殊的限制吸引力，同时开始和结束的吸引力，以及新奇同瞬间结合的魅力。现象的两极吸引力在时尚中相遇，并在此显示它们无条件地彼此相属，或者不如说，是因它们天性矛盾。时尚总是占据着过去和未来的分界线，所以至少当它处于鼎盛时期时，它会比大多数其他现象传达出更强烈的当下感。我们所说的当下，通常不过是过去和未来片段的结合。[120]

．

1905 年，齐美尔附加了一个同波德莱尔和马拉梅相呼应的定义："时尚的问题不在于'生存还是死亡'，而在于它总是站在过去与未来的转折点上。"[121] 借此，齐美尔将法国现代主义文学传统同柏格森的思想联系起来，[122] 他将每一刻都与前一刻不同的想法归功于柏格森，回避了它出现更晚的话题。齐美尔将持续时间解读成柏格森的思想，即只有通过不断变化，事物才能生存。在一个严格意义上的不可改变的持续存在中，存在的起始是无法区分的；它们重合，而又不会持久。[123] 过去短暂融入当下，反之亦然，这是赋予生活意义并使生活中的创造力成为可能所要求的必然。

已故法国哲学家吉勒·德勒兹（Gilles Deleuze）[21] 在其学术著作《柏格森主义》（*Bergsonism*）中写道："我们很难理解过去在本身中继续存续，因为我们相信过去不再，它已终止为在，我们实则把'存在'与'在当下'（being-present）混为一谈。然而，当下不是；相反，它纯粹是成为，总是在自身之外。它非在，但它行动。"[124] 正如在德勒兹夸张的定义中提到的那样，瞬间性制造出了一种状态，在这种状态中，当下每时每刻都是"曾在"，而过去在所有时刻都是永恒"在"。这一主张呼应了波德莱尔对过去和现在的美学感知，以及让我们感受到对过去的亏欠，正如本雅明式虎跃所展示的那样。事实上，柏格森也用了"飞跃"这个词来描述将自己放置回过去的行为。在远古或本体论的记忆中，人们可以进行适当的飞跃：跃入存在，跃入自在存在（being-in-itself），跃入过去的自在存在。在这样的回忆中，本体论将被换成心理学，我们

---

[21]　吉尔·德勒兹，法国后现代主义哲学家。——译者注

185

齐美尔与现代性中的时尚理论依据

会从虚拟进入实际状态——就像我们会在分析语言之前听懂语言一样，在从心理上感知声音之前，我们就将自己立即置于对声音的感官感知中。然而，正如德勒兹所观察，"飞跃"的概念（他在此想到克尔凯郭尔在历史和伦理学中提到"飞跃"[22]，此概念批判了黑格尔历史为连续节点线性的理念）似乎与柏格森对连续性的关注格格不入。[125] 本雅明则从自己的角度对柏格森的连续性概念中似乎暗示的任意性和无尽性作出了判断："消灭了死亡的苦难具有一种装饰品的消极无限性。传统由此被排除在外。"[126] 在普鲁斯特那里似乎是合适的（本雅明在一个脚注中提到了这种联系）事物，即经验萎缩能让人看到一个巨大的私人世界，最终可以在自身处找到解脱，如果它是以本体论的名义出现，就必然会遭到批评。对照波德莱尔诗歌中真实的现代性经验，本雅明用一个服饰比喻完美地表达出这种批判："它（持续时间）是经历着时刻 [Erlebnis] 的精髓，它炫耀着从经验处借来的外套。与此相反，忧郁 [如波德莱尔的作品集] [23] 展示了全部裸露的过往时刻。"[127]

当本雅明在历史背景下评估持续时间时，他就像唯物主义者一样进行论证。然而，他的批判并没有触及柏格森对波德莱尔在现代性中的"暂时"（le transitoire）"瞬间"（le fugitif）的形而上学演绎；他相应地接受并在事实上借鉴了齐美尔的同时发生的概念，而齐美尔对此尽管更带试验性质，但还是通过时尚抵达了此点。作者在此所谓的"试验性"是因齐美尔从未将他对时尚之存在的解释发展到形而上学自身方面。齐美尔在第一篇文章中对时尚的瞬间性所进行的观察，在 1904 年和 1905 年的版本中带有形而上学的气息；但在 1911 年的文章中，为了强化社会学分析，形而上学又被搁置。因此，当瞬态现实的想法对齐美

---

[22]　克尔凯郭尔（Kierkegaard），丹麦哲学家、神学家及作家，现代存在主义之父。他提出了著名的"信仰之跃"概念，即我们无法依靠逻辑和知识来确认信仰是否是真的，只有勇敢地"纵身一跃"才有可能越过这道鸿沟。——译者注

[23]　原文为"spleen"，指波德莱尔《巴黎的忧郁》。——译者注

尔来说变得越来越重要的时候，时尚传播正通过生活加速。"时尚在当前文化中占据令人难以置信的主导地位……只能说明当前心理特质的集中。我们的内在节奏要求不断缩短印象发生变化的周期；或者换句话说：刺激的重点越来越多地从实质性中心转移到开始和结束。"[128] 快速消费的香烟正在取代耐久的雪茄，马拉梅在特快列车狂热中观察到，狂热旅行爱好者将一年分为几个较短的周期，这些周期鲜明地强调出发和到达时间——所有这些导致了克拉考尔在齐美尔哲学中所强调的，一个关于现代性的让人无法喘息的诠释："我们变得过于敏感，我们崇拜变化，也许是因为我们渴望摆脱灵魂中的空虚；但这些特征和倾向有利于时尚的形成，而时尚能否保持力量，又在很大程度上取决于我们情愿接受变化的能力，以及我们对新事物的渴望。"[129] 这种对变化的热情解释了为什么时尚赋予人类比其他任何社会现象都要更强烈的当下感。时尚包含着固有的死亡——它的瞬间性——这一概念不仅没有贬低它，反而让它更有吸引力。"时尚的"只被那些出于真实原因打算批判某个客体的人用作判断术语，就是说当它被用作功利性或物质价值的标准时才会被如此使用。齐美尔认为，如果我们相信它们的逻辑起源和连续性，那么新事物和新外观就不会被归为时尚。

然而，在现代主义中许多时尚都会保留下来。一旦被确立为现代性的纵聚合关系，它的确就变成了一个美学及社会学的话题，本身就可被涉及或引用。由此，卢斯定义了真正的现代："时尚发展缓慢，比一般人想象的都还要慢。真正现代的客体在很长一段时间内都会如此。然而，当人们无意中听见有人说某件衣服一季之后就不再现代，换言之，它已变得惹人注目，那么人们就可以宣布，它从来就不是真正的现代，仅仅是假扮出现代的模样。"[130] 卢斯的定义基本上是一种纯粹主义，借鉴了现代主义对"功利"美学规范的看法。对他来说，现代性的特点是权宜之计和（一种近乎康德式的）目的性。正如 19 世纪的黑衣服所表明的那样，进步艺术家和完美纨绔子弟同样穿着它，现代主义开始树立自己的"经典"品牌以平衡转瞬即逝之物。从卢斯到包豪斯（Bauhaus），现代主义建筑以其棱角分明的线条和清晰的外形体现了一种秩序要求（rappel à l'ordre），以此为一种规范性崇高和永恒精神奠定了基础，针对这种精神，后来将会有一系列新的区别手段被推出。

时尚本身绝不可能普遍流行，这让人们相信他或她自己选择衣服的行为仍然代表着一些特殊的和个人的东西。同时，他或她也会为此感到欣慰：在社会其他群体感到满足的情况下，一批人也正在为此努力，但实则不会做与他或她同样的事情。时尚的追随者被视为"混杂着赞同和羡慕嫉妒的感情；我们妒羡他能是一个个体，但又赞同他成为一批人或一个团体的成员"[131]。这种态度标志着一种特殊的或者说调和的微妙妒羡。时尚的要素不会绝对否定所有人；财富的变化可能为一个以前妒羡时尚人士的个体提供便利。齐美尔补充说，这种社会行为，这种妒羡的细微差别，是由一个被观察客体获得了脱离他实际拥有现实的价值而产生的。一件衣服由此变得可以与一件展出的艺术品相媲美：无论谁拥有它，它都能带来快乐。第二次世界大战后，高级时装业正是基于这一基本原则得以维持。通过广泛的媒体覆盖和广告，走秀台上的礼服和女式礼服几乎成为共同财产。街上的女人在获得一个低档成衣时装模型或一瓶香水之后也能参与审美选择——而这两者都是对本初的服装发明的一种苍白反映。

时装为有依赖天性的个体提供了一个理想领域，而正是这种人在自觉地寻求关注和曝光。它甚至可以让一个无足轻重的人变成他或她的阶级的代表，成为一种共同精神的体现。仅仅是从时尚本身的定义上来讲，时尚从来没有建立起一个每个人都要遵循的规范——典型地提供一种服从社会规则的可能性，同时允许个体脱颖而出。

1905 年，齐美尔进一步阐述了现代时尚特有的差异化与摹仿之间的相互作用。他对"现代"一词的使用预示着卢斯的定义同时指当代和流行："如果现代性对其的摹仿（仅仅是一个社会范例的对立面），那么有意的非现代性就是在相反前提下对其的摹仿，不过这也证明了社会趋势的力量，它会以某种积极或消极的方式让我们产生依赖。"[132] 对时尚的反应可以来自对大众的共同事业的拒绝，也可以源自担心他或她屈服于普通大众的形式、品味和习俗，从而丧失个性的个体。齐美尔认为这种反对不是个体力量的象征，而是逃避现实。一个意识到自己愿意接受时尚的个体，最好能保持自我反省，意识到整个过程的任意性，从而能将此行为同单纯的顺从区分开来。时尚是逃不掉的，而被学术界推崇的对时尚的否定，并不比任何对它的原则的彻底遵守更不时髦。康德在讽刺性地接受了这一事实之后，比齐美尔早了一个世纪得出结论："但无论如何，做一个时尚的傻瓜总比做一个不时尚的傻瓜要好。"[133]

3.9 世纪末

尽管齐美尔关于时尚的假设在后世回顾中几乎获得了封圣地位，但在很大程度上它们（必然）还是属于它们的时代。它们主要归功于世纪之交柏林的美学氛围。1903 年 2 月，一位杰出的文人哈里·凯斯勒伯爵（Harry Graf Kessler）的日记[134] 见证了齐美尔与当时的艺术文化之间的亲近和疏远：

> 整个上午都在（马克斯）李卜曼（Max Liebermann）[24] 那里与齐美尔和范德费尔德（亨利·范德费尔德）一起度过，讨论创建俱乐部的问题。李卜曼和齐美尔几乎是用同样的语句告诉我，必须用它来帮助生活在野蛮人中的极少数文化人。主要是反对官方艺术，反对胜利

---

[24]　马克斯·李卜曼，德国画家、版画艺术家。——译者注

大道 [25]（柏林的中轴线）。乐观地说些：为艺术而艺术（l' Art pour l' Art）或类似的东西。作为一种模式，李卜曼想到了伦敦雅典娜神殿。在齐美尔和范德费尔德到达之前，L. [26] 对他的《打马球者》（Poloplayers）进行了最后的润色。他一边润色一边又热切地讲了起来：“绘画都是有节奏的。因此，如果有人说一幅画绘得不好但颜料涂得很好纯属无稽之谈。一幅画不可能绘得很差又涂得很好。这都是一件事，因为绘画就是节奏，除了节奏什么都不是。如果这里的线条不同，那么这个颜色也必须不同。”齐美尔以一种相当陈腐和粗俗的方式怒斥瓦格纳。他否定了瓦格纳的一切，“甚至艺术”。对克林格尔（Klinger）也是如此。他只承认克林格尔作为一个艺术家的地位：“你知道，有艺术家和门童。嗯，克林格尔至少不是门童。”齐美尔承担了为会员申请的“艺术的艺术”立场找到一种合适表述的任务。今天，就像往常一样，李卜曼又回到了这样的念头：框架必须将画封闭起来，艺术作品不应该侵犯框架。正如齐美尔所说，它应该是生活中的一个孤岛。135 在我看来，在对艺术的认识上我和他们有一个根本分歧。对于 L. 和齐美尔来说，放弃构成生活本身。本质上，艺术是对生活的逃避，是浪漫主义。但人们可以对此进行讨论，另一种［即现实主义］是否真的可以付诸实践。136

∎

虽然格奥尔格·齐美尔可能更喜欢沙龙中培育出来的氛围而不是在工作室辩论，但他与凯斯勒和范德费尔德的关系，以及他被委托为艺术家基金会起草纲领性声明，都表明齐美尔在他那个时代的顶流艺术圈中的地位。这种地位反过来表明，他的时尚哲学必须与凯斯勒（和杂志

---

[25]　原文为德文“Siegesallee”。——译者注

[26]　原文如此，应指李卜曼。——译者注

《潘》）的美学主义以及范德费尔德的现代主义努力关联起来——特别是他自 1894 年起同妻子共同设计的改革服装后。显然，这些并没有让齐美尔成为发达的前卫艺术的一部分；但放在世纪之交的柏林文化背景下看，齐美尔对现代性认识的倾向就变得很清楚了。

文字是齐美尔选择的艺术表达形式，凯斯勒伯爵也是如此；因而两人在形成阶段都受到了象征主义和世纪末文学理想的巨大影响。齐美尔与斯特凡·格奥尔格、莱纳·玛利亚·里尔克（Rainer Maria Rilke），当然还有奥古斯特·罗丹的友谊为这一共同的美学基础做好了准备。齐美尔的艺术偏好，以及相应的马拉梅式的优美（douceur）和对时尚内饰的强烈喜好，在他儿子汉斯的回忆中被唤起。1941 年底，他讲述了自己父亲的日本浮世绘收藏（19 世纪 90 年代末，因此比惠斯勒、孟德斯鸠等人兴起的日本风稍晚）以及他后来对来自日本的手工艺品的迷恋：“他逐渐收集了一整个抽屉的日本织物，一些青铜器和瓷雕塑，几件根付 [一种雕刻的精致的小型象牙拨片][27]，十几幅木版画，以及至少五十多个‘罐子’，都是来自日本的陶器和来自中国的瓷器。”[137] 日本织物和陶器的纯粹之美对 19 世纪末的现代主义产生了重要影响。很显然，其审美经验包含了距离和克制以及感性的齐美尔在日本的陶瓷中找到的完美的互补性。汉斯还记得：“每年一到两次，我们就会举行一场‘色彩狂欢节’。父亲把一大束玫瑰花带回家，有时是其他颜色鲜艳的花。然后我们摊开一些织物，在上面放置一些装满鲜花的‘罐子’。这种盛会除了我们三个，有时只允许一两个最亲密的朋友参加，持续不超过两个小时——然后又全部撤走。”[138]

此种盛宴当然不是柏林布尔乔亚生活方式的一部分，甚至对美学倾向最盛之人来说也不是。这桩轶事再次强调了齐美尔的精致程度，无论是礼仪还是品味，他都近乎于风格化。因此，在他的《时尚哲学》

---

[27]　即日文中的“根付（ねつけ）”，为卡在和服与腰带之间的一个固定物，以便用绳将各种小物件系在身上。——译者注

（*Philosophy of Fashion*）的一个关键段落中读出的一些暗示他本人状态的自传性内容是很引人注目的：

> ■
>
> 正是时尚的这种意义被成熟而特殊的人接受，他们将时尚作为一种面具。他们认为，在所有外在事物中盲目服从一般规范是一种非常慎重和渴望的手段，藉此维护他们的个人情感和品味，他们渴望将这些只保留给自己，从而这些不会在所有人都能看到的外表下显示出来……[139]
>
> ■

波德莱尔认为个体的诗意自由体现在颓废派和游手好闲者的形象中。和他一样，齐美尔发现该自由被一种外向性的对明显的时尚之徒劳的遵守掩盖。不过，对社会规范的遵循不仅掩盖和保护了主体的感性，还塑造了其对环境的感知。在讨论波德莱尔的现代性时，本雅明从齐美尔那里得到了塑造自己外在的概念，用以解释游手好闲者如何通过使用织品的掩饰，从而在城市人群中实现其审美经验的个性化："大众是激动人心的面纱；通过它，波德莱尔看到了巴黎。"[140]

时尚允许个体保持一个被社会认为适当的特定距离。无论一种表达方式或外观多么奢侈，假如它是时尚（流行）的，个体就能感到受到保护，避免他或她通常在社会关注中心时会体验到的尴尬。齐美尔将时尚与"一致行动"相提并论，认为这两种现象的特点都是免去耻辱。作为人群中的一员，个体会赞同那些如果被建议单独进行会引发恐惧或厌恶的事情。由一致行动表现出来的社会中最奇怪的社会心理学特征之一，就在于时尚会容忍打破谦虚的行为，而如果这种行为只出现在个体身上，就会遭到愤怒拒绝。

时尚在大众中抽象化和平衡个性的方式将直接影响克拉考尔的文章

《人群中的装饰品》，在这篇文章中，这位齐美尔的弟子将人群的特征描述为资本主义生产中的美学成分，以及当成由理性主义路线组织起来的现代城市文化的基础。[141] 例如，工厂里戴着铁链的囚犯，可以在美国舞蹈剧团（如操纵杆女孩，Tiller Girls）赤裸的双腿中找到他们在文化上的类比。现代的男人和女人只能把自己看成大众中的粒子。于是，向大众文化转移——大规模生产的时尚本身就是其中的一部分——无一例外地必须由大众装饰品本身组成。[142]

　　尽管有所隐藏，但齐美尔还是采用了一种"客观的"讽刺态度来解释人们渴望接受不断变化的外表和服装现象："时尚也只是帮助形式之一，藉此人们通过牺牲外在，将其交由大众奴役，从而更为彻底地拯救他们的内在自由。自由和依赖也属于那些对立之一，正是这些对立的、不断发生的冲突和无休止的流动给生活带来了更多刺激，并且使其拥有更多的广度和更多的发展，其程度远超永恒的、不可改变的平衡所能带来的。"[143] 同样数量的依赖和自由在某一时期可以帮助将道德、智力或美学价值提升到最高水平，而在另一时刻，仅仅是分配有所改变，它就可以带来完全相反的结果。人们不得不得出这样的结论：如果所有不可避免的依赖性都尽可能地转移到生活的外在，从而为内在的进步和发展留下空间，那么生命价值就会获得提升。但时尚不仅仅是一个不断变化的假面，它还影响着社会和文化思想，而这在越来越大的程度上由人们在现代生活中面对外在力量时所产生的反应而决定。在时尚中，统一摹仿和个体区分之间的对立不仅反映在其形式中，也在其形式中进行转换，尽管个体之间的人际关系反映的是那些与社会义务无关的要素。齐美尔观察到，时尚是平行性的具体化案例，"有了平行性，个体之间的关系在个体本身的心理要素之间的关系被反复提及"[144]。

　　无论是否有意，个体往往为自己建立了一种行为或风格模式，通过其上升、摇摆和下降节奏来表达时尚。本质上，这就是个体时尚，是一个社会时尚的普遍性中模糊地带的案例。一方面，它出自个体与众不同的渴望，因而也产自那个形成社会时尚的动力，但在个体时尚中，摹仿、相似和融入大众的需求也可能单纯地通过个体自身就得到满足，这可以通过个体意识集中于一种时尚的形式、内容或风格上，以及通过对自我摹仿来取代更常见的对他人的模仿来实现。齐美尔认为："事实上，可以说在这种情况下，我们达到了一种更明显的集中，会比我们将时尚视为共同财产的情况下，获得更多来自一个统一中心所提供的有关个体生活内容的密切支持。"[145] 这难道不可以理解为波德莱尔和马拉梅传统中老练的颓废派式的隐晦请求，要求其将内在理想转移到外在服装的个体特征？

3.10 时尚的幽灵

"我们已经看到，在时尚中，生活的不同层面可以说获得了特别的交汇，时尚结构复杂，在其中，我们心灵中所有主要的对立倾向都以这种或那种方式表现出来。"[146] 这一观察不仅证明了齐美尔曾有深入进行哲学分析的尝试，而且还在社会学层面表明，个体或群体运动的总节奏必然对他们同时尚的关系产生巨大影响。社会各阶层以自己的方式与时尚发生关系，仅仅是因为各阶层都认为最有利的生存方式是以保守或渐变的形式演化而来的。时尚在下层阶级中以同一水平运作，但下层阶级对运动准备不足，发展也更慢。然而，时尚在社会最上层中的运作也差不多，最上层是保守的甚至是古板的，因为他们害怕任何运动或变化——不是因为这种变化可能对他们有害，而只是任何为维持上层阶级地位的现状施加的修正都必然显得可疑和危险。从服装上讲，棉布或印花棉布工作服——例如，连体工作服或围裙——都反映出对时尚最为不灵活的态度，其程度与打着黑领带或穿着晚礼服吃晚餐的习惯一样。

齐美尔暗示——几年后韦伯表达得更直白，在整个历史上，导致生

图 40.

瓦尔特·波豪斯，"人靠衣装"，1932 年。照片来自《失业的发动机装配工卡尔·多勒的一天》系列。档案打印，24 厘米 ×33 厘米。罗尔夫·波豪斯，普劳恩。

一个新的清醒的摄影案例；失业者凝视着商店橱窗里可望而不可及的衣服——一个违背自己意愿成为的游手好闲者。

齐美尔与现代性中的时尚理论依据

活产生变化的阶级是布尔乔亚。一旦第三等级（tiers état）在法国大革命后上升到重要位置，社会和文化发展的步伐就发生了决定性的变化。从那时起，代表生活的变化和对比形式的时尚，就显得更为广泛，更激动人心——看起来同当时社会政治快速转型相吻合。人们渴望着物质性的主导地位，即便不是政治上的，那也会是艺术上的，有种讽刺性说法对此进行了详细阐述："当人摆脱了绝对和永久的暴君之后，他就会需要一个暂时的暴君。时尚的频繁变化代表着对个体令人畏惧的征服，并且在这方面形成一种对增长的社会和政治自由的重要补充。"[147] 正如波德莱尔和巴尔贝·德奥列维利察觉的那样，随着第二帝国的发展，革命就变成了一桩同风格有关的事务，而不再是政治性叛乱。那些努力追求持续变化的阶级和个人会发现，快速发展赋予他们比别人更多的社会优势：他们在时尚中找到了一种与城市现代性运动同步的生活方式。"在这种情况下，"齐美尔在他最后一篇关于时尚的文章中写道，"我们需要简单地指出，在诸多历史和社会心理学竞合的情况下，同更狭窄的环境相比，城市更容易变成时尚的肥沃土壤：印象和关系变化不准确的快速性，对个体要素的同时平摊和集中，在城市环境下的大量人群，以及最终产生的重要的储备和距离。"[148]

在城市资本主义的生产过程中，有些商品是不能被"摹仿"的，但仅仅是因为它们的价格不允许除最高阶层之外的人购买。当商品以不同的介质出现时，如一幅画被复制成彩版印刷画或影印照片，它自然就失去了专有性。其他物品，比如汽车，在齐美尔时代的欧洲仍然是一种严格受限的奢侈品。即便是到 20 世纪 20 年代中期，弗朗西斯·皮卡比亚（Francis Picabia）和勒·柯布西耶（Le Corbusier）称赞希斯巴诺·苏莎（Hispano Suiza）[28] 的永恒之美，将跑车提升到帕特农神庙的高度，

---

[28]　弗朗西斯·皮卡比亚为法国画家；勒·柯布西耶为瑞士—法国建筑师、画家；希斯巴诺·苏莎为西班牙汽车品牌，也被译作西斯帕罗苏扎，其西班牙语的意思是"西班牙—瑞士"。——译者注

正是产品令人垂涎的专有性而不是其大规模生产的工业美学，引来了他们的赞美。

在服装时尚方面，进口的便利化、织造技术的精密机械化，以及图案切割和服装制造的工业化进程，都大大加快了高级时装潮流向中下层阶级的服装传播，并被后者采用。然而，区分定制服装和高级成衣仍然至关重要：尽管粗略来看服装可能一样，但极细致的观察就能轻易看穿那些现成服装的矫揉造作；只有富贵的量身定做，才能经得起时间的考验，保持其社会威望。

不过，时效性确实变得比时间更重要。一件衣服必须传达永恒的美感的概念已黯然失色。对波德莱尔来说，时尚必须同时包含短暂和崇高。齐美尔认为，特别是在考虑到现代性的自身动量的情况下，时尚只是在开始显得转瞬即逝，一旦它获得了作为文化变量的永恒价值，它就失去了"一度流行"（modisch）这个定义，变成现代的。时尚变化的速度对其内容有着重要影响。最重要的是，这种速度降低了时尚的成本和奢侈度，比如，从19世纪70年代和90年代夸张的裙撑和臀垫转到现代主义专注于线条（尽管作为一种"防御性"反应，这些简单剪裁中使用面料的精致和奢华程度成倍增加）。一种商品越是受制于时尚的快速变化，对此类廉价产品的需求就越大——除了继续体现穷奢极欲的发明所能到达程度的最昂贵的市场终端。齐美尔写道："不仅是因为数量更多、因而也更穷的人民群众依然拥有足够的购买力来决定工业生产，并且坚持要求生产那些至少带有现代性的外在和不准确假象的物品，还因为即使是社会上层也无法承受时尚的快速变化，假如物品不是相对便宜，他们也会因为下层对其的追求而被迫采用。"[149]

在现代性中，一个奇怪的循环开始启动：时尚变化得越快，物品就不得不变得越便宜；而它们变得越便宜，就越能诱惑消费者，从而迫使生产商加快这些流行的但生命周期短暂的物品的变化速度。设计师和制造商对这些快速生产模式所能创造出的新颖性（无论是否真实）有着可预见的限制，导致时尚典范越来越多地采用来自不同文化的细节或整个风格（例如，普瓦雷1905年的"孔子"大衣或是半年后他的"苏丹女眷"[29]风格的裙子），或是来自不同的，即低层阶级的东西。这种动态完全颠覆了齐美尔的摹仿理论——而这在18纪末法国的时尚服饰中已经很明显：

■

大约就是在这个时候，"动乱帽"（bonnet à la révolte）出现了。1775年5月初，高价面粉引发了麻烦，3日，巴黎面包店遭到抢劫。人们的不幸被当作一种新时尚的借口，出现了各种用丝带装饰的帽子，比如，奶白之帽，或用鲜花装饰。售价约为50里赫弗（livres）的帽子被装饰上了玫瑰花环和金合欢，等等。王后便帽和乡巴佬帽取得了巨大的成功。[150]

■

当真正的政治动乱发生时，人们很快就忘记了这个风格革命的案例，而这正是所有将会降临到时尚头上的命运的讽刺性缩影：玛丽·安托瓦内特（Marie-Antoinette）[30]对人民的处境一无所知，从而促使起义民众将她那曾经被"动乱帽"优雅地装饰过的部位直接切下。因此，时尚对实证主义和持续的历史进程背后的现实有着不可避免的无知，必然为它带来死亡："时装如此有力地引起人们的注意，代表着社会意识瞬间集中在某一集体点上，这一事实本身就包含着它死亡的种子，包含着它被取代的命运。"[151]对齐美尔来说，同松巴特恰恰相反，时尚的这

---

[29] 原文为"Confucius"和"Sultana"。——译者注

[30] 玛丽·安托瓦内特，路易十六王后，在历史上以穷奢极欲而招致民怨沸腾，传说当大臣向她汇报农民没有面包而饿死时，她回答道："让他们吃蛋糕。"（Qu'ils mangent de la brioche）大革命中被推上断头台，后文即暗喻此事。——译者注

一特点是它与现代经济学的发展有着本质上的矛盾的原因。[152] 快速发展对实际的时尚确实很重要，因为它否定了它们的某些经济优势。在西方现代工业的成熟分支中，风险因素逐渐不再发挥影响，人们能更好地监测市场变化，更好地预测需求，也能比以前更准确地调节生产。这种调节使得生产进一步合理化，因为供应和需求的振荡减少了。但是，"现代经济学在许多情况下已经知道如何避免两极振荡，并且能够推导出全新的经济结构和理论，但这些振荡依然在时尚主导的领域中起着支配作用"[153]。正如我们所见，齐美尔在《货币心理学》中得出的结论：时尚由此遵循自己的进化路径，建立起了一个物化和客体化对立的世界。

不过，他也将波德莱尔关于"时尚与现代性"的第二条箴言赋给时尚，即时尚的永恒价值——不必一定要作为美学要素，更可以作为心理过程的一部分。在它将短暂和易逝特征综合起来的双重关系中，时尚保持着这样一种"独特的品质，即在某种程度上，每个个体类型从外观看上去仿佛打算要永存"[154]。如果人们能获得一件只能持续一段时间的物品，那他们将会根据最新而不是一两年前的时尚来进行选择。显然，该物品的吸引力会随着时间推移而枯竭，就像更早的物品失去吸引力一样。它将不得不服从于那些已有的当代风格以外的标准。齐美尔认为："在此似乎发生了一个辩证心理学过程。的确总存在着一种时尚，因此时尚作通用名称是永存的。这个过程反映在时尚的每一种表现形式中，尽管每一种表现的本质要求它不能是永存的。"[155] 变化本身并没有改变赋予它所影响的每个客体以一种心理持久性的事实。

波德莱尔旨在同时在时尚和现代性中都让永恒从瞬间中解脱出来，以便将其尽可能地带到艺术作品中。齐美尔认为时尚是由瞬时性和变化决定的。任何对旧形式和风格的回归都是由经济限制决定的。如果早期时尚被部分遗忘，那么只要时尚与最新流行的区别和对立一旦再次出现，它就会恢复。在时尚的复兴与为了冲破历史的连续统而进行的"虎跃入过去"之间的本雅明式的联系不能，也不可能被齐美尔实现，尽管他强调将时尚视为二元的传统以及同时存在的二元特征能够部分作为虎跃的基础。

没有一种人类思想试图主宰"存在之物"并使之适应其目的的表达能够如此普遍或中性，以至于对其本身的结构漠不关心的内容会一致地屈从于它。因此，时尚可以抽象地汲取任何选定的内容。就此而言，任何形式的服装或艺术都可以成为时尚。然而，某种形式似乎倾向于成为流行，而其他形式则对此加以抵制。尽管服装明显是时尚的最终竞技场，但有些衣服或配饰更快地屈服于时尚的变化；其他的，例如男性领带，则保持相对稳定，虽然作为亚种，它们可能也经常流行或过时。一旦某件衣服获得了道德价值并成为社会规范（如领带），变化就变得更少。

继波德莱尔和马拉梅之后，齐美尔用"古典"一词来限定"相对远离时尚，与之不相容"的美学术语。[156] 但作为美学原则之一的古典，其本身就能成为时尚过程之中的一个永恒母题，正如人们能在保罗·普瓦雷对 19 世纪的督政府风的现代主义改编（1907 年）中见到的那样，而它们又是基于古代的服装风格。正如生活中的外在对立被转移到个体之间的内在关系中一样，时尚中的"古典"或崇高同短暂所代表的二元论也在每件服装上都得到了体现。有时，某个特定的审美原则在一件服装中占了上风，而在另一个时刻则与之相反；更多的时候，由于现代性的短暂特性，两种风格并存或都在某个设计中被引用。古典为时尚提供了一种"外在的宿命"，一种不变和具有永恒的价值的事物。不过，当极端形式在其外表上固化之时——齐美尔认为巴洛克就是这样的例子[157]，时尚便仅仅成为"物质特性的历史表达"：换言之，它的瞬间性特点的客体化。特别是巴洛克形制，其就是"让时尚作为一种社会存在实现的瞬间冲动主观化的"视觉案例。[158] 面对不寻常或怪异的外形，观者对物品的欣赏很快就会消失，他或她首先从纯粹的生理角度出发，渴望时尚提供变化。说到路易十四的巴洛克式宫廷——根据国王的嫂子，普法尔茨（Palatinate）公主丽泽罗特（Liselotte）的说法[159]，那里的男人的举止穿着就像女人，反之亦然——齐美尔强调："不言而喻，这种行为能够得到时尚的赞同，只是因为它远离了人类关系中从未消失的实质，在其中生活形式最终必将以某种方式、形状或风格回归。"[160] 重要的是，在消除性别角色的背景下，时尚的抽象化和风格化的能力在这里变成了一个不自然的极端。

齐美尔分析中的模糊性，部分是由于他倾向于进行文学类比，使呈现的人和现象同样在形而上学上显得真实且错综复杂；但这种模糊性，如果以齐美尔社会学家的角度来看，也将其化为社会病态，一种本质上为消极的阐述。这种方法论上的模糊性（就像它的结构主义对应物，即巴特所谓的"马拉梅式辩证法"）[161]，被齐美尔的"客观讽刺"涵盖，它也反映了如下的基本原则：

-

　　时尚既过于严肃，又过于轻佻，正是在这种过度行为的有意互补的互动中，人们找到了解决此种根本矛盾的办法，而正是这种矛盾在不断威胁破坏时尚脆弱的威信：事实上，"时尚"在字面上不能被看成是严肃的，因为那将意味着对抗共识（原则上，它是尊重共识的），而共识很容易将"时尚"认定为无所事事的活动；反过来，"时尚"不能是讽刺性的，不能对自己的存在提出质疑。一件衣服必须同时是，用时尚自己的话来说，必需品（它赋予"时尚"生命）和附属品（共识认为它应该如此）。[162]

-

齐美尔也面临着同样的不一致性。由于时尚内在的辩证法，他认为有将其纳入哲学体系的必要，特别是考虑到它所体现出来的模糊性。但他在理性层面也经常表现出，或感到不得不表现出不愿认真对待时尚的形成特征的倾向，这种倾向有时会导致矛盾或直接否定这个话题潜在的认识论分析。

无论如何，时尚的模糊性与齐美尔自己的方法论和文体方法相匹配，它在结构性的形式主义和几乎是诗意的唤起之间运动着，有时极不稳定。这种倾向在他四篇文章的结尾都再次浮现：

■

时尚的独特的刺激性和暗示性吸引力存在于其广泛、全面分配和快速、完全的瞬间性［一种不忠实于它的权利］的对比之中；[163] 而与这些特征中的后者形成对比的，是显而易见的对永久接受的索求。此外，时尚依赖于它为某一特定圈子所做的狭隘区分，它在因果关系方面所表达出的密切联系，也依赖于它将特定圈子与其他圈子分开的果断性。最后，时尚的基础是被一个社会团体采用，它要求其成员相互摹仿，从而免除了个体的所有责任——道德的和美学的——免除了在这些限度中制造强调个体的可能性以及时尚要素的本初阴影。时尚由此被显示为一种客观特征，通过社会的权宜之计，将生活中的对立倾向平等地组织在一起。[164]

■

齐美尔关注变化的一般特征，但故意把一切都排除在讨论之外，只讨论个人的衣着时尚，他从经济和社会政治的诠释中引出一座桥梁，让其通向受"持续时间"和文学类推影响的前现象学哲学。这些研究的复杂性和多样性也许并不能构成一个完整的分析，但齐美尔肯定从一开始就预见到了这一点。在现代性的所有阐述形式中，时尚的意义和魅力是最难被理性化的，具有讽刺意味的是，它也是其中最典型的。

"马克斯·韦伯所说的'常规化非凡魅力'（routinization of charisma）：给宇宙带来不连续性的独一无二的中断，是如何演变成一种持久的习俗的？"布尔迪厄在 1974 年如是问道。[165] 但他在这里指出这既不是一个方法论问题，也不是一个哲学问题。这位社会学家所关注的是：1971 年初嘉柏丽尔·香奈儿去世后，为了给香奈儿的高级定制时装工作室找到一名合适的接班人而做出的持续但不成功的努力，以及时尚历史的延续，而时尚历史最显著的特点是其基本原理和外在的本质上的不连贯性。

本雅明和现代性中的
时尚革命

Benjamin and the Revolution
of Fashion in Modernity

第 4 章

时尚是新事物的永恒回归。
——纵然如此，在时尚中是否恰好存在着救赎主题呢？

——瓦尔特·本雅明，《中央公园》（Zentralpark，1939 年 /1940 年）[1]

    对时尚的各种诠释都遵循着一种内在联系：首先，波德莱尔、戈蒂埃等人在现代性的诞生过程中确立了"时尚"；马拉梅则带出了这一概念最无常和复杂的结论：最新时尚——一个在商品时代孕育出的服装"总体艺术"。这些对现代性时尚所进行的最初概念化，包括图像和文字，不得不让后人产生分析其趋势的兴趣。在马拉梅的杂志出版约 20 年后，齐美尔是第一个探寻服装复杂性背后的可能存在的原理之人。在本章，我们将看到瓦尔特·本雅明是如何超越齐美尔的。一旦时尚的原理得到解释，人们就必须探索它的政治潜力。在"虎跃"中，本雅明正是运用了这一原理，将其推向一条得以显明的方向之上。

4.1 客体

现代性的标志是社会的不断增长的客体化。马克思将这一趋势的特定方面解释为异化（Entfremdung），齐美尔将其描述为更中性的物化（Verdinglichung），马克斯·韦伯则解释为理性化（Rationalizierung）。

为了解释社会中新的社会文化变量，理论家们将客体视为更广泛社会结构的代表，而将文化片段视为历史进程整体的代表。黑格尔的遗作将学者们，特别是德国学者，引向关注主客体的关系——如今被视为非"人—自然"，而是"人（主观感知）—客体（无机商品）"——的道路。其中特别有一个客体，由于其在空间和形而上学上接近主体本身，进而表达出现代性错综复杂的不同方面——这就是服装时尚，它装饰和包裹着人类身体，包含着套装和配饰等多个方面。

对时尚来说，最重要的是其转瞬即逝、瞬间和徒劳性，它随着季节变化而变化。此种与线性历史进程相关的无实质之物，以及时尚在文化光谱中的边缘地位，特别吸引了那些认为碎片化对现代文化具有特别表现力的人，他们代表了现代性形态的缩影（同样也是革新[1]）。不仅仅是因为齐美尔对碎片观点带来的影响，一些在学生时代听过他讲座的人也在继续探索文化的边缘和流行表达中固有的形而上学价值。

瓦尔特·本雅明（1892—1940 年）紧随齐美尔之后，将时尚定义为对被浓缩在碎片化和多样性之上的现代生活不同观点的最终隐喻。在自己翻译和分析波德莱尔及普鲁斯特的作品的基础之上，本雅明回顾了19 世纪，认为它既是现代性的起源和童年，又是影响当代历史决定论和作为对社会进行唯物主义 / 美学诠释的"前历史"（prehistory）。

---

[1]　原文为法语"novità"。——译者注

本雅明和现代性中的时尚革命

图 41.
不知名的摄影师，瓦尔特·本雅明（与格特·维辛和玛丽亚·施佩尔）在圣保罗·德旺斯，1931 年 5 月。摄影作品，12 厘米 ×8 厘米。特奥多尔·W. 阿多诺档案馆，法兰克福。

图 42.
不知名的摄影师，剧院拱廊（Passage de l'Opéra），19 世纪末。私人收藏，巴黎。

"我瞥见了我白色沙滩裤上的褶皱……" ——瓦尔特·本雅明，1928 年 9 月。

从 1927 年到他 1940 年英年早逝，本雅明一直在为一项关于 19 世纪的研究收集材料，这项研究将从他在巴黎——这座被他称为 "19 世纪之都"（capitale du XIXe siècle）的城市——的街道和图书馆中找到的视觉和文学片段中，解读出现代性的政治、诗意和哲学潜力。[2] 他将这些收集起来的材料暂时命名为 "拱廊计划"[2]，此名来源于他所认为

[2]　德语为 "Passagenarbeit"，英文为 "Arcades Project"，后文简称《拱廊》或《计划》。——译者注

的现代社会的建筑摇篮——拱廊。对他来说，在玻璃屋顶相连的巴黎街道和林荫道之间，在其经常性的破败状态下，保持着 19 世纪生活的神秘感，以及对首个消费主义时代的记忆。

紧随波德莱尔、马拉梅、普鲁斯特和齐美尔的传统，本雅明将注意力集中在服装时尚上，将其作为能唤起他曾在作品中试图重现的时代的唯一隐喻。对时尚这个词的简单引用，以及从中得出的多种联系和深远结论，纵然有被认识论摘编模糊之嫌，还是让时尚成为他那未完成杰作 [3] 中的核心问题。而在该计划中，还提出和阐述了大量母题。³ 本章的目的之一是评估时尚对《拱廊计划》的意义。本雅明对"时尚与现代性"关系的看法，需要同时放到文学（波德莱尔和普鲁斯特）和理论（马克思和齐美尔）研究的背景下描述——他在"拱廊计划"中直接引用了这些研究，同时它们也同本雅明自己对服装的处理方式相契合。

4.2 时尚理想

为了追溯与服装有关的哲学传统，本雅明对法国和德国的原始资料进行了解读，但直到 1928 年，他依然对研究结果感到沮丧。在写给诗人胡戈·冯·霍夫曼斯塔尔（Hugo von Hofmannsthal）的信中，他哀叹道："迄今为止，从哲学上描述和弄清时尚的所有努力，换来的不过是一些零散稀少的材料。"⁴

这里所隐含的是，本雅明是想针对这一主题进行更深入和更能启发灵感的研究。然而，在学术或"知性"的背景下，总有问题无法回避：在"轻率肤浅"之下，时尚能否不仅仅是生活这个更大织物中的一个边缘元素呢？难道它仅仅是一种表现出来的现象，而不是占据一个文化

---

[3]　指《拱廊计划》。——译者注

（更不用说形而上学）的领域并进而进行的哲学思辨吗？本雅明是否仅仅展示了一个在文本的字里行间（或褶皱中）进行解读，并以此为乐之人的个人兴趣，而非一位以最终评价文化或现代性为目标的理论家呢？

这些问题背后的推测，部分建立在针对时尚固有的非实体性和瞬间性的偏见上，它们似乎暗示着本雅明对时尚的兴趣只不过出于个人嗜好，却被一个完全意想不到的原始材料驳斥。在特奥多尔·W. 阿多诺最后一部作品《美学理论》（*Aesthetic Theory*）中，他更倾向于在哲学论述中遵循散文体和注重实质，在书中他承认，在争取将时尚视为美学和政治的根本方面继承本雅明良多。

    ■

    通常对时尚的长篇大论抨击会将无常与徒劳等同起来，它们不仅与内向性和内在性的意识形态结盟，而且在政治上和美学上早已暴露为一种无法外化的东西以及关注狭隘的个体。尽管有着商业操纵，时尚还是深入艺术作品中，而不是简单地利用它们。像毕加索的光影绘画这样的发明以高级时装实验的变体形式出现。在其中，衣服可以只为一夜而将布悬垂在身体上并用针钉在一起，而不是通常意义上的进行裁剪。时尚是历史变化影响感觉器官的方式之一，往往隐藏自己，却影响到艺术作品哪怕是最细微之处。[5]

    ■

在此，阿多诺直接从服装外表转向感性认知和历史进步。他进而跟随齐美尔和本雅明走向共同目标，即时尚的形而上学。早在四十年前，本雅明就提出，当代时尚（一种意识到其传承和传统的时尚）就是现代性的组成部分，它与官能主义的非政治性和限制性的形式相对应——正因为它看上去就是源自此种非政治性立场。重要的是，阿多诺从事实中推断出一种物质的非实质性，即任何高级时装的创作都是独一无二的，并且在下一系列推出之前都一直保持独特性（即使同一件衣服有时会为三位客户测量尺寸）。由辅助行业工人（如织布工、刺绣工等）和女裁缝以自己手工艺创作出完美作品而带来的自豪感往往持续到时装秀，到时就会因为外观设计的肤浅改变而遭到否定。阿多诺依然没有认识到服装时尚完美创作中的辩证结构，即意识到它将会在六个月内"死亡"，却将其设计成永存（参考齐美尔），因为他不认为这个话题能够承载如此深刻的意义。

对阿多诺来说，更明显的是本雅明式的概念，即时尚[4]拥有为历史塑造出新貌的力量。它很大程度上重塑历史结构的廓形，改变了人们对继承过去时代以及现在同它们之间关系——甚至时间自身——的看法。在一个较小的范围内，它也关注社会历史的一些附属物，关注比单纯历史决定论更有揭示和决定的意义的过去外观中的细微差别。

在深思熟虑了他的计划的可能性结构之后，本雅明于 1928 年自信地接受了大量文献和研究，为他关于 19 世纪的巴黎的著作打下基础。不过，至此他还是仅仅专注于题目的诠释，没有遇见诸多可能途径。在给霍夫曼斯塔尔的信中，本雅明写道："我继续思考你在这里时对我说的那些关于巴黎拱廊计划的事情。"霍夫曼斯塔尔是一名本雅明非常敬重的诗人和戏剧家，尤其看重他在柏林文化生活中的作用（与凯斯勒伯爵、齐美尔等人一起）。"你所说的，来自于你自己的计划对我的思考是一种支持，它提供了细致的角度，同时，让那些最应该得到强调的东西对我来说越来越清晰。我目前正在研究一些稀少的材料，它们构成从哲学上描述和深刻理解时尚的所有努力：研究这种自然、完全非理性的、历史进程的时间尺度到底为何的问题。"[6]

时尚的"非理性"方面后来在本雅明的《中央公园》片段和同样零散的《历史哲学论纲》（均创作于约 1938—1940 年）中得到了更完备

---

[4]　原文为德语"die Mode"。——译者注

的分析。这些论文与他对波德莱尔的研究紧密结合，后者关于现代生活的画家的文章首次引发了本雅明对现代性中时尚的典范价值的认识。然而，在开始着手巴黎拱廊的最初研究（1927—1929 年）之后，他是否继续将时尚及其与历史学的关系视为拱廊计划的主要议题呢？

问题可以在 1939 年的一次谈话中得到解答。乔治·巴塔耶（Georges Bataille）[5]，是领导社会学研究会[6]的三驾马车中的一员，他在那年早些时候找到本雅明，希望本雅明就这个雄心勃勃的计划发表演讲。众所周知，计划消耗了本雅明大部分的时间和精力。秋天，巴塔耶终于见到这位德国移民，询问他这场答应好的讲座主题是什么，本雅明的回答很简洁："时尚"。德国哲学家汉斯·迈耶见证了这场交流，坚持认为这是一个"隐晦的"答案：[7]事实上，本雅明打算谈论的是整个拱廊计划。他的这个简短回答只是"他非常喜欢的轻描淡写和神秘化"举止中的又一案例。[8]对于那些意识到存在于灾难边缘、至少部分了解迈耶和本雅明的祖国正在发生的暴行、[9]以及了解他们在法国首都不安定的生存状况的人来说，任何想要（主要是政治化和进步的听众）提交一篇关于时尚这样的"边缘性"话题的论文的想法，看上一定显得很无耻。但对于本雅明来说，这是他思想中最关心的主题。它首先引导他穿过视觉和文本的原始资料的迷宫，随后将他引向唯物主义的历史概念。到 1939 年，时尚已经从一个 19 世纪文化史元素变成了《拱廊计划》的核心。

---

[5]　乔治·巴塔耶，法国评论家、思想家、小说家，被誉为"后现代思想策源地之一"。——译者注

[6]　法语"Collège de Sociologie"，为法国一个专注于"神圣的社会学"学会，活跃于 1937—1939 年，成员包括当时法国一批最知名的知识分子，成员大多对超现实主义不满，认为超现实主义对无意识的关注使个人凌驾于社会之上，掩盖了人类经验的社会层面。——译者注

4.3 模式与隐喻

4.3.1 绕过回忆

从一开始，本雅明就关注于他的计划能在读者心中唤起什么。在他最早写于 1927 年 /1928 年的笔记中有一段极具象征意义的文字被保留了下来，其中包含了在他首次阐述"巴黎的拱廊"中发现和引用的部分，而他在巴黎流亡时积攒的手稿成为后来发展成计划的基础："孩子（那些对此存在微弱回忆的男人）在旧织物的褶皱中所发现的，是他抓着母亲裙子，将自己埋在其中的感觉——这必须是那些场景的一部分。"[10] 在这里，我们看到了时尚能够承载的隐含意义，也正是本雅明所探讨的：织物所带来的触觉和嗅觉特质以及裙子的温暖和亲密气味，不仅唤起对穿着者的，也唤起对穿着者周边环境的记忆，因为这块穿着过多次的织物带有她所处房间的气味。这些特质使得隐喻普遍化，因为这种感觉有一种集体的、典型的气息——每个人在他或她的童年的某个时刻都曾体验过。在括号中添加的说明中指定了孩子的性别，本雅明为该隐喻增加了一个心理维度。把自己的脸深深地埋在女性下半身服装的织物褶皱里（而不仅仅是普通地放在织物表面上），具有强烈的恋物癖含义。因此，这一行为在某种程度上决定了男孩的性成年仪式 [7]。

但最重要的是，这段话是关于回忆——准确地说，是关于"对过去事物的追忆"，因为本雅明关于巴黎拱廊的计划也是基于他对普鲁斯特唤起的"逝去的时光"[8] 的关注，尽管有着不同的假定，对 19 世纪巴黎的观察也成为本雅明的主题，正如我们先前在本雅明那里看到的"如果说罗马人将文本形容为织物（见本书第 2.4.2 节），那么没有人比马塞

---

[7]　作者原文为"rite of passage"，同"拱廊"一词有强烈的双关含义。——译者注

[8]　原文为法语，是普鲁斯特的名著《追忆逝水年华》的法文名"A la recherche du temps perdu"。——译者注

图 43.
普鲁斯特的《索多姆和戈摩尔》手抄本的一页照片。国家图书馆，巴黎。

"在编织工艺中，柏拉图区分了经线和纬线，经线是男性元素，纬线是女性元素。在织工的框架中，女性和男性像垂直和水平一样相互交叉。"
——让 - 皮埃尔·韦南（Jean-Pierre Venant）

尔·普鲁斯特纺得更精细、编织得更密集了"。他还说：

■

此种还有另一种意义，记忆发出了严格的编织记号［编制图案的图示］。不是作者的性格，更不必提什么叙事，而是纯粹的回忆行为本身构成了文本的统一性。事实上，人们可以说这种时断时续的场景只是记忆连续统的反面，是绣帷背面的图案。这正是普鲁斯特的意思，当他说宁愿看到自己的全部作品被印成分两栏一卷，中间根本没有任何段落区分时，人们也必须如此去理解他。[12]

■

文本变成了织物，收集起来的有关记忆的作品最好像编织得就像绣帷或织物一样，并且在认识论结构和文本外观层面都很相似。本雅明描述了这种织物想要赋予生活的外观："《追忆》是为整个存在最大程度填充心灵存在的不断尝试。普鲁斯特的方法包括实现［Vergegenwärtigung］，而不是反映。"这种实现，在德语中既表示实现，又可表示将某物带入当下的行为，可以解读为辩证意象[9]，跳入历史认知的虎跃："这种同过去相互关联的辩证洞察和实现将真理放到当下行动加以考验。这意味着：它让包含在过去（其符号本身就是时尚）的炸药被点燃。用这种方式抵达过去，意味着不再像以前那样以历史的方式，而是以政治的方式在政治范畴内处理它。"[13]

服装带来了政治和开始形成的复杂样式。本雅明对19世纪的巴黎及其拱廊的分析不得不形成一种记忆行为。对此概念和此文本

---

[9] "辩证意象"为本雅明历史哲学的重要概念。他认为，所谓革命，在哲学上的体现就是打断历史被物化和神化的连续性，粉碎其史诗的虚假灵晕，将内在于历史中的断裂点作为一个单子（即历史真理）从资产阶级史学所构造的不断进步的历史连续体中"爆破"出来。这个被"爆破"出来的单子被本雅明称作"辩证意象"。——译者注

(textum)，普鲁斯特的《追忆》为编织者提供了一个复杂的概念。此外，它本身就代表了将文本转化为织物的抱负，为一个由开放可见的接缝定义的叙事性廓形的设计图案：追忆的时光变成了重现的时光。[10] 然而，织物形成了无限多的褶皱和翻折，儿童的记忆嵌入其中，而作品的含义也依然隐藏。[14] 本雅明使用这个模式不仅仅是将其作为参考。隐喻之间的关系越是密切，其含义就变得越清楚，他也从中发展出一个新历史哲学的方法结构。本雅明在普鲁斯特的文本中发现，过去在现在中不断实现，从而引出"辩证意象"概念，在这个概念中，历史中的爆炸物被点燃，随后摧毁了历史决定论的基础。[15] 这个爆炸物就是时尚。显然，时尚是记忆和新的政治——即唯物主义——历史概念不可或缺的催化剂。然而，正如本雅明在他的《普鲁斯特的印象》中所观察的那样，这种模式不仅仅是一种结构上的抽象，它还深层次且感性地交织在普鲁斯特的文学风格中。贯穿于《拱廊计划》的整部作品，本雅明游移不定，时而将时尚视为社会关系的指标，对其采用分析和唯物主义方法，时而又将其视为人类形象及他或她的情感的拟像，对其进行诗意解读。

就像他对波德莱尔的研究一样，[16] 本雅明对普鲁斯特的研究也是始于将其作品翻译成德语。在 1925 年 11 月至 1926 年 12 月期间，本雅明与柏林作家弗朗茨·黑塞（Franz Hessel）密切合作，翻译了《追忆》的部分篇章。[17] 本雅明最开始翻译的是《索多姆和戈摩尔》（Sodome et Gomorrhe）（手稿显然已经丢失）；然后是《在少女们身边》（A l'ombre des jeunes filles en fleurs）和《盖尔芒特家那边》（Le Côté de Guermantes）[11]，分别出版于 1927 年和 1930 年。在此期

---

[10] 《追忆逝水年华》的第 7 卷即最后一卷，名为《重现的时光》。——译者注

[11] 均为《追忆逝水年华》（译林版）4、3、2 卷的卷名，中译本各卷名一般译为:《在斯万家那边》（Du côté de chez Swann，1913 年）、《在少女们身边》（1919 年）、《盖尔芒特家那边》(1920 年 /1921 年)、《索多姆和戈摩尔》(1921 年 /1922 年)、《女囚》(La Prisonnière，1923 年)、《女逃亡者》(Albertine disparue，1925 年)、《重现的时光》(Le Temps retrouvé，1927 年)。——译者注

间，本雅明经常提到他设想的一篇文章，题目是"翻译马塞尔·普鲁斯特"（En traduisant Marcel Proust）。[18]1929 年 2 月，本雅明为这个计划"纺织"了初期的"阿拉伯式花纹"，[19] 当时他也对关于巴黎拱廊的计划给出首个结论。在大约四个月后发表的有关普鲁斯特的文章中，有一则注释本雅明这样写道："隐藏在他文本（文本 = 织物）褶皱中的创作标志就是记忆。换句话说：在普鲁斯特之前，没有人有能力去重视打开'气氛'这个秘密抽屉，让里面的东西真正成为他自己之物（到目前为止，从里面涌出的只有一种气味）。"[20] 由此，人们发现，本雅明关于褶皱的隐喻，那些起初似乎是为了制造和决定儿童的记忆，后来是成年男性记忆，都源自他对普鲁斯特的文学方法的研究。在同年早些时候发表的《法国的新古典主义》（*Neoclassicism in France*）中，本雅明调整修正了这一隐喻，从而在如普鲁斯特般使用织物及礼服唤起回忆同实际客体形而上学价值之间建立起了联系——即时尚和优雅对认知过去和现在时间的意义。在思考让·科克托（Jean Cocteau）[12] 版本的《奥菲》（*Orphée*）中的神灵时（该剧曾于 1928/1929 年冬季在柏林上演），本雅明总结道："也许这些神灵非常善于理解时代之间的界限。在普鲁斯特的作品中，他们会用一缕香气来显示他们存在的痕迹，或者从某个褶皱中露出（而且总是最新款的小瓶子，最新时尚的剪裁，总是这些陈旧作品中最优雅、最容易转瞬即逝的介质）。[21] "

为什么他对褶皱的隐喻如此着迷？一方面很明显，本雅明赋予了隐喻极大的文体价值——既是为了文学，也是为了遵循齐美尔的方法，即为了哲学。在写给霍夫曼斯塔尔的信中，他言道："我目前正密切关注普鲁斯特对隐喻的使用。在同蒂博德 [13] 关于福楼拜（Flaubert）风格的

---

[12]　让·科克托，法国著名诗人、剧作家、导演。奥菲三部曲为让·谷克多 1950 年执导的法国电影，由《诗人之血》《奥菲》和《奥菲的遗言》组成，奥菲即希腊神话中的俄耳甫斯。——译者注

[13]　阿尔伯特·蒂博德（Albert Thibaudet），法国散文家和文学评论家，亨利·柏格森的学生。——译者注

有趣争论中，普鲁斯特宣称隐喻是风格自身的本质。我钦佩于他升级了可能是伟大诗人的广义传统，即在最近和最平庸的元素中提取隐喻，让其适应今日的情况，就像能用它调动整个破旧环境的复杂性，将其运用到更为基本的表达中一般。"[22] 在此背景下，本雅明继续哀叹道："很难为我短暂、尽管可能并不肤浅的思考找到一个出版的地方。"[23] 这可能有助于理解他的《拱廊计划》。在此，他也明显站在法国作家的立场上。特别是为了同普鲁斯特的写作联系起来，本雅明采用了褶皱的隐喻，因为它看上去世俗平庸，更重要的是，褶皱决定了最接近人体的客体，可以被隐喻为写作。

4.3.2 回到褶皱

裙子或其他任何一件衣服，就此而言，孩子把脸埋在里面与它的穿着者有着不可分割的联系，即使它似乎已被丢弃（见本书第 5 章有关超现实主义把衣服作为人体拟像的内容）。正如特奥菲尔·戈蒂埃在《关于时尚》中指出的那样："现代的服装对人来说已经成为一种皮肤，一种他不会以任何托辞抛弃，会像动物的皮一样紧贴着他的皮肤。如今，身体的真正形状已被完全遗忘。"[24] 褶裥、裤褶和褶皱随人而动，但它们并非身体的实际组成部分。它们能够形成自我意义——心理和社会学意义——上的微观世界。对作家来说，引人入胜的任务就是将这个微观世界发掘出来，并通过其发展，或将其转变成人类物质存在的宏观世界。在这种微观世界和宏观世界的关系之间，服装隐喻的支配力得以诞生。它自身完全适合于表达个体对其同时代的人以及对历史的立场，只是这个隐喻远谈不上直接，一如它仍然含有替代或疏远的概念。尽管衣服是用来穿的，但它并不属于穿着者。像正装这样的时尚代表，它甚至在本质上仍同拥有者相异。在决定穿着者的一举一动，给予自信或阻碍他或她的身体或社会进步方面，时尚强行给予自身一个合法体系。这种权力在 19 世纪的服装规范中尤其明显，因为它在最大程度上受制于当时的社会规则和习俗。西服和女装基本上是为了标志属于某个社会种姓，而不是为了让穿着者感到受保护、温暖或舒适。随着布尔乔亚阶层繁荣兴盛，树立阶级区分变得愈发困难，因为这时金钱就能买到以前在规范中属于独占之物的东西。对于那些已经精通（与生俱来和通过后天教养实现）其表达方式，并且有能力运用服装规则以适合自己品味的男女来说，时尚由此改变了它在形式上的僵化和陌生化程度。真正的流行意味着个人在社会礼仪所要求的服装精致程度内，拥有一个几乎无法被察觉（至少对局外人来说）但无论如何都能表达出服装个性的标志。

通过表现和置换，时尚变成了人的存在象征。因此，19 世纪的诗人或是后来回溯那个时期的作家都将时尚视为终极隐喻。当现代性引发社会和经济变量发生改变时，它也改变了文化观念。那些足够进步、具有当代性、足以接受这一挑战的艺术家们开始寻找一种出路，以便参与这些同时反映出合理性的变化——从而反映出在 19 世纪由于普遍相信科技进步而成为主流观念的实证主义。时尚占据永恒的新颖之位，是快速发展的现代性中不变的标兵，从实证主义的观点来看，其更是一个完美的动因。让真正的现代艺术家为之着迷的，是时尚的神秘感，它对历史乃至古老表达的理解以及——本雅明后来强调的——它的神话感，为人们提供了现代物化和理性化威胁的对比，同时也为审美经验提供了载体。就像巴塔耶、拉康[14] 等人观察到的那样，神话的概念反过来成为存在于现代性的暧昧性中的"他者"。他们认为，主体不再与客体发生冲突，而是与自身发生了模糊的竞争关系。[25]

更世俗地讲，时尚也是日常生活的内在组成部分——比任何其他形式的工艺美术都重要，更不用说纯美术的"崇高"表达。我们中的绝大多数人，至少那些没有穿特定制服之人，几乎在生活中的每个早晨都会

---

[14]　雅克·拉康（Jacques Lacan），法国作家、学者、思想家，被称为自笛卡尔以来法国最重要的思想家。——译者注

对着装再三思忖，而有关艺术或艺术品的想法却很少出现在我们脑海中。

那些在艺术上被认为边缘的、在社会学上被认为平庸的、在形而上学上被认为短暂的东西，对于以现代性生活为题材的画家——也就是那些试图在艺术上探索现代社会神话之人来说，变成了——并非发生在某季，而是发生在现代性的形成期——有价值和品德高尚之物。时尚中的优雅和当代性精神为许多艺术家提供了原始的吸引力，然而那些能够看透衣服外层（含义）、超越外部褶皱（意味去思考）的人意识到，正如本雅明在普鲁斯特的作品中观察到的那样，"总是最优雅、最短暂的"事物会被用以标示那些影响社会和文化的古老规则和观念。

就像在现代性和古代性之间的争论一样，最时髦的优雅同古代精神的截然对立，将被证明是时尚对哲学和历史思想的最大挑战。时尚包含当时最辉煌的一切，但同时又将我们带回古代，对瓦尔特·本雅明来说，时尚变成了一个辩证意象："历史空间中的虎跃"。最终，正如他在马克思那里所察觉到的那样，它也成了现代性潜在的变化——不仅仅在风格上，还在根本性上——的象征。[26]

本雅明打算在他未完成的关于 19 世纪巴黎的作品中详细分析和讨论时尚，并不仅仅是出于这个原因。他为此主题所作大量笔记和摘录本身就能说明问题。首先是由近百条关于时尚的笔记和引文组成一捆捆手稿。此外，有关衣服或广义时尚——不过就像齐美尔一样，本雅明几乎只关注服装时尚——的参考书目不仅仅是数不胜数。人们可以在本雅明作为计划最根基而最初披露内容的注解中看到这些材料，它们既是计划轮廓的粉笔标记，也是本雅明设计的他计划的布料上的接缝。[27]

4.4 结构；作品

本雅明的手稿、摘录和注释的碎片化状态引发了一系列问题。首先，我们该如何称呼这些文字本身？对本雅明留下的手稿进行破译和归类的德国编辑将其命名为"拱廊之书"（Passagen-Werk），但它显然并不完整（在作品的意义上），那么为什么要用这个标题？本雅明自己曾指出，该作品处于瞬态，是"巴黎拱廊上的计划"，或者简而言之，是《拱廊计划》（*Passagenprojekt*）或《拱廊之作》（*Passagenarbeit*）。在通过赋予手稿完整的作品地位来赋予其终结性的过程中，编辑似乎剥夺了计划的瞬时性——而这正是存在于作品结构之中、反映其内容中最为重要部分的特质，也就是本雅明旨在分析的、作为 19 世纪之都的巴黎历史中的短暂性和暧昧性。编辑为自己行为辩护的方式是将计划的碎片等同于"房屋的建筑材料。房子平面图刚刚被勾勒出来，或者挖掘工作刚刚完成⋯⋯在它的旁边，人们发现了一些堆集着的摘录，墙体就将从这些摘录中建立起来。本雅明的反思就是灰浆，它将所有建筑固定在一起"[28]。因为本雅明采用了拱廊这个建筑结构作为作品的标题，将其比作房屋建筑似乎也算合适。然而这种说法歪曲了作者的意图。《拱廊计划》（英文版标题保留了作品具有不完整性的含义）并不意味着是一座"房子"。如果没有掘地三尺让理论基础浇注上混凝土地基，让它变得不可动摇；如果没有树起墙体来阻止可能出现的修正或改动，摘录的内容也不会作为粗糙的混合物，将材料（思想）粘在一起。

作者并不打算简单批评汇编碎片这一巨大工作的完成方式，也无意质疑编辑的权威。但是，编辑对标题的选择显示出一种再三重复的倾向，即偏爱具体的、建构的、因而意味着实质性的东西，而不是模糊的、暂时的和转瞬即逝的东西。在讨论本雅明对时尚的分析时，我们再次遇见同阿多诺对齐美尔的批判中所谴责的类似"错误"：拱廊之作好似必须被"重建"，以便使所有诠释和分析都拥有价值一样。另一位评论家质问道:"如果作品或许本来就注定要毁灭,我们是否就没有资格将毁灭视为作品呢?"[29] 在这里,我们又有了一座建筑,然而这座建筑从来就没有想过要成为什么,只是摇摇欲坠和破败不堪,因为本雅明在《历史哲学论纲》以及后来在《拱廊计划》中提出的雄心勃勃的主张,即将神学和历史唯物主义融合为一种救世主式的历史学,绝不可能实现![30]

在历史连续统中,一件科学或艺术作品只有在被认为稳定和完整的情况下,才会得到赞赏。任何处于暂时状态之物都会被贴上不真实的可疑标签。然而,这种观念遭到现代性所带来的认知模式改变的故意挑战。如果作者能够(在《重现的时光》中)结束叙事,《追忆》当然会是"完整的"。然而我们可以想象,如果普鲁斯特还活着,我们将会看到多少种不同的样张!他会像《索多姆和戈摩尔》的第二部分手稿所显示出来的那样,用修改自己的1922年以前的手稿的方式不断添加内容。普鲁斯特的记忆永远不会完成,因为每个细节都会激发出一连串的后续回忆。叙述者对他关于过去事物回忆的最后反思,意味着整个过程必须变得几乎是无限的和自我延续的。普鲁斯特在法国叙事传统中的地位使得他不可能将《追忆》(与其他现代主义的重要作品《芬尼根守灵夜》[15]不同)称为"进行中的作品"。然而,他关于写作的一些想法——即使出版后其部分意义和吸引力来自作品本质上的不完整和瞬间性——将成为现代性的一个特征。尽管部分原理不同,但按照普鲁斯特的方式,本雅明的《拱廊计划》就像一块织物——一个处于不断制造中的织物,由注释、材料、摘录和理论模式编织而成,随后还有关于波德莱尔、时尚、革命、历史等的内容都被拿来裁剪定制。它的目的是保持一个不断改进的文本组合,它的零散和暧昧的特点、它的不连续性,都是其潜在性的固有部分。这些拱廊(Passagen)不是"建筑",这种建筑隐喻只是建立在表面上。这些拱廊是法语原文"passer"意义上的"段落 /

---

[15]《芬尼根守灵夜》(*Finnegans Wake*),爱尔兰作家詹姆斯·乔伊斯(James Joyce)的意识流名作。——译者注

通道"[16]，既是"生物或物体移动所在主体的名称"（sujet nom d'être animé ou d'objet en mouvement），又是"部分，文本的片段"（partie, fragment d'un texte）。[31]

它们的意义显得复杂而短暂，随着读者成为漫步在其中的游手好闲者而转发。它们的瞬间性以及它们将古老、神话特质融入现代的方式，对于本雅明认识过去包括古代来说非常重要："通过仪式（Rites de passage）……这些瞬间的时期已经变得越来越难以识别，而且体验得越来越少。我们已经变得缺少体验阈（threshold of experience）[17]，也许唯一留给我们的就是入睡的知觉（但相对的，同时也有醒来之知觉）。"[32] 现代性中的成人仪式并不是人类学意义上的精心设计的仪式，譬如旨在让青少年进入成人社会的仪式。它们以一种更微妙、更不容易辨认的方式发生。19 世纪最重要的成人仪式之一会首先发生在一个特殊场合，在其中，男孩被允许抛弃他的短裤或齐膝马裤，而选择成年男子穿的长裤。这种装束的改变是社会中实际的成人仪式的主要外在表现，即男孩离开家去寄宿学校或学院（école）的仪式。

本雅明强调入睡及随后醒来的感知能力，将其视为留给现代男女的唯一"体验阈"，并再次提起了普鲁斯特的回忆行为："同普鲁斯特在醒来时开始他的人生故事的方式一样，每个历史显现都必须从醒来开始。事实上，它不应该关注其他东西。所以这个'拱廊计划'是关于 19 世纪的觉醒。"[33] 历史学家不仅要能从精神分析角度来解读梦，还要能够理解它的文学转述。就像在时尚中一样，梦中的真相就在褶皱中，而不仅仅是在外观上。他指出："在清醒时利用梦的元素是经典的辩证法。

---

[16] 原文为"passages"，在英、法、德语中，"Passagen"/"Passages"都具有段落、章节和通道、拱廊之意，此处即讲述的是此隐喻。——译者注

[17] 根据本雅明的《拱廊计划》，他所言的"阈"是一个区域，具有（在不同区域间）变化、穿越、潮汐般流动等的能力，简而言之，如果说墙明确隔开了内外区域，那么门开关时所占据的空间既具有内又具有外的特征，因而可被视为阈。——译者注

此法既是思想家的典范，又是历史学家的必须。"[34] 辩证历史学是在梦与醒的瞬间中发展起来的，这段历史在此指的是 19 世纪的历史，它是集体记忆（或许是集体无意识）中的一部分，我们酣睡时便沉浸其中，仅仅向前穿越时间后醒来，发现自己面对着这些梦境碎片的回忆。这的确是年轻的马塞尔在《追忆》一开始所体验到的。半夜醒来时，半梦半醒之间，他起初觉得自己是史前人，只拥有古老的感觉。然而，记忆很快"像从天而降的救星，把我从虚空中解救出来：起先我倒还没有想起自己身在何处，只忆及我以前住过的地方，或想我可能在什么地方；如没有记忆助我一臂之力，我万万不能独自从冥冥中脱身；在一秒钟之间，我飞越人类文明的十几个世纪，首先是煤油灯的模糊形象，然后是翻领衬衫的隐约轮廓，一点一画，它们逐渐重新勾绘出我的五官特征"[35]。翻领衬衫的模糊形象是一种模糊的记忆。它可能是指 19 世纪之前的一个时期（那时高领还是一种礼仪上的必须；或者主人公还是一个小孩子，由于太小只能穿带翻领 [18] 的软衬衫）。然而，这段记忆帮助马塞尔找到了自己，他回忆起一个过去的、转瞬即逝的元素，从而帮助自己在历史进程中建立自身的存在。[36]

几十年后，罗兰·巴特也会在一个神话般的梦境中唤起衣服的象征维度，并将其与本雅明的计划和时尚本身曾表达出的那种瞬间性联系起来："一方面，我们可以说，服装以其世俗的方式反映了有关'天衣无缝'的古老的神秘梦想 [sans couture]：既然服装包裹身体，那么这次让身体进入衣物中而不留下任何痕迹的穿越（passage），不恰恰就是一桩神迹吗？"[37] 服装本质上与它所装饰的身体无关。衣服和配饰具有一种需要抽象认知的象征价值，其中略去人的因素。因此，服装被视为影响物质主体的客体，而不是反过来。不过，在整个 19 世纪出现了一种矛盾的趋势：那些本质上是隐喻的、在其可能的内涵上是灵活的词语，在

---

[18] 原文为法语"cols rabattus"。——译者注

图 44.

不知名的摄影师，年轻的普鲁斯特与翻领，约 1880 年。国家图书馆，巴黎。

"关于（普鲁斯特的）非自愿记忆：它的意象不是无缘无故的；相反，它们是我们从未见
过的图像，在我们记住它们之前。"
——瓦尔特·本雅明

某种程度上成为唯物主义社会中理性化趋势的受害者。尽管颓废派诗人
和象征主义者做出了"英勇"的努力，但它们依然开始呈现出近乎一维、
重构和僵化的状况。例如，随着新拱廊铁制建筑的兴建，通道所唤起的
象征意义也随之丧失；而"阈"，以前曾是从形而上学穿越到神话领域

的分界线，现在却专用于描述私有的布尔乔亚内在的边界。[38]

本雅明站在超现实主义认知一边，试图唤起过去的多种意义，回到通道的形而上学之上，通过这些来克服此制约。阿多诺对此非常恰当地描述为：在为长达一个多世纪的拱廊建立了一个将其纳入它过去的理性外观、它古老的象征主义和神话的特质（现在与回溯）的辩证意象之后，本雅明将拱廊作为他的"19世纪的前史"中诸多现象的背景。时尚，由于其边缘性和转瞬即逝的特点，可以更容易摆脱现存僵化的归属。它多样的、不断变化的外观使它最适合成为"拱廊之作"中最频繁和最复杂的隐喻。除了齐美尔外，还没有人从理论角度上探索过它——这又进一步说明了它的重要性。

随着现代布尔乔亚社会的出现，历史作为当代哲学基础的重要性下降，而现代性却为自身创造出了一个历史。那些取代了从先代流传下来的知识的，正是没怎么经过检验的希望和对未来的实证主义期待。正如塔尔德和后来的齐美尔所论证的那样，这部分是出自"时代外在"对"内在生活"主导性日益增强，以及技术可以创造出乌托邦式构造的现代主义信仰。在形而上学层面，这种变化植根于预测凌驾于经验的主导地位。

除了对几乎被视为压舱石的过去采取"圣像破坏主义"[19]态度之外，此种针对历史的目的论理解不得不忽略了即将到来的事物中的革命潜力。哈贝马斯在讨论本雅明的作品时指出："在进步凝结成历史规范的地方，新生事物的特质和对无法预测开端的强调，从当下同未来的关系中被消除了。"[39]过往经验只是历史决定论——即历史事实有着连续的、明显的逻辑进程——用来填补"同质而空洞的时间"的大量事实的补充品。[40]

当未来被剥夺了施加作用的能力时，过去也变得同现在毫无关系。

---

[19]　原文为"iconoclastic"，指8—9世纪发生在拜占廷帝国的，以反"偶像"神圣化为主张的破坏教会供奉圣像、圣物的运动，本质为帝国反对正统教会的统治势力和教会修道院占有土地的政治斗争。——译者注

图 45.

英德日赫·什尔蒂斯基（Jindrich Sty'rsky'），无标题，1934 年。纸上拼贴画，29 厘米 ×46 厘米。发表于《米诺陶洛斯》第 10 期（1937 年冬）。

男性形象取自美国人约瑟夫·克里斯蒂安·莱恩德克尔（Joseph Christian Leyendecker）的时尚插图，他在 20 世纪前十年推出了著名的男箭领衬衫；女性形象和背景源自德国沙龙艺术家汉斯·克诺泽（Hans Krause）的 19 世纪绘画。

另外，甚至更为过分的是，现在本身成为一个单纯的瞬间时期，自身没有任何重要价值。1937 年初，在一篇关于维也纳文化历史学家爱德华·富克斯（Eduard Fuchs）的文章中，本雅明写下了一些思考，后来成为他零散的"命题"的一部分。他对历史决定论的缺陷的解决方案是创建一个新的历史学概念，"其客体不是一个单纯的真实性之球团，而是从代表过去的纬线输入的现在织物（结构[20]）的重要线头中创造出（历史学）。（若是将这种纬线等同于单纯的因果关系则大错特错。相反，它是一种彻底的辩证模式。因为几个世纪以来，线头可能丢失，而且被历史实际进程以一种不连贯且不明显的方式拾起。）"[41] 此处，本雅明再次回到了等式"text=textum"（它的词根"Textur"只是一个词形变化）[21]。他描述了过去的纬纱令人难以察觉地被纺织进了现在的织物（就像本书第 2.4.2 节所描述的马拉梅的行为那样），形成了一个对本雅明在《拱廊计划》中关于时尚的范式价值再三强调的结构。

在某种程度上，本雅明将他在这里提到的"辩证的"论证与他对历史唯物主义的解读等同起来。在《拱廊计划》的后半段，出现了一些关于"拜物教性质"和"价值积累"的说法。[42] 在《瓦尔特·本雅明的历史决定论》中，基特斯泰尔（H.D. Kittsteiner）[22] 将"真正的现代性神话"描述为"完全异质的神话，其中没有神、英雄或人出现——只有物。就如马克思曾经说过的：这是一个关于货币从 20 码亚麻布和一件大衣的相互反映中诞生的故事"[43]。

马克思的例子一开始看上去似乎很随意。人们会认为，任何数量的商品都可以具有拜物的特征。然而，鉴于弗洛伊德从人类学层面上采用了此术语——很明显，精神分析学中所创造的"恋物"一词的恰当性，源自马克思对该词[23]的早期使用，从而提到了一种特殊方面的替代：衣着。亚麻布的有机产品不仅由"同等形式"的大衣代表，它还是一种原

---

[20]　原文为德语"Textur"，意为（织物等的）组织、结构、（内在）结构、内在联系、质地等。——译者注

[21]　英、法、德语中"texture""textur"等词均来自拉丁语"textum"，兼有文本及（织物）组织、纹理的含义。——译者注

[22]　海因茨·迪特尔·基特斯泰尔（Heinz Dieter Kittsteiner），当代德国历史学家。——译者注

[23]　原文为"fetish/fetishism"，该词虽均指对无生命物品的迷恋，但在精神分析理论和社会学中有着细微差异，此处根据上下文，分别译为"恋物"或"拜物"。
　　　　　　　　　　　　　　　　　　　　　　　　　　　　——译者注

材料，通过劳动过程而成为一种人工、无机的商品，对它而言，即独有地构成一种"相对形式的价值"。[44]服装制品本身与穿着者极其接近，是穿着者的第二层皮肤，但作为一种商品——更不用说一种人工的地位象征，其在本质上疏远了穿着者。它保持着自己的独特意义和价值。因此，它还有一种成为恋物对象的可能性。

作为马克思辩证法以及他的主客体观念的最原始来源之一，[45]黑格尔在他的《美学》（Aesthetics）中已经预见了服装的"客观"地位：时尚必须遵循它自己的原则，"因为身体是一种东西，服装是另一种东西，后者必须独立地体现出自己的价值，并且自由地出现"[46]。时尚的独立性被明确地表达为自由：一种体现在制造覆盖人们身体的衣物时的创造性设计的自由，以及即便没有身体也能进行创造性设计的自由。作为一个客体，它变得不再依赖那些穿上衣物的主体。然而，这种独立性使客体异化为一种商品，一种拜物对象，同它原本应该温暖、保护或遮蔽的身体相分离。虽然不是现代本身的产物，但这种服装商品与穿着者的疏离在19世纪资本主义消费群体扩大后，头一次变得很重要。

4.5 时尚中的拜物

本雅明最初是在1928年的一篇对马克思的分析文章中加入了自己对商品世界拜物特征的分析评估。[47]在《拱廊计划》有关时尚的手稿中，他又提出一个更有启示意义的召唤，唤起一种漂浮在精神分析和超现实主义梦幻世界之间的感觉：

■

在拜物教中，性打破了分隔有机世界和无机世界的藩篱。服装和珠宝是它的盟友。它对死去之物和鲜活肉体同样熟悉。而后者指引着前者之中的性。头发是两种性领域之间的一个封闭区域。另一个领域在激情狂欢中显露出自身：身体的景观。它们已不再有活力，但仍能为肉眼所见，而且随着进一步探索，在死亡这个领域中越来越多地放弃了它的触觉和嗅觉。在梦中，乳房往往开始肿胀，就像大地穿上了树林和岩石一般，而目光已经深深地沉入昏睡在山谷中的水面之下。这些景观被伴随着性走向无机世界的小路穿越。时尚本身只是另一种媒介，一种引诱它更深入地进入物质世界的媒介。[48]

■

去掉唯物主义的束缚，恋物特征在此被人从历史和政治的束缚中抽离出来，并被带入一种梦境。梦境中，死亡与性相遇。这种"偶遇"（部分以超现实主义的精神）[49]是由时尚发起的——我们也能看到本雅明的性欲（eros）和死亡本能（thanatos）是如何在其中共存的——而从这个梦中苏醒则被文中最后两句话定义，时尚的诱惑引导性进入物质世界：一个由织物构成，也是由物质构成的世界。

虽然拜物是马克思的社会经济学分析的组成部分之一，但它最初与辩证法并无关系，也不像本雅明所假定的那样，同一种新历史概念有关。然而，现代性使服装恋物癖有可能发挥这种甚至可谓最复杂的关联作用。为了解释这种联系，我们必须回到本雅明进入现代性的"起点"：他翻译了夏尔·波德莱尔的《巴黎风光》（*Tableaux parisiens*）。

在"给一位擦肩而过的妇女"中，穿着黑色长袍的女人在街上与游手好闲者擦肩而过，成为现代性的缩影，将诗人的注意力引向了转瞬即逝的细微差别。收拢和摇曳裙子下摆之际，她露出了腿，从而激起了观者的情欲及随之升华的思想，波德莱尔特地指明，她裙子下摆就像饰着花边。恋物癖特征在诗中既指向商品——即衣服上的时尚细节，也指向腿部带来的情欲意味，而腿部本身只能在其服装表现中被看到：它被丝袜和鞋子装饰——正如弗洛伊德后来所发觉的那样，这正是恋物癖最常见的迷恋对象。[50]

　　1848 年后，裙子长度减短，而宝塔式荷叶边裙变得更多。因此，波德莱尔在进行诗意观察时，女性的腿部已经被掩盖在同时代的戈蒂埃所言的"大量的富余织物"之下。男性目光被迫转向鞋子，以此来安慰自己，替代原本对女性大腿上部和骨盆的情欲关注。弗洛伊德写道，恋物癖起源于男孩从下方，也就是从脚或鞋开始对女性生殖器的向上凝视。[51] 但它同样起源于 19 世纪 60 年代初的在视觉上难以看透的克里诺林裙撑时尚，以及随后由此转变而来的 19 世纪 80 年代的巴斯尔撑裙

图 46.

爱德华·马奈绘制，给朱尔·吉耶梅夫人的信，1880 年 7 月 /8 月。纸上水彩画，20 厘米 ×12.3 厘米。卢浮宫博物馆，巴黎。

(long bustled skirt) [24] 时尚。这些女装形制为那些在世纪之交及之后身处弗洛伊德分析实践的男性提供了一个迷恋对象，此种迷恋如同他们儿童时期对鞋子的迷恋一般，因为这是他们唯一可以目睹的、通往女性下半身的线索。这种记忆随后从一种神经症发展为成人的恋物癖倾向。因此，人们可以认为在心理上预设的恋物癖症状是通过服装或其视觉表现（如居伊的画）发起的。

4.6 时尚与现代性的合流

本雅明赋予时尚的第二个范式价值，就是使用时尚与现代性的姊妹关系进行解释。现代性中的崇高理想——也就是波德莱尔通过描绘现代生活画家的双眼所定义的美的真正本质——在服装中被人发现。它标志着本雅明现代美学的起点，因为它拥有一种明显的暧昧性，一种双重吸引力。汉斯·罗伯特·约斯（Hans Robert Jauß）借鉴了居伊所追寻的"从时尚中提炼出历史中的诗意，从短暂中汲取永恒"（de dégager de la mode ce qu'elle peut contenir de poétique dans l'historique, de tirer l'éternel du transitoire）的看法，[52] 强调时尚

．

蕴含双重吸引力。它在历史中体现出诗意，在瞬间中体现出永恒。美从时尚迈步走来，不是作为一种陈旧的、永恒的理想，而是作为人类为自身形成的美之观念，一种揭示了他所处时代风俗和美学的观念。它让人类向自身所渴望之物更靠拢。时尚展示了波德莱尔所谓的"美

---

[24]　巴斯尔撑裙由克里诺林裙发展而来，裙撑在裙内腰部以下，使后臀凸起，裙子上在臀部位置也添加了大量装饰，使整个臀部形成上翘的、高挺的视觉效果。

——译者注

的双重天性",即他从概念上将时尚与现代性等同起来的理念:"现代性是艺术中短暂、转瞬即逝、偶然性的一半,另一半是永恒不变。"[53]

．

现代性将美的双重天性定义为包含了现代生活(la vie moderne)的两个方面,即历史存在和政治现实。在波德莱尔关于时尚的著名公设中,此两者不可分割,当然从他自己感性的角度而言也是如此。

在差不多 60 年后,本雅明也接受了诗人的这一概念,而且通过赋予时尚一种内在的——或许是革命的,或许是弥赛亚式的——历史变革的潜力,特别强调了其历史政治的一面。为了让潜力成为事实,他必须在现代性中找到时间节点(Zeitkern),在其中,美学上转瞬易逝的元素能同历史当下的停顿相吻合。由此,本雅明将波德莱尔所确立的美学理想转换成新的历史概念。1940 年,他写下了一段思考:"历史唯物主义者不能否认自己关于现在的概念,它不能被理解为一种瞬间,而是时间在现在停顿,并且已经达到静止状态。因为这个概念界定了一个他自己能在其中书写历史的现在。历史决定论提出了一个关于过去的'永恒'意象,而历史唯物主义则描述了其中的独特体验。"[54]在三年前关于富克斯的文章中形成的观点和上述晚期认识论片段之间存在着一条注释,它定义了时间节点,并将其同 15 年前本雅明翻译和分析的《巴黎风光》联系在一起。在本雅明标记"N"的手札中(关于认识论和他的进步理论),他指出:"强调拒绝接受'永恒真理'概念是合理的。因为,真理并不像马克思主义所宣称的那样仅仅是一种认知的时间形式,而是被束缚在一个时间节点中,该节点包含在被认知者和认知者中。这其中包含如此多的真实,正如永恒与其说是一个概念,不如说是衣服上的褶带(Ruche)。"[55]

在巴黎林荫道上的相遇中,游手好闲者为女人"摇曳的月牙垂花和

233

褶边"[25] 的形象神魂颠倒。诗人为面前转瞬即逝的运动着迷。女人的腿部就像雕像，这不仅仅是因为它的崇高和"古典"之美，还由于在此刻时间被视为产生了停顿，而诗人发现自己无法移动，"像狂妄者般浑身颤动"。裙子的垂花边，或者对本雅明来说，是裙子上的褶带变成了永恒；她的时尚在瞬间的时间节点的片刻中得到了永生，尽管它很快就会改变，它的穿着者的"瞬间之美"（beauté fugitive）已经从他的视野中消失。在这里，人们发现了历史中的诗意，因为作者向读者叙述了情况，讲述了瞬间中的永恒。像上述这种星丛（Constellation）[26] 被本雅明以美学化的马克思主义命题方式定义为"辩证意象"。永恒的褶带意象在《拱廊之作》有关时尚的手稿中被挑选出来并一再重现，而这些正好出现在对恋物癖的超现实描述之前。56

从表面上看，似乎是性诱惑促使诗人——游手好闲者停下脚步，看到那个女人。自然，最初的确如此，但这种欲望比较特殊，是恋物癖者的欲望：男人的情欲被客体化，远离了任何人际关系范畴。在分析波德莱尔在诗中的任务时，本雅明写道："'曾经'（jamais）是相遇的高潮，诗人的激情起初似乎受挫，但实际上，正是此刻才像火焰一样从他身上迸发出来……让身体浑身颤抖的不是一个已被意象占据了每一根神经纤维之人的兴奋，它更多的是在享受一种惊颤，在这种冲击下，专横的欲望突然征服了一个孤独之人。"57 "惊颤"是一个本雅明式有着特异拼写的术语，指的是世界中形而上学元素突然实现或实体化。它创造出了时间节点，在其中，所有人，无论是游手好闲者、诗人、历史学家还是哲学家，都能在瞬间的通道中发现永恒。

---

[25]　"摇曳的月牙垂花和褶边"原文为"balançant le feston et l'ourlet"，"像狂妄者般浑身颤动"原文为"crispé comme un extravagant"，均出自波德莱尔的诗歌《给一位擦肩而过的妇女》。——译者注

[26]　星丛原为天文学概念，指一组星座中所有的星。本雅明将此术语引入哲学，概指对某一事物的总体性概念不能否定其中每一个体的存在特性，同时总体性概念存有归系于其中每一个体的独特的存在价值。——译者注

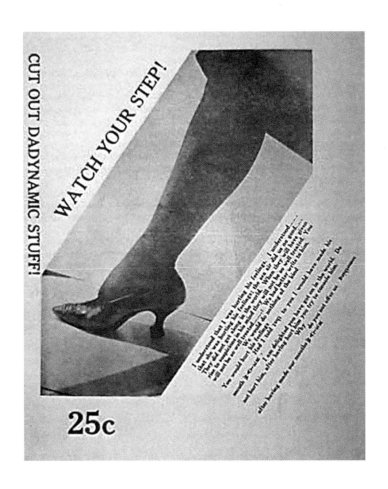

图 47.

马塞尔·杜尚和曼·拉伊,《纽约达达》页面, 1921 年。蒙太奇照片拼接和排版,
36.8 厘米 ×25.6 厘米。Richard L. 费根公司,纽约。

图片出自阿尔弗雷德·斯蒂格利茨的照片《桃乐茜·特鲁》(1919 年)。"小心脚下!""剪
掉动态的东西!"这就是真正的现代主义(和讽刺性的)路人给 20 世纪的游手好闲者留
下的印象。

本雅明和现代性中的时尚革命

当思想突然停在充满紧张关系的构造中时，它就会给后者带来惊颤，通过惊颤它让结晶（crystallize）成为一个单子（monad）。只有将他所遇到的历史客体作为单子，历史唯物主义者才能处理它。在这样的结构中，他会认识到历史事件弥赛亚式中断的迹象，或者换句话说，即为被压迫的过去而斗争中的革命机会。他认识到这一点，以便从同质的历史进程中爆破出一个具体的时代，由此他从时代中爆破具体的生活，从而从毕生事业中爆破出具体的事业。[58]

正如我们所见，本雅明在时尚手稿中指出，历史唯物主义者的"爆破原动力"将是时尚。它对过去的引用的偏爱使得它与历史连续统产生了明显分离。在现代风格中不断引用过去的服装风格，让本雅明从盛行的效果历史（Wirkungsgeschicht）概念中解放出来。在这个结构中，现在对未来的预期引导着它对过去的理解。预测胜过反映出经验（见本书第 3.3.2 节的塔尔德）。弗里德里希·尼采将这一概念称为"批判的历史观"，马克思在历史唯物主义中采用了这一概念，而海德格尔则在《存在与时间》（Sein und Zeit）中将其用本体论的观点加以表达。[59]本雅明自己也在寻找"结晶化"，寻找能使他关注过去一个世纪中每一个单子的惊颤。在借鉴历史唯物主义思想的同时，他希望能将行动分离，而他将这些行动暧昧地视作既是一种带来解脱的弥赛亚式的停顿，又是一种可能引发暴力冲突的革命行动。历史中的唯物主义经验可以被归纳在反复出现的、说明的（例如）阶级冲突或基础和上层建筑之间的关系母题之下。但本雅明不赞成过于拘泥于这种正统理念。他更多关注的是审美经验，是一个时代中关于美或生活的独特思想。他再次追随波德莱尔式游手好闲者的步伐，更倾向于时代的审美现实，而它则体现在最新的剪裁、时尚之中，在历史学家或哲学家的眼前一闪而过。

以完全面向未来的方式获得过往经验，使现在成为延续传统和无限制的实证主义的模糊地带。它们在一种客观性中结合，这在本质上是一种协同作用。虽然有不同的方式来解读这段效果的历史——要么强调其中的连续性，要么强调其不连续性——但它基本上受到了关于未来之预测的影响，并总是将过去视为现在的"史前"。[60]只有当历史学家克服了"让一系列发生过的事件像念珠串一样从他手指间穿过"的倾向，他才能够理解构成早期时代的独一无二的星座，更重要的是，理解他自己的星座。"由此，他会建立一种将现在作为'当下'（now-time）的概念，而这种概念又被弥赛亚式时间的碎片贯穿。"[61]或者，我们也可以引用齐美尔早先的比喻，他认识到的正是纬纱线被快速置入过去织物的这个部分。时尚的特点是不断引用过去之物来宣传最新风格的"革命"，该特点帮助本雅明将预测和经验之间的关系颠倒过来，并驱散其仅包含在实证主义的唯物主义中的虚假希望。而时装商品肆无忌惮地公开拜物癖特征，当它回收旧事物以创造出新商业之际，同时在唯物主义和精神分析的内涵上都鼓励一种愤世嫉俗的看法。抱着一种对其生存周期的有限事实极为现实的态度，时尚界不断宣称在历史连续统中产生了裂变——通过内在的死亡和新生，而这种裂变只能通过巨大的（虎之）跳跃才能弥补。

本雅明将大量尚未实现的期望归于所有过去的时代："过去携带着秘密的指示符，通过它指向救赎。"[62]那个热切期盼未来的现在，如今留下的却是这样的任务：回忆过去，完成所期望之事物。对本雅明来说，古代和现代之间不存在争论，而是古代的和现代性在客体中融合，在时尚潜力中积极地实现，在19世纪巴黎的"商品地狱"中消极地呈现。因此，在他的辩证意象中，尤其是虎跃中，矛盾元素一个对摺进另一个中。在这些意象中，古代与现代的美学表达相融合，它既包含了重复过去错误的征兆，也包含了制约现代性破坏潜力的一类力量。后者便是本雅明所谓的"救赎"，它被赋予了上个世纪残留下来的商品神话式的特质。

当时尚利用这些残留，为新服装风格引用过去的服饰时，它实则将本雅明在形而上学层面上提出的辩证意象要求形象化和具体化。

在 1935 年写给本雅明的信中，阿多诺对这种辩证意象提出质疑，对它所阐发的商品救赎和神话特性都表示怀疑："将商品理解为辩证意象，只是意味着也将它理解成自身的消亡和'扬弃'（Aufhebung）的母题，而不是将它看作一种向旧事物的纯粹倒退。一方面，商品是被异化的客体，因此它的实用价值已经枯萎；另一方面，它是一个已经变得异化但尚存的客体，历经了它的生存周期而幸存。"[63] 在讨论关于过时服装的认知时，无论是将其作为引用来源还是仅仅作为"历史"的兴趣，人们都必须看看它作为商品在每次使用中所扮演的角色。譬如 19 世纪80 年代的巴斯尔撑裙就是一种实用价值业已消失的商品，因为现在除了将其当作伪装或戏服之外，没人会穿这种服装。另外，假如有人穿上巴斯尔撑裙，却又能成为一种服装引用［例如，克里斯蒂安·拉克鲁瓦（Christian Lacroix）在 20 世纪 80 年代末的设计］，穿戴一件——按阿多诺所说——已经"历经了生存周期"的商品，它已经从起源中被异化出来，为现在所激活。显然，一个真正的时尚设计除了活在现在中，永远不可能还有其他希望；它没有能力克服现在，因为在其他时刻该设计将不会再作为时尚存在，而将成为具有另一种功能的客体，或许是永恒的艺术品。然而极具反讽的是，时尚商品能够通过迈向死亡和持久地更新自己，从而逃避自己的消亡。当一个设计被接纳为服装主流时，实际创新就会灭亡，而发明和推广新风格或外观的过程就会重新开始。(服装) 历史的"重写"频繁地重复；通过不断促使其自身"扬弃"，时尚理想也防止产生任何倒退趋势。因此，作为辩证意象，量身定制的商品必然是服装，本雅明则相应地在虎跃中抓住了这一点。阿多诺同意本雅明的观点，认为未来问题给予的压力要求现在准备好采取行动，同时又对过去负责，并且意识到该行动对未来的影响。在将此种意识回溯到过去的进程中，本雅明创造了一个错综复杂的模式，其包含一种对各种选

图 48.

欧文·布鲁门菲尔德（Erwin Blumenfeld），卡地亚珠宝的广告照片，1939 年。摄影版画，28 厘米 ×12 厘米。Marina Schinz 系列，纽约。

布鲁门菲尔德拍摄了许多 19 世纪的时尚肖像。他放大底片，并将其与一串真正的珍珠和手结合起来重新拍摄——随后在 1939 年 9 月的 Harper's Bazaar 上发表——它成为时尚界讽刺性引用自己的过去的一个完美例子。

择开放的未来，一个"被利用"的过去（服装时尚视觉化），以及在他们之中的转瞬即逝的现在。

4.7 永恒的重现和救赎

本雅明也承认在资本主义现代性中，时尚的反趋势，即不断重复的动机被当作新事物，甚至是美学革命售卖。然而，从《拱廊计划》中计划分配给它的讨论空间来看，该服装概念在作为辩证意象的时尚潜力面前处于次要地位。

将本雅明对波德莱尔的研究同革命家奥古斯特·布朗基在监狱中撰写的著作，特别是与题为"贯穿星辰的永恒"[27]的沉思联系起来，人们就能发现，他实则将"忧郁"与布朗基的想法等同起来，即最新的总是旧的，旧的总是新的[64]——这一概念被齐美尔转移到时装上。布朗基写道："在时空中，我们有无限的复身（double）……这些复身存在于肉体和骨骼中，可以在长裤和大衣中、在克里诺林裙中，也可以在发髻中看到。它们不是幻影；这是一个已经永恒化的现实……宇宙重复着自己，焦躁地在原地运行。永恒不受干扰地让同一表演永无休止地进行下去。"[65]不变的重复将一种节奏模式强加于人，威胁着商品化的现代性中的人类精神。本雅明在尼采身上观察到的"一如既往"（ever-same）[66]压倒了现代主义美学。外观的新颖性似乎只不过是为新的社会表演而重新定制的同样衣裳。约斯是运用此概念最有力之人，他声称："自波德莱尔以来的现代性时期，没有文化方面的批评家能比瓦尔特·本雅明对新事物的美学（以及认识论）偏好提出更为明确的质疑。"[67]的确如此，然而本雅明的高明之处是将这种批判转变成对新事物客体化的辩证认

---

[27]　法文为"L'Éternité par les astres"，英文为"Eternity through the Stars"。

——译者注

知——即时尚中的虎跃。确实，时尚在不断重复自身，但它是在历史引证中重复，其中包含了对线性历史主义的根本性挑战；通过跳跃，永恒的回归被打破，时代从历史连续统中被抛出。所有这些都是在服装消费的讽刺性幌子下发生的，而对于没有受过训练的旁观者来说，这只不过是对旧事物的一种纠正（redressing）。

在本书的引文中，本雅明所举历史案例来自马克思关于1848年法国革命的研究报告《路易·波拿巴的雾月十八日》的开篇。书中不可避免地对人们在旧幌子之下提出（政治）新事物进行了嘲讽：

> ▪
>
> 人们自己创造自己的历史，但是他们并不是随心所欲地创造，并不是在他们自己选定的条件下创造，而是在直接碰到的、既定的、从过去承继下来的条件下创造……当人们好像只是在忙于改造自己和周围的事物并创造前所未闻的事物时，恰好在这种革命危机时代，他们战战兢兢地请出亡灵来给他们以帮助，借用它们的名字、战斗口号和衣服，以便穿着这种久受崇敬的服装，用这种借来的语言，演出世界历史的新场面。例如，路德换上了使徒保罗的服装，1789—1814年的革命依次穿上了罗马共和国和罗马帝国的服装，而1848年的革命就只知道时而勉强模仿1789年，时而又模仿1793—1795年的革命传统。[68]
>
> ▪

引用过去的革命的观点被本雅明通过"虎跃"转用到服装上（从而将"男性化"的社会动乱延伸到"女性化"的服装革命中），它们只有放在布尔乔亚活动的竞技场上才显得相关。一旦笼罩在虎跃竞技场上的气氛被清除，"一如既往"的负面无限性就被打破，真正的历史意识使得进入自由的最后飞跃成为可能。如果这意味着与时尚决裂以及抛弃服装设计和穿着及其引用中的诗意，那么它恰恰也意味着一个悖论：一旦遭遇挑战以及克服，时尚就会通过根除消极的一面让此消极面显露出来。不过，此悖论并不新鲜。正如齐美尔所说，时尚的命运是在其被广泛接受的每一刻都"死去"，然后在同一时刻重生，再次启动时尚的先锋接纳、媒体传播、普遍追随和风格消亡的循环。

　　"时尚是新事物的永恒重现。然而，救赎母题是否正存在于其中？"本雅明诘问道，以此提出了一个对他自己的历史学至关重要的问题。[69]对于一个已经变得转瞬易逝的现在——对他和波德莱尔来说，这就是现代性的同义词——时尚代表了其本质，并非现代性的实体，是因为时尚的无常性使之不可能代表实体，而只代表存在于具体化的当下之中的浓缩的精华，并提供了面向过去的公开参考，其可以宣称构成一个可能发生的未来。本雅明对时尚的诠释让他能够将弥赛亚式过去的形而上学一面同社会历史批判的唯物主义一面结合起来。后者虽然受到恩格斯和马克思对黑格尔批判性解读的影响，但与其说包含正统辩证法，还不如说包含使用了辩证法以及应用了本雅明自己的历史唯物主义的美学。因为马克思主义只是在《拱廊计划》的后期（大约从 1934 年开始）才变得有影响力，所以本雅明参考的此种社会、文化和历史批判的新形式总是尚在发展中。不过，本雅明摒弃历史决定论的努力足够坚决，以至于他全心全意地接受了作为它对立面的历史唯物主义。考察象征相关但在时间上无联系的事件的纱线所编织出的错综复杂的历史图案，例如巴黎革命，要比遵循实证主义连续统肤浅地观察整个 19 世纪的社会结构更为重要。

　　两段关于辩证法的摘录显示了本雅明手稿所包含的系列诠释。它们的写作时间相隔十多年，让人感觉到本雅明在不断涌入的新刺激和新方法论观点下为保持最初动力所做的努力。其中一段来自"巴黎的拱廊 Ⅰ"（Pariser Passagen Ⅰ），即该计划的第一批笔记，其可以追溯到 1927年。另一段来自我们曾提到的《历史哲学论纲》（1939 年/1940 年）。然而，

图 49.

弗拉基米尔·I. 科兹林斯基绘制,《巴黎公社的死者在苏维埃的红色旗帜下复活了》,1921 年。卡片上的彩绘线刻,72 厘米 ×47.7 厘米。俄罗斯国家博物馆,圣彼得堡。

在分析细节和隐喻方面，存在一个将两者联系起来的共同点。毫不奇怪，这就是服装时尚。本雅明在他计划最早的一些注释中认为：

      ■

      有人声称，辩证法关注的是如何掌握其客体的各个具体历史状况。然而这并不充分。因为掌握客体中有趣的具体历史状况也同样重要。后者总是由那些正为该客体自身所预示的事实决定的；此外，也由让客体本身具体化的事实、由产生那种从客体的过去存在推进到当下存在（Jetztseins）的高度具体化感觉的事实所决定。为何此当下存在（它不亚于在当下中的那个当下存在）本身就构成高度具体化——该问题无法被辩证法包含在一种有关进步的意识形态中，而只能被包含在一种在所有方面都克服了这种意识形态的历史哲学中。这种哲学会讲到现实的日益凝缩（整合），在这种情况下，过去的所有元素（在它们自身的时间里）拥有比它们存在的时刻更高的现实。它渐渐习惯于自身的高度现实的方式是通过意象本身以及它被正确理解的事实来定义和创造的。——过去，或者说曾经之物（Gewesenes），不应该像以往那样用历史方法来处理，而应该用政治方法来处理。人们必须将政治范畴转化为理论范畴，同时本着（革命）实践精神，努力把它们引向现在。对过去结构的辩证渗透和实现是对现在行动真实性的检验。这就意味着必须点燃时尚（它总是回到过去）中的爆炸物。[70]

      ■

      本雅明通过直接进入形而上学的方式，超越了将政治史——或者就注释中经常引用的马克斯·拉斐尔（Max Raphael）[28] 而言，为社会学艺术史——作为基于经济事实和历史唯物主义美学分析准则的指令。《拱

---

[28]　马克斯·拉斐尔，德国艺术史学家。——译者注

图 50.

菲利西安 · 罗普斯绘制,《炸毁》,1877 年。纸上水彩画,74 厘米 × 53 厘米。比利时皇家美术博物馆,布鲁塞尔。

"关于《炸毁》:它是一件比其他作品更容易老化的作品。20 年后,其所描绘的风格将被遗忘。然而,就目前而言,它们只是 '老式的',甚至是 '怪诞的',就像所有过去的和破旧的时尚。它需要时间才能成为 '历史'。"——摘自罗普斯 1887 年 3 月的一封信。

廊计划》的参考书目中列出了拉斐尔最重要的著作《蒲鲁东、马克思、毕加索：艺术社会学研究》（*Proudhon Marx Picasso: Trois études sur la sociologie de l'art*）[71]，在这本同样是作者在流亡巴黎期间撰写和出版的书中，拉斐尔分析了毕加索对那些被殖民主义政治带到法国的"部落"文物的同化（改编）。"这位官能枯竭的欧洲艺术家发现了一种深刻而古老的'非理性'的艺术表达方式，从而能够让自己同现代性的合理化相对立。"在分析毕加索的两幅自画像时，拉斐尔将艺术家拔高自我意识的表现——从穿着深色套装的被动、过度紧张的波希米亚人到卷起白色袖子的积极主动的工人[72]——归入一种统一理论。毕加索开始能够"意识到存在于生理、心理和艺术规律之间的关系"，并且这种"艺术实践视野的扩展又涉及艺术理论，并导致了艺术理论、社会学和历史之间的明确区分。特别地，它还颠覆了艺术史的认知模式"。[73] 正是在这一点上，本雅明为他的类似的历史概念找到了最初的参照物之一，因为拉斐尔讨论（艺术的）历史结构时写道："人们不再从过去进入现在，而是从现在进入过去。这是凯旋的马克思主义所发展出的积极成果。"[74]

　　这种明显的但鉴于现有布尔乔亚式的德国艺术史（布尔克哈特或韦尔夫林[29]的传统）的激进观点被本雅明用作后续发展和易位的起点。和拉斐尔一样，他认识到齐美尔（我们都知道，齐美尔曾在柏林大学任教，而本雅明和拉斐尔都曾在该校求学）所提出的，文化和生活自身在社会哲学定义中的新推动力。本雅明接受了唯物主义历史学家在社会和经济维度上对这些定义进行增添和加强所取得的进展，不过他还是直接跃入形而上学的范畴，以期达成一种本质上革命性的新历史学。

---

[29]　雅各布·布尔克哈特（Jacob Burckhardt），19 世纪瑞士文化艺术史学家；海因里希·韦尔夫林（Heinrich Wölfflin），19—20 世纪瑞士艺术史学家、美学家和教育家。——译者注

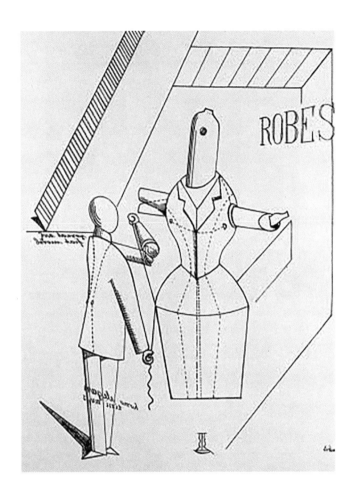

图 51.

马克斯·恩斯特绘制，菲亚特模式 - 透气性（1 号板），1919 年。 纸上石版画，
43.5 厘米 ×32 厘米。私人收藏。

恩斯特以绘画艺术的风格剪裁了谜团和讽刺：构建衣服，构建（女）人。

"一个真正精心制作的扣眼是艺术和自然之间的唯一联系。"——奥斯卡·王尔德。

4.8 虎跃

4.8.1 第三次虎跃

> ▪
>
> 无论时尚是在过去丛林中的何处开始萌生，它都有着现代的气息。
> 它虎跃般扎过去。然而这种跳跃发生在一个由统治阶级掌控的竞技场
> 上。在历史空地上，同样的飞跃则是辩证的，而马克思则将它理解为
> 革命。
>
> ▪

这段核心引文构成了本雅明有关辩证法的第二段摘录，阐明了他的
方法论。马克思和恩格斯曾对统治阶级挥舞鞭子的竞技场进行过描述和
批判。卢卡奇、拉斐尔和年轻的恩斯特·布洛赫[30]等马克思主义批评家
将这些方法转用于分析艺术和文化。本雅明渴望将其延伸到更远处，希
望打开竞技场上方的大顶盖，看到老虎在已经清除了圣像学烟尘的"历
史的野外"中，从当下辩证地飞跃到过去。

然而，这个"马克思则将它理解为革命"的"飞跃"，其意象是什么，
从何而来？事实上，唯物主义思想中飞跃（Sprung）的概念应更多地
归功于恩格斯而不是马克思，它和唯物主义的其他要素一样，是参照黑
格尔——特别是参照他对客观和自然规律的解释而发展起来的。在马克
思主义理论中最早使用"飞跃"一词——用以取代以前使用的、更为暂
时的"转化"（Umschlag）一词，见于 1858 年 7 月恩格斯从曼彻斯特
纺织厂寄给在伦敦的马克思的一封信："可以肯定地说，人们在接触到

---

[30]   恩斯特·布洛赫，德国马克思主义哲学家，主要著作有《希望的原理》。

——译者注

比较生理学时，对于人类高于其他动物的唯心主义的矜夸是会极端轻视的。……黑格尔关于量变系列中质的飞跃这一套东西在这里也是非常合适的。"[75]

恩格斯后来在他的《自然辩证法》(*Dialectics of Nature*)中解释了黑格尔对自然历史的看法，该书为他在1873—1883年所写（1885年/1886年有增补），但此书一直没有完成。书中一个段落驳斥了流行的进化概念，也就是实证主义式历史进步，指出："这些中间成员只是证明：自然界中没有飞跃，正是因为自然界自身完全由飞跃所组成的。"[76]恩格斯不得不中断这项关于自然中出现的辩证法研究工作——这将会是他最有份量但也最有问题的著作，因为许多人认为其将辩证法庸俗化了——以便回应一位德国社会民主主义者[31]对自然、科学和社会的辩证法观点的批评。恩格斯详尽地做出回应（从1876年底写到1878年7月），以毫不掩饰的讽刺剖析了对立论点，并向他的批评者解释了黑格尔从科学到道德哲学的推论："这完全是黑格尔的度量的关节线，在这里纯粹量的增多或减少在一定的关节点上引起了质的飞跃，例如，把水加热或冷却，沸点和冰点就是这种关节点，在这种关节点上——在标准压力下——完成了进入新的聚集状态的飞跃，就是说，在这里量就转变为质。"[77]在《共产党宣言》中，这种"质的飞跃"就是那句著名的"alles Ständische und Stehende verdampft"（一切等级的和固定的东西都烟消云散了）。自然界的进步从来都不是连续的，而是由飞跃组合组成的，当一个客体形式（一个元素、一个构型等）打破连续统并以一个完全不同的状态出现时，最重要的跳跃就发生了。"尽管会有种种渐进性，但是从一种运动形式转变到另一种运动形式，总是一种飞跃，一种决定性的转折。"[78]

---

[31]　即欧根·杜林（Eugen Karl Dühring），恩格斯为反驳其观点写下著名的《反杜林论》。——译者注

249

在恩格斯（以及后来的马克思）提到的那段文字中，黑格尔曾反对连续进化原则。在自然数值关系中（在音乐或数学中），量的进展即实体的进展，总是必然会达到一个点，在这个点上它会跃入质的变化——在该点上，一个突然的步骤打破了预期秩序，跳回一个早就存在的进展中的关系里。黑格尔在 1812 年 /1813 年曾写道："在那些单纯的、不相关的比例关系那里（它们既不会改变先行的特殊的实在性，一般说来也不会构成这样一个实在性），推进过程突然中断了，又因为它在量的角度来看是以同一方式延续的，所以在这种情况下，通过一个飞跃，就出现了一个特殊的比例关系。"[79] 这个飞跃作为远程作用（actio in distans）出现，也作为同某个已移除之物的关系出现，而且它总是面向后面、面向过去，因为它必须参照或区别于自身先前存在的状态。在自然科学中，这些情况出现得更为戏剧化。在没有历经中间阶段的情况下，一种元素突然改变了外观变成了另一种样子：水逐渐变冷，直到达到冰点，这时它立即改变了它的聚集状态，从液体直接"飞跃"到固体状态。黑格尔写道，理解这一概念的困难在于：

>   ▪
>
>   从某东西到它的一般意义上的他者或对立面（这是一个质的过渡），为了掩饰这一点，知性就佯言同一性和变化是量的东西的一种漠不相关的、外在的同一性和变化。
>
>   在道德领域，从存在的层面来看，同样出现了量的东西到质的东西的国度，而不同的质看起来是基于大小的差异性。通过一种更多和更少，轻率行为的尺度被逾越了，产生出某种完全不同的东西，亦即犯罪，于是正当过渡到非正当，美德过渡到恶行。[80]
>
>   ▪

这种位于道德领域的飞跃，成了马克思和恩格斯感兴趣的焦点。自然现象的辩证观认为，它就是自身存在的本质，这种观点来自黑格尔，正是他视飞跃为存在主义："所有诞生和死亡都不是一个持续的逐渐性，而是逐渐性的中断，是从量的变化飞跃到质的变化。"[81]

在黑格尔的道德领域中发现的理想主义只是为辩证唯物主义提供了一部分基础。恩格斯不得不将他对黑格尔辩证法的解读转移到社会政治的历史中。在为巴黎出版的社会主义月刊重写《反杜林论》(1880 年)时，他把自然规律改为唯物主义客观性。飞跃不连续特征的案例不再是来自数字、音符或化学化合物的更迭，而是来自整个人类历史上的一系列社会构造。在 19 世纪，社会的聚合状况需要改变。以历史连续统中连续状态为特征的商品对人类的支配地位必须要结束。因此，向后飞跃（参见黑格尔的《逻辑学》）将使主体重新获得对客体的本初控制。劳动者将不再与他们的产品相异化，本雅明所说的"商品的地狱"以及它的抽象化和物化将不复存在。

现在辩证地求助于过去——没有怀旧——而个体再次被看作历史发展的掌控者。这种状况后来被本雅明称为"历史的野外"，将产生解放被压迫的大众（消费者）的革命。恩格斯在《社会主义评论》(*La Revue socialiste*)[32]中将历史唯物主义传统的飞跃描述为理论与实践的融合：

> ■
>
> 一旦社会占有了生产资料，商品生产就将被消除，而产品对生产者的统治也将随之消除……至今一直统治着历史的客观的异己力量，现在处于人们自己的控制之下了。只是从这时起，人们才完全自觉地自己创造自己的历史；只是从这时起，由人们使之起作用的社会原因

---

[32]　应为德国社会民主党的机关报《前进报》(*Vorwärts*)，后结集为单行本《反杜林论》。发表于《社会主义评论》的是恩格斯应邀将《反杜林论》简化撰写成的《社会主义从空想到科学的发展》。——译者注

才大部分且越来越多地达到他们所预期的结果。这是人类从必然王国进入自由王国的飞跃。[82]

.

本雅明在这里第一次将飞跃假定为革命事件本身，并将其用于挑战历史决定论，而正如我们所看到的，历史决定论正是将时尚视为主要案例。但恩格斯的假设宣称，商品以及商品化的客体对消费主体的暗中支配是过时的，有碍人类向"自由王国"迈进。

在资本主义中，没有任何商品能像时装那样引人注目。它的转瞬易逝性、对改变外观的追求，都在要求人们不断消费。对于普通消费者来说，追随时尚意味着必须反复置办衣物以填充他或她的衣柜。显然，在经历了历史唯物主义意义上的飞跃之后，我们很可能从此种对最新服装的依赖中解脱出来。本雅明将时尚的解放性虎跃当作自己的工具，对历史或至少对历史"重写"提出犹如革命一般的挑战，看上去非常讽刺——人们可以猜想到，恩格斯的挑战是针对社会解放，而本雅明则关注在理论领域发起挑战攻击。因此，20 世纪 30 年代晚期的"虎跃"是否通过从 19 世纪中叶开始的进步发展赢得了它的地位，似乎值得商榷。难道这不是风格胜过内容的可畏再现吗？或者说，时尚不断变化的外观不仅成了现代性的先导，还成为现代性的本质，因而任何对它的攻击都隐含着撼动产生它的资本主义制度基础的意义吗？对恩格斯来说，通过历史进程中的有意识中断——也就是通过革命——实现解放的乌托邦式社会主义理念，在科学和哲学意义上都建立在人类环境中出现的辩证飞跃上。然而，这种难以理解的理论基础不能满足一些马克思主义批评家，他们对其中的革命实践太少感到不耐烦。卢卡奇在 1919 年的讲座《历史唯物主义的功能变化》（*The Changing Function of Historical*

Materialism）[33] 中要求："辩证法的基本原则，就是'不是人们的意识决定人们的存在，相反，是人们的社会存在决定人们的意识'，这会带来一个必然结果——如果正确理解的话——即在革命的转折点上，必须在实践中认真对待急剧新涌现的范畴、上层建筑所基于的经济结构、进步方向的转变等，即飞跃的范畴。"[83] 卢卡奇不遗余力地确定飞跃的社会经济意义。对他来说，飞跃是辩证的，不仅是因为它体现了自然界的辩证法，还因为行动本身就是辩证的。他认为，飞跃不是一个独特的事件，不是"突然地、毫无征兆地产生人类历史上迄今为止最大的变化"，而是预示业已存在的东西。[84] 因此，它要求归还的是一个原本自由但当前处于客体支配之下的领域。为了充分解放主体，面向新事物的转向不得不包含存在的要素，即便人们最初没有意识到它，也至少会预感到它。飞跃的本质"表现为每次它都意味着一种在质的方面出现了新事物的转折；针对包含社会整体的有意识行动浮出水面；因此——在目的和理由方面——它的家园就是自由王国"[85]。辩证地讲，虎跃的内容和形式顺应社会的缓慢发展以保持飞跃的特性。它不是简单地对加快历史节拍感兴趣，它要揭示历史中预示的内在结构。因此，按照卢卡奇的说法，为了揭示历史进步的真正原因，飞跃必须"当革命回避'其自身需要的本能残暴'并有可能动摇及倒退到半途而废之时，走在进程前面一步"[86]。

更早之时，卢卡奇在演讲中已经确认了恩格斯和马克思对（最初是黑格尔的）飞跃解读的正确性。而在此处，我们则发现了其与本雅明的历史虎跃的明确联系。对卢卡奇来说，飞跃只是走向分析革命实践的一步，但对本雅明来说，它将"澄清误会"，照亮对主体以及文化客体历史认知的视野。因此，本雅明在卢卡奇的布达佩斯演讲中读到了这段于1923 年以德语发表在《历史与阶级意识》中的话：

---

[33]　收入卢卡奇的《历史与阶级意识》。——译者注

对马克思和恩格斯来说，从"必然王国向自由王国的飞跃"，"人类史前史"的结束，决不是美丽但抽象而空洞的愿景，用一些响亮花哨的短语装饰的当前批判，但毫不承担系统性责任。相反，它们对历史将要走的道路有着明确且有意识的理性预测，并且其方法论的意义深入了对当前问题的解释之中。[87]

飞跃有助于预测"历史将要走的道路"的说法一定在本雅明耳边回响。在这一概念中，他看到了确切表达批判的可能性，不仅仅是批判历史表面上的进展方式，更进一步还有资本主义制度对人类状况的客体化以及对个体的异化。他还能够借此批判资本主义历史是如何在整个19世纪和20世纪初进行自我改写的。本雅明意识到，这是抨击社会经济结构模式的机会，这种模式通过宣传线性历史进步的理念为资本主义辩护。由于这一批判的主要对象是文化，所以他一定意识到了利用现代性的主要商品——时尚来发起挑战所恰恰具有的讽刺意义。

考虑到卢卡奇所观察到的马克思和恩格斯批判中的装饰和美感，本雅明在他的隐喻中采用了一种最具表现力的元素来美化生活——即装饰人类外形。这可能会让他的论点变得模糊不清甚至晦涩难懂，但赋予了它一种本雅明在政治和艺术中所追求的诗意。[88] 辩证的飞跃原本就是历史连续统的一部分，就像时尚一样，从轻松的一季发展到另一季，从未丧失其根本特性。但它很快就变成一个明显的不连续的动机：每一种时尚似乎都体现了一种将永存的全新事物，同过去的进程有着最终和最后的决裂，几乎每一季都宣称永久"革命"，故而飞跃不得不利用历史中的内在客体以实现其（革命）潜力。相应地，时尚的虎跃则引用过去以建立绝对的新颖性。

4.8.2 老虎静止 (在走秀台上)

飞跃还有另一层隐喻特征。跃起的老虎能几乎丝毫不差地落在原地——就像所有猫一样，不管它们大小如何，高度如何。它的无运动暗指辩证法的静止（standstill），暗指时间节点（time nexus），在其中真正的革命潜力被实现或具体化从而被释放出来，就像我们已经看到的那样，宛如那位被女人的腿和裙子迷住的游手好闲者，瞬间落地的老虎找到了"思想在充满张力的构造中突然停止"的地方，而由此产生的惊颤将这一历史时刻结晶为一个可以在哲学上评价的单子。

虽然"单子"一词在本雅明的早期著作中就代表了可追溯到莱布尼茨的哲学实体观念，[89] 但他后来在他零散的《历史哲学论纲》中，为其注入了时间的概念。单子不再仅仅是一个理念，还是其辩证补充——即历史的具体内容：对于在现代性中漫步的游手好闲者来说，"永恒与其说是一个理念，不如说是衣服上的褶皱"。瞬间和上世纪的"古老"客体都充满了当下的爆炸性潜力并被视为单子，作为在其特殊性中纳入整体的要素，宛如旨在纳入整体的理念。

本雅明对历史决定论将历史的进步仅仅视为时代延续感到不满，这种不满最初极为政治化。他关于救世主权力的观点与社会革命的观点并行不悖。为了让统治阶级主导下停滞不前的进步恢复前行——这是一个不折不扣的革命行动——被压迫大众必须回溯到那些在他们之前努力过的并且在斗争中失败之人。他们必须虎跃回过去！

所有这一切似乎都与服装时尚相去甚远。然而，时尚是本雅明思想的基本动因之一。他是如何将这种美化过的昙花一现要素同革命斗争联系起来的呢？时尚的意义始于它的原型力量，一种每个人都可涉及的梦幻特质："时尚存在于经历过的瞬间的黑暗中，而以集体形式表达。"[90]无论"集体"一词是指（荣格）精神分析（一个被阿多诺激烈批评为具有原法西斯主义内涵的古老概念）还是被定义为革命大众，在任何情况下都承载着大众影响和大众力量的概念。 但如此一来，时尚不就与未定义之物结盟，并移除了自己参与政治的根本理由吗？齐美尔不是已经观察到，下层阶级对时尚的反应显然是缓慢和不情愿的吗？在一卷关于波德莱尔的手稿批注中，本雅明看上去对波德莱尔"时尚流行打破了被压迫者的紧凑群体"表示赞同。[91] 此外，其中一页有关拱廊计划的零散方案中（1946 年由巴塔耶在国家图书馆重新找到）写道："时尚总是将它的无花果叶放在能找到社会革命的裸体之处。一个小小转移就……"[92]

因此，时尚看上去不过是为社会不满提供的一个短暂遮掩。从社会学角度看，它的确是如此。商品的力量会将一个特定时期的服装升华为社交礼仪的必需。然而，新时尚风格的设计者几乎立即就会采取规避行动；被接受的服装规范不复存在，新的形式取而代之，它引用了过去一个完全不同的方面，从而颠覆了客体的主导地位。

这就是时尚的形而上创造，它的历史变换，对本雅明来说，是"辩证法的封圣"！ [93] 时尚可能被留在黑暗中，而政治则公开暴露，但时尚助长了个体的集体梦想和行动。时尚的流行在被压迫者前停止，但它仍然给他们带来大量影响。时尚掩盖了一种可能的社会裸露，但它的不断重塑和运动带来了暴露的内在威胁，因为它公开地——带着无限的讽刺，甚至玩世不恭——体现了肤浅和无常。本雅明在他关于辩证法的第一篇摘录中写道，有关兴趣的具体历史状况在其客体中被预示，关于这一点，没有什么能比在时尚中更为明显。

"对哲学家来说，对时尚最热衷的兴趣是源于对它的异乎寻常的预期。"[94] 尽管"现代生活的画家"的感受力可能超过女性时装的设计师，而且艺术家表现人物的新颖方式可能会比雌虎[34]带来的新廓形更早，但"由于女性集体对未来应为何样有着无可比拟的嗅觉，因而时尚仍然

---

[34]　原文为法语"la tigresse"。——译者注

与未来的事物有着更恒定、更精确的联系。"[95] 而且在这里，虎跃建立密切关系的不仅是类似的词汇。虎跃进入过去，努力重写历史，而雌虎则保留了它对新奇时装的嗅觉，以此作为一种诱惑手段。女性"集体"中的一员，德蓬蒂夫人（即马拉梅），在 1874 年 12 月声称："法律、命令、计划、规章和法令，正如一些先生所说的那样，如今都在颁布那些时髦的东西：这位女君主［时尚］（她自己就是全世界！）的任何新消息，只需两三周就不再让我们感到吃惊。"[96] 这位伪装成女性的男诗人用讽刺的眼神谈论着那些声称要制定法律的"先生们"（les messieurs），而更重要的是，在现代性中，这些法律也是基于着装原则通过的，这些原则将比任何法律决定更能影响巴黎社会的形象（以及随后的欧洲和北美的其他地区）。马拉梅所观察到的将在大约 60 年后在本雅明的《拱廊计划》中得到忠实的回应："每一季时尚都在最新设计中创造了一些秘密的、预示着未来事物的信号旗。那些能够理解它们的人不仅可以借此提前了解艺术的新趋势，而且可了解新的律法、战争和革命。——毫无疑问，这个概念包含了时尚的最大吸引力，但同时也很难让其富有成效。"[97] 鉴于本雅明的历史政治观念将对过去的追问视为对未来和必要的革命极为重要之事，时尚及其对过去的持续和强制提及成为自然原动力的挑衅者、[98] 社会动荡的爆炸性力量。

就像普鲁斯特的《在斯万家那边》中年轻的马塞尔一样，他在醒来之前在梦境中重温了一段历史进程，在进入现在的时间之前，历史学家必须从文学发展到理论上。本雅明感叹道："因此，我们提出了新的、辩证的历史学方法：以梦境的强度穿越过去，以便体验作为梦境所指向的清醒世界（Wachwelt）的现在！……每个时代都包含这样一个转向梦境的一面，这样孩子气的一面。"[99]

那个把脸埋在母亲衣服褶皱里的孩子已经长大了。他如今抬起头来，注视着现代性。但他保留这个梦，不仅是为了获得安慰和温暖，也是为了向自己并最终向别人解释他在历史中的地位、他所在时代的状况。因此，他会发现自己与历史学家儒勒·米什莱的座右铭一致，本雅明在第六批手稿的开头引用了他的一句话："每个时代都会梦想下一个时代。"[100]

图 52.
海伦·赖特绘制，《冬天》，约 1910 年。纸质拼贴画，30 厘米 ×22 厘米。
柏林国家博物馆，艺术图书馆。

4.9 被装扮的历史

从唯物主义的角度来说：现代性的结构是随着 19 世纪垄断资本主义的发展而产生的。[101] 对此经济结构的文化后果感兴趣的历史学家，必须回溯到它的这个起源。然而，他或她不能将它仅仅看成历史事实的集合，必须像后来超现实主义者所强调的那样，以诗意的梦想强度来看待它，并以当下的潜力刺激它。拉斐尔认为：只有辩证法才适合历史事实的内在辩证。[102] 辩证法试图从现在中找到客体，并在其中让过去时代的潜力得到实现或具现，而反过来，过去时代又"梦想"或"梦到下一个时代"，也就是现在。对梦境的感知起到了指导作用，因为它自身在本质上就是辩证的：有时显现出历史运动，如普鲁斯特的《追忆》，有时又显示出静止，如波德莱尔的《给一位擦肩而过的妇女》。

当历史学家米什莱评价他自己的时代，即 19 世纪时，他回顾了之前时代的梦想和希望——特别是 18 世纪末的，即法国大革命的理想。[103] 当时，时尚界也梦想着一个在阶级和性别之间有着物质和精神平等的未来，这也体现在男女无套裤汉（sans-culottes）[35] 和男女通用的印花棉布长衫的革命服装上。1795 年，"起义的道德家"尚福 [36] 甚至将服装放在了自己格言的核心位置："一个人在慷慨之前必须是公正的，就像一个人有花边衬衫之前必须有亚麻衬衫一样。"[104]

一个世纪后，时尚界将虎跃回到革命的过去。在 1898 年的夏季系列中，法国服装设计师珍妮·帕昆（Jeanne Paquin）设计了一件以著名历史学家命名的衣服，公开提到了对历史的"重写"。她设计的"米什莱"是一件天蓝色的连衣裙，大身有朴素的彩色刺绣。[105] 它看上去

---

[35]　无套裤汉，字面意思是"没有裙裤"，指 18 世纪晚期的法兰西下层的老百姓服装，同 18 世纪的法兰西贵族和资产阶级时尚的真丝及膝马裤形成对比。——译者注

[36]　尼古拉·尚福（Nicolas Chamfort），法国作家，以警句和格言闻名，同王室和雅各宾派都有接触。——译者注

就像精致版的农民礼拜日服装，并且通过帕昆的习惯性设计进一步加以区分：翻领和下摆镶着复杂的毛边。对帕昆来说，该设计构成了对一位历史学家的衣着致敬，而这位历史学家曾在法兰西学院发表过题为"通过女性教育女性"（The Education of Woman through Woman，1850 年）的一系列演讲，他一直不厌其烦地强调女人的服装在社会中的作用。[106]

龚古尔（Goncourt）兄弟在日记中描述了米什莱对服装的重要性的看法，他们曾在 1864 年 3 月参加了这位历史学家在其巴黎家中举办的一场庆典："我们'穿着便服'去参加米什莱家的舞会，在那里所有的妇女都化装，穿着被压迫民族的服饰：波兰、匈牙利、威尼斯，等等。人们就像在观看欧洲未来革命之舞。"[107] 这位布尔乔亚历史学家对政治反叛有自己的偏好，将自己对平等和自由的承诺转化为知识界和上流社会举办的优雅的假面舞会。他梦想着一个摆脱普鲁士和俄国统治的欧洲，然而他的抗议很可能会被女客人们穿的丝绸和雪纺绸宝塔式荷叶边裙发出的"唰唰"声淹没。

帕昆的 1898 年系列还不加掩饰地提及法国大革命的历史，其代表就是"罗伯斯庇尔样式"（modèle Robespierre），这是一条低调的、黑色厚丝或府绸连衣裙，上面的大皮带突出了克制和静谧感。[108] 黑色材料及其剪裁象征着政治严苛理念，而皮带则代表着控制的必要，否则对道德纯洁的追求很可能容易滑向强迫和恐怖[37]。

两季之后，在 1899 年的夏天，帕昆将"重写"历史提升到一个高度可视化的水准。以革命历法的第 11 个月（7 月 20 日—8 月 20 日）命名的"热月"长袍，采用奶油黄和灰白色的丝绸和塔夫绸，剪裁得像古希腊—罗马柱子一样。[109] 褶裥贯穿整件衣服，而且没有大身——

---

[37]　原文为法文"terreur"，显然是指罗伯斯庇尔主政时法国大革命的恐怖时期。——译者注

这在当时很新颖；腰线只是借用细密、精致的针脚来显示。人们能在袍子顶部看见几条围巾的装饰：一些薄薄的花边被缝在丝绸上，形成类似（科林斯式）石雕柱头的样式。对革命理想的采纳，即祈灵于古希腊和罗马社会中的公民美德，在这种情况下并不是通过对希顿袍（Chiton）

图 53.
珍妮·帕昆工作室，"米什莱"模特，1898 年夏天。纸上墨水和水彩画，24 厘米 ×17 厘米。维多利亚和阿尔伯特博物馆，伦敦。

或托加袍[38]进行当代诠释来象征的——就像督政府时期的缩腰裙一样，它将在 1905 年服装设计师保罗·波烈担任服装设计师后再次流行起来。相反，帕昆试图反思这些古代社会形成的理想，将普遍建筑和美学的结构要素即柱子，带回它的"自然"起源，并用它来装饰人体。她遵循了黑格尔在大约七十年前的《美学》中对时尚提出的要求："艺术类服装的原则就在于将它当作建筑来对待……此外，穿戴的建筑特性和所穿戴的东西必须根据其自身的机械天性由其自身形成。我们在长者的理想雕塑（古典希腊）中看到的那种服装，正是遵循了这一原则。[110]"热月"礼服要求穿着者采取挺拔、不自然的姿势。对穿着者最初的行动限制，却让她每一个姿态都变得深思熟虑、引人注目甚至意味深长。在那些见识了 19 世纪下半叶的服装"过度"装饰——特别是克里诺林裙撑和它繁复的宝塔式荷叶边裙摆——的人眼中，帕昆夫人的设计反映了某种程度的朴素和克制意味。设计重点放在了面料（实则比以往更奢华）和剪裁上。时尚中固有的辩证意象在"热月"设计中也得到了体现：原本被认为是体现坚实和力量的元素，即朝上石柱，在服装中成为它的对立面——平滑流动的丝绸。然而，通过衣服的"构造"，褶皱让材料变得硬挺，从而实现了类似的象征价值（事实上，多立克柱本身就是以希腊女性的希顿袍为原型）。而且，由于它是在女性身上看到的，因而将它与人体置于高度感性的关系中的象征意义就变得更大，对社会的影响也显得更加直接。

本雅明在早期（1927—1930 年）的《拱廊计划》中写道："时尚，一种争夺社会创造中榜首的竞赛。这场竞赛在每个时间点上都会重新进行。"[111] 时尚的功能远不止一个单纯的社会符号。服装能像视觉艺术和文学一样，描绘出概念和理念。此外，它还能在字面意义上成为两者的化身。本雅明还指出："很明显，艺术在社会学领域、在建立于其上的

---

[38] 希顿袍，古希腊人所穿长袍。——译者注

等级制度中以及在它形成和发展的方式中，同我们现在视为时尚的关系，要比与我们称之为艺术之物的关系来得更密切。"[112]

为了解释历史进程，本雅明不得不对社会行为进行分析以建立社会学基础。当然，这是齐美尔在1911年它的时尚文章中就已采用过的方法。他的这篇文章也是本雅明时尚手稿[113]以及整个《拱廊计划》中

图 54.
珍妮·帕昆工作室，"罗伯斯庇尔"模特，1898 年夏天。纸上墨水和水彩画，22 厘米 ×16 厘米。维多利亚和阿尔伯特博物馆，伦敦。

最常引用的资料之一。这种依赖表明，再精明的时尚观察家也会对齐美尔有所亏欠。在本雅明的案例中，这种来自齐美尔的影响和灵感看上去确实非常直接。他在自己短短的简历中列出了 1912 年 /1913 年和 1913 年 /1914 年冬季学期在柏林大学的学习情况；他说："我的主要兴趣是哲学、日耳曼文学和艺术史。因此，我参加了卡西雷尔、埃德曼（Erdmann）、戈尔德施密特（Goldschmidt）、赫尔曼和齐美尔在柏林大学的讲座。"[114] 由于齐美尔在 1914 年 4 月去了斯特拉斯堡，本雅明参加他讲座的次数可能非常有限，他的毕业论文中也没有引用这些讲座。[115] 然而，齐美尔的作品对本雅明的工作，特别是对有关时尚的手稿的影响显而易见。

齐美尔的活力论（vitalism）——他的生活哲学——被认为倾向于现象学观察，并且拒绝理论建构。鉴于他在"文化的悲剧"中宣称一种客体对主体的有害支配，因而这与他思想中拒绝抽象似乎一致。然而，他对二元论的偏爱，特别是在解释时尚方面，表明了他对冲突趋势的概念整合，这将为本雅明后来关于辩证法的著作提供大量信息。[116] 在 20 世纪的前 20 年，时尚的二元特性对齐美尔来说，是在他作为新康德主义者的伪装下，一种可用于调和历史和社会中的冲突因素的手段。本雅明在第三和第四个十年中用辩证意象取代了齐美尔的方法。他试图强调类比——就像黑格尔用对"唯物主义地"这个康德的术语所做的那样——并挑起冲突，最终该冲突必须在一个新社会（和美学）秩序的合题内被"解决"。时尚不再通过融合新旧来平息古代和现代的争论（the querelle des anciens et des modernes）。它用当下为过去推波助澜，以一种爆炸性的姿态随时准备被点燃。[117]

上述方法论的区别并不一定表明松巴特、韦伯和齐美尔（纯学术性？）社会民主主义与马克思主义之间的冲突，但政治上的分歧仍然存在。就像齐美尔关于时尚的观点包含了复杂而精密的社会批判和生活哲学一样，本雅明的观点也不能简单地被归结为正统历史唯物主义（正如

图 55.

珍妮·帕昆工作室，"热月"模特，1898 年夏天。纸上墨水和水彩画，22 厘米 ×16 厘米。维多利亚和阿尔伯特博物馆，伦敦。

拉斐尔的历史学那样）。他对辩证法的使用在更大程度上是指马克思早期在《政治经济学批判》（*Critique of Political Economy*）中对黑格尔术语的解读，而不是指作为社会历史中发展原则的历史唯物主义（更不用说恩格斯以及后来的列宁的用法）。

本雅明为时尚这一主题，也是为整个《拱廊计划》的结构所采用的方案，在本雅明为摘要《巴黎，19世纪的首都》而准备的大量手稿中显示出来。这项特别的研究是应纽约社会研究所所长弗里德里希·波洛克（Friedrich Pollock）之邀而撰写的。它完成于1935年5月，同本雅明试图勾勒出的主要观念相吻合。同月，本雅明在给朋友格尔肖姆·肖林姆（Gershom Scholem）的信中说，因为"多年来我第一次真正独自研究《拱廊计划》……我没有经过深思熟虑就答应撰写摘要，促使这项工作进入了一个新的阶段，在该阶段，它第一次更接近——即使从远处看是——一本书。"[119] 由于本雅明不得不面对"不可思议的困难"，他有时"以沉思的喜悦反思苦难和富足的辩证综合想法，这一直是该项研究的组成部分，它不断中断和恢复长达十年之久，而且被赶到最偏远的角落。如果这本书的辩证法被证明是同样可靠的，那么它将得到我的认可。"[120]

在摘要中，尽管在整个文本的许多段落中都有出现，但时尚主题并未以单独章节标题标注出来。不过在手稿中，时尚扮演着主角。这种明显的不相称可能是本雅明出于经济原因而不得不迎合纽约研究所及其成员的兴趣，他们可能不喜欢在未来的工作中强调对时尚进行辩证分析。[121] 然而，这还是反映出随着本雅明的概念发展，研究重点发生了转移。

4.10 时尚拱廊

鉴于对时尚的各种分析同《拱廊计划》目标的变化并行不悖，因此在本雅明死后人们于国家图书馆找到的相关笔记和材料中，似乎也应该遵循不同方案的连续性。

材料的前五页涉及历史数据，并概述了整个项目的动机。[122] 其中，我们发现了一页关于路易·阿拉贡的《巴黎的乡巴佬》，标题为"关于巴黎最好的书"，[123] 以及一份关于 19 世纪下半叶时尚的思考清单：

∎

时尚

1866 年的袍子，头部犹如一朵笼罩于山峰和峡谷上的云

[本雅明删除了关于灯的形状的下一句话]

1868 年胸部覆盖着流苏地毯

—衣服上的建筑形式

—天使报喜 [Heimsuchung——也暗示了玛利亚的拜访或苦难] 作为时尚插图的主题

—作为糖果商主题的时尚服饰

—1850—1860 年，衣服上的母题 [接下来的两个词可能是"栅栏"和德语"方平组织"，表示特殊的纺织图案] ——女性是一个等边三角形（克里诺林裙）

——女人是帝政的 X 端

外套是两扇门

长袍是一把扇子

时尚元素的无限可能的排列组合。[124]

∎

在手稿的上方，本雅明注释道："德尔沃尔 / 法尔克 / 恶之花"——书目中提到的是阿尔弗雷德·德尔沃尔（Alfred Delvau）、雅克布·冯·法尔克（Jakob von Falke），当然还有波德莱尔。前两位是社会和文化历史学家，他们的书在 1860—1867 年出版，本雅明将其作为原始材料。[125] 本雅明对时尚的观察是否实际上主要基于这些著作，其实值得怀疑，因为他笔下 1868 年列出的服装风格只是在上述参考文献

出版后才出现。不过，手稿上的日期只是被作为粗略的指南，而非精确的年表。这些笔记表明了一种将基本服装事实转变成美学提要的方法：服装图案中的结构成为一种"建筑形式"（正如 19 世纪 60 年代魏尔、戈蒂埃等人所指出的那样）；沃思（为梅特涅公主）[39] 设计服装，在一件奶油色连衣裙上刺绣着黑色图案，暗示着格子围栏，而整体廓形则被渲染成抽象几何体。

本雅明还试图追溯时尚中的艺术类比："上部犹如一朵云"笼罩在形成山峰和峡谷——即乳房和大腿——的织物之上，充满诗意地唤起这样一幅场景：在大量奢侈的织物中出现的，是积云一般的发型和一统女性面庞和领口的白色搽面香粉（poudre de riz）。此场景同他将恋物癖作为梦境景观的超现实主义沉思相呼应，也让人想起了戈蒂埃的 1858年与之相呼应的发现，"大量的织物就像雕塑的基座，为胸部和头部提供了一个平台"。[40]126 "外套是两扇门"，在女性身体上打开，比男性作家对裸肩露胸的低领装（decolleté）的传统迷恋显得更有象征意义。最后，"长袍是一把扇子"似乎是对马拉梅《折扇》[41] 诗歌中精致装饰的暗示：

■

　如同指向金色的傍晚，

　那淡粉红色边沿的权杖，

　这合拢的白色飞扇，

---

[39]　查尔斯·弗雷德里克·沃思，英国服装设计师；梅特涅公主（princess of Metternich）为当时的巴黎交际花，其外祖父为著名奥地利外交家、政治家梅特涅。——译者注

[40]　原文为法语"cette masse de riches étoffes fait comme un piédestal au buste et à la tête"。——译者注

[41]　原文为"Éventails"，又作"Eventail de Mademoiselle Mallarmé"（《题马拉梅小姐扇》）。——译者注

图 56.

不知名的摄影师，梅特涅公主身穿查尔斯·弗莱德里克·沃斯的礼服，约 1866 年。

你靠在手镯的闪光上。[127]

　　■

　　本雅明关于时尚的手稿根植于 19 世纪对现代性的诗意反思之中。笔记的第六页显示他专注于《拱廊计划》的两个"临时方案"。这也提醒我们，本雅明就像波德莱尔和他的红色领巾、蓝色衬衫一样，敢于将社会和服装历史结合起来，像城市游击队和服装店这样看似迥异的主题之间的关系：

■

临时方案

革命现实
街头斗殴和修筑路障的技术
革命的布景
职业阴谋家和无产者

时尚
每个人的当代 [42]
试图引诱性 [43] 进入物质世界 128

■

本雅明把"每个人的当代"看成马拉梅对时尚的推崇，129 让它不仅在一个特定的时期内，而且在所有时代中都成为一种统治力量。通过其辩证飞跃的能力，时尚成为当代的一种普遍模式。它试图引导性进入物质世界（或织物世界）[44]，这既是指精神分析对恋物的创造，也是指它在唯物主义对社会诠释中作为商品的早期定义。因此，手稿第七页列出了以下内容：

---

[42] 原文为法语 "la contemporaine de tout le monde"。——译者注

[43] 原文为拉丁语 "sexus"。——译者注

[44] 德语中 "stoffwelt" 兼有物质 / 织物（布料）世界之意。——译者注

■

辩证法方案

地狱—黄金时代

这个地狱的关键词是：倦怠、赌博、赤贫

这些辩证法的一个法则：时尚

黄金时代是一场灾难

商品的辩证法

在"俄德拉得克（Odradek）"[45]处获取这些辩证法的一个准则

恋物癖中的积极因素

最新和最古老的辩证法

对于这些辩证法来说，时尚也构成了一个法则

最古老的亦是最新的：新闻故事

最新的亦是最古老的：[第二]帝国[130]

■

在后来为《拱廊计划》而做的摘录和注释中，临时和辩证方案的一般观察同对时尚的讲究文学风格的观察（1866—1868年）相融合，前者取自当代资料。这种方法与龚古尔兄弟的方法相呼应，他们在1862年将上个世纪的服装时尚描述为社会堕落的指标，他们喜欢以此种反讽方式描述其细节。[131]

从路易—菲利普统治时期[46]到第二帝国末期，布尔乔亚社会的特点是社会极端化。一边是通过从事投机活动——用历史唯物主义的术语也就是非生产性活动——获得巨大财富，以及由此产生的对物质上的新

---

[45] 俄德拉得克为卡夫卡小说《一家之父的忧虑》（Die Sorge des Hausvaters）中的一种臆想生物。——译者注

[46] 指七月王朝，存在于1830—1848年。——译者注

奇事物的迷恋和不断更新的注意力；另一边是助长叛乱的赤贫。本雅明讨论了这两个方面，认为它们都体现了时尚辩证法的徒劳：服装时尚在其永恒的重复中成为决定布尔乔亚生活方式的炫耀性消费的主要指标，同时也唤起不断地革命——通过将旧的翻折成新的，通过永远提及自己的过去。

4.11 反面（Le revers）：现实的另一面

本雅明在其手稿的第八页上明确指出："第一个辩证步骤：拱廊从一个闪亮的地方变成一个腐朽的地方——第二个辩证步骤：拱廊从一个无意识经验发展成一个充满［经验］的东西。"[132] 通过梦（和醒）的概念引入了与超现实主义之间的关系，这在普鲁斯特的《追忆》开头则是以另一种形式加以表达。本雅明将梦设想为既是一种历史现象，又是一种集体现象。他试图通过建立一个集体历史性梦的原则而不是解释性答案来阐明个体之梦。此外，曾经是诗意隐喻的睡梦与清醒在这里被处理为辩证结构的组成部分。"正题和反题将被结合在一个梦境变化图像［Traum-Wandel-Bild］中。拱廊的光泽和苦难的方面通过梦境才被看见。清醒就是辩证转化为合题。"[133] "转化"（字面意思是裤子翻边）标志着对正统辩证法的提及，正如我们已知的（本书第 4.8.1 节），它是恩格斯在 1858 年采用的黑格尔术语中"飞跃"一词的先驱。1867 年，在撰写《资本论》时，马克思曾给恩格斯写过一封信，谈到一个比文字有着更多纺织品的案例[47]，他认为这个例子特别适合解释交换价值。在这封信中，他用翻折或转化再次取代了黑格尔从量变到质变的飞跃——也许是为了案例中的隐喻。

---

[47]　原文为 "a much more textile than textual"，结合下文可以看出，作者在此玩了一个文字游戏。——译者注

经济学家先生们一向都忽视了一件极其简单的事实：即"20 码亚麻布＝1 件上衣"这一形式，只是"20 码亚麻布＝2 英镑"这一形式的未经发展的基础，所以，最简单的商品形式——在这种形式中，商品的价值还没有表现为与其他商品的关系，而只是表现为和它自己的天然形式不相同的东西——就包含着货币形式的全部秘密，因此也包含着萌芽状态中的劳动产品的一切资产阶级形式的全部秘密。……此外，你从我描述手工业师傅——由于单纯的量变——变成资本家的第三章结尾部分可以看到，我在那里，在正文中引证了黑格尔所发现的单纯量变转化为质变的规律，并把它看作在历史上和自然科学上都同样有效的规律。[134]

马克思关于商人变成资本家的例子将被齐美尔处理得不那么抽象，更适用于特定生活特点，因为他用定制裁缝变成匿名服装制造商来说明现代性中的物化（见本书第 3.2.1 节）。

就本雅明而言，他意识到正题和反题需要被整合到一个通过做梦和变化来表现的辩证意象中。梦醒的时刻构成了一个合题；正如黑格尔对辩证法进展的产物所描述的那样，当"绝对的内在运动"同时保证了主体和客体保有本体时，或许一个绝对认知方法就建立起来了。

本雅明也采用了法语中对文本（纺织品）的"翻折"的表述作为合题，构成了另一个辩证意象：反面不仅是"另一个""对面"，也是一件衣服的内部。在整个 19 世纪，它开始在德语中专门用于指外套的翻领，而当时的外套仍然会突出地展示丝绸衬里。在他早期的研究报告《德国悲剧的起源》（*The Origin of German Tragic Drama*）中，本雅明在关于时尚的寓意上引用了 17 世纪的戏剧家 A.A. 冯·豪格维茨（A. A. von Haugwitz）的话：

■

把采集到的红色交给我们

还有这件花纹

衣裳，都是黑色的阿特拉斯

那个人

心之所好

而肉体的悲伤

可以在衣服上读到 [135]

■

此后不久，他得出结论："喜剧——或者更准确地说：单纯的玩笑——是时不时的哀伤中必不可少的内在的一面，它就像在衣服下摆或翻领上可见的衬里一样（Revers），让人察觉到它的存在。" [136] 这个隐喻贯穿了整个《拱廊计划》，它在关于"倦怠"（ennui）的手稿中达到了高潮，正如本雅明在笔记中写的那样，倦怠是 19 世纪地狱的缩影，是时尚物品永恒重复的结果，是颓废者和游手好闲者的共同特征："倦怠是一块温暖、灰色的布，内衬是最耀眼、最多彩的丝绸。做梦时，我们就用这块布将自己包裹起来，然后在它的阿拉伯式衬里中感到如同回到家园。然而，眠者在它下面显得灰头土脸，百无聊赖。而当他醒来想告诉我们他的梦境时，他所有能诉诸言语的感受往往就是这种无聊。但谁能一下子将时间的衬里翻出来呢？然而，这恰恰讲述了一个人的梦境的意思。" [137] 正题和反题作为拱廊中的装饰和衰败或作为现代性中的梦想和变化，以及它们各自"翻折"（或翻转）成一个合题，这些都是本雅明在计划中不得不加以探索的——不是作为理论构造，而是为了不同要素可能产生的复杂互动和诗意类比。尽管明显受到马克思和恩格斯方法论的影响，但本雅明对时尚的关注似乎源自从齐美尔那里学到了很多。因此，当本雅明说"辩证法母题必须在远景中（关于城市？）、奢侈品中和时尚中实现"时，我们不应该感到惊讶。[138] 对于这个概念，第十份手稿提供了一个精心设计的方案，尽管其尚未确定：

■

倦怠

对衰败的首次分析：阿拉贡

商品的辩证法　　　　　新产品商店[48]　　　　　收藏理论
　　　　　　　　　　　失败的［主体］事项　　　商品被提升到寓言的位置

多愁善感的辩证法［出自《媚俗之梦》　　　　考古学（X.）
(Traumkitsch)］　　　　　　　　　　　　　梦想是发现事物的土壤
(本雅明对超现实主义的评论，约 1925 年)

游手好闲者的辩证法（游手好闲者的漫步）　　室内作为街道（奢侈）
　　　　　　　　　　　　　　　　　　　　作为室内的街道（苦难）

时尚的辩证法　　　　　　　　　　　　　　欲望与尸体

开始：今日拱廊的表现　　　　　　　　　　试图定义街道名字的特点：
它们的辩证发展：商品 / 视角　　　　　　　无严格类比
拱廊在其梦境结构中的现实性　　　　　　　神话般的版面：巴尔扎克

　　　　正题　　　　　　　　　　　　反题
　　　　路易—菲利普时期拱廊的兴盛　　19 世纪末拱廊的衰落

---

[48]　原文为法语 "Magasins de nouveautés"。——译者注

全景　　　　　　　　　　　　　毛绒
百货公司　　　　　　　　　　　失败（主体）之物
恋爱　　　　　　　　　　　　　娼妓

合题
拱廊的发现
过去无意识的知识变得有意识
觉醒的法则
观点的辩证法
时尚的辩证法
感情的辩证法

透视画
毛绒绒的视角
下雨的天气 [139]

∎

　　拱廊被牢固地确立为辩证相互作用的舞台。游手好闲者在玻璃顶走道上对逝去的时尚以唯物主义眼光所观察到的，是资本主义对重新打扮商品的永恒需求的象征。不仅闲逛男女的外表会每季变化，他们的商品化世界总体上也在变化。拱廊的衰败使本雅明得以将它们看成单子，因为它们不再直接产生影响，而是从现在被移除。作为时间中的静止物体，它们现在可以获得重视，因为当个体醒来时，"过去的无意识知识变得有意识"——这与阿拉贡的观点形成对比，后者只在诗意梦境中看到拱廊。文本和视觉材料（几乎是马拉梅式的）翻折或合题，除在其他地方外，还在时尚的辩证法中寻求"欲望与尸体"：当又一个诱惑风格出现时，时尚色情的吸引力和它迫在眉睫的死亡。

　　本雅明的服装隐喻通过历史观察，从普鲁斯特式"text"和"textum"等式发展到时尚对于现代性的典范价值（呼应并延续波德莱尔和马拉梅），进一步暴露出两者之间的内在类比。与此同时，认识论进展将他从象征和诗意唤起、精神分析解释和超现实主义隐喻引向时尚对历史决定论的挑战，最终引向辩证意象和历史唯物主义批判。他朝着后者迈出的明显一步可能会出现在完成品的《拱廊计划》中，但这似乎也不会是他的最后一步。

本雅明有关19世纪巴黎的摘要在时间上位于他早期手稿和关于现代性和历史决定论的后期片段的中间阶段，其中有一个观察，它标志着本雅明将重点转向历史唯物主义的终极性：

■

同集体意识对新生产资料形式——最初新生产资料依然由旧的主导（马克思）——相对应的，是新旧交织在一起的意象。这些形象是一厢情愿的幻想，在这些形象中，集体既要维护又要让社会产品萌芽得到改观，并且弥补社会生产系统的缺陷。此外，这些满足愿望的意象表现出一种强调与过时的东西脱离关系的努力——而这就意味着与最近的过去脱离关系。这些倾向指引着一种被新事物激活的视觉想象回到原始的过去。在梦中，出现在每个时代眼前的，是以意象形式出现的即将到来之物，而意象又似乎与前历史元素，也就是无阶级社会元素结合在一起。沉积在集体无意识中的这种暗示与新的东西混合在一起，产生了乌托邦，在数以千计的生活构型中，从永久性建筑到转瞬即逝的时尚，都留下了痕迹。[140]

■

这种将过去和现在、古代和现代翻折在一起的历史唯物主义观点，迫使我们有必要对商品进行分析。时尚，作为体现现代性的短暂元素，最适合将古老的过去融入最近的过去，并且反过来融入现在。它将集体无意识（神话，尽管不一定是荣格意义上的）与新事物以及商品本身的拜物特征融合在一起。本雅明试图引入辩证法的诗意元素与辩证法正统的（即社会经济）对应物错综复杂地交织在一起。

在摘要的第三段，题为"格兰德维尔（Grandville），或世界博览"，本雅明阐述了后一个方面："世界博览会是商品拜物教的朝圣地……（它们）美化了商品的交换价值。它们创造了一个框架，让商品的内在价值在其中黯然失色。它们打开了一个幻化世界，人们进入其中，获得欢愉。"[141] 本雅明在这里使用了马克思主义的术语来探究商品的"神话特性"。正如下一章所解释的那样，对这种特性的感受力来自本雅明的超现实主义解读。犹如格兰德维尔在他的梦幻画作中所展示的那样，被移出自身环境的过时客体静止不动，变得孤立无援，并获得了一种将其与弗洛伊德的恋物癖概念联系在一起的梦幻潜能。

本雅明对"神学怪癖"（theologischen Mucken）[142] 的观察——商品的神学奇想（或者说细节）——强调了他本人的看法：商品的社会政治影响不仅来自经济形式体系，还源自它被提升到了一个几乎是形而上学的水平。

.

因此，商品是一种神秘的东西（马克思在《资本论》第一卷中如是宣称），不过是因为在商品中，人类劳动的社会性质在劳动者看来是一种印在劳动产品上的客观性质，因此生产者和他们自己劳动的总和之间的社会关系，对他们来说表现为一种社会关系，不是存在于他们之间，而是存在于他们的劳动产品之间。由于这种交换关系，他们的劳动产品变成了商品，变成了社会客体，其特质是感官同时可以感知和无法感知的。[143]

.

相反，商品的形式和它所代表的劳动产品价值之间的关系，对商品的物理天性和由此产生的客观关系没有影响："只有人与人之间独特的社会关系，才让他们假定存在这种幻想的客体关系。"[144] 正是这种形式，对马克思来说是一种拜物教特征，它起源于生产商品的劳动中的特殊社会性质。而这种恋物癖对本雅明来说又决定了现代性的物质特征。

人们也必须将《拱廊计划》解读为本雅明将时尚挑选出来作为一种商品的尝试，它比其他任何商品都更有条件将神话转变成客体，它极大地覆盖了人类的身体，从而成为一种物质文明象征——成为拱廊的原初仪式。本雅明表示："时尚规定了商品拜物教所依据的仪式。"[145] 它标志着同有机体的对立，因而也标志着同主体的对立，因为唯物主义已经取代了康德 / 黑格尔的"人—自然"关系，取而代之的是"人 / 主体—商品 / 客体"关系。

■

　　不是身体，而是尸体，才是（时尚）实践的完美对象。它保证了尸体继续活着的权利。时尚将活人与无机体联姻。头发和指甲介于无机体和有机体之间，总是最容易受到它的影响。屈服于无机体性诱惑的恋物癖，是时尚的重要神经。它服务于对商品的崇拜。时尚是对无机世界的宣誓。然而，在另一方面，只有时尚才能战胜死亡。它把分离之物（das Abgeschiedene）纳入现在。时尚是每个过往时刻的当代。[146]

■

这段见于 1935 年的摘要中的分析，包含了整捆手稿里以一种分裂、多元形式保留下来的内容中的大部分元素。本雅明着重指出，服装包含无机体和有机体的辩证对立，这种关系在《拱廊计划》中通过赋予拜物癖以性内涵而得到了诗意的转化（见本书第 4.5 节）。时尚中的这种辩证关系再次同另一种关系交织在一起——即将最古老之物纳入最新的服装风格。

但此中隐含的推论存在着问题。本雅明推断，由于时尚能够征服死亡，它也会将过去引入现在，从而成为"每个人的当代"和它所有的过去时代。因此，它似乎应用了两个不同的参数：一个是与人类存在有关的本体论参数，部分是通过本雅明对商品神话特性的解读而产生的；另一个是与历史结构有关的认识论参数，其是从历史唯物主义原理的正统观念中发展出来的，不过部分又与之对立。在方法论层面上，这种二元性也说明了本雅明自己的设计、辩证意象和历史唯物主义中辩证法的传统看法之间有问题的关系。最终，本雅明不得不尝试着将这两者（如果他首先将两者视为独立实体）整合成一个连贯整体。因此，时尚将成为完成《拱廊计划》的完整方法论的最终催化剂。

4.12 死亡中的时尚

在拱廊的钢铁结构和玻璃屋顶下，"时尚为女人同商品进行交易开设了一个辩证大商场。死亡就是商场里瘦小笨拙的店员。他用码尺测量世纪；为了节约，他还自己扮演人体模型，引导销售，这在法语中被称为"革命"（révolution）。因为时尚从来算不得什么，只是对一具色彩斑斓的尸体的拙劣模仿，是女性挑衅死亡的方式，是在响亮而被牢记的欢呼声间，同衰败交流的痛苦低语。"[147]但当老虎辩证地一跃时，人们会认为它回到的那个时间应该更为重要，而不仅仅是一个破败和衰退的时代。看上去，本雅明在用时尚引发死亡的方式将过去与现在等同起来时，已经感觉到了这种不连贯性。他从1939年底开始撰写《历史哲学论纲》，试图用弥赛亚式的过去所内含的希望来替代死亡的终结性。或许，最终他的辩证法只能在"历史的野外"中得到证明，而不是在注定崩坏的拱廊下。不过在1935年，本雅明似乎已经接近得出一个解决方案，它被置入交易商场的寓言中，因为时尚作为关系中的一个要素，本身总是辩证的。死亡为时尚而扮演店员、测量时间，或者就像本雅明在最早一批注释（1927 年）中所写的那样，这种相互依存关系可以颠倒过来："死亡是辩证的中央车站：时尚是速度。"[148] 无论是正题还是反题，无论何种情况，时尚本身就附带着死亡。如果一件物品成为时尚，那它就已成为死者；人们所认为的最新剪裁、最时兴的流行，不过只是现存创新的垂死回声。因此，作为销售店员的死亡，必须在旧货"处理"的最后期限过后立马贩售新品。这个过程没有终结，或许也没有希望。历史唯物主义中的救世主元素，也就是本雅明认为的将会被带来的无阶级社会，必须继续受到资本主义规律无休无止的攻击，即通过设计新颖商品并为它们创造新市场来延长自己的寿命。

在齐美尔的文章中，时尚的死亡周期被放在同柏格森持续性的关系中考察。本雅明在他为研究波德莱尔文章所做的准备工作中，呼吁人们接受死亡为传统承受者的观念，从而对抗持续性中的"无限消极性"。[149] 这种特性解释了为什么就像齐美尔所观察的那样："时尚的变化扰乱了主体和客体之间习得和同化的内在过程，这种过程通常不能容忍两者之间的差异。"[150] 这段引文在本雅明以时尚为标题的摘录中占据了重要位置。鉴于在黑格尔辩证法概念中赋予主体和客体个体差异的重要性，时尚中的辩证"微观世界"就此发展成整个方法论体系存在的保障。

正如我们所看到的，对齐美尔来说，现代性格式塔的一个必要条件就是主体不断地斗争，以保持其在面对不断增长的客体化前的立场。因此，他强调时尚中的二元论——以及通常在艺术和文化中的二元论——是为了强调其中主体和客体之间相似的区别。本雅明出于相关原因采用了"辩证意象"概念，尽管他的现代性观念更多的是源于诗歌而不是社会经济因素。在题为"波德莱尔或巴黎的街道"的摘要的第五章中，他将城市描述为现代社会的底层。他写道，对波德莱尔来说，现代性是"他诗歌的主要焦点之一。他用忧郁消解了理想（《忧郁与理想》）。然而，现代性总是引用原始历史。此处，它是通过这个时代的社会环境和产品所特有的暧昧性来实现的。暧昧性是辩证法的视觉外观，是辩证法的静止法则。这种静止是乌托邦式的，因此辩证意象是一个单调意象。"[151] 仅仅是梦想乌托邦的话，似乎不过为一种苍白替代；然而当"每个时代都会梦想下一个时代"——正如他出自诗意和政治原因，遵循米什莱的箴言确信它必须这样做时——回望商品幻象就会变得和协同行动一样有力。

在将现代性视觉化的过程中，在波德莱尔的诗歌和辩证法中，本雅明都想将他的参考点从各自历史诠释的束缚中解放出来。当他为他想讨论的观念找到视觉表达时，以前的一维解读被取代，成为某个短暂过程的一部分——一种对解释现代性本身的有力帮助。

4.13 消费，救赎，或是革命？

阿多诺是第一个收到 1935 年摘要之人，他的批评集中在辩证意象上，因为他既看到了它的潜力，也看到了它被误解的陷阱。在任何分析都不能被分割成"物质和认识论问题"的前提下，[152] 阿多诺相信本雅明对辩证法的赞同，宣称米什莱的座右铭代表了他认为在辩证意象理论中存在的所有非辩证母题的结晶。在本雅明从一开始就很喜欢的这句格言中，阿多诺看到了隐含其中的三方观念：

■

[他] 将辩证意象视为一种意识的内容，尽管是一种集体意识；它线性地——我指的是本体论地——将未来作为乌托邦；将"时代"的观念视为同意识内容相关的、自足的主体。我认为非常重要的是，在这个版本的辩证意象（或也可称为内在意象）中，不仅是该观念的原初神学力量受到威胁，还引入了一种简化，其对主观的细微差别无攻

击性，但会攻击真实内容本身——但正因为如此，恰恰会剥夺矛盾中的社会运动……[153]

■

对阿多诺来说，将辩证意象定位为人类意识中的"梦"，不仅意味着希望幻灭和误入歧途的可触及性，更重要的是失去了"客观的关键潜能"，而这一术语本可以在唯物主义中合法化。"商品的拜物教特性不是一个有关意识本身的事实，而是它在意识产生的首要意义上是辩证的。"[154] 这反过来意味着，拜物特性不是被意识（或无意识）描绘成一个梦，而是必须在"欲望和焦虑"中接近。由于辩证意象采取了内在形式，拜物特性就失去了辩证的潜力。围绕拜物教特征的东西被简化为圣西门式的乌托邦商品世界的观念，但没有提及其反面——19 世纪资本主义的地狱。

本雅明论述中辩证法和辩证意象的严密性，甚至可以说是正统性，成为阿多诺的主要关注点。他在信中认为，正如我们所看到的那样，将商品特别是服装或配件理解为辩证意象，意味着将它"理解为其自身消亡和'扬弃'的主题，而不是把它视为对旧事物的纯粹倒退"[155]。商品是一个异化的客体，对主体没有更多用处；但异化后的商品超越了其使用价值的即时性。因此，它变得"不朽"，不是通过永恒的重复，而是通过成为拜物对象实现的。

对本雅明来说，很明显，唯一既能向旧时代"回归"，或者说对历史追溯，又能提供"不朽"的商品就是服装时尚。对旧事物、对已经过去的事物的追溯，绝不仅仅是倒退——阿多诺对该词使用的是其负面意义——尽管本雅明对孩子和母亲衣服的比喻可能会唤起该心理层面的意识。它还体现了点燃隐藏在时尚中的爆炸性潜力的尝试——它总是回溯过去。此外，时尚的不朽性是一种特殊性质，因为当它被社会捡起时就会立即死亡，并在下一刻复活，以便重新开始循环。

尽管阿多诺质疑本雅明对拜物商品的看法，他还是欣然接受了时尚在此背景下的典范价值。在信中，他概述了自己对辩证意象所进行的批判，也评价本雅明对时尚的诠释：

■

> 对我来说，提及时尚似乎极为重要，但在其结构中应与有机观念分开，并与生活相关，即不与"自然"这个先入为主的概念相关。另外，我还想到了"Changeant"这个词，即闪亮的织物，它对 19 世纪具有表达意义，而且显然与工业流程有关。也许你可以跟进这个问题。我们总是饶有兴趣地在《法兰克福报》上读到，那些报告的作者海瑟尔夫人（Frau Hessel）肯定会知道这一切。[156]

■

阿多诺指的是摘要中本雅明所挑选的有关时尚的不朽性以及它将过去融入现在的能力的内容。仔细阅读本雅明所定义的时尚特征，就已能为阿多诺提供那些他为一般商品所寻求的解释。关于有机体（"一种先入为主的有关自然的概念"）和生活之间的区别，我们必须记住两件事：第一，自波德莱尔以来（事实上，自巴尔扎克以来），时尚所强调的正是生活中人为的一面；第二，（服装）客体必须与自然有关，因为康德最初的主客体关系，即黑格尔、齐美尔及其他人对时尚在现代性中所起的作用进行评价时，所依据的正是并置的人与自然。

阿多诺有理由坚持认为，商品的拜物教特性必须引用"发现它之人"来具体化。[157] 在这里他指的当然是马克思，他在 1857 年 /1858 年写出了《导言》（《政治经济学批判》）[49]，为 1867 年的《资本论》第一版奠定基础。在这篇导言中，辩证法的定义仍然在本质上同黑格尔有关。[158]

---

[49]　原文如此，应为马克思于 1857 年 8 月底写成的《导言》手稿，该手稿是马克思为自己计划中的政治经济学著作而写的，但是后来没有发表。——译者注

就与商品有关部分而言，它以"生产"和"消费"为标志；其特征基于斯宾诺莎的一个假设，即"（一切）规定即否定"[50]——也就是说，每个术语定义都各自需要另一个术语。[159] 马克思写道："可见，生产直接是消费，消费直接是生产。每一方直接是它的对方。可是同时在两者之间存在着一种媒介运动。"[160] 生产是消费所提供材料的媒介；否则消费就没有客体。但消费也是生产的媒介，因为它首先创造了一个可以生产的主体。没有生产就没有消费，这是显而易见的；但没有消费也不可能有任何生产，因为就没有买家。对于在本雅明的《拱廊之作》中对时尚的讨论，《导言》中的下一段话变得尤其相关：

　　消费从两个方面生产着生产：(1) 因为产品只是在消费中才成为现实的产品，例如，一件衣服由于穿的行为才现实地成为衣服［；］……因此，产品不同于单纯的自然对象，它在消费中才证实自己是产品，才成为产品。消费是在把产品消灭的时候才使产品最后完成，因为产品之所以是产品，不是因为它作为物化了的活动，而只是因为它作为活动着的主体的对象。[161]

阿多诺对本雅明在摘要中关于时尚的论述有所保留，但从辩证法的角度来看，其时尚的观点确实很有典范意义。"产品"只不过是后来的商品，通过它与"单纯自然客体"的对立而得到定义；因而它看上去是无机的。但它并非完全无机，因为马克思认为，只有通过穿着行为——

---

[50]　原文为拉丁文"(Omnis) determinatio est negatio"，参见马克思《导言》(1857年)，恩格斯在《反杜林论》中将其表述为："（在辩证法中，否定不是简单地说不，或宣布某一事物不存在，或用任何一种方式把它消灭。）斯宾诺莎早已说过：任何的限制或规定同时就是否定。"——译者注

生者用无机体装饰自己——衣服才真正成为衣服。消费也是服装的解体，它的"死亡"以及作为决定主体的社会行为出现，添加了最后一笔（或"最后一击"[51]，正如马克思在德语原文中引用的英语）。有机体因此接受了无机体；而时尚，正如本雅明在摘要中所坚持的那样，在它们之间进行"调解"：在生产和消费之间，因此在另一个层面上也是在拜物教商品和个体之间，在（不活跃的）客体和（活跃的）主体之间。[162]

本雅明最初试图描述的时尚感性和诗意的关系，最后被对唯物主义思想的强调取代。随着《拱廊计划》的进展，他最初描述 19 世纪的艺术创作背景下神话和变幻风景的观念——从波德莱尔和马拉梅到普鲁斯特和超现实主义的记忆——不可避免地将他引向现代性的概念及其所有社会政治影响。对这些含义的后续分析开始接管"拱廊"的建设，随后马克思和辩证意象观念进入其中，引导本雅明走向社会批判和历史自身的新观念。

拱廊内的每一步（或更确切地说，是每次闲逛？）都是可视化的，可以通过对服装时尚的分析来追踪。本雅明是否计划将这一形象独立为他的 19 世纪"史前史"范式还有待商榷。《拱廊计划》的不完全暂时性同时尚一致。就像不可能对本雅明未完成的作品提出单一解读一样，时尚的每一个方面都提供了许多诠释方式，从而加强而不是削弱了其重要性。

在作品的最后阶段，本雅明方法论的精髓体现在他的辩证意象观念中，最重要的例子是时尚界发生的虎跃。无论是否有一个逻辑上的进展到"历史的开放空间"，让老虎进行辩证地一跃，从而导致革命或者开放空间是一个短暂的、乌托邦的观念，将导致一个弥赛亚式的救赎，跳跃的意义是相同的，在于其诗意和挑衅的想法。剩下的是所有时尚都存活的形式，它将虎跃确立为起点："Mode ist zündende, Erkenntnis

---

[51]　原文分别为"finishing touch"和"finishing stroke"。——译者注

erlöschende Intention"（时尚是一种被点燃的意图，认知是一种被熄灭的意图），这句话是本雅明在 1927 年之前为《巴黎拱廊》所写的第一篇注释中的一句话，而这个计划正是从这里发展起来的。[163]

现代性中的时尚想象

The Imagination of Fashion in Modernity

第 5 章

不，谢谢，我有时间。你被关在这个笼子里有多久了？我需要的是你裁缝师的地址。
　　——安德烈·布勒东和菲利普·苏波（*Philippe Soupault*）[1]（1920 年）[1]

　　在分析了时尚的认识论特征、审美经验，以及在上一章中分析了它的"革命"（即政治）动因之后，作者现在将总结时尚是如何被当作一种隐喻、一种人类形象和人类特征的拟像而进行艺术运用的。[2]

　　在达达主义和早期超现实主义中，这种隐喻成为一种非常有力的风格元素。19 世纪末，衣服被象征性地用来展示美、公开或压抑的性行为、社会渴望或道德偏差。人的身体或心灵都会用穿着来塑造或表征。这种看法随着 20 世纪初发生的明显物化和商品化而改变。对现代艺术家来说，在描述一个人的特征时，服装甚至可与性格相提并论。西装或

---

[1]　安德烈·布勒东，法国作家及诗人，超现实主义的创始人；菲利普·苏波，法国作家、诗人、小说家、评论家和政治活动家。——译者注

礼服象征了抽象的男人或女人。不过在通常情况下，出于唯物论社会日益增长的异化，它就会代表他或她。

空荡荡的服装外壳显示了没有实体的、没有权力的人；它代表着人群中那一张张无法被认知的脸，因此必须通过他或她的外表进行判断。看上去，上面题记那句出自布勒东和苏波早年不假思索的写作，似乎是在说："我们对你这个人不感兴趣，我们需要的是针对你服装的洞察力——我们需要你家裁缝的地址。"就像在本书前面章节已提到的那样，由于现代性中的服装传统已经凭借它自身的行为模式[2]获得了自身的意义和定义，因此，衣服而不是它们的主人，才能被看作达达主义和早期超现实主义发明的视觉和语言表现。（服装）外壳的概念成为一种风格化的手段，因为被描绘或描述的时尚并非真实的而是想象的。它首先，同时也是最重要的，是要存在于艺术家的头脑中。服装造型越是理想化或一般化，就越能有效地被用于隐喻。然而与此同时，这些服装又必须能被识别为特殊的服装道具，以便被欣赏者或观众"理解"，否则艺术家就不能挑战或颠覆它们的环境。因此，这些衣服需要在一定程度上保持物质性，需要被视为商品。不过，达达主义者和超现实主义者给它们注入了一种"魔力"，这种魔力来自他们异于常规和常识地感知日常物品。在服装上，这个过程变得更为错综复杂，因为服装不是作为独立的实体存在的——独立实体如放在桌子上的东西——而是通常在表演中的主体上被看到（并与他或她一起运动）。因此，将它们从通常的环境中抽离或移除需要精神上的更大努力，其结果就是，它们的异化更加彻底，服装客体变得更加奇怪、更加神秘。

这种抽离或移除不仅发生在物理层面，也发生在时间层面。达达主义者和超现实主义者并没有简单地发明服装，而是引用了传统的服装风格并将其神话化——也就是说，将它们从自身的时代移除，让它们作为

---

[2]   原文为拉丁文"modus operandi"。——译者注

图 57.
《汉娜·霍奇》，*Da-dandy*，1919 年。 纸上拼贴画，30 厘米 ×24 厘米。 私人收藏，柏林。

过时的时尚出现在当代巴黎街头。因此，将着装看作一种隐喻是由两个部分组成的：它既依赖于从穿戴者那里移除和异化的想象时尚，也依赖于从过去取出并嵌入现代神话的想象时尚。

对衣服和配饰的诠释以及对它们隐喻性的使用，也显示了艺术家们是如何将服装时尚中的各种观念运用为现代性范式的——从波德莱尔和马拉梅到齐美尔，都是如此。而此种诠释和使用也预示了本雅明的某些方法论，因为它直观地挑选出了时尚引用过去的行为中的革命潜力。对于"达达－纨绔派"和一些"纨绔化"的超现实主义者来说，引用让时尚携带了历史索引，他们则用索引唤起社会之下的子结构。将19世纪的服装道具从它们的背景中移除，将它们从现实中异化，并将它们转移到一个神秘和想象的领域中，如此则在如何感知它们的问题上创造出一种转变。这种转变反过来又带来了独立性，为服装成为一个完美的、恰当的隐喻做好了准备。

这种对服装想象的偏爱是我们共同的爱好。原则上，服装的存在只是为了一些简单功能：它们可以用于保护、遮挡或装饰，它们能提供避暑或避寒功能，它们赋予穿着者尊严和社会地位。我们可能会观察到别人或自己身上的这些服装。然而，它们似乎永远不会像我们所思考、所书写、所梦想的那样。当我们看到街上的人或人体模特身上披着的衣服时，我们会设想它们穿在我们身上会是什么样子。当我们拥有这些衣服时，只要我们还没有对它们感到厌倦，我们就想通过各种组合或修改来改善它们的外观。

相应地，一件衣服可能是功能性、展示性或装饰性的，然而它永远不能体现最纯粹意义上的时尚。在变幻莫测和风靡一时的流行伪装之上，时尚追求的是一种理想，一种自身的抽象品质。尽管"时尚"一词所表达的理念在不同语境下有很大不同，但它总是指示想象的和不存在的物体，或者将现有之物同理想相对立。一件衣服或配饰的真实总是被人同想象中最实用、最庄重或最具美学愉悦感的东西联系在一起。因此，时尚可以被描述为某种构成之物，它一方面由实际存在并构成一个人外在部分的衣服组成，另一方面则由抽象的服装组成——也就是说那些除了在走秀台上、杂志上或商店橱窗里看到的，却未有人真正穿着过的服装，而正是此种构成之物符合某种规范或成为特定的着装法则的一部分。

我们对服装时尚的理念可能会基于经济环境（时尚产业），基于审美考虑（什么是"好看"），或是基于社会学观察（在某个时间、某个地点应该穿什么）。我们通过个人观察或在媒体帮助下获得这种观念。然而，时尚固有的转瞬即逝性总是让人无法正确定义它。当我们认为我们已经为难以预测的时尚行为找到一种解释时，它却已与我们擦肩而过，变为另一种外观或形式。我们或许能从过去的穿衣方式中了解它，进而探究它与现在的关系，但为了把握这种特殊的文化表达中的超验性和无常性，我们总是不得不猜测它那不断变化的未来形态。

这种"去历史性"之所以产生，是因为旧式衣服通过引用而不断被复活，也是因为过时的衣服获得了梦想的潜力，它决定了那条从本雅明直抵达主义及早期超现实主义对服装隐喻性使用的通道。这种联系是通过一本 19 世纪插画师格兰德维尔绘制的名为《另一个世界》（*Un Autre Monde*）的书建立起来，该书在一定程度上被看作对居伊插图的幻影式补充。在本章中，我们将会看到此书如何嘲笑时尚引用过去及梦想未来美学的冲动，但也会看到它如何想象一个新的非理性着装规范。本雅明将格兰德维尔的引用方式同超现实主义对过时的迷恋以及对现代神话的定义联系起来。从《另一个世界》中，我们能看到一条贯穿路易·阿拉贡这种游手好闲的诗人想象的清晰线索，他从在巴黎街头和拱廊中看到的过时的时尚中提炼出隐喻，将其用在对现代性的诗意描述之上。

阿拉贡的朋友布勒东最早的诗歌则提供了另一条通道，可以从象征性视角直达服装的隐喻性使用。此处是借助（前）达达主义纨绔派雅克·瓦歇（Jacques Vaché）的影响来进行探讨的。布勒东把马拉梅式的开端，亦即被设计用于打扮灵魂的衣服，转换成了对时尚和现代性的当代认知：时尚是情感生活的隐喻，同时又从生活中被移除，进而被客观化。纨绔派瓦歇的虚无主义讽刺，将成为达达主义武器库中动摇美学和社会结构的最有效武器之一。这种讽刺在纨绔派夸张、优雅的穿着中被表达得十分清楚。

本章也涉及达达主义者和早期超现实主义者著作中所描述的服装，作者首先对时尚著作的观念进行了简短摘录，此观念先于理想、讽刺和想象的时尚观念而存在。这段弯路可能也适用于波德莱尔、戈蒂埃或马拉梅早期对衣服的描述。不过，这些艺术家致力于诗意地唤醒实际的和现有的时尚，以反映现代性的节奏。20世纪的作家们感兴趣的，不是特定的衣服或某种风格，而是服装和语言之间的相互作用，以及衣服或饰品的抽象化和它们随后的诗意价值之间的相互作用。

5.1 时尚写作 V

在时尚中，崇高的（往往是被升华的）理想会以某种残存品的形式存在。虽然一件艺术品的光泽可能有助于提升其价值，但时尚瞬息万变的特性使我们永远期待变化，并要求不断适应新确立的但往往未宣诸于口的法则。任何可能的典范价值都在字面意义上被消磨了；虽然特定社会的道德规范能让我们欣赏早期的艺术形式，但当我们回顾早期时尚，就会发现它已过时、陈旧，在古典或人文主义层面没有"崇高"或"理想"。[3]我们说："今天的人们不会穿那样的衣服了。"[4]然而，正是衣服中的物理要素，它们与人体的相互依存的事实，似乎让任何对时尚的分析、任何对这种现象进行的系统解释都显得不可靠。

因此，罗兰·巴特在《时尚系统》一书中依靠结构主义的分析方法，对衣服做了如下描述和书写："只有被书写出来的服装没有实用或美学功能：它完全是以一种意义视角构成的。"[5]巴特打算通过时尚报道的语义学对一件衣服如何构成自身做出一致性的解释："那么，我们可以说，一件书面服装的存在完全取决于它的含义……（书面）服装没有任何寄生功能的束缚，也不需要任何模糊的时间性。"[6]因此，我们是否可以假设，当时尚被书写时，它就丧失了其转瞬易逝这个看上去像是让我们无法完全理解的主要障碍？我们必须理解，巴特是想建立一个协调的体系。但是，不存在"模糊的时间性"（temporalité floue）就意味着会丧失齐美尔和本雅明曾假设的时尚中的诠释学潜力。他们对抽象时尚的分析，无论人们愿将其称为社会学还是哲学，都是将过去视为未来时尚的参考，而在这种情况下，过时的事物与尚未流行的事物密不可分。在柏林或巴黎街头所能见到的真实服装，对他们来说不是一个"障碍"，要通过对"书面服装"（vêtement écrit）进行分析来解释（消除），而且不过是时尚精神的外在表现，这种时尚精神会将现有之物看成对过去的另一种适应的背景。

在齐美尔和本雅明那里，研究语言十分重要，因为语言提供了时尚材料的来源；但它永远不能完全构成时尚的物质性。尽管如此，巴特在寻找能描述时尚的最佳语料库时，有意避开了文学，因为"尽管在一些伟大作家（巴尔扎克、米什莱、普鲁斯特）手中，文学描述很重要，但它太零碎，在历史上变化太大而派不上用场。"[7] 因此，特别是在巴特关于时尚写作的研究中，语义集中（semantic concentration）将限制历史和个人文体论中让人感觉棘手的个人风格。

到目前为止，作者试图在分析时尚时尽可能地将文学和视觉艺术形式结合起来——并不是因为"高级艺术"的既有背景可能会给转瞬即逝的事物带来庄重感，而是恰恰相反，因为时尚的重要性不仅作为现代性的典范模式体现在零碎的东西上，更重要的是体现在它对巴尔扎克、米什莱和普鲁斯特等艺术家作品的频繁影响和塑造上（当然，这种说法在 19 世纪的巴黎社会中比他处更真实）。用巴特自己的话说，我们关心的是这样一个问题："一个客体，无论它是真实的还是想象的，当它被转化为语言时会发生什么？或者说，当一个客体遇到语言时，会发生什么？"在我们的案例中，时尚（或它的一部分）提供了客体，而它——时不时出于意外——与语言的相遇，发挥了同真实和文学之间建立紧密联系一样的作用："文学不就是那个看上去将真实转化为语言，并将其存在置于此种转化中的制度吗，就像我们的书面服装？"[8]

有趣的是，当文学主题是（例如在马拉梅的《最新时尚》中）时尚时，这种转换会变得更为错综复杂。服装的意义在于它的描述，而文学的重要性则在于将现实巧妙地处理成文字。然而，这种现实似乎只存在于杂志对开页之外，而在杂志里，马拉梅的时尚则是一种理想的、想象的时尚：一种他梦想并通过在散文中设计骑马套装来唤起的"现实"（见本书第 2.4.7 节），创作出一种即便有服装设计师试图忠实地按照诗人的指示去制作出来也无法被穿着的完美时尚。诗歌描述的隐含的模糊性与主题的必要瞬间性对应了起来。

这就是时尚对文学的重要性，实际上是时尚对所有艺术形式的重要性：因为对完美的追求必须体现在想象中，因为没有人希望在一个会根据定义不得不频繁变化的环境中去实现它，于是时尚在艺术中以最完美的形态出现，而艺术则在赞美时尚的尝试中被尽可能地唤起，以"设计"或回应一件书面服装。巴特补充说："既然时尚是一种启蒙现象，言语自然履行了一种教诲功能：时尚文本代表的就像某个权威声音，而他则知道混乱或不完整外观的视觉形式之下的一切；因此，它构成了一种打开不可见之物的技术，在那里，人们近乎能以世俗形式重新发现占卜文本的神圣光晕。"[9]看上去，谈论或书写时尚的人"知道一切"，甚至知道那些造就时尚外观的无意识过程。回顾过去，许多艺术家似乎已经意识到时尚可能对人类产生的社会和美学影响。他们使用"打开不可见之物的技术"，采用探索隐藏在现代社会中的、同超现实主义者——他们希望揭示梦境，就像我们在普鲁斯特的追忆中看到的那样[10]——的目标密切相关的机制和神话的方式，以求有助于解释创造力的根本模式甚至创造本身，从而为人类存在添加一些最重要的经验。而人们恰恰将会在时尚与过去的关系中找到此种对神话进行探索的触发机制。

5.2 本雅明谈格兰德维尔和超现实主义：五年之前的衣服

游手好闲者在拱廊中漫步，而且最好是在晚上，煤气灯照亮商店橱窗，玻璃后面那些转瞬即逝的物品就会拥有自己的神秘生命。在它们的日常环境之外，这些服装、手杖、领带或雨伞超越了单纯的真实之物，变得充满梦想潜力。它们进入了无意识。拱廊，这个它们被发现之处，不再是 19 世纪高大的拱形街道，充斥着奢侈商品和专属酒吧。当阿拉贡——以及后来的本雅明——到访时，它们拥有的只是以前吸引力的阴影。然而，正是这种用怀旧和追忆取代时尚的做法，这种从现实到神话和想象的转变，让诗人和哲学家都为之着迷。

本雅明说，他对超现实主义的讨论构成了一个"放置在《拱廊计划》前的一座不透明的折叠屏风"；[11] 其为他提供的不仅是一些他后来用在《拱廊计划》中的文化标准，还提供了一个可以掩盖他更庞大的全面意图的批判性研究范例。本雅明的兴趣可以追溯到 1925 年，[12] 即布勒东的第一份宣言发表一年后，而在他 1929 年的《超现实主义：欧洲知识界之最后一景》(*Surrealism: The Last Snapshot of the European Intelligentsia*) 中到达顶点。[13] 在评论超现实主义文学中的情色主义和女性时（主要是以布勒东的《娜佳》[3] 为例），他发现作者的兴趣更多是针对物体而非人。"她（女性）所亲近的东西是什么？再没有什么能比他们的作品更能揭示超现实主义了。但从哪里开始呢？它必须以最惊人的发现为荣。"此发现确实与本雅明自己的目标非常吻合："它［超现实主义］首先遇到了出现在'过时之物'中的革命潜力，它出现在第一批钢铁建筑［如拱廊、火车头］中，出现在第一批工厂建筑中，出现在早期摄影中，出现在刚刚不复存在的东西中，出现在大钢琴、五年前的衣服中。"[14] 服装外壳，特别是当它经历了时间层面的异化后，可能会变

---

[3]　《娜佳》(*Nadja*)，布勒东创作的超现实主义小说。——译者注

得比穿着者更重要。"超现实主义的潜力"，就像本雅明为他的文章写下的早期注解所言，在于"时尚中所表现出来的集体性的巨大紧张结构，能用于革命。"[15]

集体想象不一定创造时尚，但它能够决定并接受其影响。隐藏在社会结构中的一致性和多样性，在纺织品及配饰中得以显现。通过观察它们，历史学家能够以更直接的方式了解"革命潜力"，而艺术家则将其当作另一种现实的隐喻。法国诗人和艺术家所描绘的客体化的商品和日益非客体化的商品世界——以一种类似于《拱廊之作》的方式——不仅仅作为现代社会中的（必要的）邪恶出现，更是一种人类身心的拟像集合。最接近这个身体的当然是由时尚决定的衣服。不过，它们并不是在它们所期望存在的那一刻被观察到的，也就是说，它们不是在穿着的那一刻，而是在诗意追忆中被当作了解释身体的短暂元素。最新时尚总是通过过去而诞生，它的辩证法为人们提供了一种认识论类比，即超现实主义者所假想的不同客体在"不适合层面"上的"不期而遇"[16]——在这个"不合适层面"，差异更有可能在对神话的唤起中找到，而不是在实际显现中。

本雅明在讨论19世纪巴黎社会的残余和回响时写道："因此，新事物总是主导因素，但只有在它以最古老、最熟悉、最遥远的过去之物为媒介出现时，才是如此。"[17]本雅明在这里暗示了作为他写作基础的一种重要联系——过去和现在的想象之间、19世纪和他的时代之间、过时的插图和超现实主义艺术之间的重要联系。这种联系表现在时尚中——准确地说，是在时尚的辩证法中：

　　　　.

最新事物在过去的媒介中形成自己的戏剧方式，构成了时尚辩证法戏剧本身。只有如此，我们才有希望将格兰德维尔那些奇怪的书理解为辩证法的宏大表现，这些书在19世纪中叶左右引起了轩然大波：

他把一把新扇子称为"鸢尾花"（éventail d'Iris），他最新设计描绘了一道彩虹；银河被展示为一条由煤气烛台照亮的夜间大道；"月亮的自画像"中月亮躺在时尚的毛绒靠垫上而不是云朵上，唯有此时，人们才开始明白，在这个最阴郁的、最缺乏想象力的世纪里，整个社会的梦想潜力不得不以加倍的速度逃到无法穿透的、无声无息的、虚无缥缈的时尚领域，在那里，理性无法涉足。时尚是超现实主义的前身——不，是永恒的替身。[18]

■

人们可以通过一件衣服的特殊风格直接接触过去。通过参考或引用，它唤起了被遗忘的有关美的梦想。曾经的时尚世界和它的服装幻想可以由此体现在现在的艺术中。

格兰德维尔被选为时尚的超越历史特性的早期案例是经过精心挑选的。在格兰德维尔最有名的、于1844年在巴黎出版的《另一个世界》中，可以找到本雅明所描述的意象。[19] 它包含了通过人类想象力取得的壮举（tour de force），唤起了一个同时属于过去、现在和未来的梦幻世界。主人公是三个人，他们宣称自己是"新神们"[4]（因此也符合巴特对占卜文本全知作者的描述），他们探索现实之外的"另一个世界"。然而，另一个世界却奇怪地显得真实而熟悉，通过格兰德维尔的、当时巴黎的时尚来让自己区分于其他。在实为美丽世界（beau monde）巴黎这个显而易见却又很美妙的伪装寓言中，一个（时间）旅行者在古典城市社会中度过了"雷库兰奴姆（Rheculanum）[5] 的一天"，那里的着装法则被描绘成古代发型、鞋类和仪态的时尚混合物，再加上19世纪中期的狮子和雌虎的服装：光秃秃的躯干上穿着合身的马甲，在咖啡馆里穿着立

---

[4]　原文为法语"néo-dieux"，意为新神们。——译者注

[5]　书中臆造的城市名。——译者注

图 58.

格兰德维尔绘制，《雷库兰奴姆的一天》。在剧院的门厅里（《另一个世界》的插图），
1844 年。石版画，11.7 厘米 ×12.7 厘米。

绒长袍和刺绣平纹细布裙，裙子能露出脖子与肩膀搽的白色香粉。这位
"新神"一到，就有一个年轻人迎接他，并向他简要介绍了瑞库兰奴姆
的基本哲学：

    ■

    亲爱的朱庇特之凡人，你面前这个地方被称为古代。在这里，传
  统被安静地培养，远离那些想利用、评论、注释或删减它的人；在这
  里，过去和现在愉快地融合在一起。我们的任务就是展示传统链条上

的所有环节是如何联系在一起的，以及新形式是如何与旧形式联系起来的。我们通过与古代的接触而让现代性充满活力。如果你碰巧熟悉哲学语言，我可以告诉你，我们的生活是一个渐进的、永久的"重生"[6]。20

　　　　　　■

　　这的确是一个复杂的视角，它同时预示着波德莱尔和本雅明的观点！历史和时尚都具有周期性。它们经历了重生：一种精神上的转移，同样也是个人进化过程中出现的种系祖先的特征。然而，它们永远保持着现代性和古代性的辩证结构——现代精神（l'esprit moderne）与古代精神（l'esprit antique）的亲密接触。此外，主人公进入这个社会的过程是以服装方式开始的——年轻的导游对他的访客建议道："瞧！你穿的服装不足以连接过去和现在，所以它不符合传统。"21

　　正如"新神"很快发现的那样，过时引用对这个不同寻常社会的重要性是通过采用一种悲剧性缪斯来体现的，特别是强奸卢克丽霞（the rape of Lucretia）、"无辜配有罪的配偶"被戏剧性地重现。22 当主人公冒险进入阿斯帕西娅小姐（Mlle Aspasia）在公共集会场所 23 的高级时装店向店主致意时，所有"圣殿"（temple）的弟子——也就是所有配备了剪刀、纺锤和圆规的女裁缝和女人——都威胁说，如果他敢进一步亵渎她们的圣地，就在公共场合刺死自己。除了故意讽刺专门为女性保留的服装店沙龙及其品味和时尚之外，格兰德维尔还围绕古典模式创造了一个复杂但具有讽刺意味的参考框架。

　　19 世纪 40 年代初，在《另一个世界》被创作出来之际，面料"克里诺林化"就已开始。法兰绒、丝绸、开司米等被仔细地与马鬃混纺在一起，让它们变得坚硬和突出。裙子上增加了越来越多的荷叶边，这

---

[6]　原文为"palingenesis"，指通过宗教仪式（如基督教洗礼）获得精神上的重生、复活。——译者注

图 59.

格兰德维尔绘制，《雷库兰奴姆的一天》。"只要我再靠近一步的话，不合群的卢克丽霞就威胁要自杀"（《另一个世界》插图），1844 年。彩色石版画，7.8 厘米 ×15.3 厘米。

样一来，在 19 世纪 60 年代后半期出现的最紧胸衣和最宽大的克里诺林裙撑就发展到了荒谬的顶点。[24] 格兰德维尔通过对经典的督政府时期时尚的暗喻以抵消此种约束性发展的肇始，这种时尚从 1795 年一直存在到 19 世纪的第一个十年（尽管由五位平等成员组成的实际政治机构"督政府"（directoire exécutif）[7] 本身只存在于 1795—1799 年）。法国大革命后，裙装的腰线就已挪到胸下这一新高度；飘逸的面料如平纹

[7]　法国大革命时期出现的政权，督政府设立五位督政官（le Directoire）作为最高执政者。——译者注

现代性中的时尚想象

细布、上等细亚麻布（batiste）、府绸甚至高级密织薄纱（percale）都被裁剪成几乎透明的女式无袖罩衫。轻薄的束腰外衣和女士短上衣围裙（Caraco tablier）在膝盖处被剪掉，外面还搭配了一件开叉的托加长袍。[25]服装有意识地重新创造了一个充满共和时期美德的古老社会理想。然而，在雅克-路易·大卫（Jacques-Louis David）关于拿破仑加冕礼的画作中（1804年），人们已经开始发现约瑟芬和她的女官的服装有了变化，这些衣服是由勒鲁瓦（Leroy）和兰博夫人（Mme Raimbaud）设计的。面料变得不那么透明了，袖子现在是蓬松的并饰有花边。不久之后，一个"中世纪"的花边领被加在相当低的领口上，而裙子则变得更短。时尚随后通过洛可可式的复兴走向了浪漫主义模式。1820年左右，腰线再次达到了"自然"的位置，而玛丽·斯图亚特式腰（la ceinture Maria Stuart）的大身则在某个点结束。1832年，第一家紧身胸衣工厂在巴勒杜克（Bar-le-Duc）成立，到1845年，裙子像以往一样宽松，裙摆拂过地面。

因此，在格兰德维尔的书中，整个19世纪前几十年的女性时尚的变化已经穿越历史：从经典古代到中世纪再到15—16世纪。服装梦幻般地再引入的事实，同《另一个世界》中的督政府服装的短暂循环将作者带回童年时代的情节相互呼应（和嘲弄）。格兰德维尔让历史自身重演，书中结尾相当悲观（名为"一个和另一个世界的终结"），当三位新神发现他们重聚，从而展示出对艺术性、梦幻性以及最终对时尚性的不满：

> "在把荣耀建立在物质成功的基础上之后，人们自然要把艺术建立在时尚的基础上。"
>
> "而且，时尚仍然是独一无二的统治者。麝香葡萄纹（Muscardins）、

花花公子（incroyables）[8]、纨绔子弟、时髦人士、狮子，彼此相继，力量丝毫没有被削弱。同样的荒唐事以不同的伪装存在。"

"裁缝、鞋匠、领带推销员、紧身胸衣制造者、女裁缝师、马甲供应商，都是时尚的崇高作品的执法者。女性独裁者，绝对君主，带着一队队的爪牙和刽子手。今天，每个人或多或少都是它的受害者。"

"衣服不再造就男人，因为没有简单的男人，而是造就了初级律师、专门律师、辩护律师、国会议员、贵族、部长。"

"告诉我你的裁缝是谁，我就会告诉你你是谁。"26

　　　■

人们不禁要问，这是否会促使布勒东和苏波后来希望了解定制裁缝的地址？

对转瞬即逝和瞬间的批判迫使人类不断适应，并使真正的（即定义为永恒或人文的）价值变得难以被欣赏，这表明了格兰德维尔对文明的厌倦。《另一个世界》中的图画成了针对巴黎奢侈品、时髦消遣和逃避现实的奇想名利场的一种讽刺。然而，为艺术家提供历史"拼贴"材料的一连串时装，在唤起潜在观念和理念方面要比历史事实的内省清单成功得多。如果没有服装时尚在短短五十年间的快速变化，格兰德维尔不可能让讽刺艺术发挥效用。作为现代性的典范，时尚对他来说更多的是灵感而不是障碍。就像波德莱尔（以及戈蒂埃和其他人）一样，格兰德维尔准备接受现代性中的转瞬易逝性，以便创造一个可以反过来作为现代主义对资产阶级社会及其逃避现实消遣所进行批判的基础美学框架。半个世纪后，他往昔的艺术实证主义变成了达达主义者对艺术的攻击，他们在化装表演中嘲弄地将过时的服装风格扔在一起。相比之下，早

---

[8]　花花公子，法国大革命时期巴黎贵族时尚女性亚文化，她们以极为奢华、颓废、甚至夸张的方式举办数以百计的舞会，并在服装和举止方面掀起了时尚潮流。
　　　　　　　　　　　　　　　　　　　　　　　　　　　　　——译者注

图 60.

格兰德维尔绘制，《时尚》(《另一个世界》的插图)，1844 年。彩色石版画，
18.4 厘米 ×14.1 厘米。

她性格多变，作为"全世界的灵魂"的时尚，她转动着命运之轮来决定引用哪种风格，
下一步要恢复哪种服装。一群男性纨绔子弟在一旁羡慕地看着。据格兰德维尔的插
图，1992 年将看到法国大革命时期的雅各宾派帽子的复兴。艺术家的预言只是稍有
不妥：1989 年（大革命 200 周年），让 - 保罗·高缇耶（Jean-Paul Gaultier）的夏
季系列突出了这种帽子。

期的超现实主义者则回过头来欣赏格兰德维尔关于时尚幻想中的想象潜力。就像格兰德维尔一样，通过分别引用《另一个世界》中的个别服装，他们把服装与它的目的分离，从而将它变成一种隐喻。

如果说作为全知的叙述者的讽刺版本，"新神"实则代表格兰德维尔对肤浅的不满和对永恒、崇高的渴望，那么，艺术家本人也试图将更深层的含义植入他对服装的描述中。因此，就在上面引文中提到的格兰德维尔和超现实主义的关系确立之前，本雅明就将对时尚抽象化使其超越自然因果法则归功于格兰德维尔："格兰德维尔用中世纪的时尚精神掩饰了自然——宇宙以及动植物，使时尚形象中的历史从自然的永恒循环中演化出来。"[27]

5.3 神话与时尚（Mythe et mode）

如果时尚从自然法则决定的永恒循环中浮现，并就此将自己置于历史叙事之外，那么它可能就会拥有诠释学的宝贵潜力。不过，我们不能指望仅仅通过观看衣服就能查明历史事实。这并不是说不可能进行事实调查，而是因为时尚总是太过短暂甚至转瞬即逝，以至于无法简单地解释历史因果关系——尽管其变化往往是可以预见的。[28] 但由于其超验的自足性，它永远不能被视为那个社会的简单映射；相反，它向前投射。

因此，向我们揭示文化进程的不是抽象中的时尚复杂性。我们需要进一步关注它的客体化，正如本雅明所要求的那样："我们需要对最接近我们的事物进行具体的、唯物主义的关注。"[29] 革命和救世主的奇特的暧昧性又一次浮上表面：对本雅明来说，只有从历史的连续性中解放出来从而接近神话和超现实领域的客体，才适合揭示独立于其文化框架的革命潜力。然而，此客体如果是服装，那么它也必须通过反复提及自身的过去来反映其被创造出来的社会环境。

本雅明和超现实主义者距离 18 世纪并不太久远，这让他们能够搜集到通盘诠释所需的补充资料。但同样的，他们也不得不向他们身边的客体准备揭示的印象低头，希望通过学习它的神话，进而释放一些它的颠覆性和诗意的力量。他们喜欢专注于（衣着）碎片以刺激想象力。他们对如何看待其可能的意义——通过文学或形而上学的镜头——的选择是开放的，事实上，区别可能只是一个语义学问题。本雅明写道："'神话'，正如阿拉贡所说的，将再次让事物远离我们。只有对同质性和条件性的解释才是重要的。就像超现实主义者所说，19 世纪是介入我们梦境的声音，而我们醒来时则对其进行解释。"[30] 在此，本雅明似乎并不欣赏阿拉贡，而且看似很轻易地抛弃了神话学。否则，我们梦中的那些声音——如普鲁斯特所说的上个世纪的"翻转的衣领"——将是些什么？它们是必须破译的神话，但又与那些基于道义目的而抄写的古代神话截然不同。它们是现代神话的一部分，将转瞬即逝的东西永恒化，并赋予它诠释学和诗意的正义。正如我们将看到的，神话将像人体模型这种客体一样，从历史决定论的规范和进化的束缚中解放出来，并赋予它颠覆性的力量，一种同装饰它衣服的转瞬即逝之美互补的力量。

《拱廊计划》必须处理来自 19 世纪的觉醒，[31] 而本雅明觉得超现实主义对梦境的诠释仍然有些呆滞和不够精确。这种观点乍看上去显得过于简单，但鉴于超现实主义和达达之间的分歧，就变得很有价值。尽管含蓄且具回顾性，它还是暗示了诗意的缺陷，而这些缺陷将阻碍超现实主义感觉的现代性：这种感受必须保留任何旨在冒险超越美学判断的当代社会分析的核心。本雅明后来发现，有必要让他的《拱廊之作》同阿拉贡的《巴黎的乡巴佬》的现代神话拉开距离，虽然这个来源曾经是如此影响深远和鼓舞人心。因此，在被他当作穿越 19 世纪拱廊的游手好闲之旅起点的"剧院拱廊"这一章中，本雅明提出了一个认识论的观察结果："虽然印象主义元素在阿拉贡那里苟延残喘——'神话'——而且这种印象主义应该对他书中许多模糊不清的哲学命题（philosophemes）

（法学观念和范畴）负责，但在此重要的是将'神话'融入历史的空间。当然，这只能通过唤醒一种尚未被意识到的、以前的知识来实现。"[32]这一对《拱廊计划》的后期补充，是因发现了历史唯物主义对该计划的基本结构可能意味着什么而被激发出来的。此外，本雅明也站在20世纪30年代中期的共产党员阿拉贡一边，同意他的观点，宛如他们都与自己（知识分子）的过去相矛盾并与早期的著作保持距离——就阿拉贡而言，就是指《巴黎的乡巴佬》。[33]1927年，路易·阿拉贡的早期写作产生了深远影响——《乡巴佬》似乎是"关于巴黎最好的书"——本雅明对一个朋友断言："你把阿拉贡和历史唯物主义放在一起，让我印象深刻，这正是我的观点。"[34]

让人感到吃惊的是，在唤起古老的拱廊以及拱廊内过时但启发灵感的时尚展示方面，阿拉贡和本雅明靠得如此紧密。两人都以对转瞬即逝的事物的赞美开始，一个发现了它的神话力量，另一个发现了它对瞬息的潜力。两人随后都描述了服装客体如何将欣赏者投射到过去；阿拉贡赞扬了它的诗意潜力，而本雅明则强调了它对历史决定论的挑战。两人最后都转向了客体中的"他者"，即商品的邪恶面，在政治实践或理论中致力于建立一条基于历史唯物主义的政治路线。因此，对曾经受到青睐的商品——时装的谴责，没有什么会比阿拉贡在1929年的声明更严厉的了：

▪

　　时尚这个词，是软弱爱好者和那些尊崇安心的神灵所发明的一种扭曲、丑化未来的面具。我们必须接受这个挑战；我们必须接受在这个词最不名誉的含义层面——女性时尚，这个令人恐惧的、肤浅改换门庭的历史，有一天可能成为那些消除任何活力之物的庸俗象征。这仅仅是为了生活的权利，为了唯一有资格对抗所有其他的观念，以及为了那些不容挑战的事物。

关于什么是现代和现代性的理念。在使用这些词时，无须担心人们会怎样理解我们文本中的这段话。[35]

■

一种深刻的悲观主义，也许甚至是一种淡淡的、加以隐藏的厌恶，创造了阿拉贡的文字。米什莱在 19 世纪的呼吁"未来！未来！未来！……每个时代都会梦想下一个时代"（Avenir!Avenir!Avenir!……chaque époque rêve la suivante）——在阿拉贡的《1930 年导言》(*Introduction à 1930*) 问世前几个月才首次出版，并被本雅明用作《巴黎，19 世纪的首都》(*Paris, Capital of the Nineteenth Century*) 的序言——因此遭到阿拉贡的文章发表前的新格言的反驳："L'Avenir n'est qu'un mort, qui, s'étendant, revient."（未来不过是个死者，它蔓延开来，回来了。）[36]

或许具有讽刺意味的是，后面一种信息——它如此真实地反映了现代性中的时尚特征——将被本雅明（受齐美尔早期研究的影响）用于反对强加给时尚的诅咒，即将其单纯看作短暂、轻浮的事物。由不断朝向新事物的变化所代表的未来，注定会迅速消亡。而时尚，正如我们所看到的那样，自身就蕴含死亡，一旦它在公众视野中变得引人注目，就会屈服于死亡，只是会在下一刻以一种新形式回归。然而，时尚从来没有像阿拉贡写的那样仅仅呈现出"一种扭曲的、丑化未来的面具"，而是把自己的意图穿在它的编带袖子上让大家看到。这种意图可能是使政治和社会活动变得庸俗和外在，只有当本雅明着手证明时尚的解释潜力超过了它对物质社会的依赖时，才能被人接受。

从历史唯物主义的观点来看，时尚可能只不过是对商品的徒劳赞美，是不公正的阶级对立象征。正如阿拉贡在他的《美丽的街区》(*Les Beaux Quartiers*，1936 年) 一书的第三部分所强调的，现代拱廊神话在孱弱、时尚、受限制的"拱廊俱乐部"世界中迷失。[37] 作者的目的是描述《真实世界》(Le Monde réel)——阿拉贡为他 20 世纪 30 年代的（社会主义的）现实主义三部曲所起的标题，这正是为什么《美丽的街区》成为其中第二部 [38]，而不是超现实 (sur-réel)，即现代生活表现背后的神秘、神话元素。

然而，这是阿拉贡的"中年"。在职业生涯早期，他曾追随波德莱尔、马拉梅等人，将现代性定义为不是简单构成新与旧之间的对抗，或转瞬即逝、暂时之物与古典、崇高之间的冲突；对他们来说，现代性是通过主观主义的感性与现实世界及其客体的接触而产生的。这种以拱廊的陌生世界为背景的理解，在阿拉贡的前两部小说《阿尼塞或全貌，小说》(Anicet ou le panorama, roman) 和《巴黎的乡巴佬》中得到了体现；前者写于达达主义仍然代表"高级时装"的时期，[39] 后者则是在超现实主义尚未流行的时候。

阿尼塞，是阿拉贡的另一个自我，一个神秘的游手好闲者，穿过现代商品世界，喃喃自语着感性认识的诗歌："在我感性所喜的环境中，我于此为'宇宙拱廊'施洗。"[40] 在这"宇宙拱廊"中，各种印象激流从各个方向汹涌而来，以至于主人公似乎无法保持方向感："如何逃出这个迷人的森林？我不知道有什么神奇法语可以打破这个魔咒。我焦急地四处张望，却什么也不明白。突然间，一个灵感在我眼前闪现。在我头顶上，我看到了：所有服装都是量身定制。诅咒解除了，感谢上帝；我得救了。"[41] 这个标志是作为保护和温暖穿着者的衣服的熟悉标志，还是一个讽刺的指路牌，指向所有商品中阿尼塞主要感兴趣的男性服装？

即使这个标志暗示了一条从大量的图像和产品可能走出的道路，但拱廊的冒险才刚刚开始："我发现自己仍在我感觉喜悦的拱廊里。只是这个世界已是晚上，商店在电力与日光的斗争中已经获胜。因为我刚从漫长的旅程中回来，我是在以一个陌生人的眼光来考量周遭景观的，并没有真正理解它的意义，也没有对我所生活的这个世纪中的确切时空

图 61.

日尔曼娜 · 克鲁尔绘制，*Passage du Ponceau*（细节），1933 年前。明胶银版画，21.8 厘米 ×11.6 厘米。特奥多尔 · W. 阿多诺档案馆，美茵河畔法兰克福。

点有任何清晰的概念。"夜晚是梦境的先决条件，即便它只是由屋顶拱廊制造的人工夜幕。在阿拉贡的小说中，主人公就这样做了梦，发现自己在看被异化的客体；而且因为他对这些客体不熟，因而是以一种异样的、神奇的眼光看待它们。

　　当很久以后醒来时，他——就像《追忆》中的马塞尔一样——已经穿越了几个世纪，基本上是凭借客体化的服装记住了梦境中的他们。然而，就目前而言，阿尼塞继续"做梦"："在我右边和左边是两个裁缝的模特；毫无疑问，这些肉眼可见的衣服下的身体已经没有他们的概念了。他们的头、腿、手肯定已经迷失在另一个时代了。我将自己转送到那里，通过一种奇怪的、颠倒的价值观，我只能觉察到我周围的手、腿、头、大衣、手套和老式的裤子。"[42] 做梦者—游手好闲者被那些已过时尚销售期的现代性的支离破碎的人工制品抛入过去。这种对过去的投射不是由那个特定季节（1920 年秋）的时尚服装产生的，而是由"五年前的衣服"产生的——由于过时，它们超越了时尚"肤浅"的主张而成为当代，可以被最平庸的消费者欣赏。因此，恰恰是这些衣服成为历史上一个瞬间通道的象征：它们让人想起了过去，同时又是现在时尚模式的一部分。这些略显过时的衣服所代表的时尚领域与和平街 [9]（19 世纪 70 年代至 20 世纪 30 年代，巴黎高级时装聚集的主要街区）相去甚远。在时尚先锋向前发展的同时，过时的残余物继续存在，不会立即成为历史客体。它们的地位会相互交叉参照。它们证明了时尚的最新变化，同时不再是其中的部分。在最严格的意义上，它们不再作为时尚而存在，但仍然被穿在小街上（或是讽刺，如今那里被称为"高街"），而不是走秀台上。

阿尼塞在过去的游手好闲之旅中所见到的拱廊侧面的展厅假人，在同年早些时候出版的布勒东和苏波的《磁场》（*Les Champs magnétiques*）中也有其神话版先例。这部原创的无意识写作（écriture automatique）的最后一段，在"白手套"（Gants Blancs）的标题下，唤起了一个与《阿尼塞》一书中的全景非常相似的场景：城市夜晚，穿着全套正式服装、戴着白手套的成熟的游手好闲者，沿着林荫大道，穿过"神奇广场"和"光明的胸部全景"[43]——一个早期版本手稿甚至提到通过"拱廊的灯光"的旅行。[44] 当这些"地下旅行者"（subterranean traveler）中的两个人偶然相遇时，他们决定一起漫游这个"另一个世

---

[9]　原文为法文"rue de la Paix"。——译者注

313

现代性中的时尚想象

界"。而在格兰德维尔的书中，在冒险旅程结束时，他们只有外表幸存下来，就像穿上了量身定做的西装的人体模型。

■

他们的灵魂的入口曾经向每一阵风敞开，现在却被挡住了，以至于他们不再提供容纳不幸的机会。他们被不再属于他们的衣服评判。大多数情况下，他们是两个非常优雅的人体模型，既没有头也没有手。那些希望有着好礼仪的人在展示窗口为他们的服装讨价还价。当他们第二天经过时，时尚已不一样了。某种程度上，硬挺的衣领就是这些贝壳的嘴，它会为一对壮实的镀金钳子让路，当人们不注意时，就抓住商店橱窗里最漂亮的倒影。到了晚上，它就欢快地左右摇摆，上面的标签大家都能看到："本季最新的新产品"。栖息在我们两个朋友身上的东西逐渐从它的准静止状态中浮现出来。它摸索着向前走，露出一双细长的眼睛。完全磷化的身体仍然留在白天和裁缝店之间，通过精巧的电报天线与儿童的睡眠相连。下面的人体模型是由软木制成的。救生带。那些迷人的礼貌行为准则已经远远离去。[45]

■

作者也许认同"两个朋友"，他们靠借来的时间生活，就像他们那些借来的、不曾拥有的衣服一样。他们就像阿拉贡小说中的人体模特一样支离破碎，不得不保持不动，暴露在那些无法掌握隐藏在瞬时性中的理念之人，以及那些总是回来发现"时尚不再一样"之人的贪婪面前。然而，展厅里的假人拥有自己的生命。布勒东和苏波则认为他们有一种超自然、超现实甚至潜意识的感觉，一种可与"儿童的睡眠"相媲美的精神状态（参见年轻马塞尔的沉睡）。阿尼塞自己则授予假人一种相关潜力唤起翻领，就是说，通过他们展示当代但过时的衣服，创造了过去的时代。

图 62.

欧仁·埃尔热，《戈贝兰大道》，1925 年。白板银印刷品，24 厘米 ×18 厘米。纽约现代艺术博物馆。由芝加哥相纸厂印制，1984 年。阿博特 - 莱维收藏。部分由 Shirley C. Burden 捐赠。复制打印 ©2000 年纽约现代艺术博物馆。

　　这种最新的和老式的（时尚），将过去和现在融合到一个客体中的辩证观念，在男士定制西装中变得很明显。这种特殊的服装受制于持续的变化，因此总是当代的。但同样，它通过服装传统而抽象为一个静态的符号系统——即布尔乔亚男性着装准则——从而在本质上成为历史。

　　为了理解达达主义和早期超现实主义之间的区别，下面这篇以男性西装为中心的（结构主义）附带讨论显得很重要。当涉及将衣服用为一种隐喻时，达达主义拥护阴郁的纨绔主义及其所有精细、细微差别和讽刺性的不敬，而超现实主义则偏向于想象及同习俗相关的艺术渴望。

5.4 时尚书写 VI：结构化的套装（追求）

在 1957 年的一篇文章中，巴特探讨了后来构成《时尚体系》核心的大部分观点，他试图对时尚可能承担的辩证地位进行结构主义探究。[46] 他从语言分类开始，区分了语文（langage，作为抽象交流手段的语言）、语言（langue，在社会学框架、文化群体或社会中使用的语言）和言语（parole，每个人对自己使用的个人说话方式）。这些区别类似于衣服（vêtement，一般的服装）、服饰（costume，作为民族或文化的识别标志）和着装（habillement，个体服装表达）之间的区别。[47] 语言在这里是一个习俗，"一个因约束而被抽象化的身体"，[48] 就像约束肉体的正式着装一样；言语是制度中的一部分，被个体暂时选中并当作交流手段实施，言辞和服装——无论是诗人 / 服装设计师，都是以最复杂的方式为一个身体（作品）穿衣，或是街上路人以他认为合适的方式说话和穿着。

十年后，随着《时尚体系》的出版，巴特放弃了上述三分法，让衣服和服饰交换位置。因此，服饰被简化为最一般的含义，而衣服则等同于索绪尔[10]式的语言。[49] 这种变化原因之一可以追溯到早期的一篇文章《戏剧服装病》(*Les Maladies du costume de théâtre*)，巴特将其与《结构主义行为》(*L' Activité structuraliste*) 一起重新发表，作为他早期方法论的重要范例。[50] 在这篇文章中，"服饰"一词专门用来指舞台上或电影中穿的衣服。因此，似乎有必要将服饰的含义转变为衣服，因为

---

[10]　索绪尔（Saussure），瑞士语言学家。——译者注

后者没有强调化妆舞会或舞台装束的意味。然而，通过用衣服代替服饰，巴特在将服装应用于写作的过程中就失去了一些重要的东西（在其历史和文化背景下）：法语中男性套装——le costume 的字面内涵。因为语言被定义为一种"结构性制度"（structural institution），为 19 世纪以来男性时尚中的服装制度——套装（suit）的同形词，从而在服装中得到了最好的对应物。因此，为了便于讨论，保留巴特的早期分类似乎更合适。他在 1957 年写道：

> 重要的是要注意到，个人着装问题（un fait d'habillement）首先构成了一种服饰的退化状态。然而，当这种退化作为一种集体标志、一种价值观发挥作用时，它又可以再度转变为一种次要服饰：例如，服饰可能意味着最初要用上衬衫的所有纽扣；随后，着装可能忽略了最上面的两个纽扣。因此，当它成为某个群体（纨绔派）的规范性成分时，这种节奏可能成为服饰本身的事情。[51]

布尔乔亚男性时尚的个人风格被限制在数量有限的服装上的细微变化中。这种限制自"男性大扬弃"（great masculine renunciation）——即法国大革命后欧洲男性"放弃了被认为是美的宣称"[52]——后就成了范式。这意味着他们抛弃了鲜艳的刺绣锦缎大衣、马裤和丝袜，选择了用朴素和暗沉的面料制成的（统一）正式套装。精心设计的贵族服装规则让位于简约和近乎"民主"的平等主义男士服装。

时尚是由个体表达和大众吸引力之间的、不断的相互作用所驱动的，前者在现代性中显现为零散的细节。显得像"贵族"（按波德莱尔的说法为精神贵族）不再取决于穿上上层社会的独特服装，改为密切关注衣服的细微差别，而这些服装外形——在理论上——是公共财产。[53]时尚引领者不再强调拥有衣服，而是强调做出精致选择的能力，能恰当搭配（选择领带在巴尔扎克那里成为一个最重要的案例）和正确穿衣。同这种对细微差别和个体区别的追求相呼应，同时也是预见到巴特式的着装和服饰之间的交流，画家和舞台设计师让·雨果（Jean Hugo）在他的回忆录中回想 20 世纪 10—20 年代无休无止的服装话题：

> 外套上的纽扣是一种语言：只扣最上面那颗纽扣，衣服传达出一种陈旧而冷漠的态度；只扣上最下面那颗纽扣，是一种矫揉做作和缺乏品味的表现；扣上全部三颗纽扣，等同于僵化的德国人，上面两颗纽扣则暴露了对风情压抑的卖弄。因此应该扣下面两颗纽扣中的一颗还是只扣中间一颗，我们对此争论不休。因为当时人们还看到许多外套有四颗扣子，有些只有两颗，这显然改变了辩论的前提，所以主题似乎是用之不竭的。[54]

通过最小的变化，男装确立了一套价值观；它成为一种服装制度，其结构植根于过去，在这里是指 19 世纪下半叶，当时整体套装外观出现，稍后被雨果、阿拉贡、布勒东以及最终被巴特穿着。它的变化，如扣子与言语对应，即个体语言在某些特定场合被塑造的方式，不过其显然是在先前建立的服饰／语言的范围之内。因此，正是个人表达和社会严谨性之间的不断博弈构成了时尚，并推动它发展。

巴特继续说：

> 时尚总是一个服饰的问题，但它的起源可以代表两种不同的运动。

有时，时尚是一个由专家们人为精心设计的服饰问题（例如高级时装）；有时，它由一个简单的着装问题传播构成，由于某些不同的原因在集体范围内复制。在我们当代，第一个过程（服饰问题分散到着装问题中）在女性时尚中出现得最频繁，而第二个过程（着装问题扩展到服饰问题中），至少在服装细节方面，主要是出现在男性时尚中（我们可以称之为时尚的"布鲁梅尔"化）。[55]

■

18世纪末到19世纪初的英国花花公子博·布鲁梅尔（Beau Brummell）在这里被当作将独特服装气质提升为一种着装规范、一种"结构性制度"的水平的典范。——他"叛逆地"引入了一套由双排纽男式骑装长外套、马甲和长裤组成的套装，所有这些都是朴素而不显眼的颜色。这与其说是纨绔子弟本人对其同时代人的影响，不如说是由于他对一种新的审美体验的遵从——一种康德所谓的"无利害关系"[11]经验。时装不再是一个完全主观的声明，一个财富和地位的奢侈展示，而是服从于一个普遍规则，服从于一个道德准则，这个道德准则宣称放弃一切浮夸的东西，通过精心选择的细节而不是傲慢姿态来展示个性。从某种意义上说，布鲁梅尔在创造一个可以作为开明男性的标准装束一般法则时，具化了康德的绝对命令，同时保留了个体服装原则的意义，而这似乎永远将会是该法则的组成部分。布鲁梅尔的言语（他的"着装"）也成为语言－服饰，因为它反映了一种面对当代生活中日益迅速变化的克制的简单性，预示着对新兴现代文化的态度模式。

---

[11]　即"审美无利害关系"（aesthetic disinterestedness），康德提出的美学原则之一。——译者注

图 63.

雅克·瓦谢绘制，《自画像》，约 1917 年。纸上的钢笔和墨水画。发表于《超现实主义革命》（*La Révolution Surréaliste*）第 2 期（1925 年 1 月）。

"纨绔主义是对美的绝对现代性的断言。"——奥斯卡 - 王尔德

　　"纨绔主义是一种完整的生活理论，"巴尔贝·德奥列维利在他关于布鲁梅尔和纨绔主义的著名文章中写道，"物质方面并不是它唯一的方面。这是一种完全由形形色色的人组成的生存方式，在非常古老和非常

文明的社会中总是如此。在这些社会中，喜剧变得如此稀少，以至于几乎没有什么会是让人厌倦的。"[56] 花花公子的优雅无礼不仅仅是一个装束问题——它是一种习惯（字面意义）。巴尔贝·德奥列维利非常欣赏这种在商品化生活方式中保持个性的坚定追求：

    ■

    尽管看起来不可思议，但花花公子曾经对破烂的衣服情有独钟［正如波德莱尔所观察到的，真正的花花公子可以拥有"收荒匠"（Chiffonnier）的服装外观］……他们在穿衣服之前，先把衣服撕破，让整个布面都穿透，这样它们就成了一种花边——一朵云。他们想像神一样在这些云朵中行走！这个操作很困难，做起来也很烦琐，为此还要使用尖玻璃。这也是纨绔主义的一个真实细节：衣服毫无价值，事实上它们几乎不存在。[57]

    ■

将个性视为一种艺术需要，这可以用不同的方式表达。我们可以从外部引入一个新的、与现有形式截然不同的观念或外形，就像高级时装在每一季中声称发现的新事物一样，同时又扎根于传统，在每一个当下引用过去。或者，人们可以从内部破坏结构，看似遵守道德或美学法则，但运用讽刺（巴尔贝·德奥列维利"罕见的喜剧"[12]）和惊喜，对毫无准备的看客带来冲击，颠覆他们的期望："颓废主义……在尊重惯例的同时，也在玩弄它们。在承认它们的力量的同时，颓废主义也受到它们的伤害，又对它们进行报复，将它们作为反对他们的借口；反过来支配它们，又被它们支配：一个双重的、易变的角色！"[58]

---

[12]　原文为法文"la comédie rare"。——译者注

5.5 达达的纨绔主义和超现实主义的想象

某些艺术运动中所进行的风格反叛，也采用了颓废化和高度的个人主义。被认为是纨绔子弟审美经验先决条件的所谓"无利害关系"，可以表现为对（艺术）创作的虚无主义式无兴趣。[59] 在 20 世纪 20 年代的巴黎，同一批艺术家对距离和无兴趣表现出了不同的态度。

超现实主义运动称颂新"发现"，这些"发现"部分是从其他领域引入艺术：例如，对梦的解析、潜意识和无意识的重要性、爆炸—固定（explosante-fixe)，以及"惊厥之美"(convulsive beauty)[13] 的新观念。相比之下，他们的达达主义前辈从未声称自己发现了什么。他们与现有艺术和文化的区别不在于成规而在于细微的区别，在于一个以几乎无法察觉的片段所带来的智力挑战。达达主义似乎遵循了布尔乔亚法律，甚至到了伏尔泰·卡巴莱（Cabaret Voltaire）在苏黎世提出佩戴黑领带的地步；但这种对规则的外在遵守让接下来的虚无主义讽刺更为尖刻。

"利害"和虚无主义的对立后来构成了这些运动对时尚不同态度的基础。超现实主义——就像我们将看到的那样，布勒东的诗歌提供了一个特别恰当的例子——几乎只关注女人。语言—服饰加上女人的色情吸引力，基本都是想象，并且它对服装的高度主观诠释变成了言语和着装，因此超现实主义者实现了巴特关于女性时尚的假设。另外，男性达达 - 纨绔派（如瓦歇、克拉瓦、里戈）[14] 则集中于对固有结构的讽刺，或与之保持距离。这种立场在时尚界的例子是 19 世纪与当时套装搭配单片眼镜；在文学界的案例就是语义攻击、文字游戏和虚无主义讽刺，

---

[13] "爆炸—固定"为皮埃尔·布列兹（Pierre Boulez）在先锋音乐创作中提出的概念，"惊厥之美"出自布勒东的小说《娜佳》《疯爱》(*Mad Love*)。——译者注

[14] 指雅克·瓦歇、阿蒂尔·克拉瓦（Arthur Cravan）、雅克·里戈（Jacques Rigaut)。——译者注

它撕开了崇高的缝隙。因此，达达主义的审美经验是一个具有特质的着装—言语准备成为服饰和语言的案例。不过，与此同时，它的实践者也认识到，艺术和时尚都是转瞬易逝的，在现代性中受到同样变化速率的影响。

在本书第 1 章中，笔者谈到了"模式"与"时尚"之间的区别，前者相当于原理或方法，后者则是对短暂和无常的表达（见本书第 1.2.3 和 1.2.4 节）。同样明显的是，超现实主义者认为他们自己和他们的运动对艺术及其理论做出了真诚的贡献。譬如，他们认真对待并合理化了他们对女人及其着装的共同迷恋（对此的恋物癖？）。[60] 同时，他们试图改变言语，以便产生更广泛的美学变化。在这方面，他们又一次站到了达达主义的对立面，后者认为荒谬才是攻击艺术要求的首选方式。不过，通过达达主义者对量身定制的男装的共同偏好，他们对语言的基本要素——作为语言文字和制度——提出了更为严肃和有力的挑战。这一挑战始于"一战"期间，起源于一位达达—颓废派的前卫雅克·瓦歇的信件和个人形象。

5.6 时尚写作 VII: 定制讽刺

在《阿尼塞》中，阿拉贡在他的影射小说中将隐藏自我画像刻画为游手好闲者，这体现了从细微差别到明确肯定，从达达－纨绔到革命诗人的过渡。文中，主人公哈里·詹姆斯（Harry James）——瓦歇在他最后一封来自前线的信中所使用的战地假名 / 绰号——被一种有教养的"无利害"态度引导。他被描绘成虚无主义颓废派的缩影。"巩固我们对哈里·詹姆斯的钦佩之情的是，人们永远不知道他明天会不会无缘无故自杀或犯下惊人的罪行；人们在他身上发现了一种不守规矩的力量。他是真正的现代人，不能屈从于只做一个旁观者。"[61]

现代性中的时尚想象

图 64.

雅克·瓦歇绘制,《那些绅士们》,1918 年 9 月。纸上墨水和蜡笔画,31 厘米 ×12 厘米。
私人收藏。

　　这个"真正的现代人"对服装的特殊兴趣在他的通信中显而易见,
这些信件也为阿拉贡的画像提供了素材;从那些与瓦歇接触过之人的回
忆中也可以看到这一点——只要他在疏远的习惯中能够容忍两人的亲密
接触。"在前线,他看上去主要迷恋于奢侈的衣服和非常精致的服装,
在这场摧毁身心的大灾难中,这种爱好似乎是一种奇怪的'移置'——
这个词应该从字面上来理解。"[62]瓦歇那种"移置"也是男性优雅的特
殊表现,仅仅通过他不妥协的生活态度,这种表现就已被提升到一种道

德立场和审美标准层面。在一封写给阿拉贡、落款为"亲爱的朋友和神秘主义者"的信中，有如下文字："我很高兴地过着快乐的生活，就像13 厘米 ×18 厘米的相机一样，这仿佛与其他等待结局的方式一样。我正在积蓄力量，为未来的行为保存自己。

　　你会看到我们的未来将是多么欢乐的混乱，它将使我们能够杀人！……我也做了一些实验，以免脱离实际，对吗？——但我必须把亲密、欢愉留给自己，因为黎塞留（Richelieu）红衣主教派出的间谍。"[63]即使面对毁灭，也必须保持外表和服饰——或许在毁灭时尤其如此，因为只有战争、革命或丑闻等极端情况才能真正考验颓废派的"美德"。因此，黎塞留的间谍也可能被派来监督瓦歇在强迫下的行为和风格，因为黎塞留街在 19 世纪上半叶相当于伦敦的萨维尔街（Savile Row），而以其名字命名的红衣主教长期以来一直是知识分子生活和颓废着装的代名词。[64] 在被派往前线的头几个月，瓦歇像其他年轻新兵一样，痛苦地抱怨被征召入伍。然而，在他看来，让他不安的不是战争的残酷性和被击中的可能性，而是没有公民服装："最重要的是，我希望成为一个文明动物，穿着白色袖口（！）的黑色套装（黑色套装！），漆革皮鞋（漆革皮鞋！！）——居住在一个非常国际化的宫殿酒店门厅里，那里有许多绿色的植物和拉斯特奎尔（rastaquoères）[15]。"[65] 他希望通过完全无视周边环境来实现"移置"或异化，并保持他的理智。尽管瓦歇为战壕里的战友画了大量素描和拼贴画，他还是保持着明显的内向疏远。在上面的信中，这种距离感和无利害的冷淡是通过他的个人着装风格呈现的。黑色套装让他的衣着回到了 19 世纪早期，从而将他从目前所处的残酷现实中移除。瓦歇表达了他的愿望，即在一个陌生的地方隐姓埋

---

[15]　拉斯特奎尔由西班牙语动词（ar）rastrar（"拖"）和名词 cueros（"皮毛"）组成，最初指南美皮毛的制革者或批发商。随着 19 世纪许多在这种活动中炫耀自己财富的南美人出现在巴黎，这个词在法语中就有了贬义，指品味可疑、无趣但又奢华的外国人。——译者注

名，作为一个拉斯特（奎尔），一个有着数量不详（往往可疑）的物质资源之人，穿着无懈可击，行为正统。其他达达主义者，特别是弗朗西斯·皮卡比亚响应这一理想，将拉斯特人提升为颠覆资产阶级社会和美丽世界的成熟领导者。[66]

图 65.
梅耶和皮尔森工作室，《美丽的卡斯蒂利亚内伯爵夫人》，1853—1857 年。相册打印，约 21 厘米 ×13 厘米。

卡斯蒂利亚内伯爵夫人——莫里斯·勒布朗（Maurice Leblanc）在他的小说《阿尔塞纳·罗平》（Arsène Lupin）中让她不朽——留下了一本相册，里面有 288 张她儿子、路易 - 拿破仑三世的宫廷成员的照片，尤其是她自己在四年内穿的数百件华丽的礼服和裙子。因此，时尚确实确保了她的不朽。

在阿拉贡的小说中，阿尼塞出席了一个上流社会的聚会，他身穿黑色套装，外罩一件"灰色丝绸马甲，这就是人们对他的全部了解"。他与公主玛丽娜·梅罗弗（Marina Mérov）在夜间相遇，后者穿着"印着象征星座的图案，像夜色一样的长袍"出现在他面前。考虑到服装的开场白，两人的对话自然集中在诗歌和象征主义的伦理上。唤起《最新时尚》和马拉梅精神的公主断定："为了完整和理解，你应该写：我穿上我的晚礼服，就像我添加了美好感情……我当然更喜欢这个作品的结尾，因为你成功地重复了'rie'这个韵脚，这让整首诗有了明显的马拉梅腔调。"[67] 就像时尚一样，文学一旦从先锋传播到更广泛的受众，就会失去动力——即便那只是一场文学的狂欢。打扮身体和装点诗歌的时尚被传播开来，因而在诗人眼中，其让人惊奇或反感的能力都大幅减弱了。纨绔子弟安格·米拉克莱（Ange Miracle）进一步剥夺了阿尼塞的任何剩余的幻想，方法是肯定他对当前社会的判断，即在这个世界上，"只有每天早上把自己打扮成有品位的人的势利小人，才会不时地被容忍"，这个世界上的情感也被物化和去掉个性："你很可能想，一旦进入他们的衣柜，人体模特就会互相脱去衣服，然后做爱。"[68] 当然，安格·米拉克莱和阿尼塞都是这个社会性弊端的一部分。他们的批判部分是自我否定；而这种否定反过来又成为纨绔派和达达主义者道德装备中一个复杂部分。达达－纨绔派不仅与他人保持距离，也与自身角色保持距离，因为他所有对同伴的嘲笑都必将在他自己身上被无情地观察到。

随着现代性的发展，纨绔子弟的地位变得越来越摇摇欲坠。他不再像布鲁梅尔那样独自在极度的个人主义中；他也不能像孟德斯鸠（Montesquiou）和拉齐维乌（Radziwill）在世纪之交前那样，总是声称自己是贵族小圈子的一员。在布尔乔亚人数稳步增长的同时，纨绔子弟发现越来越难保持疏远和所需的无利害关系。任何衣着的细微差别都会很快被注意到，并被评论、被模仿，以至于纨绔主义几乎成了一种同众人进行较量的智力游戏，而不是 19 世纪大部分时间里的那种独特的存在方式。一些达达主义者认识到了这种转变，他们的批判目光不禁将自身的个人主义视为一种单纯的布尔乔亚态度和习俗的混合产物。然而在最好的情况下，达达－纨绔派能将这种状况转变成他的（艺术）优势。他是布尔乔亚的一部分，厌恶他与布尔乔亚的关系，却穿着它的外在标志：套装、衣领和领带。知识分子的细微差别——和服装一样——成为审美武器库中的一件武器。单片眼镜因此成为一个受宠的配饰，因为它将挑剔的眼睛从与反对派过于直接的对抗中隔离开来：达达主义者对他们自己前一夜的表演发起了虚假的指控和伪造的批评（特里斯坦·查拉和瓦尔特·塞尔纳 [16] 巧妙地运用了这种技巧，见本书第 5.9.1 节）。然而，除了对艺术惯例的讽刺，自相矛盾也被应用，同其他文学模式形成了区别。

在他的"回忆录"《洛特雷阿蒙和我们》[17]（*Lautréamont et nous*）中，阿拉贡用一个服装的比喻来唤起这个概念："把帕斯卡（Pascal）的袖子、沃维纳格（Vauvenargues）的外套、拉罗什富科（La Rochefoucauld）的口袋翻出来，是一种必须质疑超越姿态之意义的操作：……这种矛盾的矛盾。"[69] 可以肯定的是，达达主义无法摆脱与艺术传统相关的需求。就像时尚一样，它引用自身的过去，在新的每一季都宣扬一种新奇、令人兴奋、出人意料的形式（拼贴、蒙太奇、现成品、表演等，这些形式使用现有的商品并夸张地模仿其艺术技巧）；当布尔乔亚观众准备好欣赏新东西时，达达主义已经迈出了另一步，不承认上周表现，认为其

---

[16]　特里斯坦·查拉，罗马尼亚裔法国诗人、散文作家。他曾著有多篇名诗，如《道路》等；瓦尔特·塞尔纳 (Walter Serner)，德语作家、散文家，达达主义的重要人物之一。——译者注

[17]　洛特雷阿蒙伯爵（Comte de Lautréamont），原名伊西多尔·吕西安·迪卡斯（Isidore Lucien Ducasse），出生于乌拉圭的法国诗人。他的作品《马尔多罗之歌》和《诗》对现代艺术和文学，特别是对超现实主义和情境主义产生了重大影响。

——译者注

是"过时的"，并通过冷漠和脱离艺术界来保存其审美动力，同时秘密地准备推出下一种趋势。不过，这些策略也有消极的一面。它的对立面似乎让达达主义无法贯彻任何程式化的艺术探索。最后，它不得不失去讽刺感，在自身的虚无主义中消亡，被不断的自我否定耗散。（当然，超现实主义已经迫不及待地准备好收拾残局，充当主角了。）不过，达达 - 纨绔派通过暴露他们自己艺术作品中的结构来保持他们的距离，甚至是相对于他们自身的距离。他们将这个理念赤裸地披露，以便人人都能看到。[70] 因此，尽管最有吸引力的是达达艺术词汇中令人反感的那些，但它还是可以很快被纳入视野。阿尼塞对安格·米拉克莱说："如果认为男人在思考裸体这个想法的那一天发明了正式服装，那就完全错了。因为这个念头意味着穿着，因此也意味着疾病和寒冷的想法……我们的精神裸露让旁观者感到震惊，而假如我们写作，就会写自己。诗歌是一种令人反感的东西，就像其他任何东西一样。"[71] 时尚远不是构成同"裸体"相对的"穿着"，它是两者的综合体。时尚，就像达达主义自我保护的讽刺感一样，所揭示的比所隐藏的更多。事实上，达达主义者只需要"写他们自己"；他们的言语和着装都被设计成结构性的制度，因为只有这样，他们才能主张他们对经验的否定，并再次切割掉语言或服饰。[72]

男性艺术家发现，在结构上进行反讽相对容易。而在 1920 年左右，如果有女性打算颠覆社会服装习俗，她一定会发现很难找到一件可以用改变或增加来实现反讽（自我）否定的衣服。[73] 但是男性只需穿上他的套装，搭配上一些事物譬如不合时代的单片眼镜、假胡子、左轮手枪或古怪发型，就可颠覆阴郁的体面。如此的补充，让套装一下子从剪裁得体的服装变成了夸张的漫画化的布尔乔亚制服。[74]

一件衣服如此主宰（并继续主宰）男性时尚，说明它在现代性中的重要性。波德莱尔和戈蒂埃的黑色套装、孟德斯鸠和马拉梅的黑色羊毛套装[75]、深夜游手好闲者的深色装束——都有相同的参照系，是同一传统的一部分。"很明显，"巴特说，"着装和服饰之间存在着无休止的运动，这种辩证交流从语言和言语的角度来看，可以被定义为真正的实践。"[76]
着装和服饰之间的这种辩证交流至关重要；当一种新的细微差别（例如
套装）进入公众意识的那一瞬间，当这种服装风格是如此普遍而失去其
作为时尚重要性的那一刻，它就成为"单纯的"服装，从而不得不被更
新之物挑战，而这也正是现代性中的关键点。时尚的生存周期缩短，增
加了某种套装"灭绝"的可能性——正如本雅明所说，是在其发售五年
后——而它将唤起过去。查拉在 1918 年的"达达宣言"中坦言："我喜
欢一件古老的（艺术）作品是因为它的新颖性。它只不过是将我们同
过去联系起来的对比物。"[77] 次年，同为达达主义者的皮埃尔·勒韦迪
（Pierre Reverdy）嘲弄道："一点批评 / 他就翻开了外套。"[78] 此种观察
导致了这般批评："达达主义告诉我们，艺术和时尚一样是短暂的。"[79]
而时尚，正如本雅明的诗意诠释所宣称的那样，在唤醒记忆方面同艺术
一样重要。

正是这一点最终将我们带回阿尼塞那里，我们将他留在了裁缝店的
窗口，让他看着那些假人。假人的衣服被保留下来，成为拱廊现代神话
的一部分。阿尼塞问自己：

■

但这些零碎的生命采用的是什么风格？在大礼帽和轻便鞋中，我
辨认出第二帝国的风格。我发现自己处于一排金融家和一排势利小
人之间：其中一个穿着矢车菊蓝的宁绸套装，坐着二轮轻便马车沿着
帝国大道（allée de l'Impératric）驶回来；另一个留着长鬓角的奥
地利人，领巾在下巴处飘扬，胳膊下夹着珠面皮质公文包，吹着四对
方舞（quadrille）小调，他的脚已经开始跳起来。接下来我看到的
是一位同行；第四个人穿着紧身裤，将他的大腿绷得就像羞涩的宁芙
（nymph），穿着立绒马甲，每个手指上都戴着戒指；这个英俊的乌鸫，
我认出他是个裁缝，因为他身边有记者；这个骑兵，皮肤的棕褐色有

图 66.

不知名的摄影师，巴黎蒙田画廊的达达沙龙，1921 年 6 月。明胶银版画。私人收藏，巴黎。

栏杆上的铭文写道："在这里你看到的是领带而不是小提琴，在这里你看到的是糖果而不是新娘"（原文是"mariés"）——这是对科克托的时尚现代主义戏剧《埃菲尔铁塔的新娘》（Les Mariés de la Tour Eiffel）的嘲讽，它在这里被各种糖果色领带的真实时尚取代。"

点过深，就像巴西皇帝的侍从；这里是一个漂亮的男孩，那里是一个可可德斯（cocodès）[18]。[80]

　　　　■

跳入过去的虎跃并不只是关注历史装束。它把人体模特——真正的模特，而不是阿拉贡所说的那些涌入沙龙的模特——置于诗人为它们设想的生活中。在对服装的文学探索中，阿拉贡成为达达主义的讽刺和超

---

[18]　可可德斯是当时巴黎对讲究优雅到离谱、可笑地步的年轻人的称呼。

——译者注

现实主义的想象之间的过渡者。作为达达主义者，他用服装来颠覆布尔乔亚结构；作为超现实主义作家，他赞颂服装在隐喻性地唤起现代神话方面的潜力。

5.7 阿拉贡与布勒东：领带柜（Le cabinet des cravates）

1920 年至 1926 年，阿拉贡是一个不知餍足的夜行者。他的重要文献，三部关于游手好闲者的作品——1920 年的《阿尼塞》（Anicet）、1924 年的《梦幻之潮》（Une Vague de rêves）和 1926 年出版的《巴黎的乡巴佬》——描述了主人公在首都信步漫游以及在当代客体中寻找神话元素的过程。[81] 看上去没有什么比最新服装商品更让主人公感到兴奋，因此，三本书中的游手好闲者之路总是不可避免地通向裁缝店的橱窗。尽管博物馆或画廊的展览可能会提供理性刺激，但裁缝和服装师千变万化的展示才能激发他的诗歌灵感。1923 年，阿拉贡提醒他的情人："在商店里，一切都吸引着你的注意力。我则关注男式服装。"[82] 时尚在阿拉贡的现代神话中，意味着是用来装饰人体的各种物品的通用术语，为了解释其起源，我们可以看看叙述者——游手好闲者的认知在三部作品中是如何变化的。

  ▪

有一个裁缝店的橱窗展示着……附着在倾斜的白色背景上的条纹长裤和合身的外套。它们让凡人的灵魂目瞪口呆，衣服本身就足够神奇了。第二家裁缝店的橱窗里陈列着几捆羊毛料，有三四种灰色调的，都是蓝珍珠灰；米色、红色和绿色的中国面料上面有格子，或大或小、或斜或直，上面装饰着各种小点。[83]

  ▪

在 1920 年的第一部作品中，作者以一个给人留下深刻印象的橱窗购物者的身份出现，他带着孩子般的好奇，看着裁缝店里挑出的展示品。他既以摄影师的"客观"眼光，无利害关系地看待这些商品，又以充满仰慕之情的消费者身份希望穿上这些衣服或根据展示面料量身定制一套，感受商品带来的震撼。四年后，在《梦幻之潮》中，观察到的环境仍然是一样的，但给人的印象不同：

■

　　有一束超现实主义的光：当城市陷入火海的那一刻，它落在长袜的鲑鱼色装饰上；……它在巴克莱歌剧院大道（avenue de l'Opéra at Barclay'）上一直停留到很晚，这时领带变成了幻影；它是照耀在谋杀和性爱上的袖珍手电的光线。[84]

■

也许是更复杂的环境——不是老式拱廊，而是时尚的旺多姆（Vendôme）广场与和平街（rue de la Paix）旁边的歌剧院大道（avenue de l'Opéra）——或者只是夜幕降临；无论如何，这些服饰客体现在拥有一种超自然、超现实的气息。它们抵达视觉表面之下，唤起了色情和神秘。这些衣服和配饰转向了嵌入现代生活潜意识结构中的物化神话。

　　两年后的 1926 年，阿拉贡描述了一个走遍了整个巴黎城市的农民的冒险经历，他再次用篇幅详细观察了商店橱窗的细节，橱窗里陈列着帽子、手杖、西服、裙子等。然而，当一天旅程结束时，阿拉贡既不满足于仅仅描述他的经历，也不满足于将它们诗意地转化。他现在把它们变成了梦的一部分，《巴黎的乡巴佬》以此开头：

■

这个世界上存在着一种无法想象的无序：关于这一点的特殊之处

在于，人们应该习惯性地在无序表面之下寻找某种神秘的秩序，一种对他们来说自然而然、仅仅表达他们内心某种天生渴望的秩序，而他们刚把这种秩序引入事物，就开始对它狂欢，将这种秩序当作一种思想的基础，或用一种思想来解释这种秩序。[85]

∎

在这里，所谓的无利害关系的人输给了形而上学。阿拉贡如今反对康德的理由就是希望为客体化的人类生活创建一个秩序。在审美经验中但不仅仅在其中，无序应该保持无序以产生想象力。梦想成为消化这种经验的明确尝试，而不是限制它过分简化的解释。

∎

很明显，这不是一个简单的感觉问题：如果我选择秩序和无序作为这种辩证法的术语，那只是为了在提供这种辩证法例证的同时，附带对其加以证明，这种庸俗的方法允许人们用一种神圣的灵感来构想宇宙，而这种灵感是与任何真正的哲学方案都相抵触的。我的梦想首先关注的是心灵的运作方式。[86]

∎

在阿拉贡看来，形而上学的任务不是论证上帝的存在，而是寻找"具体的概念或知识"。[87] 由于具体的东西必须保留人的某个方面，因此在阿拉贡直到 1930 年的写作中，服装客体覆盖的身体都作为一种隐喻反复出现。

如果就像巴特所言，着装（l'habillement）——个性化服装风格——依然是一个经验性的事实，应该用现象学来处理，而套装则是一种制度，应该作为社会学和历史学的适当客体来分析，[88] 那么我们可以说，任何现有服装或配饰都归属到其中的通用术语衣服，相应地成了一个形而上学的事实，因为它既不取决于个人也不取决于社会偏好，而是保持概念化。由于服装时尚的概念价值出现在它与现代性的共同起源的联系中，超现实主义诗人——例如阿拉贡和罗歇·卡尤瓦（Roger Caillois）——能够在文学传统中加入原始观念的地方创造出形而上的现代神话（mythe moderne）："这种对现代性的品味影响深远，因为波德莱尔和巴尔扎克将它延伸到时尚和穿着最徒劳的细节中。两人都在道德和哲学问题的基础上研究时尚，因为它在最关键、最激进，也许最具刺激性的方面代表了一种直接现实，不过同样也是处在最普遍的经验中。"[89] 在文学传统中，针对时尚的形而上学观点继续蓬勃发展，而成为此种文学传统的一部分对超现实主义者来说尤其重要。尽管他们强调自己的思想如何引导他们采取完全不同的写作方式，特别是在诗歌方面，但他们接受自己是法国文学中某持续传统的一部分［由布勒东和其他人编辑的第一份杂志《文学》（Littérature），标题是由保罗·瓦莱里建议的，它不仅仅是讽刺，它也在向副刊专栏（feuilletonistic）的前辈致敬，尽管时不时有所讽刺］。他们的源头可追溯到内瓦尔、冯·阿尔尼姆 [19]、波德莱尔、马拉梅和魏尔伦等诗人；"发现"过科比埃尔、洛特雷阿蒙、兰波和鲁塞尔[20]等迄今被边缘化的诗人；超现实主义运动的成员接受瓦莱里和纪德等作家的赞助，主要在宣言中具有圣像破坏色彩；他们的诗歌则存在大量借鉴祖辈的声誉和影响力的情况。[90]

这种传统（对其的嘲弄）在他们的服装上体现得也很明显：当阿拉贡忙于发现他的现代神话的精神时，他也试图在当代服装中表达过去时期的概念——通过对他的西装进行仔细地附加研究。他曾经的"弟子"，来自阿尔萨斯的超现实主义者马克西姆·亚历山大（Maxime

[19]　指热拉尔·德·内瓦尔（Gérard de Nerval）、路德维希·阿希姆·冯·阿尔尼姆（Ludwig Achim von Arnim）。——译者注

[20]　指特里斯坦·科比埃尔（Tristan Corbière）、阿蒂尔·兰波（Arthur Rimbaud）、阿尔贝·鲁塞尔（Albert Roussel），下文为安德烈·纪德（André Gide）。——译者注

Alexandre）回忆说：

> ■
>
> 眼下，我想回到阿拉贡，谈谈他的手杖、他的领带，以及关于这些饰物所展示或隐藏的东西……我已经描述过他是如何在古董店购买丝巾的，仔细想想，一定是这些商店的诱惑才促使他买了软绸围巾……因为他的手杖也是在那里买的。在拉斯帕伊尔大道的店里，人们可以找到最漂亮的围巾和最优雅的手杖（最好是有象牙把手或柄）。在这里，人们还可以找到领带，而且这些领带确实非常重要！软绸围巾、手杖和领带是巴黎游手好闲者服装的组成部分。[91]
>
> ■

不是古代的但至少是从古董店带回来的领带，它作为男性服饰（在索绪尔和服装意义上）刻板性中的终极言语，不仅意味着一种超越历史的形而上的联系，也意味着一种文学传统中的联系。[92]1891 年，埃德蒙·德·龚古尔（Edmund de Goncourt）和茹尔·德·龚古尔（Jules de Goncourt）兄弟拜访了纨绔子弟、业余诗人德·孟德斯鸠 - 费岑萨克伯爵（Comte de Montesquiou-Fezensac）。到达后，吸引他们目光的不是惠斯勒（Whistler）的蚀刻版画或日本制品，而是"一个原始的房间：更衣室……在这个更衣室的中间，有一个小的玻璃陈列柜，里面有约一百条色彩繁多的精致领带。"[93]

在亚历山大的回忆录中出现了一个非常类似的情节。他讲了一个从布勒东那里听到的故事，布勒东去比亚里茨的一家高级酒店拜访阿拉贡，后者在那里和英国女继承人南希·库纳德（Nancy Cunard）一起度过了夏天。"阿拉贡对我说：'和我一起去酒店吧，我想让你看看我们的好住处。'我让他拉着我走，那的确是比亚里茨最好的酒店。到了之后他打开衣柜，说：'你看看！'。里面装满了领带。我说：'太神奇了，

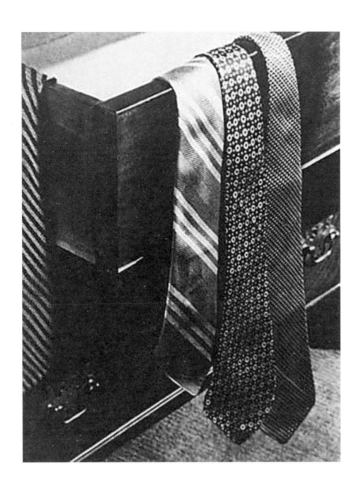

图 67.
保罗·奥特布里奇绘制,《挂在抽屉里的领带》,约 1926 年。铂金版画,11 厘米 ×9 厘米。
小保罗·奥特布里奇的财产,圣莫尼卡。

你有这么多条领带'。"[94] 这两则故事太过相似,不可能是巧合。布勒东
应该知道龚古尔兄弟的日记,这是 19 世纪艺术生活的轶事和批评的取
之不竭的来源。假如他是如此向亚历山大讲述这个故事,那他一定想到
了先前那本回忆录,因为他知道他的年轻听众——没有接受过法国文学
传统的教育——不太可能产生这种联想。

　　然而,当龚古尔兄弟将"领带柜"视为孟德斯鸠的高雅态度中的一

个元素时，布勒东则不一定将阿拉贡平行展示的镜子衣柜中深浅不一的领带看作一种纨绔态度的历史延续。对他来说，这样的展示暗示着一种心理上的反常、一种痴迷。因此，他在故事中扩大收藏领带的量，原本是想提示过去和现在时尚品味的集合变成了一种反常："'这没什么，'阿拉贡说，'稍等！'。他走向抽屉柜，拉出最上面的一个：满是领带。'哦，真是太厉害了！'他拉出第二个抽屉：同样充满了领带。'但这还不是全部，'然后阿拉贡打开一个巨大的手提箱，里面装满了领带。这真的让我大吃一惊。"[95] 对布勒东来说，时尚在 20 世纪 20 年代后半期几乎失去了所有的解释学潜力。当一件衣服或配饰在女性身上找不到时（或者，更是被丢在她身下时），他就只会在精神分析的背景下评价它。例如，在他的"1931 年 8 月 26 日，领带之梦"中——记录在《花瓶通信》（*Les Vases communicants*）里的内容，他还进行了分析：布勒东得到一条印有《诺斯费拉图》（*Nosferatu*）[21] 图案的领带，作为装饰品它没有吸引力，它也没有代表任何超越随心所欲联想的客体。因此他抱怨说："我讨厌这种难以理解的男性装饰品。我时常责备自己，因为我屈服于这样一种可怜的习俗，即每天早上在镜子前打结（我试图向精神分析学家解释这一点），这块材料应该是为了以小心翼翼却毫无实质意义的方式强化翻领外套那种已经很白痴的外观。"[96] 不得不说这不是一个纨绔派的态度。然而，在布勒东艺术发展的早期阶段，纨绔主义对他来说确实有很强的吸引力，文学传统指导他了解时尚对现代性的典范价值。

---

[21]　《诺斯费拉图》，电影史上第一部以吸血鬼为题材的恐怖片。——译者注

5.8 瓦歇和布勒东

5.8.1 启蒙与模仿

最后，除了文学批评之外，1913 年的纨绔子弟已经成为一个极其优雅的人，他的穿着不乏钻研和沉思的痕迹，他可能对最宏大及最细微的主题感兴趣……但似乎没有对占据他身体的东西给予丝毫重视。

马赛尔·布朗热（Marcel Boulenger，1913 年）[97]

1913 年，17 岁的布勒东开始创作一系列多样化的诗歌，大约六年后由他以前的同学勒内·希尔苏姆（René Hilsum）出版。他出版社的名字也就是这本诗集的开篇之作，成了人们热议的话题。布勒东赞成"难以置信"（À l'incroyable）——这是法国首都及周边地区一家连锁鞋店的名字，他们旨在通过采用 18—19 世纪纨绔子弟的绰号，让自己成为复杂传统的一部分。他们共同的朋友路易·阿拉贡介入，提出了"无与伦比"（Au Sans pareil），而这一建议又借用了当代新潮商店的名字。[98] 最终布勒东选中的店名几乎来自同样的商业机构："当铺"（Mont de piété）——一家在市政府的主持下，可以将衣服、手表、珠宝等换成钱的当铺。

这卷诗集中的 15 首诗——以及一些未收录在书中的相关作品——展示了一个艺术时代的到来，正如作者的门徒亨利·帕斯图诺（Henri Pastoureau）后来所言："这是一部有关逝去时代（période révolue）的作品集。"[99] 使用"révolue"表示这个时期已经"过去"，但这个词也是"完成"或"实现"的同义词。在其中，布勒东从晚期的象征主义传统转向现代性和达达主义的拼搭，在经历了不同的文学偏好阶段后，这些偏好将构成他着手创建的前卫艺术风格的成分。

《当铺》一书可以做一些粗略的划分。[100] 最早的诗歌——《喜悦者》（*Rieuse*, 1913 年）、《甜蜜的一年》（*L'An suave*, 1914 年 4 月）、《绿色黄金》（*D'or vert*, 1914 年 5 月）和《颂歌》（*Hymne*, 1914 年 8 月）——反映了布勒东后来在给朋友特奥多尔·弗仑克尔（Théodore Fraenkel）的信中所述的一种态度："马拉梅统治时期：我没有偶像崇拜，而是对一种神灵显现的崇拜。我相信为珍宝而活的专属英雄主义。"[101] 玛格丽特·德蓬蒂（Marguerite de Ponty）又名马拉梅，其在《最新时尚》创刊号上赞美了同一个珍宝（bijou）——珍贵物品的意义："让我们在自己身上寻找珍宝……说到花边，我们不惜一切代价也要得到它，这些作品出自仙女本人之手，她们永远不知道任何平庸。衬裙、软帽、束腰外衣、扇子、遮阳伞：应用在尚蒂伊（Chantilly）；衬裙、束腰外衣、扇子、精致的遮阳伞：应用在布鲁塞尔（针绣花边）；人们不能拒绝自己做出这样的选择！"[102] 年轻的布勒东相信对精致元素的追求、美丽的细微差别、超越其转瞬即逝特性的装饰品，旨在通过保持语义上的无利害关系以及与日常语言的疏远来唤起一种文字上的纨绔主义，从而将诗意的语言文字变成最珍贵的结构。[103]

他早期的诗歌以对隐喻的选择为特色；这些隐喻构成了他的诗集《当铺》的结构。时尚，忠实于"马拉梅精神"（l'esprit mallarméen），以这样或那样的形式出现在所有诗中。时尚就像一件衣服出现在"观赏性女人"的周围，就像一件配饰或一种描述人物或情况的动作（如针线活），就像对高级时装世界的召唤，或者最终，就像在"新精神"（l'esprit nouveau）中切割。衣服，以及穿戴或生产它们的女人，在这一时期仍然是布勒东的诗意情感的核心。多年以后，他还记得一个梦，该梦在《超现实主义革命》的创刊号上有所描述，其精神和词汇反映了他早期诗歌的风格。

■

这个梦的第一部分专注于一件衣服（服饰）的实现和展示。为她而设计的那位女性，她的面容在这里不得不承担一个简单装饰图案的角色，就像那些阳台栏杆或开司米上能见到的繁复图案那样……在这种特征中，人的真实性也同样显著，它在服装的各种元素中重复出现，特别是在帽子中重复出现……不允许进行个体的考虑……服装的形式是这样的，它确实允许人类形状的存在。[104]

■

情欲和服装的关系、女性和她服装的关系，就像这首她在其中浮现的诗歌一样，被极度的不自然因素支配。"我过去曾听到过瓦莱里的批评，说我在最初的诗中多多少少过度使用了珠宝。"布勒东如是回忆起他以前的"导师"。这位导师曾问道："那个了不起的女人是谁？人们除了她的珍珠串和钻石之河（再次出现了珍宝）之外别无他言，这些宝贝都配不上它们所覆盖的地方！"[105]

在诗集中最早的一首诗《喜悦者》（"快乐的她"）中，主题以"赤裸的洁白"出现，[106] 这是一种尚未被现实征服的纯洁。在《绿色黄金》中，诗人创造了仙子般的生物，除了覆盖在她身上的衣服，别无他物——"我唤起你，却担心披风的重量"（Je t'évoque, inquiet d'un pouvoir de manteau）——她似乎在自己设计的刺绣中消失了：

■

你锥形的衣领，藤蔓装饰着卷须。
你的手看起来，就像绣出颜色的树叶丝线，让你融化其中。

■

现代性中的时尚想象

这个人物还会保持一定的距离，而诗人对她的最后印象则是除了衣服，什么都没有留下：

> 我感到，你和你的眼离我有多远。
> 蔚蓝，你朦胧的珍宝和黎明的星星
> 将逐渐消失，成为沉闷漫游的俘虏。
> 意味着早晚会体现的，你的衣着的任性。[107]

在献给画家玛丽·洛朗森（Marie Laurencin）的《甜蜜的一年》中，[108] 布勒东再次以服装的形式引入了诗歌的主题。"万恶的披肩，失去了你的寒冷 / 肩头注定了我们的重复。"（Un châle méchamment qui lèse ta frileuse / Épaule nous condamme aux redites）[109] 在这首诗中，白皙的双手不是在刺绣，而是在消散，但被描绘的女人只是通过她的配饰才再次保持真实，而且是以一种肤浅的方式，如她肩上的织物。与阿波利奈尔 [22] 的诗中的客观描述相比，织物——以及肩膀——几乎没有触感，他也曾将一首诗献给洛朗森。[110] 在名为《1909》的作品中，阿波利奈尔没有唤起织物的象征意义，而是"无利害关系地"展示其剪裁和结构的简洁性，从而反映了一种明显的现代精神，即喜欢原则胜过装饰。

> 这位女士曾有一件衣服，
> 紫色的奥斯曼风格，

---

[22]　纪尧姆·阿波利奈尔，法国诗人、剧作家。——译者注

她的金色刺绣外衣

由两个衣片组成，

搭在肩上。[111]

    ▪

　　简洁性也出现在布勒东另一首创作于 1913 年的早期诗作中，但没有收录在《当铺》中——其中对服装的关注超越了唤起而变得更加现实。诗人以一种俏皮的、略带讽刺的方式记录了女裁缝们（标题为"缝补女工"）的对话，她们正在为嫁妆绣花边：

    ▪

布斯，花边。

"您会带着袖套吗？"

对你过去的辉煌并不满意。

方谢特叹了一口气。[112]

    ▪

　　由于袖套（manchette）不仅指封住袖子的那块布，也指偶尔的一首诗，[113] 这个词再次体现了诗人"为珍宝而活"的愿望。然而，随着新世纪的到来，马拉梅式的宁芙、牧神和仙女现在变得更加世俗化，并且就布勒东而言，其变得更具有自传性而非诗意性，因为他的母亲就是一名服装设计师，很可能雇用了一些女孩为她完成花边制品。[114]

　　1915 年，也就是他写下《甜蜜的一年》的第二年，布勒东被征召入伍，最终被派往南特市政医院工作。他将自己的这段生活与兰波所描述的"疲惫而麻木的学校工作"相提并论。[115] 事实上，正是兰波，加上他对阿尔弗雷德·雅里（Alfred Jarry）和弗朗西斯·雅姆（Francis Jammes）的兴趣以及与瓦莱里和阿波利奈尔的持续通信，使得他的诗

现代性中的时间想象

343

图 68.
安德斯 · 佐恩绘制，《花边制造者》，1894 年。布面油画，42 厘米 ×48 厘米。
佐恩博物馆，莫拉。

歌发生转变。这种转变在《十二月》(*Décembre*, 1915 年)和《时代》(*Âge*,
散文诗，落款日期为 1916 年 2 月 19 日）等作品中可见一斑。不久后，
他将这首诗寄给阿波利奈尔。令人感兴趣的是瓦莱里对这首诗的评论：
"现在我看到了你获得的灵感。一种高贵的疾病自然产生了。"[116] 这种灵
感，加上布勒东在阿波利奈尔诗歌中观察到的奇怪描述，在散文诗中通
过服装表现出来："衬衫凝结在椅子上。丝绸帽子开启了我的追求。男
人……镜子为你报了仇，脱掉了我的衣服，打败了我。那一瞬间，肉欲
再次失去了光泽。"[117] 布勒东的态度逐渐改变，对服装的隐喻以及普遍
诗意感知在 1916 年春末达到顶点。之前的一年是他的知性沉睡期，主
要是军队生活的劳累造成的。到了夏天，布勒东仍在为新的表达方式而

奋斗，肯定为唤起他那仍在沉睡的创造力而搞得筋疲力尽。然而，变化就在眼前。它将以一个喜好英国的纨绔子弟形象出现。布勒东记得：

■

就是在南特……我在那里认识了雅克·瓦歇。当时他还在博卡吉街（rue du Boccage）的医院里治疗小腿伤口。他比我大一岁，是个红头发的年轻人，非常优雅……被困在床上。他忙着画画，画了一系列的明信片，他为这些明信片设计了奇怪的标题。就像你在男性时尚杂志上看到的那些，这几乎是他这些画的唯一风格。他喜欢那些光滑的面孔，那些你在酒吧里注意到的等级森严的态度。每天早上，他都要花上一个小时的时间把一两张照片、一些高脚杯和几朵紫罗兰放在一张盖着花边布的、触手可及的小桌子上。在那段时间里，我创作了马拉梅式的诗歌。[118]

■

事实上，马拉梅已经不再是他的主要模式——"兰波式诗歌"（poèmes rimbaldiennes），会更接近事实。不过，无论他的文学模式如何，布勒东承认："我正在经历人生中最困难的时期；我开始意识到，我没有在做我想做的事情。"[119]

不过，这位年轻的医学生并不是唯一受到瓦歇影响的人。这位正在康复中的纨绔子弟躺在医院的病床上，得到了护士让娜·德里安（Jeanne Derrien）的照顾。她也出生在南特，在那里她认识了皮埃尔·比西埃（Pierre Bissière），他是瓦歇的密友，和瓦歇一样，也是纨绔派圈子中的一员，是南特中学（Lycée de Nantes）的半无政府主义学生，他们在1913年8月出版的《野鸭》（Le Canard Sauvage）杂志引起了轩然大波。回过头来看，虽然杂志上发表的诗歌似乎是青春期的，风格上也是象征主义的衍生品，但更多的反思性文章、评论和批评预示着后来的达达主义出版物中的一些浓烈的能量。[120] 瓦歇和德里安成了朋友，他在1916年7月至1918年1月总共从前线给她写了43封信，其中有大量关于文职和军事服装的研究和插画。画中套装出自瓦歇的设计，反映了一种纨绔派理想，而制服则显示了"战壕里的时尚"的逼真现实。他对一些服装的描述在设计和现实之间摇摆不定，特别是那些在英国军官中观察到的。[121]

德里安和她的弟弟爱德华都在瓦歇的事业中发挥了作用。瓦歇高兴地翻阅着成堆的时尚报道和杂志，从它们的灵感中汲取场景材料，用于描绘时尚人物的明信片。正如阿拉贡记得的那样，这些人物通常都裹着零碎布料制作的衣服："我想指出的是，1916年在南特，雅克·瓦歇用织物碎片设计了明信片拼贴画，他以每版（12张）2法郎的价格出售，画中描绘了当时的军事生活场景，人物极其优雅，女性非常'巴黎生活'（Vie Parisienne）。我想请那些仍然拥有其中一些的人站上前来。"[122] 或许是德利安的弟弟根据草图剪出呆板的廓形，然后由瓦歇线描或填充。[123] 不消说，这些人物就是布勒东声称在酒吧里注意到的"等级态度森严的无毛男子"——其中大多数是瓦歇理想化的自画像（见本书图71）。布勒东着重描述了他朋友的幻想："男性的优雅走出了普通的范畴。《时尚之镜》（Miroir des Modes）的封面是采用了水一样的色调，仿佛洗涤着封面上的摩天大楼。顺便说一句，把人的腹部堆在一起就是很好的降落伞。从这些黑色礼帽中冒出的烟雾是我们想向朋友和熟人展示的荣誉证书。"[124] 瓦歇的个人纨绔主义和他对时尚杂志中"外观"的迷恋相结合，给布勒东留下了深刻的印象。他也开始翻阅这些插图，欣赏面料和设计。鉴于他对自己早期涉及服装和女性服饰的"象征主义"诗歌缺乏发展感到不满，布勒东现在对这一主题采取不同的态度似乎合乎逻辑。

这种变化的结果就是《手工制作》（Façon，另有"时尚""工艺""方式""模式"等意思）的问世，这是一首写于1916年6月的诗。作者这一次不顾主宰《当铺》的时间顺序，把它放在诗集开头，表明他对它的

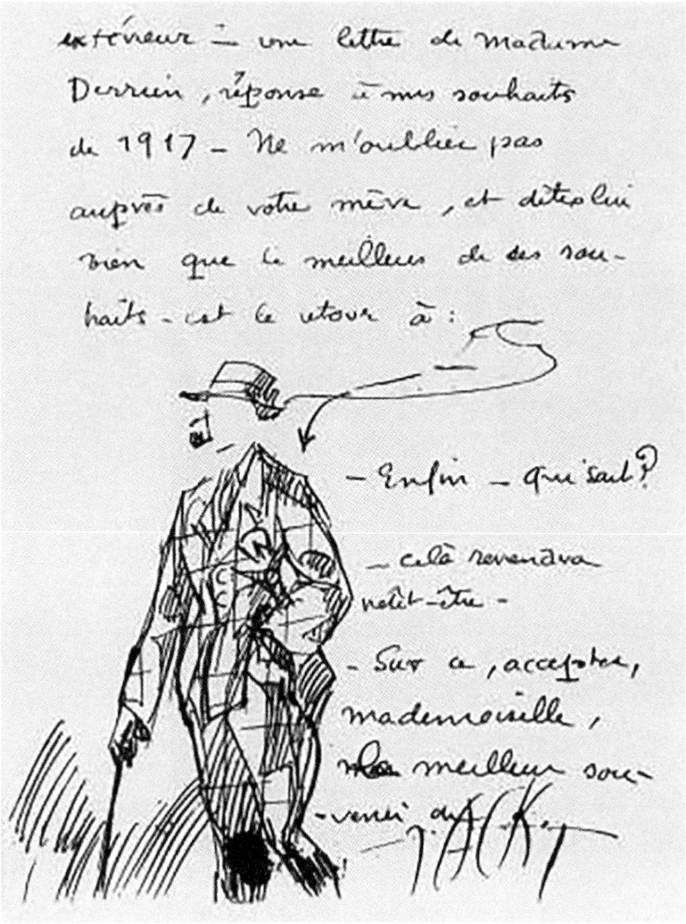
extérieur — une lettre de Madame
Derain, réponse à mes souhaits
de 1917 — Ne m'oubliez pas
auprès de votre mère, et dites-lui
bien que le meilleur de ses sou-
haits — est le retour à :
— Enfin — qui sait?
— cela reviendra
peut-être —
— Sur ce, acceptez,
mademoiselle,
mes meilleurs sou-
-venirs

图 69.

雅克 · 瓦歇，给让娜 · 德里安的信中的插图，1917 年 1 月。纸上墨水画，26 厘米 ×21 厘米。私人收藏，南特。

“我梦见感觉很好的怪癖或一些漂亮滑稽的阴险，造成很多人死亡，同时梦见自己穿着柔软、剪裁轻便的西装运动。你能给我看看敞口、石榴石色的漂亮鞋子吗？”——雅克 · 瓦歇，1917 年。

图 70.
雅克·瓦歇（与爱德华·德里安），木质剪纸画。塔文斯基（P.Trawinski）的当代照片。

高度重视。此外，这也是唯一一首用斜体字强调的诗。

■

手工制作

谢茹

配饰用塔夫绸

挖花织物的物品，

除了金光闪闪，其他自成一体。

让七月，愚蠢的证人

至少不要算上我们读这本关于女孩的旧小说的罪孽！

我们企图

弄湿那些女孩（安斯，盲目到忘乎所以的地步），发呆，

吮吸甜美的腺体。

——除了妖娆，还有什么行为能让你安排好自己？

一个未来的，耀眼的巴达维亚之庭。

标签

虚情假意，这样满是冷漠的人

底部，超过了几个小时，但是，几个月？她们

在做细亚麻布：永远！—今年春天

气味消失的同时也在妒忌着

小姐们。[125]

■

在此，布勒东延续了女裁缝缝制和刺绣的意象。不过，这里没有像早期的《缝补女工》（*Lingères*）那样，在"灯火映照出的虚假日光"下工作。[126] 这些现代女孩，不是幽灵或仙女，而是被称为"小姐们"（Mesdemoiselles）的自信劳动者，受雇于巴黎的谢茹（Chéruit）高级时装屋，诗人把他的作品献给了该店。布勒东在 1930 年写的一篇评论强调了瓦歇床边的时尚杂志对他的影响："'手工制作'附在无数时尚杂志的空白处，在那段时间里让作者很高兴。"[127]

现代性中的时尚想象

349

艺术灵感再一次起源于时尚与现代性的相互作用。普鲁斯特在他的《追忆》中也证实了这种相互作用，书中他记得画家埃尔斯蒂尔（Elstir，即克劳德·莫奈，Claude Monet）向他建议高级时装作为衡量肖像画的当代性和真实性标准的重要性。按埃尔斯蒂尔的说法，只有极少数设计师同时拥有艺术性和风格，让他们的礼服能够代表现代特征，从而值得描绘，同时又能保留与过去和美学传统的联系。"你看，现在好的服装制作工作室很少，只有一两家，卡洛特姐妹会——尽管她们对花边的使用过于随意，杜塞、谢茹，有时还有帕昆。"[128]

通过"手工制作"，布勒东第一次进入了和平街（杜塞时装屋，1900 年后为帕昆时装屋）和旺多姆广场（谢茹时装屋，位于利兹店[23] 旁边，1900 年前为帕昆时装屋）的专门店世界。后来，在《梦幻之潮》中，阿拉贡，以及与他一起的其他达达主义者和超现实主义者 [如罗伯特·德斯诺斯（Robert Desnos）和皮埃尔·尤尼克（Pierre Unik）][129] 都将相继出现，而布勒东本人也将在 1919 年《当铺》的最后一首诗中回到这个时尚的领域。作为一个有抱负的年轻设计师，服装设计师保罗·波烈记得他与谢茹夫人（Mme Chéruit，谢茹时装屋的创始人）第一次见面时的暧昧印象："我从未见过有什么东西，能比这个漂亮女人的极度优雅中所隐藏的更令人不安。"[130] 在《手工制作》中我们也不再发现女性的魅力，而是一种成熟、有距离感之物——"我们是否通过 / 我们的冷漠保证基础"——优雅决定了诗歌主题和写作本身的价值。

■

配饰用塔夫绸

挖花织物的物品，

---

[23]　原文为"Ritz"。——译者注

除了金光闪闪，其他自成一体。

■

一切都在于服装和诗歌的构造和制造；它们越是复杂，就越是适合现代性。布勒东的诗句的构成反映了这种信念。第一节由 12 个音节（亚历山大式诗行）组成，第二节为 11 个音节，第三节为 13 个音节，尽管节奏和句法的断裂使人很难遵循诗句的内部结构。[131] 因此，《手工制作》的 12-11-13 节奏看起来类似于高级时装的三围：肩部（或胸围）放宽，腰线收紧，然后是更宽的臀部。虽然这首诗看起来是自由诗，但故意拒绝交替使用阴性和阳性韵律并打破韵律——有时是词与词之间的关系，有时是无节奏分离——意味着向读者挑战，让他们更努力地在句法和诗歌结构中寻找可能的一致性。瓦莱里很快就意识到布勒东的想法：

■

《手工制作》来了，它在和平街，在科蒂（Coty）的小药瓶之间，用五颜六色的隐喻接受着野蛮，他这个追随者并没有消磨掉这些隐喻，更愿意跟随某个年轻女孩或梦幻曲的珍贵表达。

兰波在闲逛吗？那个在卡普金街（rue des fines Capucines）拐角处的人行道上的大脑？ [132]

■

在瓦歇的启发下，对"珍贵"的梦想结合对服装的迷恋，都给布勒东赋予了新价值，成为他的目标。在他对女性的热情追求中曾有一个时刻，他试图挑战将两个"目标"——性与穿着——结合起来，他进入了"巴达维亚庭院"（A la Cour Batave），一家位于圣德尼门（porte Saint-Denis）附近的著名女性内衣店。在回忆录中，阿拉贡写道：

■

（布勒东）发现自己离雷穆尔街（rue Réamur）过去的奇迹之庭（Cour des Miracles）不远，他看到出现在面前的是高耸入云的"巴达维亚庭院"商店的高大窗户，现在你不会像我被告知它们时那样印象深刻：在 1917 年见面时，我的新朋友给我看的第一首诗是写于 1916 年的《手工制作》，安德烈把它秘密保管得很好（在付印之前，这首诗以"高级时装店谢茹"作为题记名字，就像是这个女人在 1916 年写了《手工制作》，他后来写信这样告诉我），我永远不会忘记它的句子："……一个未来的，耀眼的巴达维亚之庭！"[133]

■

唉，被追求的高级时装屋的女裁缝们似乎无动于衷。她们继续贴着"虚情假意"的标签，围着上等细亚麻布工作。当被问及她们抵抗诱惑是否会持续几个小时甚至几个月时，她们总是轻蔑地回答："永远！"但诗人没有被苦涩或绝望笼罩，因为他已经找到了比以前更有时代感的声音。正如他的导师瓦莱里所肯定的那样："主题、语言、目标、设计、诗韵，一切都是新的，是未来的时尚和手工制作。"[134] 布勒东在寻求一种新表达方式时摆脱了僵局。这种突破将短暂的高级时装作为其主题和不具讽刺意味的催化剂，事实上，它是合乎逻辑的。不仅是波德莱尔，马拉梅和兰波也会自愿给予他们（现代主义者）认可，正如帕斯图诺指出的："在《手工制作》这样的诗中，兰波跟着布勒东一起进入了谢茹的时装店——尽管马拉梅仍然远远地跟着他们。"[135] 这种距离比人们想象的要小；当然，挽着马拉梅手臂的，还有玛格丽特·德蓬蒂。[136]

然而，布勒东笔下的女性时尚仅仅暗示了一种新发现的言语。"谢茹的作品"改变了风格，但没有改变语言—服饰的实质。离开马拉梅特别是他后期的风格，保持此种距离，人们便能接近兰波，但这并不意味着彻底的改变。然而，通过追随瓦歇的"男性优雅"，就像布勒东所说的那样，"走出了平常"，他发现关注男性服饰将会被证明是更适合于艺术认知的改变。他由此能够预见巴特的结构主义方法，对这一主题的任何改变或颠覆都将不可避免地改变服饰，从而改变（诗歌）的语言文字本身。

在《阿尼塞》中，阿拉贡为他的布勒东画像选择了一个由《手工制作》中的一行组成的名字，为其洗礼。"洗礼：永远！"（batiste: A jamais）变成了巴蒂斯特·阿贾迈斯（Baptiste Ajamais）：

■

就在那时（阿拉贡回忆起他的朋友在 1916 年 7 月后的转变），布勒东遇到了哈里·詹姆斯，这个现代的人，流行小说、美国连续剧和冒险电影中的英雄不过是他的零星反映。谁能说这两个人之间发生了什么？一个谜！但几个月后，巴蒂斯特·阿贾迈斯回到巴黎——就像一个对着镜子看了很久的人，如果他在街上遇到自己就能认出自己——人们可以注意到他此种深刻变化，一种伟大决心的标志，他身上的某种气息会让许多人深思。[137]

■

显然，寻常人照镜子不是为了看谁一眼找到了新奇艺术的表达方式，而是为了花时间调整自己的领带或梳理衣襟，从而装出适合都市现代性的独特和尊贵的风采。像瓦歇一样，真正的现代主义者不是从传统中寻找灵感，而是审视他或她本人的服装和外观的自我意识反映。"你确定阿波利奈尔还活着吗？"瓦歇在 1917 年初问道，"或者说兰波真存在过吗？对我来说，我不这么认为。"[138] 几周后，他写道："现代性也是如此——它是不变的，但每天晚上都会被杀死——我们无视马拉梅，并不是出于仇恨，不过他还是死了——但我们已不认识阿波利奈尔了。"[139]

齐美尔在社会学背景下意识到的东西，瓦歇以隐喻方式加以重述：现代性，就像时尚，每晚都在死亡。为了保持领先，或者保持距离，就取决于一个人是否希望以先锋派或颓废派的身份出现，人们必须接受支离破碎和新颖的东西："用电话线切开浪漫主义……"[140] 布勒东有意无意地接受了他的建议，开始以他以前曾对待马拉梅晚期象征主义的那种疏远来对待兰波。他对兰波提出异议，在他的《当铺》中采用了另一种服装隐喻。

■

黑森林 *

走出去

温柔的胶囊、甜瓜等

圣戈班夫人找到了长期独处的时间

斩草除根

命运的救济

在没有百叶窗的地方，这个白色的屋檐

瀑布

那些拉运木橇的工人是幸运的

它吹响了

这种对身体有益的是风，是奶油厂的风

守护天使（旅馆名）旅馆的作者

去年仍然是死的

顺便说一下

从图宾根到我

年轻的开普勒·黑格尔带着自己

和这位好同志

* 注: 兰波原话 [141]

■

在这首以黑森林为背景的诗中，主人公兰波借作者布勒东说话。帕斯图诺在咨询了布勒东本人后，试图诠释这首诗。他认为:"在这里，允许兰波言语的时刻必须被视为他生命历程真正至关重要的一刻，因为这无疑是他曾经的诗歌角色和他将成为的完全不同的诗歌角色之间发生决裂的那一刻。"[142] 兰波此后拒绝再"创造"任何诗歌，会是因为这种无处不在的现实感将诗歌角色变成了"他者"吗？布勒东的诗的关键藏在帕泰尔内·贝里雄（Paterne Berrichon）写于 19 世纪的兰波传记中。在他们经历了伦敦和布鲁塞尔（魏尔兰在那里因枪击兰波而入狱两年）的灾难性旅行后，保罗·魏尔兰得知他曾经的爱人放弃了艺术，在德国找到了一份儿童私人教师的工作。刚从监狱出来的魏尔伦相思成疾，带着一股近乎宗教狂热的情感急忙去见这位年轻的诗人。他在兰波面前穿得像个流浪汉，而兰波已经很好地适应了他新的布尔乔亚生活。为了避免发生更多闹剧，尴尬而愤怒的兰波带着魏尔伦去散步。一进入树林深处，他就怒气冲冲地把魏尔兰打得头破血流。[143] 帕斯图诺将这个情节与布勒东的诗联系起来。

■

兰波打算就在他重新站起来的那一刻开始讲话，而他已经将伴侣打倒在地。他以前的语言文字中的"解决方案"伴随着一种"抒情"运动，这种运动有可能调和他已经放弃的"一种极端小丑式和夸张的表达方式"，并引入某种"幽默"（umour）[24]，类似于雅克·瓦歇自己渴望在所有粗俗和卑鄙的事物中取得成功时找到的那种。144

．

对于兰波、布勒东和瓦歇（尽管后者选择放弃任何对文学不朽的要求）来说，诗歌传统中的抒情性和现代性之间的决裂是找到个体表达的必要条件。服装真实而不是象征性的伪装成为他们共同的目标。兰波在面对魏尔伦波希米亚式褴褛衣服时感到的尴尬和厌恶，激起了他们之间的对抗。145 兰波想"出去"，并用物理强调这一点。在打倒魏尔伦后，他拿起他的"温柔的胶囊，甜瓜，等等"，向新的表达方式走去。"瓜"（melon）这个舒适的布尔乔亚配饰中的讽刺寓意被"等等"（etc）强调，就像之前无数人将圆顶硬礼帽的诗意描述为"温柔的胶囊"。这种讽刺与"幽默"有关，瓦歇创造了一种于布王式[25]（Ubuesque）的嘲讽，嘲笑生命、死亡、文化，146 它体现为有人嘲笑自己："但是——当然，这不是确定的，"幽默"更多出自一种不是很难表达的感觉（sensation）——我想这是一种感觉——我本来想说感知（sense）——也是一切的戏剧性（也是无趣的）徒劳的感觉。"147 这是平等地反对过去和现在的虚无主义，不过重申了美学原则——需要远距离观看的原则。讽刺不仅是针对文学传统的，也是针对自己的。它将自己与时尚中的瞬间和支离破碎联系起来。变化成为永远存在的救星，使其免受线性叙事以及连续或渐进运动的危害："哦！够了——够了！已经太多了！——黑色套装，折痕分明的长裤，高度抛光的鞋子。条纹布的巴黎睡衣和未经剪裁的书——你今晚要去哪里？……在战前就死掉的那些怀旧品——然后——接下来呢？"瓦歇在他们通信的一开始就问布勒东，

---

[24]　"幽默"一词的读音拼写方式。——译者注

[25]　"Ubuesque"出自法国象征主义作家阿·雅里（A. Jarry）的《于布王》，该人物残忍又胆怯得可笑。——译者注

他们怎么能继续下去？一个可能的答案既是于布王式的，又充满了"幽默"："我们将不得不大笑，不是吗？"[148]

要讽刺现存之物，人们就必须先精通它的规则——就是能够用以巴尔贝·德奥列维利为原型的颓废派方式来生活，即尊重习俗，但在下一秒就颠覆它们。青春期的兰波有着波希米亚式的过去，他曾将衣柜中最小的东西都从酒店窗户中扔了出去，宣称裸体可以解放他的身体，而这又为他后来态度的转变做好了准备，他将会转向浮夸炫耀的布尔乔亚服饰。[149] 同样的道理，正是他对先锋派和传统艺术的深入了解，使瓦歇形成了他的批判，并通过他对瞬间时尚的坚持而与两者保持距离。两者关于服装和习俗的知识都为其提供了语言，而这种语言又会被切割成一个独立的、现代的言语。[150]

对于（穿戴不装腔作势的）布勒东来说，这个任务将更加困难。借鉴过去几十年的诗歌传统被证明是一条死胡同，只有对服装和配饰的隐喻性使用才让他的抒情诗不至于成为俗套。到1919年春末，布勒东感到是时候重新寻求现代表达了。他名为当铺的商店再次分出了一件服装；这一次是：

■

神秘的紧身胸衣

我美丽的读者们

通过看到绚丽的卡片的所有颜色，加上灯光效果，威尼斯

过去，我房间里的家具被牢牢地固定在墙上，我曾经被捆绑起来写作

我有海洋之脚

我们属于一种感性的旅游俱乐部

头顶上有一座城堡

它也是慈善游戏集市，适合所有年龄的有趣游戏

诗意的游戏，等等

我握住巴黎，仿佛要揭示未来——用你张开的手[151]

■

这首诗是布勒东第一部诗集的最后一首，标志着他早期诗歌发展中的一个中间环节，他曾评论为："最真实的拼贴画之一。（现成俗物和细微编造品的广告剪报交替出现。）人们仍然可以在和平街一幢房子的一楼阳台上读到相当漂亮的'神秘的紧身胸衣'（Le corset mystère）的招牌。"[152] 该招牌宣传的是吉约夫人（Mme Guillot）在 20 世纪初获得专利的胸衣。这种特殊内衣被贴上了"神秘的"标签，因为它用硬面料代替了撑条，在女式礼服下无法被发现，但还能塑造女性身材以适应她们日装和晚装的绷紧的大身。布勒东对这种衣物的超现实唤起于 1919 年 6 月首次发表在《文学》第 4 期上，该期的封页上还刊登了《当铺》（"将于 6 月 20 日出版"）的广告。[153] 因此，这首诗被用来代表整本书，表明了作者对它的重视（只有刚开始的集子《手工制作》可与之媲美）。

马克斯·恩斯特当时远在科隆，在他自己第一部作品集的封面中使用了一个相同的"神秘的紧身胸衣"（mysterious corse）意象——即一件获得了隐喻性的独立于身体，或者说与身体异化的衣服。[154] 两部作品虽然为相互独立创作，但共享了相同的参考框架和诗学假设，这看上去也合乎逻辑。恩斯特的版画系列被命名为"纵使艺术灭亡——但要时尚"（FIAT MODES—Pereat ars）。这是对人文主义格言"纵使世界毁灭，但要让正义得以伸张"（Fiat iustitia et pereat mundus）的讽刺性改编，却也是时尚和现代性关系的序言："纵使艺术灭亡，但要时尚。"法语中的时尚（modes）从拉丁文座右铭中脱颖而出，成为一个

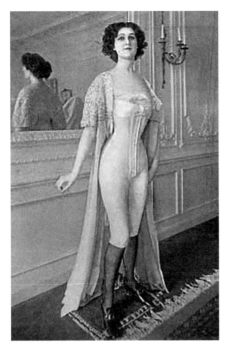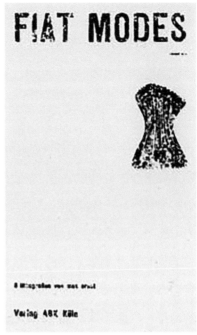

图 71.

吉约夫人，剧院和城镇的内衣（神秘的紧身胸衣），20 世纪的第一个十年。照片由雪莉 - 卢梭（Chéri-Rousseau）和格劳蒂（Glauth）拍摄。发表于《时尚》（Les Modes），第 96 期（1908 年冬）。柏林国家博物馆，艺术文献馆。

图 72.

马克斯·恩斯特，FIAT MODES-pereat ars 的封面标签研究，1920 年。卡片上的块状图和排版，23.3 厘米 ×14.7 厘米。

明显的现代和"相当美丽的标志"，就像波德莱尔在 19 世纪中期在其散文中引入的新词的现代性。

　　虽然《手工制作》是按照诗歌模式巧妙剪裁的，但《神秘的紧身胸衣》像是一张纸上各种剪报的组合。[155] 这首诗的诗句结合了作者一次在和平街散步时看到的文字以及对观众的讽刺性称呼："我美丽的读者"（Mes belles lectrices）——马拉梅的《最新时尚》和布勒东及瓦歇的灵感来源《时尚之镜》（*Le Miroir de Modes*）中都有这种敬语。它还使用了现成的表达方式，例如，时髦信条"我们属于一种感性的旅游俱乐部"，几个月后在查拉的《达达宣言》（*Bulletin Dada*）[156] 中再次出现；自动主义，如"头顶上有一座城堡"；游手好闲者的承诺，如"握住巴黎……用你张开的手"。

而最后一行则提到了标题中的服装，产生了"她优雅的身材"。布勒东认为他的剪贴作品是"最真实的拼贴画"，他后来告诉阿拉贡："你要相信我，我一行都没写。"[157]

然而，他保留语义结构和有限参照范围（针对时尚和巴黎，特别是它的美丽世界或波西米亚）的尝试，让《神秘的紧身胸衣》既不是一首有着自由的达达主义精神的诗——因为它有着瞎编或从报纸碎片中组合的词语，[158] 也不符合自动主义写作的预期。就文学模式而言，它仍然是一种混合形式，受到阿波利奈尔的影响，显示出兰波或洛特雷阿蒙式的联想跳跃。但它也归功于瓦歇的作品。他写给布勒东的信是对观察、对话和商店招牌或橱窗上文字的拼贴，常常精心绘制、使用不同的字体，并穿插草图。

．

——白色的乙炔

你们所有人！——我美丽的威士忌——我可怕的混合物……
滴滴答答的黄色——药房——我的绿色图腾——
柠檬酸——红花的移动玫瑰——我的绿色图腾。
烟雾！

烟雾！

烟雾！

愤怒的坚果呕吐物和糖浆的不确定性。
我是一个马赛克艺术家。

"说，服务员——你是个该死的骗子，你是——"[159]

■

　　布勒东于 1919 年 5 月给阿拉贡寄去了《神秘的紧身胸衣》的第一份抄本。它与瓦歇的风格相呼应，它被打印出来时，看起来就像新闻剪报的拼贴。从那时起，布勒东与瓦歇的通信就呈现出一种更粗糙、更无风格化的方式。布勒东给他南特的朋友的最后一封信，实际上是在瓦歇死后写的（消息过了一个多星期才传到瓦歇身在巴黎的朋友那里），就是瓦歇那种精心书写和绘制的信件拼贴画。博内（Bonnet）描述了它的物理外观：

■

　　1 月 13 日的信是由许多剪贴画组成的，这也是布勒东当时的习惯：有着报纸或杂志文章的各种片段；从日历上撕下的页面；几片巧克力棒的包装纸；各种标签的一部分；一个"双面人"的蒙面肖像，可能是从电影节目或杂志上摘下来的，上面写着"那是你，雅克！"；一幅穿着女装的克莱蒙梭（Clemenceau）的漫画，带着大帽子和雨伞。布勒东的文字出现在这些拼贴画之间。[160]

■

　　瓦歇基于亲身经验制作他的信件拼贴画。他引用自己的话、别人对他说的话、他看到的标志或者他选择描绘的场景。相比之下，布勒东组装的是二手信息，是他读过并剪下的文本，他想传达的信息则在碎片之间连贯地组合。对瓦歇来说，剪纸技术是表达现代生活经验的组成部分；而对布勒东来说，它只限于艺术领域。[161] 他在《高傲的忏悔》（La Confession dédaigneuse）中反思过这一点："我想（雅克·瓦歇）会责备我对现代主义的倾向。"[162]

现代性中的时尚想象

同样的差异也可以从他们将时尚作为参考关键点的用法中看出来。对瓦歇来说，他的服饰、他穿着的男性时装，构成了对语言、服装和社会规范的个体和微妙的挑战。但布勒东的早期作品关注女性服装，从最短暂的配饰开始，进展到实际的衣服，然后是女式内衣和紧身胸衣。年轻的诗人通过面料的层叠试探性地接近女性的裸体，这种方式在超现实主义中会被过度美誉。因为题目是"女性服装"，因而他对其的体验必须保持距离，并且是第二手的，通过性、爱、厌恶、恐惧等概念进行调解。直到1919年他的第一个形成阶段，布勒东都满足于观察风格，无论是在女性时尚还是在诗歌中都是如此，这也就是言语。

这种风格首先借用了象征主义，在其中，服装被赋予了灵性；然后与兰波和洛特雷阿蒙的感叹相融合，他俩将服装视为身体的神秘外壳或甲胄；最后在瓦歇的影响下，完成了向书面和视觉拼贴的转折。最后一个阶段是由服装商品主导的，布勒东引用了时尚杂志或商店招牌的内容。他甚至走向作为社会物化的美学镜像的现代性，而在布勒东的第一本书中，服装逐渐独立于穿着者。作为一个主题或隐喻，肉体的主体向后，而客体却在前进。

5.8.2 永恒的方格花边（L'éternel carré de dentelle）

瓦歇对他朋友和崇拜者的影响只能到此为止。真正依靠服装生活对布勒东来说要求太高了，即便它们提供了充足的灵感来源。1917年，瓦歇在给德里安的信中提到了他在战壕里需要的特殊舒适感。"这里有点小，但我仍然紧靠着我的行军床（，）……永恒的方格花边。"[163] 他用来装扮他的拼贴画和木偶的这块花边，在纨绔主义、布鲁梅尔，以及德蓬蒂夫人为《最新时尚》写的最后一篇文章的背景下让人想起巴尔贝·德奥列维利的"花边品种"（espèce dentelle）。[164] 我们已经看到他前一年卧病在床时是如何养成这一习惯的，还有布勒东将自己关于瓦歌"在一张盖着花边布、有着一些高脚杯和几朵触手可及的紫罗兰的小桌子上画上一两张"的回忆和他同一时期创作"马拉梅式诗歌"并列。人们是否应将此视为类似情感的表达，将"永恒的方格花边"作为马拉梅精致感性的物质对应？[165] 多年后的 20 世纪 30 年代的后半期，布勒东用精神分析的"后见之明"对他先前的回忆进行了具体说明："除了作为一种饰品，瓦歌不再保留纯粹模拟的超我，一个真正的'dentelle'（既是"花边"也是"精致"）自身。一种非同寻常的清醒赋予了他与'自我'的关系一种未曾预料到的——然而是故意令人毛骨悚然、最令人震惊的——转变。"[166]

瓦歌的纨绔主义认为自我否定是唯一合适的存在方式。任何承诺或假设都不能使他承担任何特定立场。就像他的朋友布勒东、阿拉贡和弗仑克尔一样，由于他的创造力，就像他的朋友布勒东、阿拉贡和弗仑克尔一样，主要被引导到诗歌中，因而他不得不把他的态度转化为对文学的否定，以此作为一种崇高的表达。然而，这种表达方式有些模棱两可，因为它提到了传统，同样又坚持了先锋派的结构变化，还维持了一整套固定的文学价值。在现代性中，正是时尚以类似方式在艺术的崇高概念和它徒劳的对立面之间交替出现。按照巴特的说法，它创造了"严肃与徒劳的辩证关系，也就是说，如果时尚的轻浮立即被绝对严肃地对待，那么我们就会拥有一种最崇高的文学经验，即马拉梅辩证法运动恰恰在针对时尚（《最新时尚》）。"[167]

瓦歌试图通过在战壕和医院中，在不稳定的和困难的情况下时尚"生活"着，以此将"文学经验"转移到物质世界中。"永恒的方格花边"是一个微型的宇宙，包含了他的哲学。它是严肃的，同时也是徒劳的，既是挑战也是自我否定。作为瓦歌感性的一部分，它标志着从崇高到讽刺。它成为他的衣服的附属品，或者说，当他被脱掉衣服并塞到医院的床上时，其甚至成为它们的代表。衣着就是从感性通往理性的走廊。[168]

瓦歇因此与黑格尔站在一起（肯定是无意的）。黑格尔在自己的《美学》中确认："服装只是真正强调姿势的东西，在这方面应被视为一种优势，因为它使我们无法直接看到作为纯粹感性的、没有意义的东西，并且只向我们展示与姿势和运动所表达的状况有关的东西。"[169] 纨绔子弟，尤其是有文学头脑的人，有意无意地重复了黑格尔的主张："这就是在服装中，感性的和可感知的东西是如何被溶解在超感觉的、只能理性理解的事物之中。纨绔子弟的衣服就这样融入了一个符号化结构。"[170] 正如巴特所要求的那样（就像我们在本章开头所看到的那样），"不可见之物终于被打开"，对服装意义的控制，无论是在服饰和语言的等式中，还是纯粹在将时尚当作现代性的范式中，都由瓦歇传给了布勒东。对后者来说，它仍将是催化剂和诗意主题，过渡到现实生活看上去不太可能，而且会太过分散超现实主义领袖为自己设定的"崇高的"艺术任务的注意力。这种特殊的时尚范式始于 1913 年，在结构上成熟于 1916 年，并在 1919 年结束，在瓦歇去世和《当铺》出版后，布勒东的作品中再也没有什么突出的特点。

5.9 现代神话

在齐美尔所观察到的"文化悲剧"中，客体对主体的支配地位的提高，在不同程度上帮助了 20 世纪前二十年布勒东周围的巴黎现代主义者。这些艺术家给人类的外在形象背后注入了一种神秘感，他们也不得不找到一种方法让神秘感变得明显。他们一致选择衣服和配饰作为隐藏的幻想和幻影的象征：贴近穿着者的皮肤，但在美学和神话表达上又是独立的。

根据定义，神话属于集体，正如荣格（Jung）对无意识的解释——许多作家，如布勒东和卡尤瓦，最终都接受了这一观点。[171] 然而，也存在一个个性化的神话，它不是对共同认知的个体解释，而是一个人用自己词汇创造的，正如阿拉贡直到 20 世纪第二个十年的中期在他的巴黎游手好闲者中建立的那样。因此，创造现代神话的不是集体无意识，而是通过文学传统形成的对客体的诗意感知。就像时尚界制定了适用于大众的着装准则一样，某些神话也成为社会的一个组成部分。然而，即使个性通过人们对传统的认识决定了现代男女的服装选择，超越个体的神话也主导着试图对既定的历史和审美习俗保持冷漠的前卫艺术家。现代神话有一个刻意限制的表达范畴。就服装而言，只有少部分服装和配饰作为隐喻在达达主义和超现实主义的写作和视觉艺术中反复出现：帽子、单片眼镜、领带、裙子、手套和鞋子。附着在这些商品化服装上的客体的神话被每个希望反对社会和前卫传统用法的艺术家轮流挑战。有两个隐喻特别体现了对这些反对审美和历史秩序共同延续的个体神话的探索。一个恰当的隐喻正是单片眼镜；另一个可以被看作两个相反元素的隐喻组合：火车头和大礼帽。

5.9.1 单片眼镜行为（Monocularity）

在新《文学》系列的第 1 期（1922 年 3 月）中，布勒东回忆了一个奇怪的梦。他发现自己在海滩上看到有人向两只鸟射击，一旦被击中，它们就会变成牛或马的样子。没有受伤的那只似乎在看着另一只，死掉的那只"眼睛里有一种奇怪的表情"。其中一只眼睛仍然是呆滞的，而另一只则有着明亮的颜色。

　　．

就在这时，罗歇·勒费比尔（Roger Lefébure）先生不知道为什么在我们中间，他抓住了那只发着磷光的眼睛，把它当作了单片眼镜。

看到这一幕，某位旁观者认为应该报告以下逸事。

最近，按照他的习惯，保罗·波烈先生在他的客户面前跳舞，突然他的单片眼镜掉在地上，摔碎了。

碰巧在场的保罗·艾吕雅（Paul Éluard）先生好心地把自己的单片眼镜送给他，但它也遭遇了同样的命运。[172]

■

这个奇特的梦很可能在现实中就有先例。普瓦雷是当时最有名的服装设计师，他［通过他的妹妹妮科尔·格鲁（Nicole Groult）］与在巴塞罗那皮卡比亚附近的艺术小团体成了朋友。他不断了解这个团体的活动，最后在 1916 年 6 月成立达达主义组织（包括阿蒂尔·克拉瓦），并且引发皮卡比亚的杂志《391》第 1 期的出版（1917 年 1 月），正是这些杂志将达达主义精神带到了整个欧洲和大西洋彼岸。[173] 这本杂志的第 8 期于 1919 年 2 月在苏黎世出版，有一个"社会专栏"，由"法拉莫斯"（Pharamousse，即皮卡比亚本人）撰写。它在巴黎、纽约、巴塞罗那和苏黎世的前卫艺术成员的活动旁边，宣传"保罗·波烈女式礼服和大衣，在圣奥诺雷郊区街（rue du Faubourg Saint-Honoré）"[174]。

因此，当布勒东回忆起这段逸事时，一些艺术家已经开始欣赏这位服装设计师的物质创作（或许还有慷慨的资金）。皮卡比亚宣称，"达达主义绝对是为保罗·波烈准备的"，紧接着还跟着这样的声明："道德在裤子里是不友好的。"[175] 人们不得不怀疑，他的声明是否只指裤子所掩盖的东西，而不是指服装设计师对其面料和剪裁的空前关注。

波烈的工作室很可能接待了艾吕雅或其他一些达达主义者，尽管他们和他们的伙伴都没有能力支付设计师的高昂价格。[176] 在布勒东的梦发表几个月后，皮卡比亚的情人加布丽埃勒·比费（Gabrielle Buffet）将曼·雷（Man Ray）介绍给波烈；这次邂逅开启了他作为达达主义和超现实主义记录者的时尚摄影师职业生涯。[177] 在他的摄影作品中的这两股线索密切相关，这一点在他为查拉的文章《某种自动主义品味》拍摄

图 73.

曼·雷，为特里斯坦·查拉的文章《某种自动主义品味》拍摄的照片，12 厘米 ×18 厘米。发表于《米诺陶洛斯》第 3-4 期（1933 年冬）。斯基拉收集，日内瓦。

的照片中显而易见，该文章于 1933 年 12 月发表在《米诺陶洛斯》上，作者和摄影师都探讨了不同的女性帽子的形状与女性外阴部之间的相似性。[178] 查拉将波德莱尔在 19 世纪 50 年代断言的时尚作为"短暂和无常之美的表达"典范的重要性，转移到衣服穿戴者的潜意识中。达达主义者和早期超现实主义者所珍视的现代神话具有明显的性的弦外之音，或者说是潜在含义。不过，查拉并没有参与对现代社会及其客体的"精神分析"的诠释，而这正是超现实主义者所青睐的。他的文章具有明显的讽刺意味（本质上是达达主义式的）；他将帽子模型描述成具有公开性但明显反阳具象征，从而巧妙地颠覆了弗洛伊德的观点。[179]

查拉以自恋和讽刺程度来修饰他自己独特的、无处不在的配饰——单片眼镜：对这个东西的公开赞美伴随着对外表自命不凡的隐秘调侃。对他来说，戴单片眼镜比其他巴黎达达主义者更有必要：他从小视力就不好。[180] 然而，从更重要的风格角度来看，单片眼镜反映了时尚的力量，通过对过去模型的引用打破了线性历史进程。在查拉身上，单片眼镜行为的两大原因结合在一起：它延续了一个美学和文学传统——作为精致的纨绔子弟艺术家；同时它又讽刺性地颠覆了这个传统——通过这个去历史／跨历史的配饰，蔑视和嘲笑的目光击中了毫无戒心的看客或读者。对于大战结束后法国年轻的达达主义者来说，这些观点同时显得既陌生又熟悉，故而它们的吸引力瞬间翻倍。从历史上看，单片眼镜首先在中欧——苏黎世、布加勒斯特或柏林——达达主义者眼中闪闪发光，那里的大波西米亚人瓦尔特·塞尔纳和查拉，以及拉乌尔·豪斯曼（Raoul Hausmann）和理查德·胡尔森贝克（Richard Huelsenbeck），都戴着眼镜来完成他们的纨绔式打扮。

相比之下，在巴黎，诗人—纨绔子弟的传统反映在巴尔贝·德奥列维利（见他关于布鲁梅尔的文章，文中首次在法语中定义了"纨绔子弟"一词）、罗伯特·德·孟德斯鸠（1885 年至 1914 年主导巴黎统治的业余文学家和全天候自命不凡者）和惠斯勒等人的单片眼镜上，标志着对普鲁斯特的《追忆》中所赞美的美丽世界的回忆。对普鲁斯特的主人公来说，正确地戴上眼镜就能进入（entrée）一个封闭的精致世界。"奥黛特（Odette）认可斯万，他的优雅在纨绔的力量面前显得难以捉摸，出于需要，他在服装上增加了一个具有挑逗性的单片眼镜。"[181]

颠覆性的讽刺与虚无主义相结合，并表现出深刻的厌世情绪，构成了德国、瑞士和罗马尼亚的达达主义者努力对抗布尔乔亚偏见的一个组成部分。在政治上，他们总是准备丢弃单片眼镜——如果冲突中需要。1917 年初，瓦尔特·塞尔纳以他的高档布尔乔亚服装——黑色晨衣、条纹裤、珍珠灰领巾——成为苏黎世的达达主义与虚无主义距离的

图 74.

保罗·埃勒，惠斯勒为博尔迪尼摆姿势时的肖像，1897 年。铺纸干点法，35 厘米 ×26.1 厘米。国会图书馆（彭尼尔收藏），华盛顿特区。

"我很乐意回答'完全无用'的指责。怎么说呢？在一个利用一切甚至超出必要的时代，难道还没有留下什么完全无用的东西吗，而且不仅仅是无用的东西，还是在无用中实现了完美的东西？我不是在开玩笑，这里面有让我们做梦的东西……"——让·迪里厄（Jehan Durieux）关于单片眼镜，1921 年。

缩影，他的建议是"每个年轻人都应该尽早获得一种足以支持他外在自我的威望"。[182]

然而，如果情况变得严重，争取表达的斗争必须优先于姿态时，塞尔纳就准备用实质内容取代配饰。他在 1919 年的宣言中写道："20 岁时，必须唾弃单片眼镜，30 岁时，就要把香烟从耳后摘掉。"[183] 这种抗议虽然复杂，但倘若行动跟不上态度，就只能被视为青春期的抗议。但是，如果一个人不准备在进行斗争的时候摘下眼镜——不管是肉体上的还是理性上的——会发生什么？在斗争中还将单片眼镜挂在眼睛上的好处是，它传达出了极度蔑视和不尊重的印象。当查拉和艾吕雅在米歇尔剧院（Théâtre Michel）的舞台上争论他们的不同观点时，查拉的异议和他的单片眼镜都被艾吕雅的拳头打得嘎嘎作响，不过在进一步冲突的过程中，两者都还能保持原状。[184] 惠斯勒在面对敌对意见时采取了更强硬的立场。《巴黎回声报》（*Echo de Paris*）在 1890 年描述了画家痛揍一位不幸的批评家的故事，之后"艺术家神清气爽地离开了，状态良好，微笑着离开了冲突现场，甚至连他的单片眼镜也没有离开右眼的正确位置"。马拉梅将这篇评论寄给了在伦敦的惠斯勒，称这篇评论"写得到位，写得漂亮"。[185]

皮卡比亚为 1923 年 2 月 /3 月的《文学》杂志设计的封面，为行动过程中眼镜过于脆弱的危险提供了一个讽刺性的解决方案。他的画作描绘了一个肌肉发达的运动员，只穿了黑色男式泳裤，戴着单片眼镜，而眼镜被一根细绳固定在他的右乳头上。[186] 在这里，眼镜成了发达体格的一部分，现代主义对运动的追求同达达 - 颓废派的精致相结合。在现实生活中，柏林的达达主义者拉乌尔·豪斯曼与该画匹配，他喜欢拍摄裸露躯干和单片眼镜的照片，作为他所展示出的现代人对风格化、"几何化"完美身体的痴迷，这两者相辅相成。[187] 查拉在 1922 年为《名利场》（*Vanity Fair*）撰写的一篇关于在魏玛举行达达主义聚会的文章中体察到了这种态度："诗人、舞蹈家，捷克斯洛伐克的达达主义者，拉

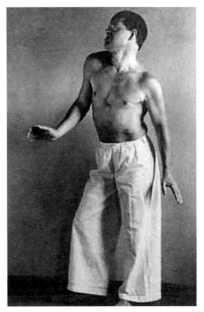

图 75.
弗朗西斯·皮卡比亚绘制,《文学》封面插图,1923 年 2 月。纸上墨水画,约 30厘米×20 厘米。

图 76.
奥古斯特·桑德（August Sander）,《拉乌尔·豪斯曼的舞蹈》,1929 年。复古印刷品,22.5 厘米 × 15 厘米。© 2000 Die Photographische Sammlung/SK Stiftung Kultur-August Sander Archiv, Cologne; DACS, London.

乌尔·豪斯曼,戴着他的单片眼镜出席大会。"[188]

达达 - 颓废派人有能力穿上小丑般的服饰甚至不穿衣服展示自己;然而,眼镜将始终扮演着透明屏障的角色,在他和社会其他人之间设置出象征性的距离。他的角色和完整性保持完好,因为观众对他的批评和嘲弄都反映在眼镜上,并被掷回逆境的脸上。在无为的倦怠以及表演性的胡闹中,达达主义者的单片眼镜确保了他的疏远,确保了他艺术存在的理由。

在柏林、巴塞罗那、苏黎世和日内瓦的这些活动中,瓦歇本着同样的精神,甚至不惜否定自己的创新,在法国重新将单片眼镜作为虚无主义的倦怠和讽刺的象征。就如我们所见,他的立场源于 19 世纪伦敦和巴黎的纨绔主义，并且与他的"幽默"理念相结合。瓦歇从法德前线寄给布勒东、特奥多尔·弗仑克尔和阿拉贡的信中，一再重述了风格化的无聊的隐喻，譬如，"我带着我的水晶单片眼镜和烦恼的绘画理论，在废墟中的村庄里散步"[189]。即使是不间断的轰炸，也不能阻止美学的沉思，无论它们是深刻的还是仅停留在玻璃的闪亮表面。"在玻璃单片眼镜后面的我非常无聊，我穿着卡其布衣服，痛打德国人。"几个月后，他在给弗仑克尔的信中[190]，将自己的情况描述得世俗多于神秘——水晶单片眼镜变成了普通玻璃。1917 年 8 月，他寄来了以下古怪文字，重申必须同时承认和摒弃现代性的传统。

　　　　■

　　我们既不关心艺术，也不关心（与阿波利奈尔一起倒下的）艺术家，托格拉特（TOGRATH）刺杀诗人是多么正确的事啊！不过既然如此，那就有必要大口喝下尖酸或旧的抒情诗，充满活力地、猛地来一下——因为火车头跑得很快。

　　现代性也是如此——它是恒定的，但每晚都会被杀死——我们无视马拉梅，没有仇恨，但他还是死了——我们不再认识阿波利奈——因为——我们怀疑他们的艺术创作过于自觉，用电话线切割浪漫主义而不知道发电机。星星仍然是断线的！——这很无聊——然而有时他们说得那么严肃！——一个相信的人是珍贵的。但由于有些人是天生的蹩脚演员……[191]

　　　　■

　　在这两段中，瓦歇否定了马拉梅，否定了阿波利奈尔和马克斯·雅各布（Max Jacob）的新精神，否定了安德烈·纪德和编辑兼作家皮埃尔·勒韦迪。然后他用一幅自画像结束了他的攻击："两只致命的炽热眼睛和单片眼镜的水晶圈——有一个触角的打字机——我更喜欢这个。"[192] 然而，即使是打字机将人俘虏，那也比眼镜更容易被抛弃；戴上此件配饰遭受讽刺的挑战性，必然超过任何文学创作："自然，书面的讽刺是难以忍受的——但自然你也很清楚，幽默不像讽刺——这就是它的方式——你想要的，这就是事物的方式——事实上，这一切都很有趣——确实很有趣！（如果我们也杀了自己，而不仅仅是离开呢）？"[193]

瓦歇的黑色幽默同样属于虚无主义和浪漫主义风格。他的经历似乎在告诉他，没有什么能让他逃避倦怠，更不可能通过写诗或小说来逃避。战壕让他明白，现实中除了野蛮和铁丝网，不会提供其他任何东西。因此，他越来越倾向于颓废派的浪漫主义思想，并嗜好盎格鲁风（le genre anglais）、流行电影和杂志的青睐。让·萨尔芒（Jean Sarment）是瓦歇在中学时代的密友，他用虚构小说想象了南特小组（Groupe de Nantes）的最后一次聚会，小说中年仅 19 岁的年轻人互相赠送了离别礼物。

> ▪
>
> 我们每个人都得到他的信封。每封都带着沉重的讽刺写下了以下题词。
>
> "Cendre de nos rêves." [26]
>
> ——哦！布维耶（Bouvier，即瓦歇）说。他让单片眼镜从他的眼睛上掉下来，好像被怀旧情绪征服，而且为了显得与众不同，他用绿色墨水在他那小小的、歪扭的字迹上写下了下面的话（英语）：
>
> "我们梦想的灰烬。"[194]
>
> ▪

即使像雅克·布维耶 - 瓦歇这样的人物，也会被像遗憾或怀旧这样

---

[26]　即"我们梦想的灰烬"。——译者注

真实的情感征服，快速扬起的眉毛、故意掉落的眼镜，都被当成对一个过时配饰的讽刺性引用，让他免于失去距离感和沉着。他专注于细微的物体，以便放弃任何对生活中"重要"问题的思考。布勒东在他为《黑色幽默选集》（the Anthology of Black Humor）绘制的瓦歇肖像中回顾了他这个习惯："红色的头发，'致命的炽热'眼睛，以及冰冷的蝴蝶单片眼镜，成就了他持久渴望的不协调和孤立。他的个人否定"——这种性格特征在达达－纨绔的瓦歇、克拉瓦、里戈，也许还有查拉中奇怪地普遍存在着——"在被推到极限的纯形式伪装下，尽可能地保持完整：所有'自尊心的外部标志'都在那里，然而却是在某种精神中被看作最无情的东西自动黏合成的自尊心。"[195] 在这些欣赏传统和习俗以及姿势的模棱两可的标志中，最主要的是"papillon glacial"，即"冰冷的蝴蝶"，它过滤和屏蔽了可能被心灵之眼观察到的黑蝴蝶（papillon noirs）。[196]

在戴单片眼镜的光荣传统的人群中，还站着纨绔派作家雅克·里戈，他的"雇主"，社会画家雅克－埃米尔·布朗什（Jacques-Émile Blanche，他自己也深受纨绔主义的困扰）这样描述："我们的雅克是一个永远无聊的感官主义者"——他的"优雅的纨绔主义不合时宜；尽管如此，他还是让自己不仅仅是一个听众"[197]。里戈将他对某些配饰的偏好与明显不愿意为之付钱的习惯结合起来："他觊觎制服上的纽扣，随身带着一把特殊的剪刀，在地铁里、在军营门口或者在和猎人聊天的时候，就把它们剪下来，而被他欺骗的好人却毫不怀疑……他更喜欢……单片眼镜和女人的唇膏。它越是微不足道，他就越欣赏它。"[198]

就像瓦歇的虚无主义讽刺观念一样，里戈的快乐原则是基于小小的奇特元素，结合对纨绔子弟的生存来说依然直观、重要的时空距离。主体和客体、个体和社会仅仅存在于"滑稽的对比"中，这对幽默来说是不够的。[199] 此外，主体还必须在他自己的矛盾中纳入一种反思，在它自身矛盾中的加倍对立。对达达－颓废派来说，否定是绝对的和命令式的[27]。幽默反映了个体在自身和社会中试图否定他的东西。因此，这小小的反射玻璃成为距离、反思和对否定个体的讽刺——即去历史性或跨历史性的事物——的完美载体，因为它将他——通过引用——置于线性历史进程之外。此外，里戈偷窃（他也承认）充满传统意义的风格元素，将其改编为讽刺性和颠覆性的动机，使其成为达达主义武器库中的有力武器。

达达主义的冒险家阿蒂尔·克拉瓦（Arthur Cravan）宣称："我起床时是伦敦风格，睡觉时是亚洲风格——伦敦风格意味着单片眼镜。"200 作为奥斯卡·王尔德（Oscar Wilde）的侄子，他似乎注定要扮演一名顶级纨绔派的角色。安德烈·萨尔蒙（André Salmon）记得克拉瓦在达达时代早期（约 1914 年）："我看到面前阿蒂尔·克拉瓦再次成了一个演讲者。在蒙马特（Montmartre）山坡上的德拉比熙的圈子（Cercle de la Biche）。紧绷、苍白，胡子刮得干干净净，一身血红色打扮，戴着单片眼镜。"201 那段时间，仍处于影响阿尼塞的纨绔主义阵痛中的阿拉贡，被介绍给了克拉瓦的叔叔："安德烈·纪德有一种魅力，能让我崇拜奥斯卡·王尔德。但当我独自面对这个英国人时，我发现他穿得相当精致，他只是透过单片眼镜瞥了我一眼，我就觉得像商店窗户被打破了一般想哭：滚开，你个娘娘腔。"202 尽管单片眼镜对年轻的法国艺术家来说有时还是太令其生畏了，但它与（文学）纨绔主义的联系加上这种配饰装饰在瓦歇等人脸上的事实，让他们看到了查理即将从瑞士带来的拉斯特奎尔和达达主义特征。1920 年初，塞尔纳在日内瓦举办了一个"盛大的达达舞会"，恰逢摩斯画廊（Galerie Moos）举办达达主义绘画、雕塑和摄影展，并为此改名为"达达画廊"。"画廊助理们被那些胡子刮得干干净净、戴着单片眼镜的表演者呼来喝去"，这些人精心修饰过的外表让他们完全不知所措——"而且……塞尔纳在进

---

[27] 原文为 "categorical and imperative"，由康德的绝对命令（categorical imperative）而来，德文为 "kategorischer Imperativ"。——译者注

行开幕致辞时下来走到主厅，开始与在场的一位电影明星跳探戈。"²⁰³

不过，这将是最后的壮观场面，因为活跃的查拉和达达主义原动力已经去了巴黎。1920 年 1 月，布勒东、艾吕雅、阿拉贡和苏波到布丽埃勒·比费的公寓去迎接他。"他们都来了，并为在经历了如此漫长而艰辛的等待之后的可能的失望做好了准备。当他（查拉）终于到达时，首次会面就出现了某种尴尬。在他们的想象中，这个人的道德优越感应该与他身体的伟岸程度相匹配。但这个伟人身材矮小，还戴着单片眼镜。"²⁰⁴ 尽管查拉名声在外，但布勒东和阿拉贡很清楚眼镜的含义，他们觉得自己遇到的是另一个疏远冷漠、行为古怪的纨绔子弟，这个人要么是 19 世纪装腔作势的遗老遗少，要么有着克拉瓦或瓦歇那种无政府主义精神——无论如何，都不是他们希望的那种能促进其先锋派事业发展之人。不过，他们很快就认识到查拉身上巨大的实践能量源泉，而他也非常愿意与法国达达主义者分享这些能量。他在布达佩斯所受的亲法文学教育，以及他在一个极不友好的社会——苏黎世的达达主义者非常熟悉这种情况，对那些政治活跃人物来说更是如此——中争取艺术进步的能力，都让他非常适合为巴黎注入新的艺术维度。

查拉在一部未发表的戏剧作品的第一幕中加入了一幅隐藏的自画像，他称之为哑剧，写于他在创作两部伟大的戏剧《气之心》（*Le Cœur à gaz*，1921 年）和《云之手帕》（*Mouchoir de nuages*，1924 年）之间。这部剧的特点是采用了阿尔弗雷德·雅里传统的讽刺性场面调度 [28]（即使不是乌布式的，至少也是幽默式的），导演骑在一匹小马上，肯定是指"达达主义"，一开始就对观众进行指导：

∎

我是这场演出的导演。（管弦乐队的噪音。）

---

[28]　原文为法语"mise-enscène"。——译者注

我带领大家行动。

在这里，我代表作者、他的作品和他的想法。（管弦乐队的噪音。）

但谁是作者？

一个受尽磨难的年轻人，被允许戴上单片眼镜，甚至是个轻佻的人。（噪音……）[205]

■

在 20 世纪前二十年，眼镜和轻浮的结合绝不是惯例；这种联系必须通过忍耐来获得。在过去，单片眼镜代表着贵族装腔作势和"浅薄的王子"（Le prince dilettante）的傲慢，正如 19 世纪中期的一份资料所描述的那样："戴上单片眼镜……（他的）症状包括闭上眼睛，伴随着嘴唇和套装某种运动……优雅之人的身上总是要有……一些抽搐和僵硬的东西（convulsif et crispé）。"[206] 当然，这正是波德莱尔（以及后来的本雅明）所假设的现代性经验（见本书第 1.7 节的"给一位擦肩而过的妇女"）。波德莱尔式的游手好闲者停在街道中央，"像狂妄者般浑身颤动"，"被迫"保持与单片眼镜佩戴者相同的人为的、不自然的姿势，以防止他的配饰掉出来。身体运动、手势和面部表情变得僵硬零散和机械化，正是主体和客体之间日益异化的缩影。因此，19 世纪头十年的"发明"单片眼镜同商品的兴起和现代社会的物化相吻合，这似乎是很自然的。[207] 它故意为之的不实用性和它在日常生活中装腔作势所带来的臭名昭著引起的困难，让它成为普通社会节奏之外的位置的完美象征。眼镜挑战并颠覆了实用主义，使佩戴者自身成为雕像般的商品，同时帮助他与他似乎参与的群体保持着一种带着讽刺性和恶意的距离。[208] 通过简单地调整它的位置，或通过假装惊讶或实际反对挑起眉毛让它从眼眶掉下来，佩戴者大大省略了他的表达方式。因此，他讽刺地反映了一个痴迷于省力设备的时代；而与此同时，这块小玻璃或水晶的精致程度却禁

377

止佩戴者实际参与任何形式的劳动。

单片眼镜的去历史和去社会性内涵，在 20 世纪前十年末和第二个十年初被查拉巧妙地与高度个人主义的虚无主义态度融合在一起，使布勒东和阿拉贡周围的法国艺术家们对它的原初含义再度欣赏起来。因此，在 1919 年至 1924 年（正是巴黎大会[29]后产生的分裂到第一个超现实主义宣言的制定之间），眼镜再次成为法国首都年轻的达达主义者们所珍视的配饰。1920 年 3 月，《达达风》（*DADAphone*，达达主义杂志第 7 期）向公众介绍了其主要撰稿人的画像。在特写图中，菲利普·苏波和乔治·里伯蒙－德塞涅（Georges Ribemont-Dessaignes）右眼戴着单片眼镜，而布勒东选择了黑框眼镜，保罗·德尔梅（Paul Dermée）手持网球拍。[210] 几个月后的一张照片描绘了雅克－安德烈·布瓦法尔（Jacques-André Boiffard）、马克斯·莫里斯（Max Morise）和本雅明·佩雷（Benjamin Péret），他们着全套纨绔子弟装束，三人中两人戴着单片眼镜。

（又是右眼：除了瓦歇，只有一幅查拉的画描绘了左眼戴着单片眼镜的达达主义者，考虑到这种情况，眼镜出现换位肯定是由于皮卡比亚的照片复制技术。）在马克斯·恩斯特著名的作品《朋友聚会》（*Le Rendez-vous des amis*，1922 年）中，佩雷的圆形眼镜标志着画布的中心，也是一群朋友身后夜空中圆形星群的反射。当达达主义者再次为恩斯特在巴黎的首展开幕而在"无与伦比"画廊齐聚摆姿势时（1921 年 5 月 2 日），佩雷加入了布勒东和苏波的单片眼镜行为，[211] 而雅克·里戈只选择了用他完美无缺的套装来打动人。当然，查拉不是非得用某个场合来证明他戴眼镜的合理性，恩斯特的儿子吉米后来回忆："他（查拉）会不会在睡觉时也戴着那副单片眼镜？"[212] 查拉优雅的单片眼镜以及里戈雅致的衣着，吸引着布勒东在 1921 年的一张照片中同他们摆出一

---

[29]　原文为法语"Congrès de Paris"。——译者注

图 77.

马克斯·恩斯特绘制,《朋友的聚会》,1922 年。布面油画,130 厘米 ×195 厘米。
路德维希博物馆,科隆。

图 78.

不知名的摄影师,雅克·里戈、特里斯坦·查拉和安德烈·布勒东,约 1921 年。明
胶银版画,9 厘米 ×18 厘米。

个纨绔三人组的姿势：黑色套装、闪亮的眼镜，头和身体排成一列，以显示唯美主义的平行表达。

又是模拟报道，这次是皮卡比亚对这种艺术时尚进行了最精准的描述：

■

达达主义者……举行了一个小心翼翼的聚会（；）……路易·阿拉贡博士在他扣眼里戴着他的天才象征，摆出让·洛兰（Jean Lorrain）可能会喜欢的姿势，面对安德烈·布勒东。布勒东充满活力，彬彬有礼，非常有诱惑力（，）……他戴着一副玳瑁色的单片眼镜，根据 J.-E.布朗什（J.-E.Blanche）的说法，他就像柏拉图为马克斯·恩斯特的淫秽内容作大理石前言……雅克·里戈（Jacques Rigaut），一个来自巴黎和平街的英俊的人体模型，一直紧跟在剃着光头的本雅明·佩雷身边。[213]

■

即使是仇视他们的艺术家也不得不用这个无处不在的符号来装饰自己："在舞厅中间……站着乔治·卡塞拉（Georges Casella），按照圣马拉梅（St. Mallarmé）的说法，他'哭喊着要单片眼镜'。"[214] 同年春天，在《食人族》（Cannibale）杂志上，读者被告知"乔治-阿曼德·马松（M. Georges-Armand Masson）先生告诉达达主义者要引起更多的骚动。他鼓励我们拆除老旧俗套的酒吧，否则他将为我们兑现。皮卡比亚宣称，他不期望有任何差错。查拉也有一个疯狂的、未开发的玩物。里伯蒙—德塞涅也有一副单片眼镜"[215]。布勒东从瓦歇的画中召唤的、有光秃秃的顾客（les rastaquouère）的新酒吧不得不被建立起来；至少在一段短时间内，这种酒吧似乎风靡起来——只是在阿拉贡后来的小说中被游手好闲者的咖啡馆取代。

查拉、豪斯曼等人在日常生活中佩戴的平光玻璃单片眼镜，在更为重要的场合下则青睐"玳瑁眼镜"（monocle d'écaille），而瓦歇梦想的水晶眼镜在布勒东的想象中变得更加珍贵。在一篇收入《可溶解的鱼》（Poisson soluble）[30] 的未经编辑的诗中，呈现出一个普鲁斯特与洛特雷阿蒙相遇的时尚世界："高尔夫球游戏，是船尾的螺丝钉的小嗜好，因为那些穿着灰色晨衣、戴着钻石单片眼镜的骗子们，让自己被听见。"[216] 同年，阿拉贡将背景转移到世俗的首都。"如果巴黎的房子是山，那就是反映在马克斯·莫里斯的单片眼镜中的山。"[217] 这一说法在曼·拉伊著名的《白日梦会议》中找到了视觉相似性，在其中，莫里斯的单片眼镜映照出一个人的轮廓，他是唯一一个穿着大衣、手拿帽子的人，似乎是一个路过的陌生人。[218] 他彬彬有礼、毫无兴趣地看着精心安排的真人静态场面（tableau vivant），布勒东、艾吕雅和雅克·巴隆（Jacques Baron）的脸上都有一种专注的表情。路人则准备在倦怠感袭来时就离开。

尽管巴黎的达达主义成员——特别是深受瓦歇影响的布勒东——对纨绔主义、否定和幽默原则赞赏有加，但这些原则的象征——单片眼镜，从未拥有过比它早先的面具或伪装更重要的意义。对大多数现代艺术家来说，它仍然属于19世纪（美学）自以为优越的态度，因此它只是通过装扮为它的佩戴者制造出区分。即便这些佩戴者已经准备好欣赏这种服装商品，他们也很难意识到它内在的抗议和挑战潜力——此种挑战是通过某种姿态产生的，这种姿态通过其自我意识和讽刺性的引用，破坏了历史进步的线性。单片眼镜永远不可能成为不言而喻的配饰，即那种在不同的前提下，曾在巴尔贝·德奥列维利、欧仁·苏（Eugène Sue）、孟德斯鸠或利耶·德·利尔-亚当伯爵（Comte de Villiers de

---

[30]　布勒东的诗集名。——译者注

现代性中的时尚想象

l'Isle-Adam）等作家身上展示出不言而喻意味的饰品。在 20 世纪第
一个十年末第二个十年初，它的吸引力主要是将它的回顾性而非破坏性
的特点联系在一起。

图 79.
埃尔·利西茨基（El Lissitzky），无题（让·阿尔普与"肚脐单片眼镜"[31]），1922—
1924 年。汉斯·阿尔普（Hans Arp）和索菲·陶伯 - 阿尔普（Sophie Taeuber-Arp）捐赠，
罗兰斯厄格（阿尔普）博物馆。

*"戴眼镜的人正在流行。现在大多数鸡蛋都戴上了太阳镜。一朵云把自己变成了一条领带，上
述机械玩偶就会把这条领带系在自己的脖子上"。——让·阿尔普，1924 年。*

---

[31] 原文为"Jean Arp with 'Navel-monocle'"。——译者注

查拉是为数不多的——也是巴黎先锋派中唯一的——在时尚从达达主义到超现实主义变化后仍然戴着单片眼镜的艺术家，此时，19 世纪的纨绔派已经消亡，新的纨绔派（包括克拉瓦、瓦歇和里戈）；相应地，他也是极少数能充分理解时尚化（à la mode）和时尚之间，也就是说，变幻（vagary）和风格（style）之间区别的人之一。

1924 年，布勒东发表了宣言，确定了运动的新方向，同时也产生了一个有分歧的新世界奖（Prix du Nouveau Monde）得主。《南方》（Nord-Sud，一本致力于宣传阿波利奈尔式新精神的杂志，见本章前面瓦歇对勒韦迪的轻蔑评论）的编辑勒韦迪而不是查拉被选中，而后者的小说《下注吧》（Faites vos jeux）前一年在《南方》竞争对手的《自由副刊》（Les Feuilles Libres）上连载。勒内·克勒韦尔（René Crevel）——艺术圈内各种争吵的唯一调停者——因为评委会的决定而辞职，也因为他意识到在超现实主义中保持达达主义精神是不可能的。对他来说，达达主义需要一种对时尚的迷恋，而这种迷恋不再被崭新的、自诩为先锋派的忠实拥护者承认："我们可以再次看到特里斯坦·查拉，看到他眼眶上的单片眼镜和他脖子上的五彩围巾。他无动于衷，目睹了所有的小阴谋，他似乎告诉最近那些从未原谅过他写出这本小说的朋友们：《下注吧》。但他知道自己必须保留什么。"[219]

5.9.2 关于火车头和大礼帽

当布勒东和他的艺术盟友从达达的虚无主义转向超现实主义那更具建设性——或许是科学性的创作态度时，先前的朋友就开始成为对手，然后是敌人。查拉拒绝"严肃"的态度让他失去了布勒东的同情；布勒东于1922 年开始在巴黎大会委员会工作，被安排去研究现代性精神时，他和查拉在一场争论中发生了冲突。奇怪的是，这场争论是以辩论火车头和大礼帽各自的现代主义价值的形式展开的。

布勒东为他的项目选择了一个最具试探性和描述性的标题，"确定方向和捍卫现代精神大会"（Congrès pour la détermination des directives et la défense de l'Esprit Moderne），而开头传达了同样笼统和平和的语气，旨在尽可能多地纳入先锋派："无论如何，这篇文章的署名者无意超越他们所有的个体特征，甚至是团体或学校的特征，我们在艺术中已经看到了印象主义、象征主义、幽默主义、野兽主义、同存主义、立体主义、俄耳甫斯主义、未来主义、表现主义、纯粹主义、达达主义等的例子，它们在努力建立一个新的理性大家族，并保持着许多人认为虚幻的联系。"[220] 然而，在巴塞罗那会议上，布勒东缩小个体表达的空间，并将这些运动统一起来，让它们成为进步演化的一部分——这与达达主义的想法不同。这种努力在他对"现代精神"的定义中达到高潮："总而言之，我认为立体主义、未来主义和达达主义不是三个不同的运动，而是这三个运动都参与了一个更普遍的运动，尽管我们还不知道它的角度或维度……（将）立体主义、未来主义和达达主义放在相继的地位上，意味着是在跟随一种思想发展过程，这种思想目前已经达到了某种顶点，正在等待一种新的冲动来继续描绘它被赋予的曲线。"[221] 这种认为艺术中存在历史叙事和逻辑、风格进程的概念，即便是通过连续运动这种似乎矛盾的假设来看，也被查拉反对，因为布勒东轻描淡写地淡化了达达主义的冲击："我对现代主义一点也不感兴趣。而且我认为，说达达主义、立体主义、未来主义有共同的基础是非常错误的。后面两种倾向首先是基于到达技术或智力完备的原则，而达达主义从未基于任何理论，只是一种抗议。"[222] 对查拉来说，现代性的本质既不在于视觉感知的进化如立体主义，也不在于对技术进步的赞美如未来主义。同样，现代性也不在于艺术对无意识的"发现"，或超现实主义者所说的自动主义。客体和客体化不应该被看作历史进程的一部分，而应该作为文化中的短暂和转瞬即逝的现象，被看作与之相对的或者至少与之分离的。

然而，对布勒东来说，该计划必须关注持续的演变。现代精神和他在巴塞罗那的演讲实际上与阿波利奈尔的新精神和他1917年的研讨会非常接近。新精神的主要倡导者之一，纯粹主义的创始人阿梅代·奥藏方（Amédée Ozenfant）确实参加了五年后的巴黎大会委员会。其成员共同制订了在1922年中需要解决的问题的方案：

> ▪
>
> 　　所有那些在行动中不把自己置于过去监护之下的人，都会被邀请前来展示自己。我们要统计双方的人数。
>
> 　　为了确定想法，这里有大会必须研究的众多问题中的两个：
>
> 　　现代精神是否依然存在？
>
> 　　在据说属于现代性的物品中，大礼帽比火车头更为现代还是不现代？[223]
>
> ▪

　　这个方案显得非常暧昧。如果布勒东打算召集所有"不在过去监护之下的人"，他为什么要通过询问现代精神的延续来试图与传统建立联系？此外，为什么选择大礼帽和火车头作为这种精神的特殊隐喻，因为两者都起源于一个过去的时代，即19世纪？

　　未来主义者赞美20世纪的发明，如汽车和飞机，而布勒东和他的委员会却单单选择了火车头，一种1804年发明的运输工具（该词于1823年进入法语）。[224] 而大礼帽又如何呢？这个决定了前个世纪整个后半叶巴黎街道面貌的终极布尔乔亚配饰，怎么会是代表现代精神的标志？布勒东关于这两件物品中哪件"更为现代还是不现代"的问题更显得格外奇怪和不切实际，因为两者都已经成为文化传统的一部分。[225]

　　就像单片眼镜一样，这两个被视为现代性精神的案例的隐喻，并不是最近的历史或社会学事实。它们在崭新的预兆下从文学传统中涌现。

查拉试图通过否定和讽刺性引用来重新"创造"，而布勒东则利用过去为他声称的当代原则提供支持：尽管他也许更接近于发明一个"现代神话学"，但他让自己面对着仍是"印象主义"的指责，而本雅明也将对阿拉贡提出同样的指责（见本书第 5.3 节）。关于什么是现代性或现代精神的争论，占据了 1922 年 2 月布勒东和查拉的公开通信中的大多数。查拉公开拒绝参加大会，立即引来一份咄咄逼人的公报："直截了当地说，下面的签名者都是组委会的成员，他们想警告某个人的活动，这个人曾被称为来自苏黎世的'运动'发起人，他不再有理智，如今也不再对现实做出反应。"[226] 这段文字的排斥异己的语气，对一个特定的持不同见解者的攻击，使人很难相信大会最初声称寻求开放的国际论坛的声明。查拉的挑衅肯定触到了委员会的痛处。一天后，"来自苏黎世的发起人"在一封信中用惯常的讽刺反击，使委员会的意图落空："对于大会委员会赋予我的荣誉，如此密集地关注我本人，我只能举起我的大礼帽致敬，并把它放在高速行驶的火车头上，让它们驶向未知的批评领域。"更重要的是，他认为布勒东和他的盟友"远没有资格组织现代艺术的各种倾向"。[227]

因为达达主义者认为达达主义本身就是一种目的，是"不现代的"，[228] 所以查拉认为没有必要把他的（大礼）帽扔进圈里。对布勒东隐喻的讽刺处理化解了他们的矫情，同时也有意无意地将火车头和大礼帽指向 19 世纪，从而回到他们从文学史中获得的灵感之一。

在波德莱尔和戈蒂埃的时代，人们对现代性及其发明的热情似乎是无限的。旧的信仰被抛出，而社会则向一个似乎大有希望的未来全速前进。波德莱尔的朋友马克西姆·迪康（Maxime du Camp）在他的诗集《现代之歌》（*Les Chants modernes*，1855 年）的一些说明中，将火车头（也包括时尚）赋予了现代的象征地位。当魔鬼被讽刺地与火车头对立时，机器显然占据了上风："他（魔鬼）在夜里狂奔，吐着火焰，嚎叫哭泣，带着小魔鬼和巫师军团；但拖着车队的火车头吐出的火焰更

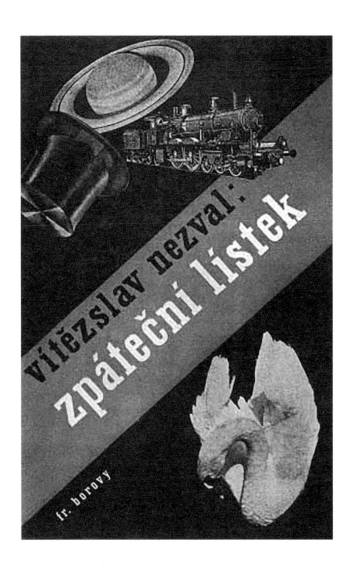

图 80.

卡雷尔·泰格（Karel Teige），《回程票》（Vitězslav Nezval 的封面），1933 年。卡片拼贴和排版画，21.3 厘米 ×13.5 厘米。ÚDU AVČR，布拉格。

387

多，吼声更响，运送的人更多。"[229]

可惜！这首赞美火车头的诗却没有赋予机器任何能量和活力。它可能是热情的，但对读者来说，它似乎冗长而单一。[230]20 年后，Ix. 先生——马拉梅的另一个身份，他在《最新时尚》的社会专栏上的化名——以一种更复杂和反思的方式来处理这个问题。在思考现代性中存在的瞬间性时，以前往时尚的海滨度假胜地的铁路旅行速度为例，他（她）写道：

> ■
>
> 人们当场学会了一切，甚至是美；如何昂首挺胸，人们则必须向他人学习，也就是说，向所有人学习，就像穿衣方式一样。我们应该逃离这个世界吗？ 我们是它的一部分；那么回到自然界呢？人们在自然界的外部真实中全力以赴地旅行，伴随着它的风景、地点，去到另一个地方：一个对我们来说并不充分的现代意象！因为，如果我们在四面墙内所知道的快乐将要放弃它们在季节上的领先优势，转而进行露天游戏，如在树林中长时间漫游或在河上赛船，在此，我们会热衷于在广阔、赤裸的地平线所造成的遗忘中让眼睛得到休憩，我们是否会因此发现一种新感知，能够欣赏海洋用其泡沫在底部绣出的错综复杂装束的矛盾？ [231]
>
> ■

现代男女赶时髦的眼睛没有休息的余地，甚至连天空和大海都变成了装饰服装，而欣赏者总是可以通过求助于新奇的服装客体来防止对大自然的广袤产生旷野恐惧症的冥想。1919 年，查拉调侃地讲述了某个环境，似乎是对马拉梅高尚的"报道"和印象派（或野兽派）画家多维尔（Deauville）的绘画或类似时尚景点的拙劣模仿："每个人都有一个笑话，而全部笑话就被称为文学。层叠在一起，带着披肩的破烂圆柱体

图 81.

埃米尔·贝尔纳绘制，《阿斯尼耶尔桥》，1887 年。布面油画，46 厘米 ×54 厘米。现代艺术博物馆，纽约。Grace Rainey Rogers 基金。照片 ©2000 年，纽约现代艺术博物馆。

在海边参观。"[232] 尽管这肯定不是专门针对马拉梅（或普鲁斯特的巴尔贝克[32]）的批判，但查拉的《反头》（L'Antitête）就包含这段引用的文章，其中对文学的老生常谈提出了反驳："哦！爱情的乐趣！多么过分的快乐！客人们都吓坏了，即便是躲在火车头的外皮下。"[233] 鉴于达达主义胡言乱语中所保留的联想，人们可能会推测，查拉是在描绘一个被逼到痛苦和绝望境地的时尚团体，而不是关于海边度假，而他在主题和语言文字上都为象征主义的精致提供了一个愤世嫉俗的现代解药。

[32]　普鲁斯特在《追忆逝水年华》中虚构的法国海滨度假胜地巴尔贝克（Balbec），不少研究者认为原型是法国芒什省冈市附近的卡堡。——译者注

现代性中的时尚想象

图 82.

马克斯·恩斯特绘制，《冬季度假者的高歌》的插图，1929 年。纸上拼贴画，
8 厘米 ×24 厘米。私人收藏，科隆。

在《最新时尚》第 5 期中，Ix. 预见到了查拉的某些愤世嫉俗。
Ix. 将火车头视为现代性的真正寓言，一队黑色的现代主义队列，其传
统来自波德莱尔将黑色的燕尾服当作适合 19 世纪粗糙的布尔乔亚阶层
的讽刺性装束："谁知道今天下午和明天的行进队伍是不是最后一次，
以其传统的方式进行？是否有一天它会被引入其中的火车头干扰？包括
它的匆忙、它的噪声，以及它混杂在车厢里的哀悼者？"[23] 马拉梅也用
黑色大礼帽来唤起一个诗意的现代世界。他在《惠斯勒之票》（Billet à
Whistler，1890 年）的开头说：

■

而不是关于阵风

没有什么比占领街道更重要

受制于黑色帽子的行为

但，一个舞者出现了 [235]

■

　　超现实主义者马克斯·莫里斯将这种邂逅——更多的是电影式的，而不是象征式的——转移到了现在。在一篇关于超现实主义和绘画关系的文章中，他对现代主体和当代环境提出了要求，他问道："那个开着汽车穿过戴大礼帽人群的、穿着白衣服的女人是谁？" [236]

　　从 19 世纪 30 年代起，当法国帽匠吉布斯（Gibus）的名字成为大礼帽的同义词时， [237] 这种头饰就开始代表布尔乔亚社会、道德和愿望。争取宪法原则的人在街垒上戴着它，它在欧仁·德拉克洛瓦（Eugène Delacroix）的《自由引导人民》（La Liberté guidant le peuple，1830 年）中得到了突出展示。 [238] 随后，它被改编为布尔乔亚的国王路易·菲利普在字面意义上的皇冠，同时也作为七月王朝的双重象征。从 19 世纪 60 年代中期开始，通布龙（Tromblon，一种帽檐加宽的大礼帽）开始成为地位的象征，成为优雅世纪末（fin de siècle élégant）的必备品（见雅姆·蒂索的画作《皇家街的上流圈子》[(Le Cèrcle de la rue Royale），1868 年]。到了 20 世纪的头一个十年，管状帽子——无论是明亮（白天，避暑胜地）还是黑暗（晚上，盛大场合）——都已经显得过时，让人缅怀起一个曾经更为时尚的时代。它是留给忧郁的颓废派必需的配饰，他们喜欢这面"圆柱形的黑色镜子，其上有轨电车和公共汽车被模糊地反射出来，就像树木和云彩在黑暗的海水中一样" [239]。

　　对于马拉梅这位曾经开创了象征主义和诗歌的诗人，对他这一代人来说，黑色的圆柱形头饰仍然是一种时尚的先决条件，仍然如此标准，

现代性中的时尚想象

以至于对它不变的认识总是要离开俗世飞向形而上。马拉梅最后的作品之一是对 1897 年 1 月《费加罗报》调查问卷的答复，这一年正是大礼帽发明一百周年。

■

　　先生，你会发现我对触及这种主题的前景感到担忧。你已经说过——显然你不会忽略它——当代人的头上戴着某种阴郁和超自然的东西。或许你有勇气在报纸专栏中探讨这个谜团：就我而言，我费解地被引向了冥想，我期望至少产出几卷数量众多、内容深奥的缩印本，在其中科学将解决这个谜团，然后超越它并取得进步。我想，人们可以在这里省略所有令人不安的形而上学，那些关于机器或装饰品或那颗黑暗流星所代表的东西，就像调查表所提示的，将自己限定在帽子的实际制造之上。例如，正如你所建议，探索这个被称为大礼帽的现代补充物是否会在 20 世纪的黎明时分出没。[240]

■

　　它对 20 世纪的确有着重大意义，特别是它在大战后成了巴黎艺术家的隐喻；然而它正是通过唤起马拉梅选择忽略的"令人不安的机器形而上学"而发挥作用。蒙多在他的传记中举了一个例子，说明诗人的想象力是如何为大礼帽的出现所刺激，在这种情况下，某种程度确实倾向于机械的形而上。在唤起现代旅行时，马拉梅再一次梦到蒸汽："马拉梅与梅里（洛朗）和亨（利·德·）雷尼耶［H（enri de）Régnier］一起，在 7 月的一个晚上来到布洛涅森林（Bois de Boulogne），靠着湖划船……有一个人独自划着船，破开水面，水面上映照着深红色的夕阳。他穿着一身黑衣，不可思议地戴着一顶大礼帽，显得庄重而优雅。'看，'马拉梅说，'一个想象中的航海家：英俊的帽子取代了他梦中的烟囱。'"[241] 戴大礼帽的人终于如 Ix. 的社会专栏中"承诺"所描述的那

图 83.

不知名的插画师,《时尚实践》第 6 期(1897 年 2 月 6 日)中的一页,有一篇题为"大礼帽 100 周年"的匿名文章。石版画,约 30 厘米 ×50 厘米。柏林国家博物馆,艺术文献馆。

样抵达水面——尽管那不是海洋，只是公园里的池塘。他的黑色圆筒也在冒着蒸汽，只是这次是船只的烟囱，而不是火车头的烟囱。在医院探望瓦歇时，布勒东也被同样的画面击中。布勒东一边看着朋友床边的时尚杂志版面，一边调侃道："从这些大礼帽中逸出的烟雾，被框在那些我们想给朋友和熟人看的荣誉证书的黑色中。"[242]

大礼帽和烟囱在视觉上有显而易见的相似之处——这一点因"圆柱"（cylindre）一词的两个独立含义而更加突出，它既表示头饰，也表示机器的一部分。[243] 黑色管子（tube noir）是对工业时代的时尚表达，等于是蒸汽发动机内的活塞。从《最新时尚》到《时尚之镜》等时尚杂志都在赞美商品的吸引力，因此隐含表达了资本主义的成功。竖起的烟囱越多，就越是表示工厂主的成功，而第二帝国的布尔乔亚帽子上的光亮管子就越多。

因此，布勒东旨在追踪现代精神表达的问题，似乎毕竟是合理的。然而，在这个隐喻性的化合物中，哪一个元素不得不被视为对现代性更重要，是帽子还是机器？这涉及一个隐蔽的决定，即什么对现代精神或现代神话更有影响：是如法国立体主义和纯粹主义的客体风格化形式，还是发动机的动力？布勒东在 1920 年初写道："这里有一些我们时代的智者。洛特雷阿蒙、阿波利奈尔对雨伞、缝纫机、大礼帽都有一种普遍的崇拜……我认为一个名副其实的现代神话即将形成。"[244] 阿波利奈尔在他的《图画诗》（Calligrammes）中以同样简单的、近乎纯粹主义的描述方式来观察大礼帽，这也正是他先前曾用来描述遮住女人肩膀衣服的方式。

■

堆满水果的桌子上有一顶大礼帽

手套在苹果附近死亡

一位女士拧着她的脖子

图 84.

德让那（Draner）［本名朱尔·勒纳尔（Jules Renard）］绘制，《德让那的独立画家先生》（细节），1879 年。纸上墨水画。法国国家图书馆，巴黎。

旁边是会吞咽的男士 [245]

•

　　大礼帽的立体形式很容易被简化为圆形、矩形或圆柱体，而统一的色块和清晰的线条则有利于其抽象化。例如，毕加索 1908 年 /1909 年冬季创作的《带帽子的静物》（*Still Life with Hat*）可以很容易就转化成阿波利奈尔诗歌的视觉来源。[246] 塞尚式的构图描绘了一些水果，旁边是位于中心的黑色硬圆柱，所有这些都摊开在花色的绿色桌布上。具有讽刺意味的是，在阿波利奈尔的诗和他的艺术支持立体主义艺术批评时，达达主义者理查德·胡尔森贝克却希望立体主义画家能完全使用现代意象："旧的视角通过毕加索和立体主义者被消解了，模特们逃走了，最漂亮的画架和大礼帽从这个世界上消失了。"[247]

虽然大礼帽被一些人视为过时美学的残余，但也被另一些人视为新物化的纯粹主义象征。因此，任何试图将布勒东的两个隐喻中的一个视为比另一个更现代的评估，似乎都低估了它们内在的二元性。历史学家萨努耶（M.Sanouillet）指出："……大会主题开始逐渐发展，同时，在达达主义者的眼中，它也开始越来越不值得关注：一旦笼罩在布勒东真正意图周围的神秘阴霾被揭开，除了古代和现代之间新的、沉闷对话的前景，以及纪尧姆·阿波利奈尔在诗歌和爱情中早已解决的空洞和'传统与发明之间的拉锯战'，似乎什么也没有留下。"[248] 时尚是现代性的良好典范，因为它的对象本身是模糊的，它们包含了现代性和古代性。时尚之所以是现代的，而不是排除旧的，恰恰是因为它自身携带着过去的事物或是被其重塑。现代社会及其主体的二元论在其主体与客体的双重特征的缩影（en miniature）中得到了反映：新和旧，转瞬易逝和崇高，瞬间和永恒。因此，大礼帽既是 19 世纪的布尔乔亚头饰，又是具有高度审美价值的抽象实体；它既是现代的，又是神秘的，因为它作为一种有力的配饰不间断地存在了一百多年。正如本雅明所观察到的那样，超现实主义者对重新发现 19 世纪及其黑暗的象征保持着明显的兴趣。超现实主义的缪斯之一是方托马斯（Fantômas）[33]，这位绅士怪盗，他在夜行中成为现代神话的一部分。卡尤瓦称："他已经在我们的想象中强加了一个巨大的休眠城市的景象，在其中有一个庞大的方托马斯，戴

---

[33]　方托马斯，法国作家马塞尔·阿兰和皮埃尔·苏韦斯特创造的虚构人物，为法国犯罪小说史上最受欢迎的角色之一。——译者注

着面具，刮着干净的胡子，穿着黑色的西装和大礼帽……伸出了非常有力的手掌攫取着什么。"[249]

对于达达主义及其虚无主义的讽刺来说，大礼帽和火车头的圆柱体都属于另一个类别。苏黎世的伏尔泰·卡巴莱曾无数次目睹它的煽动者雨果·波尔（Hugo Ball）被包裹在圆柱体中——最富表现力的是在1917年，他在一个长度为其头部两倍的白色管子中朗诵他的一首有声诗，在轻挥德意志第二帝国国旗时，他还被一个黑色气缸帽（Zylinderhut）顶着。这种政治讽刺被查拉以一种目的性不这么强但同样具有争议的形式搬到了1920年5月在巴黎加尔沃音乐厅（Salle Garveau）举行的"达达节"上："在其他晚上，主席台上都是一个指挥家站在大约60名音乐家面前，郑重地挥舞着他的指挥棒，现在则是站着六个达达主义者，他们穿着黑色的衣服，他们的头被巨大的白色蜡光板圆柱体遮住（就好像他们硬挺的衣领突然决定生长），他们哀伤地动来动去。毫无尊重之意！"[250]

就在前一年，查拉将波尔的意象纳入一首名为"揭开乐观主义的面纱"（Unveiled Optimism）的诗中，三年后，在经历与大会的超现实主义者悲伤的决裂之后，他才发表了这首诗。

■

揭开乐观主义的面纱

为了……

金钱的烦闷

更高阶的夜晚

一个戴着大礼帽的氮气瓶

……

最便宜和最强大的

出售

到处都是

始终 [251]

■

与此同时，在日内瓦，另一场达达主义表演（再度）引入了火车头。一位隐藏在"Zy."这个假名后面的报道者，实际上就是达达主义者塞尔纳，为《日内瓦论坛报》报道了这一实践："两台耦合机车（就像弗朗 - 诺安 [34] 所言，它们在追随自己的机车）跳起了单步舞。评论家布罗斯亚达姆（Brosjadam）用拟声词巧妙地表达了这一点。" [252]

术语"locomotif"一词也应从词源上加以理解，它是指一个有机体（如人体）的"火车头系统"，表示主体或客体从一个点独立移动。这个点或立场也标志着审美经验的现状。由此，查拉在他 1918 年的宣言中宣称："新的画家创造了一个世界，在这个世界里，客体也是手段，毫无疑问它会产生一个明确的、清醒的作品。新艺术家抗议：他不画任何象征性的或印象派的复制品，而是直接在石头、木头、铁、锡、岩石上进行创作，只需片刻的感官清风吹拂，火车头有机体就能完全翻转过来。" [253] 查拉再次抗议大多数立体派画家的做法，认为他们只是从不同角度看待客体，他也抗议未来派的做法，因为他们基本上关注的是运动中客体的连续变化。对查拉来说，现代性的精神在于通过不断变化的感知模式看待客体的完全自主性。这种自给自足的流动性不需要艺术作品来描绘、评价或记录。客体，就像它在观看者面前出现的那样，通过主体的灵感和想象力成为艺术品（也许正是在马塞尔·杜尚的那些现成品中得到最有力的视觉实现）。因此，对查拉来说，他并不关心后来布勒东向他提出的关于大礼帽或火车头的优越的现代性的问题。他认为两者在真正的现代精神中都是同样短暂的。对布勒东的隐喻成分的全然的字

---

[34]　弗朗 - 诺安（Franc-Nohain），法国歌剧作者和诗人莫里斯 - 埃提涅·勒格朗（Maurice-Etienne Legrand）的笔名。——译者注

面解读——例如，在罗伯特·德劳内（Robert Delaunay）为《文学》所作的封面试画中，委员会成员被画成火车头烟囱前戴大礼帽的人，蒸汽笼罩着杂志的标题[254]——进一步让查拉感觉幻灭，再次证明他的批评和讽刺的有效性。在嘲弄地摘下他的大礼帽放在机车烟囱上时，查拉所做的不仅仅是试图防止由他视为多余的争论带来的人为制造的烟幕堆积。查拉希望这两个隐喻都被送入荒野，"走向批判的未知领域"，因为只有如此摒弃，才能阻止新的等级制度形成。

他的姿态赢得了赞赏——至少在某些人看来是如此。皮卡比亚以他习惯性的讽刺写道："背信弃义的特里斯坦·查拉已经离开巴黎，去了郊区该死的舞厅，[255] 他决定把他的大礼帽戴在火车头上：显然比戴在萨莫色雷斯的胜利女神（the Victory of Samothrace）头上要容易得多。"特扎拉是否真的会把花冠放在移动的机器上，从而部分地站在未来主义者对崇高否定的立场上，这是颇值得怀疑的；任何模仿手法都必然显得可悲，并让考虑这样做的个人蒙羞。"当里伯蒙-德塞涅某天觉得心情好的时候，他戴上了一顶大礼帽，以便看上去像个火车头。效果是很可怜的。"[256]

这样的谩骂助长了——虽然几乎没有进展——巴黎大会的不和。布勒东没有试图一直站在艺术发展的前沿，而是更仔细地听取了瓦歇关于"刺杀诗人"的建议。"达达-纨绔"按照阿波利奈尔的命令，每隔一段时间就激烈地取消崇高，打算用对自我感性进行更多自我攻击来打断现代性的快速节奏。"有必要大口喝下尖酸或旧的抒情诗，充满活力地猛地来一下，因为火车头跑得很快。"[257] 现代生活的速度需要刻意中断，但这种中断是否可以通过用大礼帽挡住烟囱来实现，或者说这种姿态是否相当于给火车头戴上一顶现代主义的桂冠，似乎颇值得怀疑。客体只是成为一种商品，除非它的影响受到质疑——不仅仅是通过社会政治批评，也包括那些探索其模糊性和多面性的艺术家。

现代性疯狂节奏中的"他者"在斯坦尼斯瓦夫·维特凯维奇

（Stanislaw Witkiewicz）1923 年的戏剧《疯狂的火车头》（*Szalona lokomotywa*）中得到了生动的表达。性的紧张性、变态的能量和巨大的速度被结合在发生于一列特快列车驾驶室里的混乱行动中。最后一幕的灾难性后果为针对发动机的其他正面观点提出了一个虚无主义的选

图 85.
罗伯特·德劳内，《文学》的封面试画，1922 年。纸上墨水画，20 厘米 ×17 厘米。

择。机器已经准备好将无助的个体运往毁灭，而波兰作者在现代生活的节奏中简直没有提供任何逃避现实的机会。司机和司炉、他们的妻子和情人以及乘客们注定无法到达海边度假胜地。他们都将在可怕的事故中丧生，因为人类没有能力或不愿意让火车头停下来。[258]

1928 年，另一位作者将现实搬到了拓荒者和机车的复合隐喻中。诗人奥西普·曼德尔施塔姆（Osip Mandelstam）经常用衣服作为人类的拟像。他的世界和超现实主义诗歌所唤起的世界一样荒诞和奇妙。在《埃及邮票》（*The Egyptian Stamp*）这个以 1917 年俄国二月革命和十月革命为背景的故事中，曼德尔施塔姆描述了这样一段旅程："戴着大礼帽的火车头带着鸡爪子，对歌剧院帽（chapeaux-claques）和平纹细布的重量感到愤怒。"[259] 在这里，19 世纪的服装残余只是作为阻碍社会进步的意识形态压舱物出现。作为这种进步的受害者，曼德尔施塔姆的主人公帕诺克（Parnok）被他的裁缝收回了心爱的外套。随着这件衣服的丢失——其功能类似于果戈理（Gogol）的著名故事中的象征性大衣[35]——其穿着者失去了他的社会地位。裁缝不可理喻的行为和他的受害者变成弃儿的彻底混乱是 1917 年动荡时期的寓言的一部分。在这里，火车头和大礼帽的诗意已经显得不合时宜了。

相比之下，阿拉贡在《阿尼塞》中的大礼帽和火车头的夜间配对——写于 1920 年，比布勒东的大会问卷调查早两年——显得相当平和，尽管这个故事在其偶然性和梦幻般的背景下同样有效。阿拉贡巧妙地渲染了这些客体，尤其是通过它们的超现实组合，让其成为现代神话的一部分，重新定义了人们对这两个客体的看法。"这七个戴大礼帽的人甚至惊动了稀少的路人……他们已经走到了奥尔斯街（rue aux Ours）。蒸汽钟说是凌晨 3 点。一声汽笛让阿尼塞转过身来：就像一个不祥之兆，一列真正的列车正在火车头的牵引下，缓缓驶过艾蒂安 - 马塞尔街(rue

---

[35]　指果戈理的短篇小说《变色龙》。——译者注

图 86

不知名的摄影师，负片机车，约 1929 年。印刷的底片，约 23 厘米 ×14 厘米。私人
收藏，巴黎。

"这个机车的世纪……不能包括……用耀眼的颜色装饰的人群。人们必须使自己与当代工业
的机器和产品和谐相处。"——古斯塔夫·热弗鲁瓦，约 1888 年。

Étienne-Marcel)。"[260] 精致的时尚和生产蒸汽的工业在夜间相逢，让读者思考这些客体背后可能的象征意义（也许类似雨伞和缝纫机的相遇）。尽管在1920年的巴黎街头，高筒宽边样式（hauts de forme）一定显得格格不入（因此也被纨绔化了），但这种效果又一次被创造出来。它不是来自古老的静态形式与现代运动的对比，而是由不相关的、独立的实体组合而成。时尚和现代性，在这种情况下，是黑色服装和煤烟熏黑的机器，是一个专注于消费和同化商业与商品的社会的指导方针。艺术家们的任务不仅仅是强调这些物体中的转瞬即逝、短暂和暧昧，他们必须把它们纳入视野并开辟一条可能的道路，以抵消本雅明所说的"商品地狱"。或许，艺术家们甚至必须找到一个解决方案。

为了化解曾经被归入达达主义旗下的艺术家之间的激烈争论，布勒东在大会前夕采取了一种与查拉并无不同的讽刺性转移策略。布勒东在《文学》新系列的第四期中写道："在此期间，菲利普·苏波和我自己试图创造一种转移注意力的方式：戴一些大礼帽，但并不成功，而事情很快清晰，我们生活在妥协之中。"[261] 当人们看到布勒东和苏波在《磁场》中关于大礼帽的首次合作的坦率态度，就会发现这种妥协是一种对习俗（文学和社会）的妥协。"将我们与生活分开的东西，与那像沙土植物一样在石棉上奔跑的小火焰截然不同。我们也不去考虑在某些大礼帽中发现的验电器金叶的逝去之歌，尽管我们过去在社会上也戴过这种帽子。"[262] 事后看来，同为超现实主义者的雅克·巴隆认为这种保持讽刺距离的尝试是不明智的。他认为这一系列的封面是轻率和很容易让人误解的，因为接下来要出版的是《超现实主义革命》："在过于客套到不诚实的曼·拉伊的大礼帽之后，皮卡比亚设计了一个丑陋的封面。标题很疯狂；'床和房间'（Lits et ratures）或'子宫'（Erutérail）。此外，内容本身也远不足以自满。再也没有迷人的专栏了……"布勒东的《红帽之年》（Year of the Red Hats）中反映了一种与时俱进和建立短暂性的特殊方式。在那一年（1922年），妇女时尚倒确实是戴着这种热情颜色的帽子。"[263] 然而，在巴黎大会期间，题为"红帽之年"的文字远没有阿拉贡的服饰描写那么精确，而这恰是人们对一个职业游手好闲者的期望。他把大会余波描述为清除新成立运动中不受欢迎的因素。"当时，有一个'达达救赎'法庭，人们无论如何也想象不到，恐怖统治有一天

图 87.

曼·雷绘制，《文学》新系列的封面，1922 年 3 月。纸上墨水画，25 厘米 ×20 厘米。

会让位于督政府[36]，以及它的游戏、花花公子和公开的礼服。"264 在后达达主义恐怖时代（postdadaist terreur），大礼帽作为隐喻和诗意的主题已经消亡，就像许多其他服装元素一样（比如单片眼镜）。时尚配饰的精致被认为是一种徒劳的装腔作势，危及艺术和社会政治的完整性。

如果配饰继续被使用，那么关注点就从它们标志着现代生活的物化的意义转向了迄今为止被忽视的心理暗流。在1930年的《超现实主义第二次宣言》中，布勒东引用了1929年12月医学－心理学协会（Société Médico-Psychologique）的一次讨论，当时心理学家皮埃尔·雅内（Pierre Janet）选中了大礼帽："为了支持德·克莱朗博（de Clérambault）博士的观点，我想起了超现实主义者的一些方法。例如，他们从帽子里绝对随机地取出五个词，并对这五个词进行各种系列的联想。在'超现实主义导论'中，他们用这两个词讲了一个完整的故事：火鸡和大礼帽。"266 雅内在这里指的是布勒东的《可溶解的鱼》中的一些句子，这本书在1924年10月与《超现实主义宣言》（被医生误称为《超现实主义导论》）一起出版。267 然而，令人惊讶的是，他没有对配饰本身的心理学意义进行评论，尤其是克莱朗博在调查人们对服装和配饰的神经质态度方面的专长是无与伦比的。268 这种最具阳具崇拜意义的头饰的心理学内涵，当然是其在达达主义和早期超现实主义中频繁出现的原因之一；但艺术家们从未尝试过对其进行与布勒东对其领带的分析相媲美的直接关联或解释。帽子继续出现在超现实主义艺术中。不过，这种配件被限制在女性时尚的转瞬即逝领域，如上面的《红帽之年》或查拉的开创性作品《某种自动主义品味》。

---

[36]　指法国大革命雅各宾派被推翻，成立督政府的历史，以此暗喻巴黎大会内部分歧的发展，后面的后达达主义恐怖时代也是暗喻此。——译者注

现代性中的时尚想象

从一个地方移动的机械表达——火车头，最后一次出现。这一次，重点放在了它的倒退上，因为它似乎成了一个现代的古物。在《疯爱》（*L'Amour fou*，1937 年）中，布勒东试图定义惊厥之美的概念（正如他的美学信条所假设的那样——"美要么是震动的，要么没有"）："遗憾的是，我没能和这篇文字一起提供一张照片，写于那是一辆飞驰的火车头，多年来被遗弃在一片原始森林的狂欢中。"[270] 博内在评论中认为这一形象源自布莱兹·桑德拉尔（Blaise Cendrars）的一首诗，大约写于 20 年前。

> ■
>
> 给我发一张栓皮栎森林的照片
> 生长在四百台火车头上
> 由该法国公司提供。[271]
>
> ■

作曲家乔治·奥里克（Georges Auric）是大会的组织者之一，他在为科克托的演出《埃菲尔铁塔的新娘》做准备时对桑德拉尔的诗歌发表了含糊不清的评论："关于桑德拉尔，将他的诗和可怜的新娘比较一下……它就像将火车头和一个从拉比什[37]作品中走出的意大利草帽相提并论。"[272] 人们不禁要问，奥里克是否认为桑德拉尔的诗句在读者的脑海中以不可抗拒之力前进，或者他只是想赞美其终极现代性？机车和帽子的平行关系再次被确立，只是这次引用的是歌剧中使用的廉价女性头饰，而不是大礼帽。现在的批评转向了对内容而不是态度的质疑。布勒东在他的诗《驿马》（*Facteur cheval*）中再次呼应了桑德拉尔的意象，他在诗中勾勒出一个自相矛盾的形象——一个不动的火车头，被自然淹

---

[37]　欧仁·马林·拉比什（Eugène Marin Labiche），法国剧作家。——译者注

没，被自己的过去吞噬:

■

没有看一眼被抓紧的火车头。
巨大的气压根基，
在原始森林中抱怨其所有的
伤痕累累的锅炉。[273]

■

未经踏足、未开化的原始森林代表着一种天真的梦境；它作为浪漫主义的理想，是现代进步的刹车。机器的速度被神秘的过度生长阻止，可能是永远的。无意识控制了物化，神话开始覆盖当代生活的动态。

图 88.
佚名照片，发表于《米诺陶洛斯》第 10 期（1937 年冬）。

我们已经看到，布勒东的态度在对火车头及其列车的诗意描写中会更加"马拉梅式"。1921 年，他站在现代人一边，在恩斯特的展览上宣称，当代艺术比以往任何时候都更有能力反映生活："感谢电影，今天我们有办法让火车头在画中到达。"[274] 在《红帽之年》中，时尚电影的影响再次显现。布勒东讲述了一个想象中的场景："我在高架桥上行驶，想到那些在火车上用手指吹口哨的笨蛋时，我就脸色发白……我到达巴黎东站（gare d'Est-Ceinture）时，工厂的大门已经打开……所有的乘客似乎都在为一片百合花田而疯狂。"[275] 这段文字被收入《可溶解的鱼》，在其第一章中再次强调了机械和服装作为现代性表达的相似之处："她走着，来到一个类似于横贯欧洲的快车车厢包厢的隔间……我咳嗽了几声，火车似乎在隧道里滑行，将吊桥送入梦乡……直到很久以后我才再次发现我们，她穿着极其鲜艳的衣服，让她看起来就像一台非常新的机器上的齿轮。我穿着无可挑剔的黑色套装，尽可能地融入其中，从那时起我就没有脱下过它。"[276] 当他们全速行驶时，女乘客的衣服就像大礼帽烟囱一样成为现代机器的一部分，而作者的黑色套装标志着他是男性衣着的严肃和现代精神的典型表现者。然而，在 1937 年，一张布勒东错过的、本可作为他文章插图的匿名照片，被佩雷用于自己的一篇文章中，标题颠覆了机车的象征意义。火车头不再穿越隧道和桥梁，而是被迫无限期地静止，"自然吞噬了进步，并超越了它"——佩雷为他的文本起了这样一个标题。被瓦歇描述为切割浪漫主义的"电话线"又被推出来了，"但很快，森林已经厌倦了拨动那根线"；而火车的烟囱，以前在形式上如此令人回味，现在只剩下"抽兰花香烟"。[277]

由"孤儿式达达主义的火车头"（locomotives orphelines dadaïstes）[278] 推动的现代性进程在超现实主义中戛然而止；马塞尔·诺尔（Marcel Noll）对布勒东的早期描述"一个幽默和灾难意识的村庄，像一顶大礼帽"[279] 也不再成立。佩雷在他的的文章中总结道："森林里的女人在她的猎物上舔了很久，像吃牡蛎一样吞下它。"[280]

如果佩雷有意将这一意向与吞噬流动性和运动性的过度生长联系起来，它将有助于解释人们对单片眼镜、大礼帽和火车头的态度。达达主义的边缘性和清晰性以及伴随而来的否定倾向起初令人钦佩，后来被狂热的超现实主义者视为过于谦虚和聪明，不符合自己的利益。因此，它的隐喻被新的艺术运动吞噬，就像被关在牡蛎壳里一样。然而，超现实主义者无法消化他们的艺术前辈留在贝壳里的珍珠，时尚对现代性的责任则从艺术家手中交还给了设计师。商品和艺术品在未来的岁月里会越来越接近，但对服装的诗意演绎再也不会像1840—1940年那样有力地出现。

总结

Conclusion

关于得到时尚与现代性关系的恰当结论的这个想法，听上去似乎有点荒谬。时尚和现代性都生活在不断的变化中、自我培育的引用中以及不断适应的新参数中，以确保它们的延续性。虎跃将继续发生，由于时尚（以及现代性）对自身的过去进行新的引用，因此它也将会同样继续下去——以一种既非线性亦非逻辑的方式。

我们必须不惜一切代价避免将时尚历史化，最好的方法就是观察。在写这篇文章时，作者将这本书公开在缺乏实际内容的指责之下。然而，顺便观察某样东西并不意味着它的美没有被充分欣赏、它的意义没有被掌握，或者它的实质没有被理解或彻底参与。相反，只有游手好闲者的特殊感知——无论是像波德莱尔和阿拉贡那样的颓废化和艺术、米什莱那样的历史、齐美尔那样的社会学，还是像本雅明那样的哲学——才能够捕捉到稍纵即逝的印象，这正是现代性和时尚的特点。

时尚在本质上是短暂的。因此，我们必须向微小的服装元素、艺术品的小细节、文学作品中的从句所透露的瞬间印象鞠躬。在整个画面中，我们只发现了不断的变化；而现代性的真正特征正是存在于每个快速观察的细节中。

只有结合现代性——特别是 19 世纪中叶到第二次世界大战开始时的欧洲大都市社会，才能在历史结构中评估时尚。由于不断变化的现代性美学现在已经摒弃了审美传统所言的绝对美学概念，因而我们可以将时尚作为现代性的情投意合的姐妹来欣赏，而不会将它自己的"相对美"僵硬化。正如齐美尔和瓦歇分别在 1906 年和 1916 年所言，现代性就像时尚一样，每天晚上都会死亡。而又如现代性的美学表达一样，时尚总是以最适合相关文化和社会环境的形式重生。这种反复无常的重生是通过时尚对其自身服装的原始资料的引用和现代性"对过去事物的回忆"来实现的。因此，所描绘的事物和对象要么成为现代神话的一部分，在新的环境中被异化和想象，要么作为讽刺性的引用出现。

阿拉贡在他的《1930 年导言》中将现代性作为历史和现实的特质来讨论，即记忆和通过记忆来创造，也就是引用时他用对一个基本问题的思考做总结：

　　■

　　现代性是一种时间功能，表达了某些客体的情感现实，而客体的新颖性不是它们的主要特征，但它们的效率取决于最近发现的表达价值。或者，如果你愿意的话，在其中人们发现的是一种超越已知用途的新用途，从而使前者被遗忘……看看那些现代主义客体以及将它们与生活联系起来的东西——街道、广告、机器、人体模型、商店橱窗等，它们在我们关注的这些年里被改变了。难道人们不能在所有这些元素的中心找到一个赋予它们现代性的共同因素吗？如果是这样的话，是否这个元素已经脱颖而出，而且同时它标志着一种思想的历史，比

现代性中的时尚想象

411

如与一条街道的历史没有任何区别的思想史？[1]

．

关于"范式转变"、一个"后现代的条件"，甚至被误解的"历史终结"
的说法，都可以解读为试图在现代性的结束敲响钟声。只要被正确解
读——时尚商品基本上使这种理解成为可能——资本主义和布尔乔亚社
会就会存在，现代性就会继续存在。经济基础、生态或政治变化可能导
致革命，使现代性的参数过时。但在这之前，我们只能批判性地参与到
持续的现代性之中，并对时尚在其中的基本作用进行不断调查和分析。

因此，考虑到波德莱尔最初的假设，也就是作者在本书开始时提出
的假设，即解脱，从"时尚中提取任何它可能包含的历史中的诗意元素，
从短暂中提炼出永恒"，[2] 阿拉贡关于何为所有现代性的不同表达的共
同元素的问题，只有一个答案：时尚。

图 89.

M.v.S. 绘制,《维也纳时尚》(*Wiener Mode*)的扉页,第 8 号(细节)(1897 年 1
月)。纸上铅笔和水彩画,32 厘米 ×13 厘米。柏林国家博物馆,艺术文献馆。

也许老虎在跳跃之后已经很累了,即使是时尚,也要偶尔休息一下。

原书注释
Notes

Introduction

1. The French is used here to distinguish the particular aesthetic quality of the modern—as coined by Gautier, Baudelaire, et al.—from the more sociological and political implications that shape the English word "modernity." Ergo: *modernité* = aesthetic or stylistic modernity (but not "modernism").

2. In section 1.2.3, I discuss why the feminine gender of this word is so significant.

3. For representative French writers, see the works of Perrault, Baudelaire, Compagnon, and Lefebvre listed in the selected bibliography. Other authors range from Marx to Habermas, Giddens, Wellmer, and beyond—again, see the bibliography.

4. Notable examples include studies by Perrot, Hollander, Wilson, Fortassier, Steele, Chenoune, Wigley, and Poschardt (see the bibliography).

5. That there is no woman among this group, despite the topic's orientation toward the "feminine," says more about the artistic and academic mores and tradition of the period discussed than, I hope, any hidden prejudices on my part.

6. Walter Benjamin, "Über den Begriff der Geschichte," in Benjamin, *Gesammelte Schriften,* 7 vols. (Frankfurt a.M.: Suhrkamp, 1974–1989), 1.2:701; trans. Harry Zohn as "Theses on the Philosophy of History," in Benjamin, *Illuminations* (London: Pimlico, 1999), 252–253 (translation modified).

7. Obviously, fashion can leap to any period, yet it appears that the "classical"—i.e., the Greco-Roman—ideal is the preferred point of repose because it combines aesthetic and civic virtues.

In an interview during the Olympic Summer Games of 1996, the victorious ex-GDR track cyclist Jens Fiedler explained that the expression *Tigersprung* is used in cycling for the final, desperate body push of the bike over the finish line. This perhaps suggests that Benjamin's dialectical image has been adopted to the vocabulary of Marxist-Leninist (sport) politics.

8. Eric Hobsbawn, *The Age of Extremes: The Short Twentieth Century, 1914–1991* (London: Joseph, 1995), 178; see also his collection *On History* (London: Weidenfeld & Nicolson, 1997) and his article "To See the Future, Look at the Past," *Guardian* (London and Manchester), 7 June 1997, 21.

9. The more recent school of "deconstructivist" fashion, lead by the "Antwerp Six" in the late 1980s, has its origins more in the anarchic spirit of punk than in the structuralist foundations of Derrida's ideas. Significantly, the label itself comes from an American journalist who previously had seen an exhibition of new architecture that had been labeled "deconstructivist." Such double transpositions are more likely to occur because of visual parallels than because of underlying principles.

We must also remember that one of the most lucid explorations of structuralism was conceived through the look at fashion in Roland Barthes's *Système de la mode* (Paris: Seuil, 1967) and its preparatory studies (see section 5.4).

10. The allocation of the ideas of quotation and self-reference to what has been called postmodernity just goes to prove that the impact of *modernité* is far from being past. Jean-François Lyotard, as one of the apostles of the postmodern condition, has turned on its head the traditional art-historical cycle of the avant-garde, the fashionable, and the established (later the "classical")

原书注释

415

through which an artwork changes its significance, in order to describe the paradox of a post-modern consciousness.

See section 3.6 on Simmel's and Habermas's postulates of an "unfinished modernity."

1. Baudelaire, Gautier, and the Origins of Fashion in Modernity

1. "All modernity is supplied by the reader. Le chapeau—etc." Stéphane Mallarmé, *Le "Livre" de Mallarmé,* by Jacques Scherer (Paris: Gallimard, 1977), 148 (A). It is likely that the word *chapeau* denotes a short article (of writing) rather than actual headgear, yet Mallarmé's juxtaposition of terms is far from accidental—*mode* and *modernité* are bound together from the start.

2. Gabrielle Chanel always insisted that fashion does not equal art. Yet the question that remains is whether fashion is capable in principle of submitting itself to artistic or theoretical analysis.

3. The only two recent studies addressing Baudelaire's relation with fashion and modernity (that I know of) are an essay by Robert Kopp, "Baudelaire: Mode et modernité," *Cahiers de l'Association Internationale des Études Françaises,* no. 38 (May 1986), 173–186, and a book by Gerald Froideveaux, *Baudelaire: Représentation et modernité* (Paris: Corti, 1989). Although both go some way in explaining the importance of fashion for Baudelaire's aesthetic experience and indeed establish the connection to modernity in their titles (Froideveaux's chapter 3 is titled "La Mode, scène de la modernité"), neither actually discusses sartorial fashion. Yet without a (detailed) appreciation of fashion's sensuality, an understanding of these aspects in Baudelaire's work must remain one-dimensional.

4. Gustave Geffroy, *Constantin Guys: L'Historien du Second Empire* (1904; reprint, Paris: Crès, 1920), 48–49.

Robert T. Denommé, in *The Naturalism of Gustave Geffroy* (Geneva: Droz, 1963), 195, reckons that this book "was inspired by Baudelaire's article on the illustrator." The word "inspired" has to be interpreted very broadly: some 300 drawings by Guys were acquired by Tony Beltrand from Baudelaire's laundress, to whom the impoverished poet had given them to pay off some of the debts he had run up having his white shirts and ties professionally starched; some of the most beautiful of these sketches were then bought by Geffroy, who subsequently built his book around the examples. See *Gustave Geffroy et l'art moderne* (Paris: Bibliothèque Nationale, 1957), 37–38.

5. Charles Baudelaire, "Le Peintre de la vie moderne I: Le Beau, la mode et le bonheur," in Baude-laire, *Œuvres complètes,* 2 vols. (Paris: Gallimard, 1975–1976), 2:684; trans. J. Mayne in Baude-laire, *The Painter of Modern Life and Other Essays* (London: Phaidon, 1995), 1–2.

6. André Blum, *Histoire de costume* (Paris: Hachette, 1952), 52.

7. The magazine was produced and edited by La Mésangère from 1799 or 1800 up to his death in 1831. For a much more extensive discussion of the engravings, see T. H. Parke, "Baudelaire et La Mésangère," *Revue d'Histoire Littéraire de la France* 86, no. 2 (March–April 1986), 248–257.

8. Charles Baudelaire, *Correspondance,* ed. Claude Pichois and Jean Ziegler, 2 vols. (Paris: Galli-mard, 1973), 1:550.

9. Here Baudelaire reveals a bias toward masculine fashion—as befits someone who was a self-confessed dandy in his youth. After having described "the idea which man [the male aesthete?] creates for himself," he continues: "The women who wore these costumes were themselves more or less like one or the other type, according to the degree of poetry or vulgarity with which they were stamped." Baudelaire, "Le Peintre de la vie moderne I," 684; trans. in Baudelaire, *The Painter of Modern Life and Other Essays,* 2.

The habit in artists and theoreticians of equating men's clothing with substance and women's wear with futile adornment is further discussed later in this chapter.

10. Charles Baudelaire, "Le Peintre de la vie moderne IV: La Modernité," in Baudelaire, *Œuvres complètes,* 2:694; trans. in Baudelaire, *The Painter of Modern Life and Other Essays,* 12.

11. First published in the feuilleton of *Le Figaro,* 6 November, 29 November, 3 December 1863, 3.

12.

▪

*2. **MODE** (mo-d'), s.f.//1° Manner, fantasy. . . . 2° Temporary usage that depends on taste or caprice. . . . 4° Modes in the plural denote fit or adjustments, fineries in fashion; but in this sense, it does not mean to speak of anything but that which pertains to women's clothing. . . .*

*†**MODERNITÉ** (mo-dèr-ni-té), s.f. Neologism. Quality of what is modern. On one side, the most extreme modernity; on the other, the austere love of antiquity. TH. GAUTIER, Moniteur univer[selle] 8 July 1867.*

▪

É[mile] Littré, *Dictionnaire de la langue française: Tome second: Première partie* (Paris: Hachette, 1869), svv. "mode," "modernité."

Although he first planned his dictionary at the same time that Baudelaire would begin his autobiographical *Mon cœur mis à nu* (1859), Littré never displayed any congenial appreciation of fashion (or modern life)—whether in theory or in his own attire. Thus he is described as "the patient philologist, the austere disciple of Auguste Comte who was never seduced by the mysteries of dandyism, and who could not attach himself to them at all"; Simone François, *Le Dandysme et Marcel Proust: De Brummell au Baron de Charlus* (Brussels: Palais des Académies, 1956), 15.

13. Littré, *Dictionnaire de la langue française,* s.v. "moderne." The history of this dispute goes back to Charles Perrault's *Parallèle des anciens et modernes en ce qui regarde les arts et les sciences: Dialogues* (Paris: Coignard, 1688–1696); see Hans Robert Jauß's introduction to a new edition (Munich: Eidos, 1964) as well as his *Literaturgeschichte als Provokation* (Frankfurt a.M.: Suhrkamp, 1970), 11–106. On the *querelle,* see section 3.3.1.

14. On Gautier and *Le Moniteur Universel,* see Robert Snell, *Théophile Gautier* (Oxford: Clarendon, 1982), 148–149, 154, 192, 202.

15. Théophile Gautier, "Eugène Plon. Thorvaldsen, sa vie et son œuvre," *Le Moniteur Universel: Journal Officiel de l'Empire Français,* no. 189 (8 July 1867), 1.

16. Théophile Gautier, "Salon de 1852," *La Presse,* 25 May 1852. See Stéphane Guégan, "Modernités," in *Théophile Gautier: La Critique en liberté,* ed. Stéphane Guégan, Les Dossiers du musée d'Orsay, no. 61 (Paris: Réunion des musées nationaux, 1997), 47.

Robert Kopp, in "Baudelaire: Mode et modernité," 174–175, also aims to prove Littré incorrect in dating the first occurrence of *modernité* in Gautier's œuvre. For him, the first significant usage comes in an essay of 1855 that Gautier wrote for *Le Moniteur Universel* on that year's Universal Exhibition; reprinted in Gautier, *Les Beaux-Arts en Europe,* 2 vols. (Paris: Lévy, 1855–1856), where he, in a critique of Winterhalter, establishes an "ideal for elegance beyond antiquity and the eternal figures of beauty" (2:144–145). In an article on Balzac, Gautier then emphasizes a sharp opposition with antiquity, writing that "nobody is less classical" than the author of the *Comédie humaine.* This text was published simultaneously in *L'Artiste* and *Le Moniteur Universel* in April and May 1858; it is reprinted in Gautier, *Portraits contemporains* (Paris: Charpentier, 1874), 45–131.

17. See the fashion for grand *Expositions universelles* in Paris from 1855 onward.

18. Charles Baudelaire, "Salon de 1848 X: Du chic et du poncif," in Baudelaire, *Œuvres complètes*, 2:468; trans. J. Mayne in Baudelaire, *Art in Paris, 1845–1862: Salons and Other Exhibitions Reviewed by Charles Baudelaire* (Oxford: Phaidon, 1965), 92 (translation modified).

19. Charles Baudelaire, "Journaux intimes XIII: fusées no. 20," in Baudelaire, *Œuvres complètes*, 1:662.

20. Walter Benjamin, "Zentralpark," in Benjamin, *Gesammelte Schriften*, 7 vols. (Frankfurt a.M.: Suhrkamp, 1974–1989), 1.2:664; trans. L. Spencer (with M. Harrington) as "Central Park," *New German Critique*, no. 34 (winter 1985), 37.

21. Ibid., 665; trans., 38.

22. Théophile Gautier, *De la mode* (Paris: Poulet-Malassis & de Broise, 1858), 10–11. This minute volume was published in a single "collectors'" edition of thirty copies.

23. Ibid., 25–26.

24. The perception of a substantial distance between fashion and reality can be found regularly in the writing on the sartorial, from Stéphane Mallarmé to André Breton.

25. Gautier, *De la mode*, 27–28.

26. For Balzac's use, see Antoine Compagnon, *Les Cinq Paradoxes de la modernité* (Paris: Seuil, 1990), 17; trans. F. Philip as *The Five Paradoxes of Modernity* (New York: Columbia University Press, 1994), 5.

27. François-René, Vicomte de Chateaubriand, "Journal de Paris à Prague," in Chateaubriand, *Mémoires d'outre-tombe*, vol. 5 (Paris: Dufor, Mulat & Boulanger, 1860), 527.

28. Horace Walpole, letter "to Cole, Friday 22 February 1782," in *Horace Walpole's Correspondence with the Rev. William Cole*, ed. W. S. Lewis and Dayle Wallace, vol. 2 (London: Oxford University Press, 1937), 305.
    The Oxford Encyclopaedic Dictionary (Oxford: Clarendon, 1989), s.v. "modernity," makes two etymological references, "modern-us" and "modernité (Littré)," before giving alternative definitions of "modernity": "1. The quality of condition of being modern: modernness of character"—

here the first occurrences are dated to 1627 (Hakewill) and 1782 (Walpole)—and "2. Something that is modern," 1753 (Walpole) and 1884 (*Harper's Magazine*). Of these, that by Walpole in 1782 bears implications comparable to those within Littré's definition of 1859. Obviously, the English use is earlier than the French, yet the cultural environment and social conditions of nineteenth-century France imbue *la modernité* within qualities distinct from the English and align it with *la mode*.

29. *Le mode* is of course also a term in philosophy, especially in logic; e.g., "mode d'emploi"—as Littré rightly states in his *Dictionnaire de la langue française,* s.v. "mode."

30. It is hardly accidental that in this patriarchal society the challenge should belong to the female sex. Yet the caprice is far from flimsy and unsubstantial; artists like Mallarmé were able to celebrate fashion and the feminine without patronizing it (too much).

31. "What is pure art according to the modern idea? It is the creation of an evocative magic, containing at once the object and the subject, the world external to the artist and the artist himself." Charles Baudelaire, "L'Art philosophique," in Baudelaire, *Œuvres complètes,* 2:598; trans. in Baudelaire, *The Painter of Modern Life and Other Essays,* 205. This passage in Baudelaire's posthumously published text (it was written ca. 1859) can be related to Friedrich Schelling's conception of cognition and the self.

Georg Simmel, whose perception of fashion and reification is discussed in chapter 3, would be the first to systematically analyze the "female world" and its social and theoretical connotation. Such inquiry hitherto had belonged exclusively to the realm of the *journal des modes* and their contributors, who included Balzac, Barbey d'Aurevilly, and Mallarmé.

32. Henri Lefebvre writes that "Baudelaire's poetry inaugurates a pathway for poetry and modern art which Rimbaud, Lautréamont, Mallarmé and Valéry (to name but a few) will later pursue. In these poets, and in poetry since Baudelaire, there is a demented hope which is disalienating in terms of the everyday life they reject, and the bourgeois society they despise, but alienating and alienated in all other respects. It is a powerful hope, fruitful yet ineffectual: the hope of turning the abstract into everyday reality, since everyday reality itself is nothing more than an abstraction." Lefebvre, *Introduction à la modernité* (Paris: Minuit, 1962), 175; trans. J. Moore as Lefebvre, *Introduction to Modernity: Twelve Preludes, September 1959–May 1961* (London: Verso, 1995), 175.

33. Charles Baudelaire, "Le Peintre de la vie moderne IX: Éloge du maquillage," in Baudelaire, *Œuvres complètes,* 2:716; trans. in Baudelaire, *The Painter of Modern Life and Other Essays,* 33.

34. Baudelaire, "Le Peintre de la vie moderne IV," 694–695; trans. in Baudelaire, *The Painter of Modern Life and Other Essays,* 12.

35. See Telenia Hill, "Conception de la modernité," *Cahiers de l'Imaginaire,* nos. 14–15 (1997), 54; Kopp, "Baudelaire: Mode et modernité," 180; and Malgorzata Kobierska, "Epistémé moderne," *Cahiers de l'Imaginaire,* nos. 14–15 (1997), 62.

36. More on this shift in viewpoint—and Benjamin's interpretation of Baudelaire—is found in chapter 4.

37. See W. Freund, *Modernus and andere Zeitbegriffe des Mittelalters* (Cologne: Böhlau, 1957), 2, 5, 16; the shift in the meaning of *modernus* to "only" has been established in the fifth century, the shift to "new" in the twelfth.

38. The full quotation reads: "Fashion and modernity are temporal, instantaneous phenomena, and yet they have mysterious connections with the eternal. They are mobile images of an immobile eternity." Lefebvre, *Introduction à la modernité,* 172; trans. as *Introduction to Modernity,* 171 (translation slightly modified).

39. Baudelaire, "Le Peintre de la vie moderne IX," 716; trans. in Baudelaire, *The Painter of Modern Life and Other Essays,* 32.

40. Baudelaire, "Le Peintre de la vie moderne I," 684; trans. in Baudelaire, *The Painter of Modern Life and Other Essays,* 1.

41. Baudelaire, "Le Peintre de la vie moderne IV," 695; trans. in Baudelaire, *The Painter of Modern Life and Other Essays,* 13 (translation slightly modified).

42. Marcel Proust, *À l'ombre des jeunes filles en fleurs,* part 2 of *À la recherche du temps perdu* (Paris: Gallimard, 1988), 302; trans. C. K. Scott Moncrieff and T. Kilmartin as *Within a Budding Grove,* part 2 of *Remembrance of Things Past* (London: Chatto & Windus, 1981), 1013.

43. Alexandre Weill, *Qu'est-ce que le propriètaire d'une maison de Paris, Suite de Paris inhabitable* (Paris: Dentu, 1860), 2.

44. Gautier, *De la mode,* 28–29.

45. Ibid., 13–14, 11.

On a textual level, the "folds" (of the text) could be read as affirmation of the male (philo-sophical and literary) thought in contrast to feminine style (in poetry and prose); see sections 2.4.1 and 2.4.2.

46. Baudelaire, "Salon de 1846, XVIII: De l'héroïsme de la vie moderne," in Baudelaire, *Œuvres complètes*, 2:494; trans. in Baudelaire, *Art in Paris, 1845–1862*, 118 (translation slightly modified).

47. Honoré de Balzac, "Traité de la vie élégante," *La Mode* (October 1830); in Balzac, *Œuvres complètes,* vol. 39 (Paris: Conard, 1938), 162.

The often-cited observation by J. C. Flügel on "the great masculine renunciation" (see *The Psychology of Clothes* [London: Hogarth, 1930], 132), that it was man's decision to abandon any claim toward being beautiful and henceforth confine himself to being useful, is not accurate. Masculine apparel did not cease being beautiful; it was the concept of beauty, especially mod-ernist beauty, that changed because of the shift of social parameters after the Revolution. Flügel's view was curiously one-dimensional in ascribing beauty to woman and rationality or expedience to man. If anything elaborate would routinely be equated with beauty and anything somber or re-straint with mere utility, works in whole epochs in art should cease to be considered "beautiful."

48. Max von Boehn wrote about the "downright devastating inroad of black into male fashion." See *Die Mode: Menschen und Moden im 19. Jahrhundert,* 4 vols. (Munich: Bruckmann, 1905–1919), 1:91–92.

49. Honoré de Balzac, "Physiologie de la toilette," *La Silhouette,* 3 June 1830; in Balzac, *Œuvres complètes,* 39:47.

50. Baudelaire, "Salon de 1846, XVIII," 493; trans. in Baudelaire, *Art in Paris, 1845–1862*, 117 (translation slightly modified).

51. Baudelaire, "Salon de 1846, XVIII," 494; trans. in Baudelaire, *Art in Paris, 1845–1862*, 117 (translation slightly modified).

For Antony, see Alexandre Dumas, *Antony: Drame en cinq actes, en prose* (Paris: Auffray, 1831). The piece was set explicitly in the present. Ironically, the only "ancient" reference was pro-vided by the costume ("manteau grec") that the author felt appropriate to slip on for his photo on the frontispiece.

In his memoirs, Dumas writes: "The day will come when a modern author arrives who is bolder than all the others, and he will take contemporary manners, existing passion, and hidden vices, and bring all three to the stage dressed in white tie, black suit, strapped trousers, and patent leather shoes. And oh! everybody will recognize themselves as in a mirror and grimace instead of laughing, attacked at the very time of their approval." Dumas, *Mes mémoires,* vol. 21 (Paris: Cadot, 1854), 131. He thus anticipates Baudelaire's more famous call at the end of his "Salon de 1845" for the true artist, him "who can snatch the epic quality from contemporary life and can make us see and understand . . . how great and poetic we are in our cravats and our patent leather boots." Baudelaire, *Œuvres complètes,* 2:407; trans. in Baudelaire, *Art in Paris, 1845–1862,* 32 (translation slightly modified).

52. Mallarmé would make the same observation in 1862, in one of his earliest poems; "Contre un poëte parisien"; see section 2.4.3.

53. Baudelaire, "Salon de 1846, XVIII," 494; trans. in Baudelaire, *Art in Paris, 1845–1862,* 118 (translation slightly modified).

54. Théophile Gautier, "Salon de 1837," *La Presse,* 8 April 1837, [3].

55. Charles Baudelaire, letter to his brother Alphonse, dated "[Lyon], le 17 mai [1833]," in Baudelaire, *Correspondance,* 1:18; trans. R. Lloyd in *Selected Letters of Charles Baudelaire: The Conquest of Solitude* (London: Weidenfeld & Nicolson, 1986), 6 (translation slightly modified).

56. Eugène Marsan, *Les Cannes de M. Paul Bourget. Et le bon choix de Philinte. Petit manuel de l'homme élégant. Suivi de portraits en references, Barrès, Moréas, Bourget, Alphonse XIII d'Espagne, Taine, Barbey d'Aurevilly, Baudelaire, Balzac, Stendhal* (Paris: Le Divan, 1923), 236; the first version of this text (some 30 pages in length) had been published in 1909 under the title *Les Cannes de M. Paul Bourget.*
    For an idiosyncratic literary treatment of Baudelaire's taste in fashion (especially cashmere trousers), his dandyism, and his resulting financial difficulties, see Michel Butor, *Histoire extraordinaire: Essai sur un rêve de Baudelaire* (Paris: Gallimard, 1961), 45–54.

57. See Georges Poulet (with Robert Kopp), *Wer war Baudelaire?* (Geneva: Skira, 1969), 30.

58. Le Vavasseur is quoted in Jules Bertaut, "Baudelaire dandy," *Monsieur,* no. 33 (September 1922), 4. On his "poetic fabric," see Poulet, *Wer war Baudelaire?* 33.

原书注释

59. Unpublished letter by Champfleury [Jules Husson] to Eugène Crepet, dated 7 August 1887; in Baudelaire, *Œuvres complètes*, 2:1553.

60. See Boehn, *Die Mode*, 1:97.

61. Boehn, *Die Mode*, 2:13.

62. On Baudelaire's invariable black suit and his "interior dandyism," see André Ferran, *L'Esthétique de Baudelaire* (Paris: Nizet, 1968), 50–72, esp. 60–61, 70.

63. The painting is in the depot of the Musée de Versailles; the photograph was formerly in the collection of Claude Pichois, Paris.

64. See Charles Baudelaire, "Salon de 1845, I: Quelques mots d'introduction," in Baudelaire, *Œuvres complètes*, 2:352; and "Salon of 1846," in ibid., 415.

65. See Marcel Ruff, "La Pensée politique et sociale de Baudelaire," in *Littérature et société: Recueil d'études en l'honneur de Bernhard Guyon* (Paris: Desclée de Brouwer, 1973), 67.

66. Charles Baudelaire, "Des moyens proposés pour l'amélioration du sort des travailleurs," *La Tribune Nationale*, 6 June 1848; in Baudelaire, *Œuvres complètes*, 2:1055. On *La Tribune Nationale*, see Jules Moquet and W. T. Bandy, *Baudelaire en 1848: "La Tribune Nationale"* (Paris: Émile-Paul Frères, 1946).

67. Charles Baudelaire, letter to Sainte-Beuve, dated "Brussels, Tuesday, 2 January 1866," in Baudelaire, *Correspondance*, 2:563; trans. in *Selected Letters of Charles Baudelaire*, 240 (translation slightly modified).

68. Baudelaire, "Avis," *La Tribune Nationale*, April 1848, in Baudelaire, *Œuvres complètes*, 2:1042.

69. "My wild excitement in 1848 / What was the nature of this excitement? / The taste for revenge. Natural pleasure in destruction / Literary excitement; memories of my reading." Charles Baudelaire, "Mon cœur mis à nu, V," in Baudelaire, *Œuvres complètes*, 1:679; trans. Christopher Isherwood in Baudelaire, *Intimate Journals* (1930; reprint, London: Methuen, 1949), [27].

70. Baudelaire, "Avis," 1042.

71. "Enivrez-vous" is the title of Baudelaire's prose poem published in *Le Figaro,* 7 February 1864, which later became no. 33 of the *Spleen de Paris* (in Baudelaire, *Œuvres complètes,* 1:337).

72. Karl Marx, "Kritik des Hegelschen Staatsrechts," in Karl Marx and Friedrich Engels, *Werke,* vol. 1 (Berlin: Dietz, 1988), 233; this unfinished manuscript was written between March and August 1843 (trans. as "Contribution to the Critique of Hegel's Philosophy of Law," in Karl Marx and Friedrich Engels, *Collected Works,* vol. 3 [London: Lawrence & Wishart, 1975], 32).

73. Chapter 3 examines how Gabriel Tarde and Georg Simmel transposed the notion of exteriority of spirit into a less politically charged analysis.

74. Karl Marx, *Der 18. Brumaire des Louis Bonaparte,* in Marx and Engels, *Werke,* vol. 8 (Berlin: Dietz, 1988), 115–116; the text was written immediately after the events, December 1851 to March 1852; trans. as *The Eighteenth Brumaire of Louis Napoleon,* in Marx and Engels, *Collected Works,* vol. 11 (London: Lawrence & Wishart, 1979), 104.

75. "Politically realized," that is, if we accept the proclamation of the Third Republic (4 September 1870) as a partial redemption of the promises from 1848—although Blanqui, Flourens, and other revolutionaries were once more forced underground.

76. Walter Benjamin, "Über den Begriff der Geschichte," in Benjamin, *Gesammelte Schriften,* 1.2:701; trans. Harry Zohn as "Theses on the Philosophy of History," in Benjamin, *Illuminations* (London: Pimlico, 1999), 252–253 (translation modified).

77. *Katzensprung* (a cat's leap) is the German expression for something very close, something that is just a stone's throw away. In the figure of the *Tigersprung,* in which a big feline takes one great leap to land motionless on a distant spot, the historical-materialist attitude has found both a precise and poetic metaphor.

78. Charles Baudelaire, "Critique littéraire: Théophile Gautier [I]," in Baudelaire, *Œuvres complètes,* 1:115.
   Earlier in this essay, Baudelaire recalled the first encounter with his poet-friend: "I thought that his looks were not as impressive as they are today, but already majestic and gracefully at ease

in his flowing garments" (107). Subsequently a parallel is drawn to Gautier's poetry: "His poetry, majestic and precious at the same time, works beautifully, like courtesans wearing their most magnificent clothes" (126). The description is a perhaps unintended yet indeed prophetic irony, given Gautier's later role as the arriviste "reporter" to the court of Louis Napoleon.

On the relationship between Baudelaire and Gautier, see also the commentary in Charles Baudelaire, *Théophile Gautier—Deux études,* ed. Philippe Terrier (Neuchâtel: À la Baconnière, 1985).

79. Jules Michelet, *L'Amour* (Paris: Hachette, 1858), xlii; trans. J. W. Palmer as *Love* (New York: Rudd & Carleton, 1860), 37.

80. Charles Baudelaire, letter to his mother, dated "[Paris], 11 December 1858," in Baudelaire, *Correspondance,* 1:532; trans. in *Selected Letters of Charles Baudelaire,* 120.

81. In a way, both bourgeois served the revolution: Baudelaire wrote his pamphlets and is said to have fought on the barricades, while Michelet defiantly returned to the Collège de France during and after February 1848, only to have his lectureship suspended once more by the emperor in 1851. That suspension prompted the liberal historian to refuse to swear the oath to Louis Napoleon (a requirement for all those employed by the French state) in the following year.

82. Charles Baudelaire, "Le Peintre de la vie moderne XII: Les Femmes et les filles," in Baudelaire, *Œuvres complètes,* 2:719; trans. in Baudelaire, *The Painter of Modern Life and Other Essays,* 36.

83. Gautier, *De la mode,* 5–6.

84. Charles Baudelaire, "Le Peintre de la vie moderne X: La Femme," in Baudelaire, *Œuvres complètes,* 2:714; trans. in Baudelaire, *The Painter of Modern Life and Other Essays,* 31.

85. Charles Baudelaire, "Le Spleen de Paris, XXV: La Belle Dorthée," in Baudelaire, *Œuvres complètes,* 1:316; trans. F. Scarfe in *Baudelaire,* vol. 2, *The Poems in Prose* (London: Anvil, 1989), 107. The poem was written ca. 1861.

86. Baudelaire, "Le Peintre de la vie moderne XII," 720; trans. in Baudelaire, *The Painter of Modern Life and Other Essays,* 36.

87. Ibid.; trans., 37.

88. Walter Benjamin, "Über einige Motive bei Baudelaire," in Benjamin, *Gesammelte Schriften,* 1.2:623; trans. Harry Zohn as "Some Motifs in Baudelaire," in Benjamin, *Illuminations,* 166. First published in *Zeitschrift für Sozialforschung,* no. 8 (1939 [i.e., 1940]), 50–89.

89. Charles Baudelaire, "À une passante," first published in *L'Artiste,* 15 October 1860, and included in the first edition of *Les Fleurs du mal* as piece no. 93; in Baudelaire, *Œuvres complètes,* 1:92–93. A translation in prose is provided by F. Scarfe in *Baudelaire,* vol. 1, *The Complete Verse* (London: Anvil, 1986), 186:

■

To a Woman Passing By | The darkening street was howling around me when a woman passed on her way, so tall and slender, all in black mourning, majestical in her grief, with her stately hand lifting and swaying the scallop and hem, | light-footed and noble and with a statuesque leg. And I, tense as a man out of his wits, drank from her eye—a pallid sky in which the tempest brews—that gentleness which bewitches men, that pleasure which destroys. | A flash of light— then darkness. O vanishing beauty, whose glance brought me suddenly to life again, shall I never see you once more except in eternity? | Elsewhere, far from here, too late or perhaps never? For whither you fled I know not, nor do you know whither I am bound—O you whom I could have loved, O you who knew it!

■

90. Charles Baudelaire, letter of 13 December 1859, in Baudelaire, *Correspondance,* 2:627.

91. The Roman catalogue edited by Gilda Piersanti, *Constantin Guys: Il pittore della vita moderna* (Rome: Savelli, 1980), features a huge selection from the drawings that once belonged to Baudelaire (some of them later passed on to Geffroy) and that are now kept in the depot of the Musée Carnavalet in Paris; a quarter of the listed works show women of various classes, shapes, and postures, all lifting the dress to reveal shoe, foot, and part of the leg (see the depot nos. ieD 856, 860, 862, 865, 866, 869, 870, 908, 918, 929–932, 936, 939, 969, 978, 979, 1067, 1069, 1100, 1121, 1164, 1176, 1178, 1281). Obviously a *poncif* by the artist to increase the commercial appeal and recognizability of his work, it also shows an obsessive interest that borders on the fetishistic.

92. The drawing that Geffroy reproduced in *Constantin Guys,* 47, is titled *Au bal;* thus the movement could be that of a dance step. However, most titles are descriptive notes given by various editors and none of them are contemporary. Additionally, the lack of jewelry and the lace bonnet in this particular drawing appear to set the scene outside, in the daytime, and not necessarily

within a ballroom at night. An early London publication on Constantin Guys—which also contains the first complete English translation of Baudelaire's *Le Peintre de la vie moderne*—titled *The Painter of Victorian Life* (London: The Studio, 1930) reproduced this drawing on its frontispiece with the title *Femme se retroussant* (Woman hiking up her dress).

93. Geffroy, *Constantin Guys,* 49, 81.

94. André Fontainas, *De Stéphane Mallarmé à Paul Valéry: Notes d'un témoin 1894–1922* (Paris: Bernard, 1928), [28]; the entry is dated "22 December [1897]."

    In Jean-Michel Nectoux, *Mallarmé: Un Clair Regard dans les ténèbres: Peinture, musique, poésie* (Paris: Biro, 1998), 211 (no. 25), the drawing is thought to be titled *Femme en crinoline bleu;* but since its whereabouts are unknown, speculations about the precise look of Guys's work have to remain academic.

95. See Charles Baudelaire, "Le Peintre de la vie moderne V: L'Art mnémonique," in Baudelaire, *Œuvres complètes,* 2:698; and Rudolf Koella, *Constantin Guys,* exhib. cat. (Winterthur: Kunstmuseum, 1989), 32.

96. Charles Baudelaire, "Sur mes contemporains: Théodore de Banville," *Revue Fantaisiste,* 1 August 1861; in Baudelaire, *Œuvres complètes,* 2:167.

97. Théodore de Banville died in 1891, yet the drawing had been passed on long before that. Banville's label as an "intermediary" also derives from his leading position within the group of poets known as Parnassiens. Their anthologies (1866, 1871, and 1876) combined the poetic tendencies of l'*art pour l'art* in, e.g., Gautier, with the formal rigor of Baudelaire, Banville, and also Mallarmé. In discussing Mallarmé's fashion journal in the following chapter, I will again refer to some of the Parnassiens, including Coppée and Mendès.

98. Marguerite de Ponty, "La Mode," *La Dernière Mode,* no. 4 (18 October 1874), 2; in Stéphane Mallarmé, *Œuvres complètes* (Paris: Gallimard, 1945), 763.

2 Mallarmé and the Elegance of Fashion in Modernity

1.

■

André Courrèges: *"And the marriages of cotton and synthetic fabrics render the fibers capable of protecting you from climatic changes outside. Cotton preserves the intrinsic quality of warmth inside it. Marriages like these make you feel very comfortable indeed!"*
Jean-Pierre Barou: *"Those things were never discussed by Mallarmé although he occupied himself also with fashion." (Laughs.)*
Courrèges: *"But Mallarmé lived in his age. I myself live with a washing machine!"*

■

Interview from spring 1983 in the appendix of Eugénie Lemoine-Luccioni, *La Robe: Essai psychanalytique sur le vêtement* (Paris: Seuil, 1983), 157–158.

2. Charles Baudelaire, "Le Peintre de la vie moderne I: Le Beau, la mode et le bonheur," in Baudelaire, *Œuvres complètes,* 2 vols. (Paris: Gallimard, 1975–1976), 2:684; trans. J. Mayne in Baudelaire, *The Painter of Modern Life and Other Essays* (London: Phaidon, 1995), 1–2.

3. On Mallarmé and *modernité,* see Jean-Pierre Richard, *L'Univers imaginaire de Mallarmé* (Paris: Seuil, 1961), 297–304 ("mythological enclosure," 301); and Judy Kravis, *The Prose of Mallarmé: The Evolution of a Literary Language* (Cambridge: Cambridge University Press, 1976), 84–100.

4. Mallarmé's daughter would later judge: "Poetry was really part of his nature. . . . Verses embroidered on the uniformity of fabric stretched over a wall." Letter to Catulle Mendès, dated "Nantes, 5 November 1916," in "Mallarmé par sa fille," *La Nouvelle Revue Française,* no. 158 (1 November 1926), 518.

5. Albert Thibaudet, *La Poésie de Stéphane Mallarmé: Étude littéraire* (Paris: Gallimard, 1926), 316, 327.

6. According to the study by Pascale Saisset, "Stéphane Mallarmé et la mode," *La Grande Revue,* April 1933, 203–222, the poet simply accepted the "bad taste in clothes" prevalent in his time and did not endeavor to change the sartorial excesses that, for instance, imprison and hinder women's movement.

7. See Paul de Man, "Literary History and Literary Modernity," in de Man, *Blindness and Insight: Essays in the Rhetoric of Contemporary Criticism* (New York: Oxford University Press, 1971), 156–161, which deals in particular with Baudelaire's *Le Peintre de la vie moderne.*

8. See Gilles Deleuze, *Le Pli: Leibniz et le baroque* (Paris: Minuit, 1988), 43–44.

9. See J. C. Flügel, *The Psychology of Clothes* (London: Hogarth, 1930), 137.

10. Charles Baudelaire, "Le Peintre de la vie moderne IV: La Modernité," in Baudelaire, *Œuvres complètes,* 2:695.

11. Stéphane Mallarmé, letter to the poet Henri Cazalis, dated "Tournon, Monday evening [May 1866]," in Stéphane Mallarmé, *Correspondance,* ed. Henri Mondor and Lloyd James Austin, 11 vols. (Paris: Gallimard, 1965–1985), 1:216.

12. Paul Verlaine, "Charles Baudelaire," *L'Art,* 30 November 1865; in Verlaine, *Œuvres en prose complètes* (Paris: Gallimard, 1972), 605.

13. Stéphane Mallarmé, "Sur le beau et l'utile," in Mallarmé, *Œuvres complètes* (Paris: Gallimard, 1945), 880. In 1848 Gautier had published an article on Ingres's studio that was titled "Du beau antique et du beau moderne"—showing again that perceptions of beauty require an element of the dialectical.

14. Méry Laurent (Anne-Rose Louviot, 1849–1900) was a patron of the arts and lover of, among others, Edouard Manet and, from 1883 onward, Mallarmé. See figure 15, quoting from Henri Mondor, *Vie de Mallarmé* (Paris: Gallimard, 1941), 415–416.

15. "White Japanese mischievous / I cut myself as soon as I rise / For a dress a piece of the blue turquoise / sky of which I dream. I Extravagant dress of a Persian divinity / And inside even more fairylike / To change them into hers Méry / Decorated by our fanciful dreams. I Always true to my friendships / Clothed in a silvery blue reflected light / Would you for any reason doubt me! / That only my dress will change. I I do not know why I keep wearing / My moonlight-colored dress / Since I, a goddess, might / very well wear none." Stéphane Mallarmé, "Photographies," in Mallarmé, *Œuvres complètes,* 115–116.

16. See Gotthold Ephraim Lessing, "Laokoon oder über die Grenzen der Malerei und Poesie" (1765/1766), in Lessing, *Werke,* vol. 3 (Leipzig: Fock, 1895), 284–285, 353.

17. The color of Laurent's gown is significant. Not only were the covers of *La Dernière Mode* blue but so was the dress that opened the first issue of the magazine (3); see also "la robe bleu-rêve" created by Charles Frederick Worth that was discussed in issue 5 (3, again).

    In the Romantic tradition, the artist longed for the cosmic impression of a complete work of art, symbolized by the "*blaue* Blume Sehnsucht" (Novalis)—the blue flower of yearning.

18. As will become clear later in the chapter, the refusal to observe and record even the most minute of these changes would prove fatal for Mallarmé's magazine.

19. For a fuller account of modernity's changes in social and artistic configuration, see, e.g., Werner Busch, *Das sentimentalistische Bild: Die Krise der Kunst im 18. Jahrhundert und die Geburt der Moderne* (Munich: Beck, 1993).

20. Stéphane Mallarmé, "Autobiographie," letter to Verlaine dated "Paris Monday 16 November 1885," in Mallarmé, *Correspondance,* 2:303 (also in Mallarmé, *Œuvres complètes,* 664).

    See also Jean-Pierre Faye, "Lexique," in *La Mode, l'invention,* Change, no. 4 (Paris: Seuil, 1969), 91–92.

21. Roland Barthes, *Système de la mode* (Paris: Seuil, 1967), 246 n. 2; trans. M. Ward and R. Howard as *The Fashion System* (London: Cape, 1985), 242 n. 11. On the relation between the structuralist and symbolist, see Lemoine-Luccioni, *La Robe;* and Mary Lewis Shaw, "The Discourse of Fashion: Mallarmé, Barthes, and Literary Criticism," *Substance,* no. 68 (1992), 46–60.

22. Barthes, *Système de la mode,* 246; trans. as *The Fashion System,* 242.

23. Stéphane Mallarmé, letter, dated "Besançon, Tuesday 14 September [1867]," in Mallarmé, *Correspondance,* 2:259.

24. Marguerite de Ponty, "La mode," *La Dernière Mode,* no. 8 (20 December 1874), 2; in Mallarmé, *Œuvres complètes,* 831.

25. See George Woodcock, *Anarchism* (London: Penguin, 1977), 276, 286.

原书注释

26. Stéphane Mallarmé, letter, in Mallarmé, *Correspondance,* 2:26 n. 3; the editor establishes the date of the letter as 7 April 1872.

27. Claudius Popelin (1825–1892) would appear to have been an ideal choice as illustrator. Not only a talented painter who specialized in small-scale works in enamel, he also skillfully decorated fans (some of which are kept in the Musée d'Arts Décoratifs in Paris) and composed dandified poetry himself. He was also the (rather unfaithful) lover of the Princess Mathilde, who, according to the Goncourts, was one of the first patrons of the couturier and collector Jacques Doucet.

28. Stéphane Mallarmé, "Symphonie littéraire," *L'Artiste* 35, vol. 1, no. 3 (1 February 1865), 57–58; in Mallarmé, *Œuvres complètes,* 261–265.

29. Comtesse d'Orr, "L'Art et la mode," *L'Artiste* 35, vol. 2, no. 1 (1 July 1865), 20; and no. 11 (1 December 1865), 260.
    On the occasion of his previous contribution in 1862, Mallarmé first had met his friend Nina de Villard, whose interest in literature and fashion would become instrumental in the sartorial descriptions in La Dernière Mode a dozen years later. Significantly, Mme de Villard was also the Comtesse de Callias.

30. Arsène Houssaye, *Les Confessions: Souvenirs d'un demi-siècle 1830–1880,* vol. 3 (Paris: Dentu, 1885), 361. "Diana" was Mlle de F——, the adolescent heiress to a banking empire.

31. Ibid.

32. See the letters dated 21 and 26 September 1874 by Charles and Constance Wendelen to Mallarmé concerning financial arrangements; in Mallarmé, *Correspondance,* 5:223–225.

33. Marasquin, "Nos six premières livraisons," *La Dernière Mode,* no. 6 (15 November 1874), 10; in Mallarmé, *Œuvres complètes,* 810.

34. The illustrators were Henri Polydore Colin and Louis David; in the first issue of the new series, two illustrations in the text were credited to the pairing of illustrator-engraver "F. Pecqueur and Trichon" (the latter a well-known Parisian maker of woodcuts). Wendelen and Mallarmé envisaged a luxury edition of each issue that would contain hand-colored lithography. Very few of these survive, and thus it is not clear whether they accompanied all eight issues; see the catalogue edited by Yves Peyré, *Mallarmé 1842–1898: Un Destin d'écriture* (Paris: Gallimard/Réunion des

musées nationaux, 1998), 173, no. 147, where three of these lithographs are credited to L. René (with coloring by M. Huguet).

35. Théodore de Banville and Edmond Morin, "Promenade galante," in *Sonnets et eaux-fortes* (Paris: Lemerre, 1868), 13. Originally, Mallarmé was supposed to contribute to the volume as well (his "sonnet en yx"); see Mondor, *Vie de Mallarmé*, 274. Mallarmé had become first acquainted with Lemerre when the latter published the *Parnasse Contemporain*.

Edmond Morin (1824–1882) was a pupil of Charles Gleyre; he worked in London between 1850 and 1857 and helped to found the English art magazine *Pen and Pencil;* he then became a regular contributor to the Parisian journals *Le Monde Illustré* and *Vie Parisienne,* for which he documented fashion and costume designs. On the relationship between Morin and Mallarmé, see a letter by the painter inquiring about a summer residence for "his editor," in Mallarmé, *Correspondance,* 4:587-588. It seems quite telling that instead of "Popelin"—the masculine form of a weaving technique—Mallarmé would turn to employ "Morin"—a particular yellow dye for textiles.

36. See le Marquis de Villemer, *Nouveaux portraits Parisiens,* illus. Morin (Paris: Librairie International, 1869), illustration facing 7, *La Femme qui laisse de bons souvenir,* which is very similar to the later frontispiece of *La Dernière Mode;* or Gustave Droz, *Monsieur, Madame et Bébé,* illus. Edmond Morin (Paris: Havard, 1878), illustration on 309, titled *En famille,* which is almost a copy—in subject as well as style—of Morin's work for Mallarmé.

37. Stéphane Mallarmé, letter, dated "Paris, 6 August 1874," in Mallarmé, *Correspondance,* 2:47–48.

One of the very few advertisements among "Les Maisons de confience" to appear in almost every issue was that of "Madame LEMERRE / (ANCIENNE MAISON LAROCHE) / Fournisseur de Son Altesse Royale l'Infante / d'Espagne. / <u>Modes pour Enfants et jeunes Desmoiselles</u> / 44, passage Choiseul." Obviously, the editor's wife greeted the first issue of Mallarmé's magazine with much professional interest.

38. Stéphane Mallarmé, letter, dated "6 November 1874," in Mallarmé, *Correspondance,* 2:50–51.

39. Zola was quick to chastise Mallarmé's "limitations" caused by his expressed preference for form: "Monsieur Mallarmé was and remains the most typical poet of this group. In his work all the folly of formalism exploded. . . . In short, one finds here the theory behind the Parnassiens,

原书注释

but pushed to a point where the mind begins to buckle." Émile Zola, "Les Poètes contemporains," in Zola, *Œuvres complètes,* vol. 12 (Paris: Cercle du livre précieux, 1969), 379–380.

40. Marasquin, "Nos six premières livraisons," 9; in Mallarmé, *Œuvres complètes,* 808.

41. Ibid.

42. See Charles Baudelaire, "Le Peintre de la vie moderne III: L'Artiste, homme du monde, homme des foules et enfant," in Baudelaire, *Œuvres complètes,* 2:687–694.

    It is also interesting to relate the character of Ix. to Mallarmé's sonnet of 1868 "en yx" (ibid., 1488–1491), where the masculine endings in the first eight lines become feminine in the sestet— a prosodic equivalent to a male poet turning into a female fashion journalist?

    On the letter *x,* see Robert Greer Cohn, *Toward the Poems of Mallarmé* (Berkeley: University of California Press, 1965), 276–277.

43. "Correspondance avec les Abonnées," *La Dernière Mode,* no. 5 (1 November 1874), [9]; in Mallarmé, *Œuvres complètes,* 792.

    The page ends "please address your orders directly to Madame Charles; in regard to payment, you are requested to send a postal order made out to Monsieur Marasquin, Publishing Director, along with your order." Thus we find the additional roles of M. and Mme Charles Wendelen as an exclusive mail-order business of their time.

44. Luigi Gualdo, postscript to a letter, dated "Venise, 27 August [1874]," in Mallarmé, *Correspondance,* 5:221–222 n. 3.

45. Luigi Gualdo, letter, dated "Milan, 30 November [1874]," in Mallarmé, *Correspondance,* 5:222 n. 3.

46. Shaw offers a structuralist interpretation: "Under the cover of fashion, they [Mallarmé and Barthes] seem to link literature and its criticism to an inarticulable feminine signified" ("The Discourse of Fashion," 46).

47. *La Dernière Mode,* no. 6 (15 November 1874), [1].

48. Marguerite de Ponty, "La Mode," *La Dernière Mode,* no. 6 (15 November 1874), 2; in Mallarmé, *Œuvres complètes,* 797.

49. Unpublished letter from the end of October or beginning of November 1874; in Mallarmé, *Correspondance,* 4:587.

The Comtesse de Callias's social position emphasized the significance of her sense of style: "Between 1863 and 1882, Nina hosted the most lively and intellectually challenging salon in Paris." Ernest Raynaud, *La Bohème sous le Second Empire: Charles Gros et Nina* (Paris: L'Artisan du livre, 1930), 72; see also 86–89, on Nina de Villard's sartorial style.

50. See Ix., "Chronique de Paris," *La Dernière Mode,* no. 6 (15 November 1874), [4]; in Mallarmé, *Œuvres complètes,* 801–802. Zola's *Les Héritiers* is discussed following the description of the costume.

51. Marguerite de Ponty, "La Mode," *La Dernière Mode,* no. 4 (18 October 1874), 2; in Mallarmé, *Œuvres complètes,* 761–762.

52. Ibid.

53. Michel Butor, "Mode et moderne," in *La Mode, l'invention,* 23. Reprinted in Butor, *Répertoire,* vol. 4 (Paris: Minuit, 1974), 409.

54. The illustrator Edmond Morin once alluded to the political persuasion that Mallarmé shared with him. On occasion of dealing with a landlord, he warned the poet: "You will congratulate yourself in the end if you stay away from any political discussion (where he [the landlord Monsieur Colliaux] is terrible, and you won't find any common ground)." In Mallarmé, *Correspondance,* 5:377.

55. Sacher-Masoch confessed to his diaries: "There is a female type that continues to be my obsession since my earliest youth. . . . The woman with the tiger's body, idolized by man, although she torments and degrades him." Another facet within the metaphor of the Benjaminian tiger's leap is *la tigresse:* the promiscuous and dominating female who devours one lover after the other; see, e.g., Sacher-Masoch, "Ein weiblicher Don Juan" and "Leibeigenschaft," in *Aus dem Tagebuche eines Weltmannes* (Leipzig: Kormann, 1870), 76–80, 167–175.

56. Maximilienne de Syrène, "De l'élégance (1)," *Moniteur de la Mode,* 20 April 1843; in J. Barbey d'Aurevilly, *Premiers articles (1834–1852),* ed. André Hirschi and Jacques Petit (Paris: Les Belles lettres, 1973), 86.

原书注释

57. J. Barbey d'Aurevilly, "Fragment," in *Œuvres romanesques complètes,* vol. 2 (Paris: Gallimard, 1966), 1161. The piece was written between 1833 and 1835.

58. Maximilienne de Syrène, "De l'élégance (1)," 86.

59. [Maximilienne de Syrène], "Revue critique de la mode," *Le Constitutionnel,* 13 October 1845); in Barbey d'Aurevilly, *Premiers articles,* 93.

60. Théophile Sylvestre, "Jules Barbey d'Aurevilly," *Le Figaro* 8, no. 672 (25 July 1861), [1].
    The attire of the aging Barbey d'Aurevilly repeatedly occasioned malicious gossip and be-mused observation in Edmond and Jules de Goncourt's *Journal: Memoires de la vie littéraire,* 4 vols. (Paris: Fasquelle & Flammarion, 1956); see, e.g., 2:1065 (9 May 1875), or 3:454 (12 May 1885). The campness of Barbey's frock coat and the late coloring of his hair are also the subject of much sniping by Bourget (an archenemy) and by the Parnassien Coppée.

61. Barbey d'Aurevilly referred repeatedly to the pitiless "vanité tigre des Dandys." See *Du Dandysme et de George Brummell,* in Barbey d'Aurevilly, *Œuvres romanesques complètes,* 2:720.

62. See Baudelaire, *Œuvres complètes,* 2:1293.

63. [Maximilienne de Syrène], "Modes," *Le Constitutionnel,* 3 April 1846; in Barbey d'Aurevilly, *Premiers articles,* 311.

64. Jacques Boulenger, *Sous Louis-Philippe: Les Dandys* (Paris: Ollendorf, 1907), 358.

65. The increased competition among fashion magazines at the upper end of the market—dur-ing the 1870s in Paris there existed at least twenty sophisticated fashion journals, including five exclusive weeklies that could be compared to *La Dernière Mode*—and the costliness of Mallarmé and Wendelen's publication (it was the second most expensive) also contributed to its demise.
    See two works by Annemarie Kleinert, "La Dernière Mode: Une Tentative de Mallarmé dans la presse féminine," *Lendemains* 5, nos. 17–18 (June 1980), 167–178, and *Die frühen Mode-journale in Frankreich: Studien zur Literatur der Mode von den Anfängen bis 1848* (Berlin: Schmidt, 1980).

66. Charles Wendelen, letter, dated Paris, 12 January 1875, in Mallarmé, *Correspondance,* 5:226.

67. Stéphane Mallarmé, letter, dated Monday, 25 January 1875, in Mallarmé, *Correspondance,* 2:52.

The very next day Coppée replied: "This goes without saying. The moment you are no longer editor-in-chief of *La Dernière Mode,* I will cease to be part of this journal. I have received a letter today by one *Baronne de Lomaria*—if I have read it correctly—who asks me to continue my collaboration. I will not reply, very simple" (Mallarmé, *Correspondance,* 4:588).

The critic and writer Remy de Gourmont would judge in 1890: "*La Dernière Mode,* alas! has fallen into the hands of a woman who turns it into a banal journal of historicized silliness, of which there are too many around." Gourmont, "La 'Dernière Mode' de Stéphane Mallarmé: Trouvailles et curiosités," *Revue Indépendante,* (February 1890); in Gourmont, *Promenades littéraires, deuxième série,* 9th ed. (Paris: Mercure de France, 1913), 45.

68. Philippe Burty, undated letter in Mallarmé, *Correspondance,* 4:587.

69. Mme de P[onty], "Conseils sur l'éducation," *La Dernière Mode,* no. 7 (6 December 1874), 10; in Mallarmé, *Œuvres complètes,* 828.

70. Paul Valéry, "Je disais quelque fois à Stéphane Mallarmé," first published as a foreword to *Poésies de Stéphane Mallarmé* (Paris: Société des cent une, 1931); in Valéry, *Œuvres,* vol. 1 (Paris: Gallimard, 1957), 650–651; trans. M. Cowley as "I Would Sometimes Say to Mallarmé . . . ," in *The Collected Works of Paul Valéry,* vol. 8 (London: Routledge and Kegan Paul, 1972), 280–281 (translation slightly modified).

Valéry's interpretation goes beyond merely considering phonetic qualities; however, his use of terms such as *langage* and *parole* is not yet to be understood in a structuralist sense.

71. See Charles Baudelaire, "Le Peintre de la vie moderne V: L'Art mnémonique," in Baudelaire, *Œuvres complètes,* 2:697–700.

72. Walter Benjamin, "Zum Bilde Prousts," in Benjamin, *Gesammelte Schriften,* 7 vols. (Frankfurt a.M.: Suhrkamp, 1974–1989), 2.1:311; trans. Harry Zohn as "The Image of Proust," in Benjamin, *Illuminations* (London: Pimlico, 1999), 198 (translation not used).

73. Benjamin, "Zum Bilde Prousts," 311.

74. Marguerite de Ponty, "La Mode," *La Dernière Mode,* no. 1 (6 September 1874), 3; in Mallarmé, *Œuvres complètes,* 715.

原书注释

437

75. Remy de Gourmont, "Stéphane Mallarmé et l'idée de décadence" (1898), in Gourmont, *La Culture des idées* (Paris: Mercure de France, 1900), 113, 132; trans. G. S. Burne as "Stéphane Mallarmé and the Idea of Decadence," in Gourmont, *Selected Writings* (Ann Arbor: University of Michigan Press, 1966), 67, 76 (translation slightly modified).

76. Gourmont, "La 'Dernière Mode' de Stéphane Mallarmé," 34–35, 45.

77. André Fontainas, *De Stéphane Mallarmé à Paul Valéry: Notes d'un témoin 1894–1922* (Paris: Bernard, 1928), 36–37.

78. Apropos of Constantin Guys, Baudelaire had written: "The more beauty that the artist can put into it, the more valuable will be his work; but in trivial life, in the daily metamorphosis of external things, there is a rapidity of movement that calls for equal speed of execution from the artist." Charles Baudelaire, "Le Peintre de la vie moderne II: Le Croquis de mœurs," in Baudelaire, *Œuvres complètes,* 2:686; trans. in Baudelaire, *The Painter of Modern Life and Other Essays,* 4.

79. Kravis puts forward an interesting notion about Mallarmé's prose on a whole as "preparing a spectacle but not yet constituting it," thereby touching on the problematic of procedural aspects in modernity; see *The Prose of Mallarmé,* 88.

80. See Mallarmé, *Correspondance,* 1:260 n. 2.

81. "In the linguistic realm, *figures* [of speech], which ordinarily play the role of accessories—which are introduced merely to illustrate or emphasise a meaning, and which therefore seem to be extrinsic, as if they were ornaments that could be stripped from a discourse without affecting its substance—become essential elements in Mallarmé's reflection: the *metaphor* in particular, instead of being displayed as a jewel or used as a momentary expedient, seems to have the value here of a symmetrical relation based on the essence of things." Valéry, "Je disais quelquefois à Stéphane Mallarmé," 658; trans. as "I Would Sometimes Say to Mallarmé . . . ," 291 (translation slightly modified).

82. Marguerite de Ponty, "La Mode—Bijoux ('Paris, le 1ᵉʳ août 1874')," *La Dernière Mode,* no. 1 (6 September 1874), 2; in Mallarmé, *Œuvres complètes,* 711–712. The previous month, the editor of the *Gazette des Beaux-Arts,* Charles Blanc, had completed his series of articles on the "grammaire des arts décoratifs." In February 1874 female apparel had been his topic, in March

he had written on lace, during May and July on jewelry, and the descriptions had come full circle with some aesthetic reflections on gowns and dresses by the end of July. If Mallarmé had leafed through these articles—and given the standing of the *Gazette,* that seems very likely—Blanc's writing might have suggested some of the topics in *La Dernière Mode,* at least in its first issue of August 1874.

83. Three months later, Mallarmé—or rather Ix.—elaborates on "the perspicacious genius of the architect"; Ix. "Chronique de Paris," *La Dernière Mode,* no. 7 (6 September 1874), 4; in Mallarmé, *Œuvres complètes,* 818.

    In his "Autobiographie," Mallarmé describes to Verlaine his written ideal: "A book that is an architectural and premeditated book" (301).

84. Ix., "Chronique de Paris," *La Dernière Mode,* no. 1 (6 September 1874), 4; in Mallarmé, *Œuvres complètes,* 716.

85. Ibid.

86. Ibid., 717.

87. Ibid.

88. Miss Satin, "Gazette de la Fashion," *La Dernière Mode,* no. 5 (1 November 1874), [3]; in Mallarmé, *Œuvres complètes,* 783.

89. Marguerite de Ponty, "La Mode," *La Dernière Mode,* no. 4 (18 October 1874), 2; in Mallarmé, *Œuvres complètes,* 763.

90. "[M]y gown / Bleached in an ivory chest" set against "a sky / Bestrewn by birds amidst the embroidery / Of tarnished silver." Stéphane Mallarmé, "Ouverture ancienne d'Hérodiade," in Mallarmé, *Œuvres complètes,* 42 (the poem was composed ca. 1866); trans. H. Weinfield in Mallarmé, *Collected Poems* (Berkeley: University of California Press, 1994), 26.

91. "Often the poet's vision strikes me / An angel with a fawn-colored cuirass—he brandishes for exquisite pleasure / A dazzling sword, or, white dreamy vision, he wears the cope, / The byzantine miter and the sculpted baton. I Dante, crowned with bitter laurels, drapes himself in a shroud, / A shroud made of night and serenity: / Anacreon, naked, laughs and kisses the grapes / not know-

ing that vines have leaves in summer. I Covered with starry sequins, dazzled by azure skies, the great bohemians, / In their pale blue costumes, playing their gay tambourines, / Pass, their heads whimsically crowned with rosemary. I How I dislike, oh my Muse, you queen of poetry, / Whose hair is surrounded by a golden halo, / The sight of a poet dancing in his black suit." Annotated reprint in Auriant, "Sur des vers retrouvés de Stéphane Mallarmé," *La Nouvelle Revue Française,* 21, no. 236 (1 May 1933), 837; in Mallarmé, *Œuvres complètes,* 20–21.

92. The idea that Mallarmé's readership was imaginary has, to my knowledge, only once been hinted at, but its implications have never been discussed. In 1941 Mondor wrote that in *La Dernière Mode* "tout est de la main, de l'encre de Mallarmé . . . la lectrice alsacienne . . . les correspondantes anonymes" (*Vie de Mallarmé,* 361).

93. "Correspondance avec les Abonnées," *La Dernière Mode,* no. 2 (20 September 1874), [9]; in Mallarmé, *Œuvres complètes,* 742.
     Geneviève Mallarmé recalled her father's aesthetics: "He was so sure in his taste. In regard to everything. . . . When I was still a child he told me: 'You can obtain a nice effect with the simplest of things, with mere nothing, provided that it is chosen with taste and works as an ensemble'"; in "Mallarmé par sa fille," 519.

94. "Correspondance avec les Abonnées," *La Dernière Mode,* no. 4 (18 October 1874), [9]; in Mallarmé, *Œuvres complètes,* 776.

95. Constance Wendelen, letter, in Mallarmé, *Correspondance,* 5:224–225.

96. "Correspondance avec les Abonnées," *La Dernière Mode,* no. 5 (1 November 1874), [9]; in Mallarmé, *Œuvres complètes,* 793. The Franco-Prussian War had ended in 1871 with the Treaty of Frankfurt.

97. Marguerite de Ponty, "La Mode," *La Dernière Mode,* no. 8 (20 December 1874), 3; in Mallarmé, *Œuvres complètes,* 833.

98. The masthead stated in September 1874: "Prix / lf25 le numéro avec / gravure coloriée / 0f80 le numéro sans / gravure coloriée / - Abonnements / - PARIS / Un an . . . 21f / Six mois . . . 13f / DÉPARTEMENTS / Un an . . . 26f / Six mois . . . 14f / ÉTRANGER / S'adresser pour la liste des / prix, établie d'après les / taxes postales, aux bu- / reaux du journal." In Mallarmé, *Correspondance,* 5:224.

99. Charles Wendelen, letter, dated "Paris 21 September 1874," in ibid.

100. Constance Wendelen, letter, dated "Paris 26 September 1874," in ibid., 224–225.

101. "Correspondance avec les Abonnées," *La Dernière Mode,* no. 7 (6 December 1874), [9]; in Mallarmé, *Œuvres complètes,* 826–827.

102. Marguerite de Ponty, "La Mode (On nous harangue et nous répondons . . .)," *La Dernière Mode,* no. 8 (20 December 1874), 2; in Mallarmé, *Œuvres complètes,* 830.

103. Ibid., 831.

104. Stéphane Mallarmé, "Remémoration d'amis belges" (1890), in Mallarmé, *Œuvres complètes,* 60.
    See Deleuze, *Le Pli,* 43; as well as the setting by Pierre Boulez, *Pli selon pli* (composed between 1957 and 1962), whose score transposes the folds of the text-ile—i.e., the multitude of meanings and structural levels—into a disparate confluence of percussion, woodwinds, and voice (esp. in part 3, "Improvisation II sur Mallarmé: Une Dentelle s'abolit").

105. Marguerite de Ponty, "La Mode," *La Dernière Mode,* no. 6 (15 November 1874), 2; in Mallarmé, *Œuvres complètes,* 797.

106. Ix., "Chronique de Paris," *La Dernière Mode,* no. 1 (6 September 1874), 5; in Mallarmé, *Œuvres complètes,* 718.

107. Ibid., 718, 719.

108. See "Autre éventail (de Mademoiselle Mallarmé)," in Mallarmé, *Œuvres complètes,* 58; this "feuillet d'album" was composed in 1884.

109. See Jean-Pierre Faye, "Mallarmé: L'Écriture, la mode," in *La Mode, l'invention,* 56.

110. Marguerite de Ponty, "Explication de la lithographie à l'aquarelle du jour . . . ," *La Dernière Mode,* no. 2 (20 September 1874), 3; in Mallarmé, *Œuvres complètes,* 730.

原书注释

111. This analogy is inherent, for example, "dans les plis jaunes de la pensée / Traînant, antique, ainsi qu'une toile encensée" (In the yellow folds of thought, still unexhumed, / Lingering, and like an antique cloth perfumed), as he had written in his "Ouverture ancienne d'Héroiade," 42; trans. in Mallarmé, *Collected Poems,* 26.

112. See "[A] gently quivering fold of her skirt simulating the impatience of feathers toward an idea"; Stéphane Mallarmé, "Ballets: Crayonné au théâtre" (1886), in Mallarmé, *Œuvres complètes,* 306.

113. Marguerite de Ponty, "La Mode: Toilette d'une princesse ou d'une parisienne," *La Dernière Mode,* no. 8 (20 December 1874), 3; in Mallarmé, *Œuvres complètes,* 832–833.

114. Marguerite de Ponty, "La Mode," *La Dernière Mode,* no. 3 (4 October 1874), 2; in Mallarmé, *Œuvres complètes,* 745–746.

In the final issue Mallarmé would emphasize that his program was "but to show an outfit for a great lady chosen among others, and thus summarize the resulting metamorphosis in the Costume, the signs of which can be seen already day by day." Marguerite de Ponty, "La Mode: Information chez les grandes faiseuses . . . ," *La Dernière Mode,* no. 8 (20 December 1874), 3; in Mallarmé, *Œuvres complètes,* 833.

115. Paul Verlaine, "Les Hommes d'aujourd'hui: Stéphane Mallarmé," in Verlaine, *Œuvres en prose complètes,* 793–794. The essay was written between 1885 and 1886 and has only survived as a quote in Henri Mondor, *L'Amitié de Verlaine et Mallarmé* (Paris: Gallimard, 1939).

116. Mallarmé, "Autobiographie," 303.

117. André Fontainas would later recall a meeting with Mallarmé in 1895; "when I told him, he showed real signs of joy, repeating so happily that it mystified us: 'Ah! I used to write for fashion journals!'"; *De Mallarmé à Valéry,* [38].

118. Henry Charpentier, "La Dernière Mode de Stéphane Mallarmé," *Minotaure,* nos. 3–4 (May 1933), 25–29.

119. See Henry Charpentier, "De Stéphane Mallarmé," *La Nouvelle Revue Française* 14, no. 158 (1 November 1926), 537–545; also "La Poésie de Mallarmé," *La Nouvelle Revue Française,* 1923;

"Les Mardis de la rue de Rome," *Les Marges,* 10 January 1936; or "À Valvins chez Mallarmé," *Visages du Monde,* 15 January 1939.

120. "Gravures noires du texte—4. Peigne et coiffure virgile," *La Dernière Mode,* no. 4 (18 October 1874), 1, the illustration is printed on 4; in Mallarmé, *Œuvres complètes,* 761.

121. See, e.g., Max Ernst, "Le Fugitif," in Max Ernst and Paul Eluard, *Les Malheurs des immortels* (Paris: Librairie Six, 1922), 42, whose title potently evokes the symbolism of the main motif, a luxurious *gilet.* See also Ernst, *Une Semaine de bonté ou Les Sept Éléments capitaux* (Paris: Bucher, 1934), especially the last chapter, titled "L'Ile de Paques," in which the profiles of nineteenth-century women and their hairdos are depicted in a manner closely resembling the chosen detail from Mallarmé's magazine.

122. "Gravures noires du texte—Jeune fille de quatorze ans," *La Dernière Mode,* no. 8 (20 December 1874), [5], inside cover illustration; in Mallarmé, *Œuvres complètes,* 830.

123. Charpentier, "La Dernière Mode de Stéphane Mallarmé," 25.

124. Ibid. Mallarmé's daughter emphasized his "courteous reserve in manner"; in "Mallarmé par sa fille," 517.

125. Charpentier, "La Dernière Mode de Stéphane Mallarmé," 25.

126. Ibid.

127. Ibid.

128. Ibid. "The silk of time's balsam" ("Quelle soie aux baumes de temps") is a reference to the opening line of Mallarmé's untitled sonnet, written in January 1885, "on tissues and fabrics"; in Mallarmé, *Œuvres complètes,* 75, 1500–1501.

129. Charpentier, "La Dernière Mode de Stéphane Mallarmé," 25.

130. Remy de Gourmont wrote: "Nevertheless, in the case of Mallarmé and a literary group, the idea of decadence has been assimilated to its exact opposite—the idea of innovation." Gour-

mont, "Stéphane Mallarmé et l'idée de décadence," 121; trans. as "Stéphane Mallarmé and the Idea of Decadence," 71.

131. From Balzac to Zola and beyond, a tradition of social and psychological realism would at the same time attempt to reconcile life with modernist aesthetics.

132. Paul Valéry, "Stéphane Mallarmé," lecture at the Université des Annales on 17 January 1933, first published in *Conferencia,* April 1933; in Valéry, *Œuvres,* 1:677; trans. J. R. Lawler as "Stéphane Mallarmé," in *The Collected Works of Paul Valéry,* 8: 267 (translation slightly modified).

133. Mallarmé, "Symphonie littéraire," 261.

134. Paul Valéry, "Existence du symbolisme," in *À l'enseigne de l'alcyon* (Maastricht: Stols, 1939); in Valéry, *Œuvres,* 1:700; trans. M. Cowley as "The Existence of Symbolism," in *The Collected Works of Paul Valéry,* 8:231 (translation not used).

135. "Poets have the resource of long articles in magazines and journals: some, like Théophile Gautier, earned their living by it [see his remark on the neologism *modernité* and journalism]; whereas Baudelaire succeeded badly at it, and Mallarmé worse still." Gourmont, "Stéphane Mallarmé et l'idée de décadence," 129; trans. as "Stéphane Mallarmé and the Idea of Decadence," 75 (translation slightly modified).

136. Valéry, "Je disais quelquefois à Mallarmé," 653; trans. as "I Would Sometimes Say to Mallarmé . . . ," 284.

137. Geneviève Mallarmé, letter, dated "12 May 1896"; in Mallarmé, *Correspondance,* 8:142.

138. "Mallarmé par sa fille," 520.

139. Geneviève Mallarmé, letter, dated "[Paris,] Wednesday [29 April 1898]"; in Mallarmé, *Correspondance,* 10:157–158.

3 Simmel and the Rationale of Fashion in Modernity

1. "Fashion's potential for abstraction, which is founded in its very being, lends through its 'estrangement from reality' a certain aesthetic style to modernity itself, even in nonaesthetic areas; this potential is also developed within a historic expression." Georg Simmel, "Die Mode: Zur philosophischen Psychologie," in Simmel, *Philosophische Kultur: Gesammelte Essais* (Leipzig: Klinkhardt, 1911), 34.

2. The switch to German indicates the focus of chapters 3 and 4 on Simmel's and Benjamin's writings. Like the Romance languages, and unlike English, German reflects the etymological sisterhood between sartorial fashion and modernity.

3. Jürgen Habermas, "Georg Simmel als Zeitgenosse," afterword to Georg Simmel, *Philosophische Kultur: Über das Abenteuer, die Geschlechter und die Krise der Moderne: Gesammelte Essais* (Berlin: Wagenbach, 1983), 246 (my emphasis); trans. M. Deflem as "Georg Simmel on Philosophy and Culture: Postscript to a Collection of Essays," *Critical Inquiry* 22, no. 3 (spring 1996), 407–408 (translation modified).

4. See Otthein Rammstedt, foreword to *Simmel und die frühen Soziologen,* ed. Rammstedt (Frankfurt a.M.: Suhrkamp, 1988), 7–9 and passim. The critical edition of Simmel's complete works is being prepared under the auspices of members of the sociology faculty at the University of Bielefeld (Germany), a work that began in 1989.

5. See the studies by David Frisby: "Georg Simmels Theorie der Moderne," in *Georg Simmel und die Moderne,* ed. H.-J. Dahme and O. Rammstedt (Frankfurt a.M.: Suhrkamp, 1984), 9–79; *Fragments of Modernity: Theories of Modernity in the Work of Simmel, Kracauer, and Benjamin* (Cambridge: Polity, 1985); and the ambiguously titled *Sociological Impressionism,* 2d ed. (London: Routledge, 1992). Extensive and thought-provoking as these studies are, Simmel is presented in Frisby's analyses very much as a sociologist of his time and, alas, as not much more. Other essays on Simmel and his relationship to modernity that have been published by Anglo-American or German authors—e.g., Deena and Michael A. Weinstein, "Georg Simmel: Sociological Flâneur Bricoleur," *Theory, Culture, and Society* 8 (1991), 151–168; Brigitta Nedelmann, "Georg Simmel as an Analyst of Autonomous Dynamics: The Merry-Go-Round of Fashion," in *Georg Simmel and Contemporary Sociology,* ed. Michael Kern, Bernhard S. Phillips, and Robert S. Cohen (Dordrecht: Kluwer, 1990), 243–257; or Julika Funk, "Zwischen Last und Lust: Mode und Geschlechterdif-

ferenz bei Georg Simmel" (Labor and Lust: Fashion and Gender Difference in Georg Simmel), *Metis* 6, no. 12 (1997), 26–43)—eschew historical differences and are concerned mainly with other topics. I find the best understanding of Simmel's intellectual origin and impact in his contemporaries working outside the confines of sociology, most notably Siegfried Kracauer, Georg Lukács, and Walter Benjamin.

6. See Georg Simmel, *Kant* (Munich: Duncker & Humblot, 1904), a collection of sixteen lectures given at the University of Berlin.

7. Georg Simmel, "Zur Psychologie der Mode," *Die Zeit* (Vienna), 12 October 1895, 20–24. Significantly, it was Charles Darwin's son who first applied evolutionary theory to social studies and who first found a logical focus in the evolution of female apparel; see George H. Darwin, "Development in Dress," *Macmillan's Magazine* 26 (September 1872), 410–416.

8. Georg Simmel, *Philosophie der Mode* (Berlin: Pan, 1905).

9. See Michael Landmann, "Georg Simmel: Konturen seines Denkens," in *Ästhetik und Soziologie um die Jahrhundertwende: Georg Simmel,* ed. Hannes Böhringer and Karlfried Gründer (Frankfurt a.M.: Klostermann, 1976), 3–11.

10. Simmel, "Die Mode," 29–64.

11. Ibid., 39–40.

12. Georg Simmel, *Die Philosophie des Geldes,* 2d ed. (Leipzig: Duncker & Humblot, 1907); in Simmel, *Gesamtausgabe,* ed. O. Rammstedt (Frankfurt a.M.: Suhrkamp, 1989ff.), 6:633–634; trans. T. Bottomore and D. Frisby as *The Philosophy of Money,* 2d ed. (London: Routledge, 1990), 457 (translation slightly modified).

13. Georg Simmel, "Der Begriff und die Tragödie der Kultur," *Logos* 2 (1911–1912), 1–39; see also his lecture, *Der Konflikt in der modernen Kultur* (Munich: Duncker & Humblot, 1918).

14. Simmel, *Die Philosophie des Geldes,* 641; trans. as *The Philosophy of Money,* 462 (translation slightly modified).

15. Max Weber, "Kritische Studien auf dem Gebiet der kulturwissenschaftlichen Logik," in *Gesammelte Aufsätze zur Wissenschaftslehre,* 2d ed. (Tübingen: Mohr, 1951), 215–290; trans. E. A. Shils and H. A. Finch as "Critical Studies in the Logic of the Cultural Sciences," in Weber, *The Methodology of the Social Sciences* (Glencoe, Ill.: Free Press, 1949), 113–188.

16. Weber, "Kritische Studien," 238; trans. as "Critical Studies," 136 (Rickert's original remark is paraphrased by Weber on 234; trans., 132).

17. *Die Zeit,* founded in 1894, was mainly devoted to mainstream liberal discussions on political life in Europe. However, its feuilleton remained on a remarkably high level through 1904, soliciting contributions from D'Annunzio, Dostoyevsky, Mackay, Mallarmé, Rilke, Schnitzler, Tolstoy, and Wilde and publishing essays by Conrad, Hofmannsthal, Kraus, Loos (his first published piece), Maeterlink, Sombart, Zola, and many others. Simmel's article on fashion fits well into this modernist environment for an educated readership.

18. Georg Simmel, "Fashion," *International Quarterly* 10 (1904), 130–155. The essay was translated either by W. D. Briggs, who had previously brought Simmel's "Tendencies in German Life and Thought" into English (published in the predecessor of the *International Quarterly,* the *International Monthly*), or by Albion Small, the editor of the *American Journal of Sociology,* which would reprint the original essay in 1957. Small became Simmel's promoter and contributed to the influential position Simmel occupied in the Chicago School.

19. See the following essays in Rammstedt, ed., *Simmel und die frühen Soziologen:* Alexander Deichsel, "Das Soziale in der Wechselwirkung. Ferdinand Tönnies und Georg Simmel als lebendige Klassiker" (64–85); David P. Frisby, "Soziologie und Moderne: Ferdinand Tönnies, Georg Simmel und Max Weber" (196–229); and Heinz-Jürgen Dahme, "Der Verlust des Fortschrittsglaubens und die Verwissenschaftlichung der Soziologie. Ein Vergleich von Georg Simmel, Ferdinand Tönnies und Max Weber" (222–274).

20. "Irritatingly complicitous" was Adorno's complaint, according to Habermas; see "Simmel als Zeitdiagnostiker," 245; trans. as "Georg Simmel on Philosophy and Culture," 406.

21. See the editorial note in Simmel, *Die Philosophie des Geldes,* 726.

22. Karl Joël, "Georg Simmel," *Die Neue Rundschau* 30 (1919), 242, 245.

23. Ibid., 245.

24. Ix., "Chronique de Paris," *La Dernière Mode,* no. 1 (6 September 1874); in Stéphane Mallarmé, *Œuvres complètes* (Paris: Gallimard, 1945), 717—discussed above, section 2.4.3.

25. Simmel, "Zur Psychologie der Mode," 22.

26. Simmel, "Fashion," 130.

27. Georg Simmel, *Philosophie der Mode;* in Simmel, *Gesamtausgabe,* 10:9.

28. Simmel, "Fashion," 130; see also *Philosophie der Mode,* 9.

29. Charles Baudelaire, "Le Peintre de la vie moderne I: Le Beau, la mode et le bonheur," in Baudelaire, *Œuvres complètes,* 2 vols. (Paris: Gallimard, 1975–1976), 2:685-686; trans. J. Mayne in Baudelaire, *The Painter of Modern Life and Other Essays* (London: Phaidon, 1995), 3.

30. Simmel, "Die Mode," 29.

31. "Aus dem nachgelassenen Tagebuch von Georg Simmel" (From the Posthumous Diary of Georg Simmel); quoted at the beginning of Fritz Landsberger, "Georg Simmel," in *Europa-Almanach,* ed. Carl Einstein and Paul Westheim (Potsdam: Kiepenheuer, 1925), 75.

32. Charles Baudelaire, "Salon de 1845," in Baudelaire, *Œuvres complètes,* 2:407; trans. J. Mayne in Baudelaire, *Art in Paris, 1845–1862: Salons and Other Exhibitions Reviewed by Charles Baudelaire* (Oxford: Phaidon, 1965), 32 (translation slightly modified).

33. Ferdinand Tönnies, "Considération sur l'histoire moderne," *Annales de l'Institut International de Sociologie* 1 (1895), 247.

34. Simmel, *Philosophie der Mode,* 10.

35. Ibid.

36. Jean Desmarets de Saint-Sorlin, *La Comparaison de la langue et de la poësie Françoise, avec la Grecque et la Latine, et des Poëtes Grecs, Latins et François* (Paris: Thomas Jolly, 1670).

37. Ibid., 9–10.

38. Charles Perrault, *Parallèle des anciens et des modernes. En ce qui regarde les arts et les sciences. Dialogues,* 2d ed., 2 vols. (Paris: Coignard & Coignard Fils, 1692–1693), 1:76–77.

39. Throughout modern times, from Perrault through nineteenth-century Manchester or Lyons (see the weavers' revolts) to contemporary sweatshops in Southeast Asia, textile production, especially of refined and luxurious fabric or garments, has always taken place under the most appalling conditions for the industrial workforce. Since everybody has to be clothed and increasingly expects to have a wide choice in clothing, the industry has to engage in the greatest degree of exploitation in order to generate profits.

On another level, the seventeenth-century fashion of delicate silk stockings rendered the leg a unified plane; individual muscular play or particular details of the skin became concealed and abstracted. Fashion thus hid human imperfection and approached a classical physical ideal, ironically not remote at all from the white marbled leg of an antique statue; see Baudelaire's *passante* and her idealized "jambe de statue," which would both generate and epitomize the aesthetic experience in modernity.

For a materialist view, see Karl Marx, *Das Kapital,* in Karl Marx and Friedrich Engels, *Werke,* vol. 23 (Berlin: Dietz, 1993), 680–685; trans. as *The Capital,* vol. 1, in Karl Marx and Friedrich Engels, *Collected Works,* vol. 35 (London: Lawrence & Wishart, 1996), 612–615, on the conditions of stocking makers in nineteenth-century England.

40. Perrault, *Parallèle,* 1:140, 142.

41. Ibid., 2:47–48; see also the figure of l'Abbé, the advocate for the modern, on the "beautez universelles & absoluës" and "particulières & relatives" (48–49).

42. Simmel, "Fashion," 132.

43. Georg Simmel's review of Tarde's book was published in *Zeitschrift für Psychologie und Physiologie der Sinnesorgane* 2 (1891), 141–142.

44. See Klaus Christian Köhnke, "Von der Völkerpsychologie zur Soziologie: Unbekannte Texte des jungen Georg Simmel," in Dahme and Rammstedt, *Georg Simmel und die Moderne,* 411–412.

45. Gabriel Tarde, *Les Lois de l'imitation* (Paris: Alcan, 1890), 268. On the proximity of Simmel's and Tarde's perceptions and style, and an account of the subsequent conflict between subjectivist spontaneity and Cartesianism, emphasized by Tarde's and Durkheim's sociology respectively, see Terry N. Clark's introduction to Gabriel Tarde, *On Communication and Social Influence* (Chicago: University of Chicago Press, 1969), where Tarde is also described as being "stigmatized as an inchoate and imprecise philosophical and literary writer" (1)—a stigma that Adorno, in his correspondence with Benjamin, attached equally to Simmel; see, for example, Benjamin, *Briefe,* 2:785 (trans. M. R. and E. M. Jacobson as *The Correspondence of Walter Benjamin, 1910–1940* [Chicago: University of Chicago Press, 1994], 581), or Theodor W. Adorno, "Einleitung zu Benjamins 'Schriften,'" in *Noten zur Literatur,* vol. 4 (Frankfurt a.M.: Suhrkamp, 1974), 111; trans. S. W. Nicholson as "Introduction to Benjamin's 'Schriften,'" in Adorno, *Notes to Literature,* 2 vols. (New York: Columbia University Press, 1992), 2:224.

46. Simmel, "Die Mode," 31.

47. See Georg Simmel, "Über eine Beziehung der Selektionslehre zur Erkenntnistheorie" (On a Relationship between the Laws of Selection and Epistemology), *Archiv für systematische Philosophie* 1 (1895); in *Philosophie der Kunst* (Potsdam: Kiepenheuer, 1922), 120–121.

48. See Georg Simmel, *Lebensanschauung: Vier metaphysische Kapitel* (View of Life: Four Chapters on Metaphysics) (Munich: Duncker & Humblot, 1918), 120.

49. Simmel, *Philosophie der Mode,* 10–11. This metaphysical distinction had still been a physiological, perhaps psychological one, in the 1895 text ("Zur Psychologie der Mode," 23).

50. See Immanuel Kant, introduction (part 9) to *Kritik der Urteilskraft,* in *Werkausgabe,* vol. 10 (Frankfurt a.M.: Suhrkamp, 1978), 46–47; trans. J. C. Meredith as *The Critique of Judgement* (Oxford: Clarendon, 1952), 36–39.

51. Simmel, *Die Philosophie des Geldes,* 255.

52. Simmel, "Fashion," 133.

53. This view of "invention" in haute couture is almost obsolete today, of course, since the various designers increasingly "communicate" with each other, reflecting mutual references, shared economic pressures, the influence of trend forecasting, and multiplied media exposure.

54. Tarde, *Les Lois de l'imitation,* 270. On Tarde and his perception of imitation and invention, see Michael M. Davis, *Psychological Interpretations of Society* (New York: Columbia University, 1909), 84–190, esp. chaps. 9 and 10 (143–190), which present the first analysis of Tarde's *Les Lois de l'imitation* in English.

55. Tarde, *Les Lois de l'imitation,* 269. "The ages and societies among which reigns exclusively the prestige of the ancient are those where, as in antique Rome, *antiquity,* besides its meaning proper, signified *a thing that is loved.* 'Nihil mihi antiquius est—nothing is more dear to me,' said Cicero" (ibid.).

56. Charles Baudelaire, "Le Peintre de la vie moderne IV: La Modernité," in Baudelaire, *Œuvres complètes,* 2:695; trans. in Baudelaire, *The Painter of Modern Life and Other Essays,* 12.

57. Tarde, *Les Lois de l'imitation,* 270.

58. Simmel, *Philosophie der Mode,* 11.

59. See Werner Sombart, "Wirtschaft und Mode: Ein Beitrag zur Theorie der modernen Bedarfs-gestaltung" (Economics and Fashion: A Contribution to the Theory of Modern Consumerism), in *Grenzfragen des Nerven- und Seelenlebens,* no. 12 (1902), 1–23.
  See also Walter Troeltsch, *Volkswirtschaftliche Betrachtungen über die Mode* (National Economic Observation on Fashion) (Marburg: Elwert, 1912); published transcript of his inaugural lecture at Marburg University, which further developed Sombart's and Simmel's observations.

60. Georg Lukács, quoted in Elisabeth Lenk, "Wie Georg Simmel die Mode überlistet hat" (How Georg Simmel Outwitted Fashion), in *Die Listen der Mode,* ed. Silvia Bovenschen (Frankfurt a.M.: Suhrkamp, 1986), 421–422.

61. Ibid., 422.

62. Pierre Bourdieu, "Haute Couture et Haute Culture," in *Noroit,* no. 192 (November 1974), 1–2, 7–17, and nos. 193–194 (December 1974–January 1975), 2–11; in *Question de sociologie* (Paris: Minuit, 1980), 200; trans. R. Nice as "Haute Couture and Haute Culture," chap. 16 of Bourdieu, *Sociology in Question* (London: Sage, 1993), 134–135.

63. Caroline Rennolds Milbank, *Couture* (London: Thames & Hudson, 1985), 342.

原书注释

64. For a discussion of Loos and Le Corbusier in their relation to fashion, see Mark Wigley, *White Walls and Designer Dresses* (Cambridge, Mass.: MIT Press, 1995); regarding van de Velde and clothing, see Radu Stern, *À contre-courant: Vêtements d'artistes 1900–1940* (Berne: Benteli, 1992), 9–19, 90–111.

65. Analysis of sexual mores will be left to psychological rather than sociological investigation.

66. Siegfried Kracauer, "Georg Simmel: Ein Beitrag zur Deutung des geistigen Lebens unserer Zeit" (Georg Simmel: A Contribution to the Spiritual Life in Our Time) (1919–1920), 15, 16; unpublished typescript, the Archives of German Literature in Marbach a.N.

67. See ibid., 29.

68. Siegfried Kracauer, "Georg Simmel," *Logos* 9 (1921), 328 (a much abbreviated and modified version of the earlier typescript).

69. See Hans Simmel, "Auszüge aus den Lebenserinnerungen," in Böhringer and Gründer, *Ästhetik und Soziologie um die Jahrhundertwende*, 247–255.

70. Adolf Loos, "Die Fussbekleidung," *Neue Freie Presse* (Vienna), 7 August 1898; in Loos, *Ins Leere gesprochen* (Vienna: Prachner, 1987), 119; trans. J. O. Newman and J. H. Smith as "Footwear," in Loos, *Spoken into the Void: Collected Essays, 1897–1900* (Cambridge, Mass.: MIT Press, 1982), 57.

71. Adolf Loos, "Die Herrenmode," *Neue Freie Presse* (Vienna), 22 May 1898; in Loos, *Ins Leere gesprochen,* 56; trans. as "Men's Fashion," in Loos, *Spoken into the Void,* 11. See also Oscar Wilde's well-worn aphorism, "If one is noticed in the street, it means one is not well dressed."

72. Guillaume Apollinaire, "L'Émigrant de Landour Road," in *Alcools* (Paris: Gallimard, 1927), 100; this collection of poems dating from 1898 to 1910 was first published in 1913 (Paris: Mercure de France). "His hat in his hand he stepped right foot first / Into a smart and by-appointment-to-the-King tailor's / Which tradesman had just beheaded several / Dummies dressed in unexceptional clothes"; trans. O. Bernard in Apollinaire, *Selected Poems* (London: Anvil, 1986), 73.

73. Loos, "Die Herrenmode," 57; trans. as "Men's Fashion," 12.

74. Kracauer, "Georg Simmel," 328.

75. Quoted in Michael Landmann, "Bausteine zur Biographie," *Buch des Dankes an Georg Simmel,* ed. Kurt Gassen and Michael Landmann (Berlin: Duncker & Humblot, 1958), 33. There were of course other—conservative and anti-Semitic—reasons for refusing Simmel a professorship.

76. See the account of Proust's *pardessus,* made to the cut and style of the one he "designed" for his fictional character Baron de Charlus, in Marcel Plantevignes, *Avec Marcel Proust* (Paris: Nizet, 1966), 41.

77. See Pierre Bourdieu, *La Distinction: Critique sociale de jugement* (Paris: Minuit, 1979).

78. Jürgen Habermas, "Die Moderne—ein unvollendetes Projekt," in *Kleine politische Schriften (I–IV)* (Frankfurt a.M.: Suhrkamp, 1981), 447; trans. S. Ben-Habib as "Modernity: An Incomplete Project," in *The Anti-Aesthetic: Essays in Postmodern Culture,* ed. Hal Foster (Seattle: Bay Press, 1983), 5.

79. Habermas, "Die Moderne—ein unvollendetes Projekt," 447.

80. Jürgen Habermas, *Der philosophische Diskurs der Moderne: Zwölf Vorlesungen* (Frankfurt a.M.: Suhrkamp, 1985), 145; trans. F. Lawrence as *The Philosophical Discourse of Modernity* (Cambridge: Polity, 1987), 119–120 (translation modified).

81. Shierry Weber Nicholson, quoted in Martin Jay, "Habermas and Modernism," in *Habermas and Modernity,* ed. R. J. Bernstein (Cambridge: Polity, 1985), 125.

82. Jürgen Habermas, *Legitimationsprobleme im Spätkapitalismus* (Frankfurt a.M.: Suhrkamp, 1973), 110; trans. T. McCarthy as *Legitimation Crisis* (Cambridge: Polity, 1988), 78 (translation modified).

83. Simmel, "Begriff und Tragödie der Kultur," 119.

84. Georg Simmel, *Kant,* 6th ed. (Leipzig: Duncker & Humblot, 1924), 99.

85. Ibid., 100, 101.

86. Baudelaire, "Le Peintre de la vie moderne IV," 695; trans. in Baudelaire, *The Painter of Modern Life and Other Essays,* 12.

87. In his analysis of the temporal element Simmel understandably refers to Bergson's particular notion of memory. In his study on the aesthetics behind Rembrandt's art, Simmel compared life to "a past that becomes present"; Georg Simmel, *Rembrandt* (Leipzig: Wolff, 1916), 43.

88. See also the definition of the "modern" at the beginning of Perrault's *Parallèle.*

89. Habermas, *Der philosophische Diskurs der Moderne,* 19; trans. as *The Philosophical Discourse of Modernity,* 9 (translation not used).

90. Ibid., 20; trans., 10.

91. Ibid.; trans., 10—modified, because *Nachahmungsmotiv* is translated as "imitation," which, sociologically speaking, it is not.

92. Walter Benjamin, "Über den Begriff der Geschichte," in Benjamin, *Gesammelte Schriften,* 7 vols. (Frankfurt a.M.: Suhrkamp, 1974–1989), 1.2:701; trans. Harry Zohn as "Theses on the Philosophy of History," in Benjamin, *Illuminations* (London: Pimlico, 1999), 252–253 (translation modified).

93. Simmel, "Die Mode," 34.

94. Karl Marx and Friedrich Engels, *Manifesto of the Communist Party,* in Marx and Engels, *Collected Works,* vol. 6 (London: Lawrence & Wishart, 1976), 487. The English translation renders the rather prosaic "alles Ständische und Stehende verdampft" as a much more poetic phrase, although it does omit the original political implication contained in the term *ständisch,* i.e., pertaining to "trade" or "class."

95. Simmel, "Die Mode," 35.

96. Theodor Wiesengrund Adorno, paralipomena to *Ästhetische Theorie* (Frankfurt a.M.: Suhrkamp, 1973), 468; trans. C. Lenhardt as *Aesthetic Theory* (London: Routledge & Kegan Paul, 1984), 436 (translation slightly modified).

454

97. Georg Wilhelm Friedrich Hegel, *Vorlesungen über die Ästhetik,* vol. 1, in *Werke,* vol. 13 (Frankfurt a.M.: Suhrkamp, 1986), 51; trans. T. M. Knox as *Aesthetics: Lectures on Fine Art,* 2 vols. (Oxford: Clarendon, 1975), 1:31. The lectures were delivered four times—1820/1821, 1823, 1826, and 1828/1829—and the text was later compiled from Hegel's own papers and subsequent notes; the translation is based on the second edition by H. G. Hotho (1842), generally regarded as the most complete and authoritative.

98. Adorno, *Ästhetische Theorie,* 469; trans. as *Aesthetic Theory,* 437 (translation slightly modified).

99. This reading of Habermas's and Adorno's interpretation is obviously a very selective one, which claims completeness in regard to only one topic: fashion.

100. Simmel, "Fashion," 135.

101. Ibid.

102. Herbert Spencer, "Fashion" (chapter 11 of *The Principles of Sociology,* 2.4), in *A System of Synthetic Philosophy,* vol. 3 (London: Williams & Norgate, 1882), 208; see Simmel, "Die Mode," 36.
    In the 1930s Harold Nicolson wrote "Men's Clothes," an essay that begins: "It is related of Mr. Herbert Spencer that he possessed a suit which had been specially made for him. He only wore this suit when he was feeling irritable, but he sometimes wore it for weeks at a time. It was made all in one piece and of a soft soothing Jaeger sort of texture. He entered the suit from the middle, huddling his angry legs into the lower part, as if he was putting on bed-socks; working his impatient head into the upper part, as if entering a bathing-dress. Then down the front was an arrangement for lacing the thing together. . . . Clearly such a system would be soothing to the nerves. But it was not aesthetic. . . . The angry suit ceased to soothe; it irritated gratuitously; it became the shirt of Nessus excruciating to the wearer. . . . And next morning he would dress in a neat suit of grey tweed, and be again his bright and petulant self." Nicolson, in *Small Talk* (Leipzig: Tauchnitz, 1938), 36–37.

103. See John Bellers, *Essays about the Poor, Manufactures, Trade, Plantations, & Immorality . . .* (London: Sowle, 1699), 9: "The Uncertainty of Fashions doth increase Necessitous Poor. It hath two great Mischiefs in it. 1st. the Journey-men are Miserable in Winter for want of Work, the Mercers and Master Weavers not daring to lay out their Stocks to keep the Journey-men imploy'd, be-

fore the Spring comes and they know what the Fashion will then be. 2[ndly.] In the Spring the Jour-neymen are not sufficient, but the Master Weavers must draw in many Prentices, that they may supply the Trade of the Kingdom in a quarter or half a year, which Robs the Plow of Hands, drains the Country of Labourers, and in great part Stocks the City with Beggars, and starves some in Winter that are ashamed to Beg." Quoted in Marx, *Das Kapital*, 503–504; trans. as *Capital*, 1:450–451.

104. Tarde, *Les Lois de l'imitation*, 270.

105. Werner Sombart, *Liebe, Luxus und Kapitalismus: Über die Entstehung der modernen Welt aus dem Geist der Verschwendung* (Love, Luxury, and Capitalism: On the Origin of a Modern World through the Spirit of Wastefulness), 2d ed. (Berlin: Wagenbach, 1992), 192–194; the book originally appeared in 1922 under the title *Luxus und Kapitalismus*.

106. Simmel, "Fashion," 136.

107. See Georg Simmel, "Exkurs über den Fremden" (Excursus on the Stranger), in *Soziologie: Untersuchungen über Formen der Vergesellschaftung* (Sociology: Studies on Forms of Socialization) (Leipzig: Duncker & Humblot, 1908), 685–691.

108. Ibid., 687–688.

109. Simmel, *Die Philosophie des Geldes*, 285–286; translated as *Philosophy of Money*, 432.

110. Simmel, "Exkurs über den Fremden," 687–688.

111. Simmel, *Philosophie der Mode*, 15.

112. Ibid.

113. Simmel, "Die Mode," 38.

114. Charles Baudelaire, "Salon de 1846, VVIII: De l'héroïsme de la vie moderne," in Baudelaire, *Œuvres complètes*, 2:494; trans. in Baudelaire, *Art in Paris, 1845–1862*, 118.

115. Charles Baudelaire, "Journaux intimes X: fusées no. 46," in Baudelaire, Œuvres complètes, 1:657; trans. Christopher Isherwood in Baudelaire, Intimate Journals (1930; reprint, London: Methuen, 1949), [11]. Elsewhere in the "Fusées," Baudelaire scattered notes for further literary projects on fashion; e.g., "Un chapitre sur / La Toilette / Moralité de la Toilette. / Les Bonheurs de la Toilette" (694); or for an essay on "Modes de ces époques" (in "Titres et canevas," 590). These notes date from the early 1860s and were developed in conjunction with his work on Le Peintre de la vie moderne.

As close observers of all literary developments, the brothers Jules and Edmond de Goncourt thus published in 1862 a book titled La Femme au XVIIIᵉ siècle (Paris: Librairie Nouvelle) that included many an observation on contemporary fashion.

116. Simmel, "Die Mode," 39.

117. Ronald Firbank, "A Study in Temperament," in The New Rythum, and Other Pieces (London: Duckworth, 1962), 27; the story was written ca. 1905.

118. Simmel, "Zur Psychologie der Mode," 23.

119. Georg Simmel, "Henri Bergson," Die Güldenkammer 4, no. 9 (June 1914), 516.

120. Simmel, "Fashion," 139.

121. Simmel, Philosophie der Mode, 17.

122. A few months earlier, Proust had published the first volume of La Recherche, which begins with the fusion of past into present within a dream; see section 4.4, above.

123. See Simmel, "Henri Bergson," 523–524.

124. Gilles Deleuze, Le Bergsonisme (Paris: Presses Universitaires de France, 1966), 49; trans. H. Tomlinson as Bergsonism (Cambridge, Mass.: MIT Press, 1988), 55.

125. See Deleuze, Le Bergsonisme, 57, 61–62; see Theodor W. Adorno, Kierkegaard, in Gesammelte Schriften, vol. 2 (Frankfurt a.M.: Suhrkamp, 1979), 50–51. Adorno refers to Søren Kierkegaard, The Concept of Anxiety, ed. and trans. R. Thomte (with A. B. Anderson), vol. 8 of Kierkegaard's Writing (Princeton: Princeton University Press, 1980), 29–35.

原书注释

457

126. Walter Benjamin, "Über einige Motive bei Baudelaire," in Benjamin, *Gesammelte Schriften,* 1.2:643; trans. Harry Zohn as "On Some Motifs in Baudelaire," in Benjamin, *Illuminations,* 181 (translation modified).

127. Ibid., 643; trans., 181 (translation slightly modified).

128. Simmel, "Die Mode," 40–41.

129. Kracauer, "Georg Simmel: Ein Beitrag," 24.

130. Adolf Loos, "Herrenhüte," *Neue Freie Presse* (Vienna), 24 July 1898; in Loos, *Ins Leere gesprochen,* 122; trans. as "Men's Hats" in Loos, *Spoken into the Void,* 53.

131. Simmel, "Fashion," 140.

132. Simmel, *Philosophie der Mode,* 20.

133. Immanuel Kant, "Vom Modegeschmack," in *Anthropologie in pragmatischer Hinsicht,* in *Werke,* vol. 7 (Berlin: Reimer, 1917), 245; trans. V. L. Dowdell as "On Taste in Fashion," in Kant, *Anthropology from a Pragmatic Point of View* (Carbondale: Southern Illinois University Press, 1978), 148.

134. Harry Graf Kessler was born in Paris in 1868, educated in England, and spent most of his life traveling around the world, with Berlin as the fixed point of his political and cultural interests. He thus appears as the embodiment of Pan-European modernity. The philosopher Hannah Arendt would recall him later as "terribly elegant, although his face was pinched with weariness. He balanced his frailty on a cane, waiting with increasing impatience for someone who had not arrived. . . . As an aspirant myself, I was always curious about those who had been born to clean linen, casual friendship, fine china, and the best cuisine. Not that I aspired to possess and employ them, but rather, like Count Harry, to possess them and then disdain their transparency and irrelevance. I recalled these feelings as I observed his gray suit and gray silk tie, his white handkerchief breaking the edge of his breast pocket, and the yellow tea rose in his buttonhole"; quoted in Arthur A. Cohen, *An Admirable Woman* (Boston: Godine, 1983), 46.

From symbolism to dada, from Mallarmé and Hofmannsthal to Heartfield, Count Kessler assimilated the avant-garde, always ready to encourage and support it, but always anxious to keep his distance—the epitome of the refined dandy.

135. See Georg Simmel, "Der Bildrahmen: Ein ästhetischer Versuch" (The Frame: An Aesthetic Essay), *Der Tag*, no. 541 (1902); in *Gesamtausgabe*, vol. 7 (Frankfurt: Suhrkamp, 1995), 86–93. Liebermann's and Simmel's criticism is directed against the Jugendstil/art nouveau custom of integrating a decorated frame into the artwork in order to approach the ideal of the complete artwork, if only on a rather banal level (as done by, e.g., Franz von Stuck and, at times, Max Klinger). See also Simmel's "Exkurs über den Adel" (Excursus on Nobility) (1908), where the nobleman, in particular someone of Count Kessler's sophistication, is regarded in a parallel to the artwork as an "island within the world" (in Simmel, *Soziologie*, 741).

136. Bernhard Zeller, ed., "Aus unbekannten Tagebüchern Harry Graf Kesslers," *Jahrbuch der Deutschen Schillergesellschaft*, no. 31 (1987), 18–19. The club discussed was the *Deutsche Künstlerbund* (the German Confederation of Artists), founded in December 1903 in Weimar with Count Kessler as its vice president. Max Liebermann, Henry van de Velde, and Simmel's friend the painter Reinhold Lepsius were all among its founding members. It seems likely, despite the lack of documented evidence, that Simmel was an original member as well. London's Athenaeum Club, which was their model, included among its members scientists as well as intellectuals in letters and the arts; it still exists.

137. Hans Simmel, "Auszüge aus den Lebenserinnerungen," 261.

138. Ibid., 261–262.

139. Simmel, *Philosophie der Mode*, 25–26.

140. Benjamin, "Über einige Motive bei Baudelaire," 622; trans. as "On Some Motifs in Baudelaire," 164 (translation slightly modified).

141. Siegfried Kracauer, "Das Ornament in der Masse," *Frankfurter Zeitung,* 9–10 June 1928; in Kracauer, *Der verbotene Blick* (Leipzig: Reclam, 1992), 172–185; trans. T. Y. Levin as *The Mass Ornament: Weimar Essays* (Cambridge, Mass.: Harvard University Press, 1995). Kracauer had studied philosophy and sociology under Simmel at the University of Berlin between 1907 and 1909.

Unlike former students Ernst Bloch, Georg Lukács, or perhaps Benjamin, Kracauer continued to correspond with his old professor.

142. Obviously, such a cultural observation would become politically significant. The exiled Siegfried Kracauer would discuss the prefiguration of fascism and totalitarian culture in general in his collection of essays on the cinema titled *From Caligari to Hitler: A Psychological History of the German Film* (London: Dobson, 1947).

143. Simmel, "Fashion," 147–148.

144. Ibid., 148.

145. Ibid., 149.

146. Ibid., 150.

147. Ibid., 151.

148. Simmel, "Die Mode," 58; see his "Die Großstädte und das Geistesleben" (Cities and Cultural Life), *Jahrbuch der Gehe-Stiftung zu Dresden,* no. 9 (1903), 27–71 for a more general investigation of the topic.

149. Simmel, *Philosophie der Mode,* 32–33.

150. Émile Langlade, *La Marchande de modes de Marie-Antoinette Rose Bertin* (Paris: Albin Michel, 1911), 63; trans. A. S. Rappoport as *Rose Bertin: The Creator of Fashion at the Court of Marie-Antoinette* (London: Long, 1913), 56–57 (translation amended).

151. Simmel, "Zur Psychologie der Mode," 24.

152. See Simmel, *Philosophie der Mode,* 33.

153. Ibid.; see Simmel's connection with Marx in section 3.7.

154. Simmel, "Fashion," 152.

155. Simmel, "Zur Psychologie der Mode," 24; remarkably, Simmel used the term "dialectical" only in his study on fashion written in the nineteenth century (the reference is omitted from all subsequent ones; cf. "Fashion," 152, or *Philosophie der Mode,* 33–34).

156. The fixed center and point of repose in classical art appears to limit the "points of attack," as Simmel found. One wonders whether there was indeed a side to him that, despite all the significance he ascribed to fashion, harbored the fear that the *Ersatzreligion* art (characterized as essentially bourgeois by, e.g., Benjamin and Adorno) might be threatened by the influence of the ephemeral.

157. See Gilles Deleuze, *Le Pli: Leibniz et le baroque* (Paris: Minuit, 1988), 20, 164–165, and passim.
    Kracauer would defend Simmel's analogies by maintaining that they are to be perceived not as "fruits of baroque arbitrariness" but as goals in themselves ("Georg Simmel," 338).

158. Simmel, *Philosophie der Mode,* 36.

159. See Charlotte-Elisabeth, duchesse d'Orléans, *A Woman's Life in the Court of the Sun King: Letters of Liselotte von der Pfalz, 1652–1722,* ed. Elborg Forster (Baltimore: Johns Hopkins University Press, 1984), 87.

160. Simmel, "Fashion," 154.

161. Roland Barthes, *Système de la mode* (Paris: Seuil, 1967), 246 n. 2. trans. M. Ward and R. Howard as *The Fashion System* (London: Cape, 1985), 242 n. 11.

162. Ibid., 245-246; trans., 242.

163. This half sentence was added in *Philosophie der Mode,* which then omitted the following clause.

164. Simmel, "Fashion," 155: see "Zur Psychologie der Mode," 24; *Philosophie der Mode,* 36–37; and "Die Mode," 63–64.

165. Pierre Bourdieu, "Haute Couture et Haute Culture," 202; trans. as "Haute Couture and Haute Culture," 136.

4 Benjamin and the Revolution of Fashion in Modernity

1. "Fashion is the eternal recurrence of the new. Are there nevertheless motifs of redemption precisely in fashion?" Walter Benjamin, "Zentralpark," in Benjamin, *Gesammelte Schriften,* 7 vols. (Frankfurt a.M.: Suhrkamp, 1974–1989), 1.2:677; trans. L. Spencer (with M. Harrington) as "Central Park," *New German Critique,* no. 34 (winter 1985), 46.

2. The title of Benjamin's second précis, written in March 1939 by request of the Institute for Social Research in New York so that he might secure founding for his ongoing project.

3. The bibliography that aims to list all publications on Benjamin up to 1986 has fashion as a topic of only two essays—and both mention the subject merely in passing. Few critics—to my knowledge—have ventured to explain Benjamin's relationship with fashion. Anne, Margaret, and Patrice Higonnet, in "Façades: Walter Benjamin's Paris," *Critical Inquiry* 10, no. 3 (spring 1984), 391–419, touch very briefly on fashion (405–406); Susan Buck-Morss, in *Dialectics of Seeing: Walter Benjamin and the Arcades Project* (Cambridge, Mass.: MIT Press, 1989), presents fashion as one aspect among many in the *Arcades Project* (see 99–101); while the elaborately titled contribution by Doris Kolesch, "Mode, Moderne und Kulturtheorie—eine schwierige Beziehung. Überlegungen zu Baudelaire, Simmel, Benjamin und Adorno" (Fashion, Modernity, and Cultural Theory—Difficult Relations: Reflections on Baudelaire, Simmel, Benjamin, and Adorno), in *Mode, Weiblichkeit und Modernität* (Fashion, Femininity, and Modernity], ed. Gertrud Lehnert (Dortmund: Ebersbach, 1998), 20–46, formulates a relationship between fashion and modernity, but simply lists the various contributors to that relationship without exploring further the intricate connections among them. Other authors, like Hans Robert Jauß in his essay "Tradition, Innovation, and Aesthetic Experience," *Journal of Aesthetics and Art Criticism* 46, no. 3 (spring 1988), 375–388, arrive, through a reading of *la querelle* and Baudelaire, at the paradigmatic value of fashion for Benjamin (cf. 383), but then leave the subject unexplored.

4. Walter Benjamin, letter dated Berlin-Grunewald, 17 March 1928, in Walter Benjamin, *Briefe,* ed. Gershom Scholem and Theodor W. Adorno, 2 vols. (Frankfurt a.M.: Suhrkamp, 1978), 1:464; trans. M. R. and E. M. Jacobson as *The Correspondence of Walter Benjamin, 1910–1940* (Chicago: University of Chicago Press, 1994), 329. Benjamin's letters were edited by his friends Scholem and Adorno for publication in 1975; the complete edition is currently being published in Germany (the years 1910 to 1937 have already been covered in five separate volumes).

5. Theodor W. Adorno, *Ästhetische Theorie* (Frankfurt a.M.: Suhrkamp, 1973), 265–266; trans. C. Lenhardt as *Aesthetic Theory* (London: Routledge & Kegan Paul, 1984), 255 (translation slightly modified).

The example of Picasso's *Lichtmalerei* is perhaps too singular and not very fortunate. Adorno wrote this passage around 1967/1968, at a time when Henri Clouzot's film, which included the famous footage of the artist drawing with a candle, marked a peak in the postwar reverence for Picasso in Germany. Adorno was himself of course never free from fashionable influences in the cultural sphere. A more "avant-garde" German critic would probably have referred to the use of light in paintings by "Zero" artists such as Otto Piene and Günter Mack (from ca. 1963), rather than to Picasso's work.

6. Walter Benjamin, letter dated Berlin-Grunewald, 17 March 1928, in Benjamin, *Briefe,* 1:464; trans. in *The Correspondence of Walter Benjamin,* 329.

7. Hans Mayer, *Der Zeitgenosse Walter Benjamin* (Frankfurt a.M.: Jüdischer Verlag, 1992), 66; see also Denis Hollier, in his biographical note for Mayer, in *Le Collège de Sociologie,* ed. Hollier (Paris: Gallimard, 1979), 447–448; trans. B. Wing as the foreword to *The College of Sociology (1937–39),* ed. Hollier (Minneapolis: University of Minnesota Press, 1988), 21.

8. Professor Mayer, letter to the author, 12 October 1993.

9. Benjamin had known, for example, of the imprisonment of his brother Georg since 1938.

10. Walter Benjamin, *Das Passagen-Werk,* ed. Rolf Tiedemann, in Benjamin, *Gesammelte Schriften,* 5.1:494, and 5.2:1015.

11. Baudelaire had reminisced (as an adult) about the scent of a skirt in his poem "Le Léthé," the mythical river that prompts humans to forget their earthly past: "Dans tes jupons remplis de ton parfum / Ensevelir ma tête endolorie, / Et respirer, comme une fleur flétrie, / Le doux relent de mon amour défunt" (Swathe my head in thy skirts swirling / Perfumes that one never borrows, / Perfumes of some flower unfurling / Leaves like loves that hate their morrows). Charles Baudelaire, "Le Léthé" (second stanza; part of the collection "Les Épaves"), in Baudelaire, *Œuvres complètes,* 2 vols. (Paris: Gallimard, 1975–1976), 1:155; trans. J. M. Bernstein in *Baudelaire, Rimbaud, Verlaine: Selected Verse and Prose Poems* (New York: Citadel, 1947), 33.

12. Walter Benjamin, "Zum Bilde Prousts," in Benjamin, *Gesammelte Schriften,* 2.1:312; trans. Harry Zohn as "The Image of Proust," in Benjamin, *Illuminations* (London: Pimlico, 1999), 198–199 (translation modified).

13. Benjamin, *Das Passagen-Werk,* 495.

14. See Baudelaire's exclamation: "Mais le génie n'est que l'enfance retrouvée à volonté" (But genius is nothing more nor less than *childhood recovered* at will). Charles Baudelaire, "Le Peintre de la vie moderne III: L'Artiste, homme du monde, hommes des foules et enfant," in Baudelaire, *Œuvres complètes,* 2:690; trans. J. Mayne in Baudelaire, *The Painter of Modern Life and Other Essays* (London: Phaidon, 1995), 8.

15. The martial metaphors may appear peculiar here, but we will come to see how fashion and the notion of revolution interact closely in both Benjamin's concept of remembrance and his "Theses on the Concept of History."

16. See Charles Baudelaire, *Tableaux Parisiens* (Heidelberg: Weißbach, 1923). The volume was published as a bilingual edition; preceding the German translation is a text by Benjamin titled "Die Aufgabe des Übersetzers" (trans. Harry Zohn as "The Task of the Translator," in Benjamin, *Illuminations,* 70–82). His original manuscript for the *Tableaux* translation was written between 1920 and 1921.

17. Benjamin and Hessel were approached by the publisher after the previous attempt to bring *À côté de chez Swann* into German had ended in a "great editorial and critical fiasco." See Benjamin, *Briefe,* 1:431; trans. in *The Correspondence of Walter Benjamin, 1910–1940,* 304.

18. See Benjamin, *Briefe,* 1:412, 432; trans. in *The Correspondence of Walter Benjamin, 1910–1940,* 289, 305.

19. Benjamin, *Briefe,* 1:492; trans. in *The Correspondence of Walter Benjamin, 1910–1940,* 349 (the translators use the unevocative "hatching" for the German *spinnen*). See also notes to the essay "Zum Bilde Prousts," in Benjamin, *Gesammelte Schriften,* 2.3:1044–1047.

20. Benjamin, notes for "Zum Bilde Prousts," 1057.

21. Walter Benjamin, "Neoklassizismus in Frankreich," in Benjamin, *Gesammelte Schriften,* 2.2:627.

22. Walter Benjamin, letter dated 28 December 1925, in Benjamin, *Briefe,* 1:406–407; trans. in *The Correspondence of Walter Benjamin, 1910–1940,* 286 (translation not used). For Proust's disagreement with Thibaudet, see Marcel Proust, "À propos du 'style' de Flaubert," *Nouvelle Revue Française* 7, vol. 14, no. 76 (1 January 1920), 72–90; see also his *Contre Sainte-Beuve* (Paris: Gallimard, 1971), 586–600.

23. Benjamin, *Briefe,* 1:407; trans. in *The Correspondence of Walter Benjamin, 1910–1940,* 286 (translation slightly amended).

24. Théophile Gautier, *De la mode* (Paris: Poulet-Malassis & de Broise, 1858), 5–6.

25. See, e.g., Samuel Weber, *Return to Freud: Jacques Lacan's Dislocation of Psychoanalysis* (Cambridge: Cambridge University Press, 1991).

26. See once again Walter Benjamin, "Über den Begriff der Geschichte," in Benjamin, *Gesammelte Schriften,* 1.2:701.

27. See Walter Benjamin, notes on "Paris, die Haupstadt des XIX. Jahrhunderts," in Benjamin, *Das Passagen-Werk,* 1206–1254.

28. Rolf Tiedemann, "Einleitung des Herausgebers" (editor's introduction), in Benjamin, *Das Passagen-Werk,* 12–13.

29. Irving Wohlfahrt, "Re-fusing Theology," *New German Critique,* no. 39 (fall 1986), 5.

30. See Tiedemann, "Einleitung des Herausgebers," 38, and Wohlfahrt, "Re-fusing Theology," 5.

31. *Dictionnaire de la langue française* (Paris: Larousse, 1992), s.v. "passer."

32. Benjamin, *Das Passagen-Werk,* 617.

33. Ibid., 580.

原书注释

34. Ibid.

35. Marcel Proust, *Du côté de chez Swann,* part 1 of *À la recherche du temps perdu* (Paris: Galli-mard, 1987), 5–6; trans. C. K. Scott Moncrieff and T. Kilmartin as "Overture" to *Swann's Way,* part 1 of *Remembrance of Things Past* (London: Chatto & Windus, 1981), 5–6. See also Benjamin on "the child's side of the dream" in *Das Passagen-Werk,* 1006.

For the relationship between Proust's and Benjamin's epistemologies, see, e.g., Henning Goldbæk, "Prousts *Recherche* und Benjamins *Passagen-Werk:* Eine Darstellung ihrer Erkenntnis-theorie," *ORBIS Litterarum,* no. 48 (1993), 83–95.

36. In 1965 Adorno referred back to Benjamin and, through him, to Proust and surrealism when he wrote: "What Surrealism adds to illustration of the world of objects is the element of child-hood that we have lost; when we were children, those illustrated papers, already obsolete by then, must have leaped out at us the way Surrealist images do now." Theodor W. Adorno, "Rück-blickend auf den Surrealismus," in *Noten zur Literatur,* vol. 1 (Frankfurt a.M.: Suhrkamp, 1958), 157; trans. Shierry Weber Nicholsen as "Looking Back on Surrealism" in Adorno, *Notes to Litera-ture,* vol. 1 (New York: Columbia University Press, 1991), 88.

37. Roland Barthes, *Système de la mode* (Paris: Seuil, 1967), 144; trans. M. Ward and R. Howard as Barthes, *The Fashion System* (London: Cape, 1985), 136–137.

38. See also Benjamin's reflection on etymology in *Das Passagen-Werk,* 617–618.

39. Jürgen Habermas, *Der philosophische Diskurs der Moderne: Zwölf Vorlesungen* (Frankfurt a.M.: Suhrkamp, 1985), 22; trans. F. Lawrence as *The Philosophical Discourse of Modernity* (Cam-bridge: Polity, 1987), 12 (translation slightly modified). (The English rendition had to be changed because the translator read *des unvorhersehbaren Anfangs* as "predictable beginnings" instead of "*un*predictable beginnings," which obviously changes the phrase's relation to novelty.)

40. Benjamin, "Über den Begriff der Geschichte," 702; trans. Harry Zohn as "Theses in the Phi-losophy of History," in Benjamin, *Illuminations,* 254.

41. Walter Benjamin, "Eduard Fuchs, der Sammler und der Historiker," *Zeitschrift für Sozial-forschung,* no. 6 (1937); in Benjamin, *Gesammelte Schriften,* 2.2:479; trans. K. Tarnowski as Ben-jamin, "Eduard Fuchs: Collector and Historian," *New German Critique,* no. 5 (spring 1975), 37 (translation slightly modified).

Benjamin might have adopted the metaphor from Simmel, who in 1907 had warned in his preface to the third edition of *Die Probleme der Geschichtsphilosophie* (Problems in the Philosophy of History) that one of the "violations of modern man" is a particular understanding of history: "It renders the soul as a simple connection of social threads that have been spun throughout history, and dilutes its productivity to merely administrating the legacies of our species." Georg Simmel, "Die Probleme der Geschichtsphilosophie," in Simmel, *Das Individuelle Gesetz* (Frankfurt a.M.: Suhrkamp, 1987), 31.

42. See, e.g., Benjamin, *Das Passagen-Werk*, 808–810; on the character of the fetish, see also 806.

The example of the linen and the coat can be found in Karl Marx, *The Capital*, trans. S. Moore and E. Aveling, vol. 1, in Karl Marx and Friedrich Engels, *Collected Works*, vol. 35 (London: Lawrence & Wishart, 1996), 59–69 and passim. Marx makes a distinction between the weaving of the linen as "concrete work" and the tailoring of the coat as "abstract work" (68–69), he also hints at the fashionable connotation and the sociocultural implication of the "braided" coat (61–62).

Helmut Salzinger, *Swinging Benjamin*, rev. ed. (Hamburg: Kellner, 1990), 111, writes: "Benjamin read in Lukács's work that all social life in capitalism is but an exchange of commodities. Which means that in capitalism each and every manifestation of life takes on the shape of a commodity. This thought, which in Lukács remains abstract, has been applied by Benjamin to the artwork and thus rendered concrete. In portraying Baudelaire as a producer among producers, he showed that there is no difference in the nature of products. As commodities, the *Fleurs du Mal* and Marx's coat are the same thing."

43. H. D. Kittsteiner, "Walter Benjamins Historismus," in *Passagen: Walter Benjamin's Urgeschichte des XIX. Jahrhunderts*, ed. Nobert Bolz and Bernd Witte (Munich: Fink, 1984), 196; trans. J. Monroe and I. Wohlfarth as Kittsteiner, "Walter Benjamin's Historicism," *New German Critique*, no. 39 (fall 1986), 214 (translation not used).

The English language version of this article wrongly translates *Rock* (= "coat" in nineteenth-century German usage) as "skirt" (the contemporary meaning of the word). Thus to avoid altering the meaning of the metaphor discussed, I have preferred to use my own translation.

44. Obviously, as linen itself is woven from plant fibers, it is itself manufactured and to some extent an artificial product. But as a basic material it remains unfinished, while the tailored coat is not—it can only be altered or cut up.

原书注释

467

45. Marx clearly criticizes the "mythic" side of Hegelian dialectics, however; see the 1873 afterword to the second edition of Marx, *Das Kapital,* in Karl Marx and Friedrich Engels, *Werke,* vol. 23 (Berlin: Dietz, 1993), 27; trans. as *The Capital,* 1:19–20. Benjamin in his reading of Marx would repossess the mythic or "messianic" qualities without mentioning Hegel.

46. Georg Wilhelm Friedrich Hegel, *Vorlesungen über die Ästhetik,* in *Werke,* vol. 14 (Frankfurt a.M.: Suhrkamp, 1986), 408; trans. T. M. Knox as *Aesthetics: Lectures on Fine Art,* 2 vols. (Oxford: Clarendon, 1975), 2:747.

47. The quotation in Benjamin, *Das Passagen-Werk,* 245, comes from Otto Rühle, *Karl Marx: Leben und Werk* (Hellerau: Avalun, 1928), 384–385; for a discussion of the commodity fetish as phantasmagoria in Benjamin, see Henrik Stampe Lund, "The Concept of Phantasmagoria in the *Passagen-Werk,*" *ORBIS Litterarum,* no. 48 (1993), 96–108, esp. 98.

48. Benjamin, *Das Passagen-Werk,* 118. The term *Stoffwelt* can also be translated literally as "world of fabric"—surely an intentional ambiguity, given Benjamin's metaphorical style.

49. The "surrealist" fetish—that is, the adoption of a signifier from "tribal" cultures into Western modernism—essentially takes second place to Benjamin's exploration of the Freudian and Marxist notions of the fetish character.

50. See Sigmund Freud's "Fetishism" (1925), trans. James Strachey in *The Standard Edition of the Complete Psychological Works of Sigmund Freud,* vol. 21 (London: Hogarth, 1961), 152–154.

51. Ibid., 155.

52. Charles Baudelaire, "Le Peintre de la vie moderne IV: La Modernité," in Baudelaire, *Œuvres complètes,* 2:694.

53. Hans Robert Jauß, *Literaturgeschichte als Provokation* (Frankfurt a.M.: Suhrkamp, 1970), 54–55. Baudelaire's quote can be found in "Le Peintre de la vie moderne IV: La Modernité," in Baudelaire, *Œuvres complètes,* 2:695; trans. in Baudelaire, *The Painter of Modern Life and Other Essays,* 12. See also Jauß's comment on Baudelaire's "fashion's paradigm," in "Tradition, Innovation, and Aesthetic Experience," 383.

54. Benjamin, "Über den Begriff der Geschichte," 702; trans. as "Theses on the Philosophy of History," 254 (translation slightly modified).

55. Benjamin, *Das Passagen-Werk,* 578; trans. L. Hafrey and R. Sieburth as "N [Re the Theory of Knowledge, Theory of Progress]," in *Benjamin: Philosophy, History, Aesthetics,* ed. Gary Smith (Chicago: University of Chicago Press, 1989), 51 (translation modified).

56. Benjamin, *Das Passagen-Werk,* 118; see Barbara Vinken, "Eternity: A Frill on the Dress," *Fashion Theory* 1, no. 1 (March 1997), 59–67.

57. Walter Benjamin, "Das Paris des Second Empire bei Baudelaire," in Benjamin, *Gesammelte Schriften,* 1.2:548; trans. Harry Zohn in Benjamin, *Charles Baudelaire: A Lyric Poet in the Era of High Capitalism* (London: NLB, 1973), 45–46.

58. Benjamin, "Über den Begriff der Geschichte," 702–703; trans. as "Theses on the Philosophy of History," 254 (translation slightly modified).

59. See Habermas, *The Philosophical Discourse of Modernity,* 13.

60. Adorno's description of the *Arcades Project* in a letter from Oxford, 20 May 1935; reprinted in Theodor W. Adorno, *Über Walter Benjamin,* rev. ed. (Frankfurt a.M.: Suhrkamp, 1990), 118; trans. N. Walker in Theodor W. Adorno and Walter Benjamin, *The Complete Correspondence, 1928–1940* (Cambridge: Polity, 1999), 84.

61. Benjamin, "Über den Begriff der Geschichte," 704; trans. as "Theses on the Philosophy of History," 255 (translation modified).

62. Ibid., 693; trans., 245 (translation modified).

63. Theodor Adorno, letter dated "Hornberg i. Schwarzwald, 2 August 1935," in Benjamin, *Briefe* 2:675; trans. in *The Correspondence of Walter Benjamin, 1910–1940,* 497–498 (translation modified).

64. See Benjamin, *Das Passagen-Werk,* 457.

原书注释

65. Louis Auguste Blanqui, *L'Éternité par les astres: Hypothèse astronomique* (Paris: Germer Baillière, 1872), 74–75. See Benjamin French's précis "Paris, Capitale du XIXème siècle," in *Das Passagen-Werk,* 76, and the reprise of the quote in the sheaf on Baudelaire, 458.

66. See Walter Benjamin's manuscript sheaf "D [boredom, eternal return]" in *Das Passagen-Werk,* 174–175.

67. Jauß, "Tradition, Innovation, and Aesthetic Experience," 382.

68. Karl Marx, *Der 18. Brumaire des Louis Napoleon,* in Karl Marx and Friedrich Engels, *Werke,* vol. 8 (Berlin: Dietz, 1988), 115; trans. as *The Eighteenth Brumaire of Louis Bonaparte,* in Marx and Engels, *Collected Works,* vol. 11 (London: Lawrence & Wishart, 1979), 103–104.

69. Benjamin, "Zentralpark," 677; trans. as "Central Park," 46.

70. Walter Benjamin, "Erste Notizen. Pariser Passagen I" (First Notes: Parisian Arcades I), in *Das Passagen-Werk,* 1026–1027.

71. Max Raphael, *Proudhon Marx Picasso. Trois études sur la sociologie d'art* (Paris: Excelsior, 1933); trans. I. Marcuse as *Proudhon Marx Picasso: Three Essays in Marxist Aesthetics* (London: Lawrence & Wishart, 1980).

72. Pablo Picasso, *Autoportrait,* winter 1901 (no. VI.35 as catalogued by Daix and Boudaille) and *Autoportrait avec palette,* autumn 1906 (Daix and Boudaille, no. XVI.28); see Raphael, *Proudhon Marx Picasso,* 213–214; trans., 131.

73. Raphael, *Proudhon Marx Picasso,* 214; trans. 131.

74. Ibid. Marx and Engels had stated in the *Communist Manifesto* of 1858: "In bourgeois society the past reigns over the present, in communist society the present reigns over the past." Karl Marx and Friedrich Engels, *Manifesto of the Communist Party,* in Marx and Engels, *Collected Works,* vol. 6 (London: Lawrence & Wishart, 1976), 36.

75. Friedrich Engels, letter dated "Manchester, 14 July 1858," in Marx and Engels, *Collected Works,* vol. 40 (London: Lawrence & Wishart, 1983), 327.

76. Friedrich Engels, *Dialectics of Nature,* in Marx and Engels, *Collected Works,* vol. 25 (London: Lawrence & Wishart, 1987), 549.

77. Friedrich Engels, *Anti-Dühring,* in Marx and Engels, *Collected Works,* 25:42–43; see also Engels's letter of 1891 to Carl Schmidt, in Karl Marx and Friedrich Engels, *Werke,* vol. 38 (Berlin: Dietz, 1968), 204.

78. Engels, *Anti-Dühring,* 61.

79. Georg Wilhelm Friedrich Hegel, "Wissenschaft der Logik I: Die objective Logik" (1812/1813), in Hegel, *Gesammelte Werke,* vol. 11 (Hamburg: Meiner, 1978), 218; see also his rewriting of 1832 as "Wissenschaft der Logik I: Die Lehre vom Sein," in *Gesammelte Werke,* vol. 21 (Hamburg: Meiner, 1985), 367; trans. W. H. Johnston and L. G. Struthers as *Science of Logic,* vol. 1 (London: Allen & Unwin, 1929), 388 (translation slightly modified).

80. Hegel, "Die Lehre vom Sein," 369; see "Die objektive Logik," 219–220; trans. in *Science of Logic,* 1:390 (translation slightly modified).

81. Hegel, "Die Lehre vom Sein," 367; see "Die objektive Logik," 219; trans. in *Science of Logic,* 1:389 (translation slightly modified).

82. Friedrich Engels, "The Development of Socialism from Utopia to Science," in Marx and Engels, *Collected Works,* 25:270.

83. Georg Lukács, "The Changing Function of Historical Materialism" (lecture given at the opening of the opening of the Research Institute of Historical Materialism in Budapest, June 1919), trans. R. Livingstone in Lukács, *History and Class Consciousness* (London: Merlin, 1971), 249 (translation slightly modified).

84. See Hegel, *Science of Logic,* 1:390.

85. Lukács, "The Changing Function of Historical Materialism," 250.

86. Ibid.

87. Ibid., 247.

88. On the connection between Benjamin and Lukács (a discussion that, as one comes to expect, omits fashion), see Bernd Witte, "Benjamin and Lukács: Historical Notes on the Relationship between Their Political and Aesthetic Theories," *New German Critique,* no. 5 (spring 1975), 3–26.

89. See Walter Benjamin, "Monadologie," in *Ursprung des Deutschen Trauerspiels;* in *Gesammelte Schriften* 1.1:227–228; trans. J. Osborne as *The Origin of German Tragic Drama* (London: NLB, 1977), 47–48.

90. Benjamin, "Pariser Passagen I," 1028.

91. Benjamin, *Das Passagen-Werk,* 460.

92. Walter Benjamin, MS no. 1126 (verso) in the Theodor W. Adorno Archive in Frankfurt a.M.; in Benjamin, *Das Passagen-Werk,* 1215.

93. Walter Benjamin, MS no. 1137; in ibid., 1213.

94. Benjamin, *Das Passagen-Werk,* 112.

95. Ibid. The "she-tiger" is the female equivalent to the dandy in sartorial obsession; yet, unlike him, she is also distinguished by openly displayed eroticism (often threatening to the male sex), outbursts of jealousy, etc.—see George Sand or the heroines of Balzac, Maupassant, etc.

96. Marguerite de Ponty, "La Mode," *La Dernière Mode,* no. 7 (6 December 1874), [2]; in Stéphane Mallarmé, *Œuvres complètes* (Paris: Gallimard, 1945), 812.

97. Benjamin, *Das Passagen-Werk,* 112.

98. Perhaps this phrase should appear rather in its feminine form, as *agent provocatrice!*
    The profession of agent or conspirator was the most rapidly growing, next to that of the purveyor of luxury goods (e.g., the couturier), between 1860 and 1890. "The *agents provocateurs* who infiltrated the crowds during the Second Empire were known as 'whiteshirts'"; Daniel Halévy, *Decadence de la liberté* (Paris: Grasset, 1931), 152 n. 1. See Benjamin, *Das Passagen-Werk,* 745.

99. Benjamin, *Das Passagen-Werk,* 1006.

100. Ibid., 211; see also the précis "Paris, die Hauptstadt des XIX. Jahrhunderts," in ibid., 46. Benjamin quoted from Jules Michelet, "Avenir! Avenir!" *Europe* 19, no. 73 (15 January 1929), 6, where the motto (dated 4 April 1839) reads: "to dream = to create / *velle videmur* / Each age dreams the following, creates it *in dreaming.*"

101. According to Marx, the monopolies dominated in the period of high capitalism in the eighteenth and nineteenth centuries, while the early capitalist period (beginning in the fifteenth century) was marked by individuals competing with each other—the capitalism of competition.

102. Raphael, *Proudhon Marx Picasso,* 146; trans., 88.

103. Jules Michelet (1798–1874) has been regarded, somewhat dismissively, as the great Romantic among nineteenth-century historians. In the wake of more recent French historiography—especially in the Annales group—Michelet has been reevaluated as someone who opened up levels of understanding that had been closed to positivist historical perception. Michelet broke new ground with his analyses of history as a "collective mentality" and his investigations of changes in philosophy of life and emotions, as well as in ecological realities and especially the conditions of material culture—in which fashion was seen as one dominant factor.

   See, e.g., Roland Barthes, "Modernité de Michelet," in *Œuvres complètes,* 3 vols. (Paris: Seuil, 1993–1995), 3:41–43; this essay was written in 1974, twenty years after Barthes's first study on the historian. See also the recent issue on Michelet of *Europe* 76, no. 829 (May 1998).

104. Chamfort [Nicolas Sébastien-Roche], "Maxime générale, no. 160," in *Maximes, pensées, caractères et anecdotes* (Paris: Garnier-Flammarion, 1968), 82. The *Maximes* were begun in 1779/1780 and first published in 1795. The label "the moralist of the revolt" was bestowed by Albert Camus, *L'Homme révolté* (Paris: Gallimard, 1951), 134.

105. Worth/Paquin sketchbooks, vol. 3, no. E.201-1957, in the Victoria and Albert Museum, London.

106. See Jules Michelet, *Cours au Collège de France,* vol. 2 (Paris: Gallimard, 1995), and Michelle Perrot, "Michelet, professeur de France," *Libération,* 28 September 1995, X/XI.

107. Entry from 3 March 1864; in Jules and Edmond de Goncourt, *Journal: Mémoires de la vie littéraire,* vol. 2, *1864–1874* (Paris: Fasquelle & Flammarion, 1956), 25.

原书注释

108. Worth/Paquin sketchbooks, vol. 3, no. E.197-1957.

109. Ibid., vol. 4, no. E.252-1957.

110. Hegel, *Aesthetics,* 2:746–747; see Mallarmé on the relation of fashion and architecture in section 2.4.2 above.

111. Benjamin, "Pariser Passagen I," 1036.

112. Ibid., 1037.

113. Next to Simmel's writings, the books by Max von Boehn, *Die Mode im 19. Jahrhundert,* vols. 1–4 (Munich: Bruckmann, 1905–1919), were the most cited in Benjamin's notes on fashion— often without indicating the source. Although only vol. 2 is listed in the bibliography, a compari- son of quotations like "B 2a, 10" of *Das Passagenwerk,* 177, with Boehn (4:148) shows that Benjamin indeed consulted the whole set of books.

114. Walter Benjamin, "Lebensläufe," in *Gesammelte Schriften,* 6:215–216.

115. I am indebted to Dr. W. Schultze from the library of the Humboldt-Universität zu Berlin for information on Simmel's and Benjamin's possible academic encounter. In the winter semester of 1912/1913 Simmel offered three lecture series: "Principles of Logic," "Philosophy of the Last 100 Years (from Fichte to Nietzsche and Bergson)," and, most significantly, "Philosophical Privatissi- mum for Advanced Students." The last was held at Simmel's house in the tradition of a group tu- torial (some twenty select postgraduates), in which a variety of subjects were addressed (see Hans Simmel's "Auszüge aus den Lebenserinnerungen," in *Ästhetik und Soziologie um die Jahrhun- dertwende. Georg Simmel,* ed. Hannes Böhringer and Karlfried Gründer [Frankfurt a.M.: Kloster- mann, 1976], 255, 263). Given that Benjamin was still in his first year of study, his admission to such an advanced seminar appears unlikely. In the winter semester 1913/1914, Simmel gave two series of lectures: "General History of Philosophy" and "Philosophy of Art." Unfortunately, Ben- jamin neglected to enter these or any other lectures or seminars he attended during his years in Berlin into his *Studienbuch.* Therefore, the claim of direct communication of ideas between the two theoreticians on fashion must remain speculative. In this light, Fredric Jameson's assertion that "Benjamin attended Simmel's seminar in 1912"—see "The Theoretical Hesitation: Benjamin's Sociological Predecessor," *Critical Inquiry,* 25, no. 2 (winter 1999), 269—must be taken *cum grano salis.*

116. See the testimony of Simmel's son Hans regarding his father's discursive style and related disinterest in "discussions" in "Auszüge," 254–255.

117. See also Jameson's essay, whose analytical focus is not fashion but Simmel's observation of urban life in modernity; "The Theoretical Hesitation," 269, 273–277.

118. See Walter Benjamin, letter to Adorno, dated 1 May 1935; in Benjamin, *Das Passagen-Werk*, 1111–1112; trans. in Adorno and Benjamin, *The Complete Correspondence*, 80.

119. Walter Benjamin, letter to Gershom Scholem from Paris, date 20 May 1935; in Benjamin, *Briefe*, 2:653; trans. in *The Correspondence of Walter Benjamin, 1910–1940*, 481 (translation slightly modified).

120. Ibid., 654–655; trans., 482 (translation modified).

121. For a discussion of the changes within the political structure between notes and the précis, see, e.g., Kittsteiner, "Walter Benjamin's Historicism," 179–215, and Helmut Salzinger, "Kunstkritik als Klassenkampf" (Art Criticism as Class Conflict), in *Swinging Benjamin*, 58–93.

122. The editor Rolf Tiedemann has numbered the manuscripts "according to their contents"; in Benjamin, *Das Passagen-Werk*, 1206.

123. Walter Benjamin, MS no. 1109; in Benjamin, *Das Passagen-Werk*, 1208–1209.

124. Walter Benjamin, MS no. 1142; in Benjamin, *Das Passagen-Werk*, 1207.

125. See Alfred Delvau, *Les Dessous de Paris* (Paris: Poulet-Malassis & de Broise, 1860), including a chapter on the flâneur, titled "Les Trottoirs parisiens"; Delvau, *Les Heures parisiennes* (Paris: Librairie Centrale, 1866); and Delvau, *Les Lions du jour: Physiognomies parisiennes* (Paris: Dentu, 1867), on Daguerre, Nadar, *La Dame aux camélias*, etc.; Jakob von Falke, *Die Geschichte des modernen Geschmacks* (A History of Modern Taste) (Leipzig: Weigel, 1866), a guide to the Viennese Museum of Art and Industry with notes on the revival of classical taste in France, male fashion, etc.; more significantly, though it is not in the bibliography of the *Arcades Project*, Benjamin might have read Falke's *Kunstindustrie der Gegenwart* (Contemporary Industrial Arts) (Leipzig: Duandt & Händel, 1868), a guide to the Parisian World's Fair of 1867, in which Falke discussed the "ori-

entalization" in contemporary fashion and also devoted a chapter to the controversial Museum for the History of Labor at that fair.

126. See Gautier's description of the crinoline in section 1.2.3 above.

127. "The sceptre of shores of rose / stagnant on evenings of gold, it's / this white closed flight you pose / against the fire of a bracelet." Stéphane Mallarmé, "Autre Éventail (de Mademoiselle Mallarmé)," in Mallarmé, Œuvres complètes, 58; trans. C. F. MacIntyre in Mallarmé, Selected Poems (Berkeley: University of California Press, 1957), 69. The poem was first published in 1884; it is one of the "Trois poëmes de Stéphane Mallarmé" that were set to music by Claude Debussy in 1913.

128. Walter Benjamin, MS no. 1138 (verso); in Benjamin, Das Passagen-Werk, 1212–1213.

129. See "this female sovereign [la mode] (which is herself all the world!)" in section 4.8.2 above.

130. Walter Benjamin, MS no. 1137; in Benjamin, Das Passagen-Werk, 1213. "Odradek" is a fantastic creature tormenting a family man in Franz Kafka's story "Die Sorgen des Hausvaters" (written in 1917); it was first published in a volume of the complete writing (Gesammelte Schriften, 2 vols. [New York: Schocken, 1935], 155–156), which also included a piece on fashion's transient beauty, titled "Kleider" (written between 1903 and 1905).

131. See Edmond and Jules de Goncourt, La Femme au XVIIIᵉ siècle (Paris: Firmin-Didot, 1862), and also a more recent edition with a new preface by Elisabeth Badinter (Paris: Champs Flammarion, 1982).

132. Walter Benjamin, MS no. 1126 (recto); in Benjamin, Das Passagen-Werk, 1213.

133. Ibid. (verso); in Benjamin, Das Passagen-Werk, 1214.

134. Karl Marx, letter Engels in Manchester, dated [London] 22 June 1867; in Karl Marx and Friedrich Engels, Collected Works, vol. 42 (London: Lawrence & Wishart, 1987), 384–385; see also Engels's letter of 16 June 1867 (382).

135. "Give us with red velvet / And this floral gown I And black satin / So / What rejoices our senses I And what distresses the body / Can be read from clothes." Benjamin, Ursprung des

Deutschen Trauerspiels, in *Gesammelte Schriften* 1.1:304; trans. as *The Origin of German Tragic Drama,* 125 (translation slightly modified). The original verses come from August Adolph von Haugwitz, "Maria Stuarda," in *Prodomos Poeticus* (Dresden, 1684).

136. Ibid.; trans., 125–126 (translation slightly modified).

137. Benjamin, *Das Passagen-Werk,* 161; the metaphor of the lining also appears on 1006 and 1054, where Benjamin added a reference to the dandy.

138. Walter Benjamin, MS no. 1126 (verso); in Benjamin, *Das Passagen-Werk,* 1214.

139. Walter Benjamin, MS no. 1127; in Benjamin, *Das Passagen-Werk,* 1215–1216.

140. Benjamin, "Paris, die Haupstadt des XIX. Jahrhunderts," 46–47; this précis was sent to New York at the end of May 1935; trans. E. Jephcott as "Paris, Capital of the Nineteenth Century," in Benjamin, *Reflections: Essays, Aphorisms, Autobiographical Writings* (New York: Schocken, 1986), 148.

141. Ibid., 50; trans., 151–152.

142. Ibid., 51; see Marx, *Das Kapital,* vol. 1, 85; trans. as *The Capital,* 81.

143. Marx, *Das Kapital,* vol.1, 86; trans. as *The Capital,* 82–83.

144. Ibid.; trans., 83 (translation modified).

145. Benjamin, "Paris, die Haupstadt des XIX. Jahrhunderts," trans. as "Paris, Capital of the Nineteenth Century," 153.

146. Benjamin, *Das Passagen-Werk,* 1243; here I am citing an earlier version—sent on 31 May 1935 to Adorno, with the request "not to show it to anybody under any circumstances and to send it back to me as soon as possible" (1237)—because it contains some passages on fashion that are missing from the typescript in the Institut für Sozialforschung.

147. Walter Benjamin, "Pariser Passagen II," in *Das Passagen-Werk,* 1054–1055; repeated in the manuscript sheaf on fashion (ibid., 111).

148. Benjamin, "Pariser Passagen I," 997.

149. Walter Benjamin, "Über einige Motive bei Baudelaire," in Benjamin, *Gesammelte Schriften,* 1.2:643; trans. Harry Zohn as "On Some Motifs in Baudelaire," in Benjamin, *Illuminations,* 181 (translation not used).

150. Georg Simmel, *Die Philosophie des Geldes,* in Simmel, *Gesamtausgabe,* vol. 6 (Frankfurt a.M.: Suhrkamp, 1989), 639; trans. T. Bottomore and D. Frisby as *The Philosophy of Money,* 2d ed. (London: Routledge, 1990), 461.

151. Benjamin, "Paris, die Haupstadt des XIX. Jahrhundert," 55; trans. as "Paris, Capital of the Nineteenth Century," 158.

152. Theodor W. Adorno, letter dated 2 August 1935, in Benjamin, *Briefe* 2:672; trans. in *The Correspondence of Walter Benjamin, 1910–1940,* 495 (translation slightly modified).

153. Ibid.

154. Ibid.; see Marx, *Das Kapital,* vol. 1, 87–90; trans. as *The Capital,* 83–87.

155. Adorno, letter of 2 August 1935, in Benjamin, *Briefe,* 2:675; trans. in *The Correspondence of Walter Benjamin, 1910–1940,* 497–498 (translation slightly modified).

156. In ibid., 680; trans., 501 (translation slightly modified). Frau Hessel was married to Benjamin's co-translator of Proust, Franz Hessel. Under her maiden name, Helen Grund, she published—a few months before Adorno wrote his letter in 1935—a book titled *Vom Wesen der Mode* (On the Nature of Fashion) (produced in a limited edition of 2,000 copies by the German College of Master Printers for the German College of Fashion in Munich). In his *Arcades Project* Benjamin would often cite from this imaginative account of the couture industry.

157. Benjamin, *Briefe,* 2:679; trans. in *The Correspondence of Walter Benjamin, 1910–1940,* 501.

158. Max Raphael had based his "Marxist" art history (see, e.g., *Proudhon Marx Picasso,* 125) also on the *Introduction to the Critique of Political Economy,* which had been discovered among

Marx's papers in 1902 and appeared the following year in the German weekly *Die Neue Zeit* (21, no. 23 [1903], 710–718; no. 24, 741–745; and no. 25, 772–781).

159. This interpretation follows Hegel's in *The Science of Logic,* that each rule is based on the negation (of another rule); see Karl Marx, *Einleitung [zur Kritik der politischen Ökonomie],* in Marx and Engels, *Werke,* vol. 13 (Berlin: Dietz, 1971), 622; trans. as *Introduction,* in Marx and Engels, *Collected Works,* vol. 28 (London: Lawrence & Wishart, 1986), 28.

160. Ibid., 622–623; trans., 28.

161. Ibid., 623; trans., 29.

162. Benjamin, *Das Passagen-Werk,* 1243. The intricacy of the role Benjamin sees fashion performing is heightened by his choice of words. Fashion is seen as "matchmaker" or "procurer," adding a sexual dimension, which is of course integral to fashion's appeal and success.

163. Benjamin, "Pariser Passagen I," 1038.

5 The Imagination of Fashion in Modernity

1. "—No thanks, I know what time it is. Have you been shut up in this cage for long? What I need is the address of your tailor." André Breton and Philippe Soupault, "Barrières," in *Les Champs magnétiques* (Paris: Au sans pareil, 1920); in André Breton, *Œuvres complètes,* 2 vols. (Paris: Gallimard, 1988–1992), 1:74; trans. D. Gascoyne in Breton and Soupault, *The Magnetic Fields* (London: Atlas, 1985), 55.

2. The term "simulacrum" has been discussed by Gilles Deleuze in "Platon et le simulacre," part of the appendixes to his *Logiques du sens* (Paris: Minuit, 1969); trans. M. Lester (with C. Stivale) in Deleuze, *The Logic of Sense* (London: Athlone, 1990). Deleuze wrote: "In very general terms, the motive of the theory of Ideas must be sought in a will to select and to chose. It is a question of 'making a difference,' of distinguishing the 'thing' itself from its images, the original from its copy, the model from the simulacrum. But are all these expressions equivalent? The Platonic project comes to light only when we turn back to the method of division" (347; trans., 253). He continued: "The characteristic of division is to surmount the duality of myth and dialectic"—cf. section 5.3 above, "*Mythe et mode*"—"and to reunite in itself dialectical and mythical power"

(348–349; trans., 255). Later in his argument, Deleuze made the connection between the power of the myth and that of the simulacrum, rendering it integral to modernity as he echoed Baudelaire's dictum of 1860: "Modernity is defined by the power of the simulacrum. It behooves philosophy not to be modern at any cost, no more than to be nontemporal, but to extract from modernity something that Nietzsche designated as untimely, which pertains to modernity, but which must also be turned against it—in favour, I hope, of a time to come" (360–361; trans., 265).

See also the opening two chapters of Jean Baudrillard, *Simulacra et simulation* (Paris: Gallée, 1981); trans. S. F. Glaser as *Simulacra and Simulation* (Ann Arbor: University of Michigan Press, 1994).

3. Obviously, the classical and humanist ideals apply mainly to a certain dominant part of Western society, but corresponding ideals exist elsewhere as well.

4. We might appreciate the aesthetic value of former fashion as "costume," but hardly view them as options to be worn in the present. Yet it is the past that otherwise elevates other works of art, giving them an "eternal" presence, as both Kant and Hegel have postulated in their aesthetics.

5. Roland Barthes, *Système de la mode* (Paris: Seuil, 1967), 18; trans. M. Ward and R. Howard as *The Fashion System* (London: Cape, 1985), 8. "Signification" is to be understood in this context not purely as a linguistic term, but as denoting various interpretations (sociological, philosophical) that render the object significant.

6. Ibid.; the last expression in the quote, "[la] temporalité floue," can be seen as a pun intended by Barthes, since *flou* is an established term in haute couture encompassing the garments that are loose and not "constructed" (i.e., not tailored), such as chiffon blouses, dresses, underskirts, silk gowns, etc. The distinction between *l'atelier flou* and *l'atelier tailleur* still exist in the majority of *maisons*.

7. Ibid., 20; trans., 10.

8. Ibid., 22; trans., 12.

9. Ibid., 24; trans., 14.

10. Breton for one would have objected to any juxtaposition of Proust and surrealism, yet the coherence within French literary tradition was too strong for the well-read surrealists not to have succumbed to a certain degree.

11. Walter Benjamin, letter to Gershom Scholem, dated Berlin, 14 February 1929; in Benjamin, *Briefe,* ed. G. Scholem and T. W. Adorno, 2 vols. (Frankfurt a.M.: Suhrkamp, 1978), 1:489; trans. M. R. and E. M. Jacobsen in *The Correspondence of Walter Benjamin, 1910–1940,* ed. G. Scholem and T. W. Adorno (Chicago: University of Chicago Press, 1994), 347 (translation not used).

12. See ibid., 390, 393; trans., 274, 277. See also the gloss "Traumkitsch," in Walter Benjamin, *Gesammelte Schriften,* 7 vols. (Frankfurt a.M.: Suhrkamp, 1974–1989), 2.2:620–622, 2.3:1425–1427.

13. Walter Benjamin, "Der Sürrealismus: Die letzte Momentaufnahme der europäischen Intelligenz," originally published in the weekly *Die Literarische Welt* 5, no. 5 (1 February 1929), 3–4; no. 6 (8 February 1929), 4; and no. 7 (15 February 1929), 7–8; in Benjamin, *Gesammelte Schriften* 2.1:295–310, with notes in 2.3:1018–1044. The adjective *letzte* can be translated not only "last" but also "latest," which would eschew (a perhaps historically motivated, pessimistic) finality and equate the artistic movement with style and fashion. E. Jephcott's translation of this essay, "Surrealism: The Last Snapshot of the European Intelligentsia," can be found in Benjamin, *Reflections: Essays, Aphorisms, Autobiographical Writings* (New York: Schocken, 1986), 177–192.

14. Benjamin, "Der Sürrealismus," 299; trans. as "Surrealism," 181.

15. Walter Benjamin, "Die Gewalt des Surrealismus" (Surrealism's violence), in Benjamin, *Gesammelte Schriften,* 2.3:1031; this text contains the unpublished notes to the 1929 essay. In "Der Sürrealismus" Benjamin would discuss the revolutionary potential of surrealism partly through an analysis of Pierre Naville's *La Révolution et les intellectuels* (Paris: Gallimard, 1926); see 2.1:303 and passim.

Hal Foster has discussed the relation between the Benjaminian concept of the "dated" and surrealism's idea of the uncanny, as represented by the commodity (see Foster, *Compulsive Beauty* [Cambridge, Mass.: MIT Press, 1993], 129, 157–158, and passim. Foster, however, puts the emphasis not on the element of fashion but on the term *veraltet,* which is interpreted in a way unconnected to the original quotation (as he himself admits; see 159). Thus *Mode* is assigned to "mode of production" rather than to sartorial fashion, and the meaning that Benjamin intended in the phrase "die Kleider von vor fünf Jahren" is lost.

16. Max Ernst, "Au delà de la peinture," *Cahiers d'Art* 11, nos. 6–7 (1936), 165. Ernst here paraphrases Lautréamont's famous evocation from "Les Chants de Maldoror" (chap. 1, sixth chant); in Comte de Lautréamont *Œuvres complètes* (Paris: Gallimard, 1973), 327.

17. Walter Benjamin, *Das Passagen-Werk,* ed. Rolf Tiedemann, in *Gesammelte Schriften,* 5.1:112.

18. Ibid., 112–113.

19. Grandville, *Un Autre Monde* (Paris: Fournier, 1844). Three decades after its publication Mallarmé, in the guise of Marguerite de Ponty, would write: "Brilliant imagination, isn't it? that calls to mind the metamorphoses in which women's faces are combined with the bodies of insects in the old [!] albums by Grandville." Marguerite de Ponty, "La Mode," *La Dernière Mode,* no. 4 (18 October 1874), 3; in Stéphane Mallarmé, *Œuvres complètes* (Paris: Gallimard, 1945), 764. "Grandville" is the pseudonym of Jean-Ignace-Isidore Gérard (1803–1847).

20. Grandville, *Un Autre Monde,* 178.

21. Ibid., 179.

22. Ibid., 183–184.

23. "Aspasia" had been a widely employed *nom de plume(au)* for the "elevated" class of nineteenth-century Parisian prostitutes. In *De la prostitution dans la ville de Paris* (Paris: Baillière & fils, 1836), 132–133, A.-J.-B. Parent-Duchâtelet assembles the result of his research into pseudonyms, conducted between 1828 and 1831 in the French capital. He itemizes those names that he encountered most frequently, finding the "inferior class" headed by "Piece of meat" and "Doughnut," while the list for the "elevated class" begins "Palmire, Aspasia, . . ." The dadaist (Dr.) Walter Serner edited and wrote the foreword of this work's German translation (Berlin: Potthof, 1914)—significantly, one of his earliest literary activities.

24. Examples of this trend in corsets and crinolines can be found in Benjamin's "sourcebook": Max von Boehn, *Die Mode im 19. Jahrhundert,* 4 vols. (Munich: Bruckmann, 1905–1919), 3:52 and passim.

25. The arbiter for this taste had been Mme Récammier, celebrated in paintings by David, Gérard, and de Jeune; see again Max von Boehn, *Die Mode im 19. Jahrhundert,* 1:107 and passim.

26. Grandville, *Un Autre Monde,* 281–282.

27. Benjamin, *Das Passagen-Werk,* 267.

28. See Lautréamont, *Les Chants de Maldoror* (chant 6, verse 6): "The system of scales, modes, and their harmonic succession is not dependent on natural invariable laws but is, on the contrary, the consequence of aesthetic principles that have varied with the progressive development of mankind and will continue to vary." In Lautréamont, *Œuvres complètes,* 328; trans. P. Knight as *Maldoror* (Harmondsworth: Penguin, 1978), 228.

   At the Courtauld Institute of Art in London the History of Dress Department led by Aileen Ribiero takes the opposite position, with scholarship that views clothes essentially in their historico-stylistic context. A piece of clothing helps "date" the painting that depicts it. Although this tactic may be valuable for placing a work of art at a certain point in time, it makes clothes nothing but costumes within a linear historical progression—and thus goes against the fundamental characteristics of fashion.

   See also the recent issue on methodology in *Fashion Theory* 2, no. 4 (winter 1998).

29. Benjamin, *Das Passagen-Werk,* 998.

30. Ibid.

31. See ibid., 580; trans. L. Hafrey and R. Sieburth as "N[Re the Theory of Knowledge, Theory of Progress]," in *Benjamin: Philosophy, History, Aesthetics,* ed. Gary Smith (Chicago: University of Chicago Press, 1989), 52.

32. Ibid., 571–572; trans., 44–45.

33. See ibid., 579–580; trans., 52.

34. Walter Benjamin, letter to Alfred Cohn, dated Berlin, 12 December 1927; in "Nachträge" (Addenda), in *Gesammelte Schriften* 7.2:853. On *Le Paysan* as "the best book on Paris," see Benjamin, *Das Passagen-Werk,* 1207.

35. Louis Aragon, "Introduction à 1930," *La Révolution Surréaliste* 5, no. 12 (15 December 1929), 57–58; see also my conclusion, below.

36. Ibid., 57; this epigraph was taken from an essay by Xavier Forneret, a quondam Vaché and the original "homme vêtu en noir." See André Breton, *Anthologie de l'humour noir,* in Breton, *Œuvres complètes,* 2:949 and passim, and his foreword to Xavier Forneret, *Œuvres* (Paris: Slatkine, 1980).

37. See Louis Aragon, *Les Beaux quartiers,* new ed. (Paris: Le club de meilleur livre, 1959), 315–403.

38. See afterword to ibid. [405].

39. As Louis Aragon himself remembered in *Le Paysan de Paris* (Paris: Gallimard, 1926), 73.

40. Louis Aragon, *Anicet ou le panorama, roman* (Paris: Gallimard, 1920), 26; see Walter Benjamin, "Kaiserpanorama," in "Berliner Kindheit um Neunzehnhundert," in Benjamin, *Gesammelte Schriften* 4.1:239–240.

41. Aragon, *Anicet,* 27–28. For one critic, this quote emphasized that "much is left to be said about the significance of clothing in Aragon's apprehension of the real and surreal"; Jacqueline Lévi-Valensi, *Aragon romancier: D'Anicet à Aurélien* (Paris: SEDES, 1984), 60.

42. Aragon, *Anicet,* 28.

43. Breton and Soupault, *Les Champs magnétiques,* 91; trans. as *The Magnetic Fields,* 80 (translation slightly modified).

44. Breton, *Œuvres complètes,* 1:1166.

45. Breton and Soupault, *Les Champs magnétiques,* 92; trans. as *The Magnetic Fields,* 81 (translation slightly modified).

46. Roland Barthes, "Histoire et sociologie du vêtement," *Annales Economies, Sociétés, Civilisations* 12, no. 3 (June/September 1957), 430–441; in Roland Barthes, *Œuvres complètes*, 3 vols. (Paris: Seuil, 1993–1995), 1:741–752.

47. Ibid., 746; see also Ferdinand Saussure's disciple Charles Bally, who in 1909 had already considered "fashion itself a form of language [*langage*]," in *Traité de stylistique française*, 5th ed., 2 vols. (Geneva: Georg, 1970), 1:11–12.

48. See Barthes's later *Système de la mode,* 28.

49. Ibid.

50. Roland Barthes, "Les Maladies du costume de théâtre," *Théâtre Populaire*, no. 12 (March/April 1955); in Barthes, *Œuvres complètes,* 1:1205–1211; and "L'Activité structuraliste," *Lettres Nouvelles,* 11, no. 13 (February 1963); in *Œuvres complètes,* 1:1328–1333. Introducing Barthes to Anglo-American readers, the *Partisan Review* republished these two essays together, as "The Structuralist Activity" and "The Diseases of the Costume," *Partisan Review* 34, no. 1 (winter 1967), 82–97.

51. Barthes, "Histoire et sociologie du vêtement," 748.

52. J. C. Flügel, *The Psychology of Clothes* (London: Hogarth, 1930), 110, 113, and passim; see above, note 47 to chapter 1, for a critique of Flügel's postulate.

53. See Philippe Perrot, *Les Dessus et dessous de la bourgeoisie* (Brussels: Complexe, 1984), 69–109—trans. R. Bienvenu as *Fashioning the Bourgeosie: A History of Clothing in the Nineteenth Century* (Princeton: Princeton University Press, 1994), 36–57—for an account of how the outfit of the "lion" (or dandy), after having been worn and discarded, found its way to the room of the laborer, via different *bons marchés* and *chiffonniers.* Although the *drap* might have been much too fine for everyday use, the dandy's suit did not look out of place when adopted by the worker to become his Sunday best.

54. Jean Hugo, *Le Regard de la mémoire* (Paris: Actes Sud/Labor, 1983), 178–179.

55. Barthes, "Histoire et sociologie du vêtement," 748.

56. [Jules-A.] Barbey d'Aurevilly, *Du dandysme et de George Brummell* (first published privately 1844 in Caen); in Barbey d'Aurevilly, *Œuvres romanesques complètes,* vol. 2 (Paris: Gallimard, 1966), 673–674; trans. D. Ainslie as *Of Dandyism and of George Brummell* (London: Dent, 1897), 18–20 (this translation is far from being the best available; however, it contains more empathy and charm than any effort from the twentieth century).

Numerous texts have been written on dandyism and its history, most notably the collection by Émilien Carassus, *Le Mythe du dandy* (Paris: Colin, 1971), and the books by Jacques Boulenger, *Sous Louis-Philippe: Les Dandys* (Paris: Ollendorf, 1907); Elizabeth Creed, *Le Dandysme de Jules Barbey d'Aurevilly* (Paris: Droz, 1983); and Ellen Moers, *The Dandy: Brummell to Beerbohm* (London: Secker & Warburg, 1960). Rather than greatly extending the present text by attempting a cultural history of dandyism, I have chosen to make select references to the dandy at certain points in my argument—describing Baudelaire's clothing, the *habit noir,* Vaché's elegance, etc.

57. Barbey d'Aurevilly, *Du dandysme,* note on 673–674; trans. as *Of Dandyism,* 18–19.

58. Ibid., 675; trans., 23 (translation amended).

59. On the notion of disinterestedness see, e.g., Jerome Stolnitz, "On the Origins of 'Aesthetic Disinterestedness,'" *Journal of Aesthetics and Art Criticism* 20, no. 2 (winter 1961), 131–143. Stolnitz's point of reference is of course Immanuel Kant, *The Critique of Judgement,* trans. J. Creed Meredith (Oxford: Clarendon, 1952), 41–50, 61–80.

60. See, e.g., the surrealists' conversations (almost comical by today's standard) on sexual morality, which hover uneasily between pseudo-scientific research and confessional soul-searching; many were published in *La Révolution Surréaliste* and collected in José Pierre, ed., *Recherches sur la sexualité* (Paris: Gallimard, 1990); trans. M. Imrie as *Investigating Sex: Surrealist Research, 1928–1932* (London: Verso, 1992).

61. Aragon, *Anicet,* 94.

62. Alain and Odette Virmaux, *Cravan, Vaché, Rigaut* (Mortemart: Rougerie, 1982), 116.

63. Jacques Vaché, "Lettres de Jacques Vaché," *Littérature,* no. 7 (September 1919), 13; trans. P. Lenti in Vaché, *War Letters* (London: Atlas, 1993), 51; this letter was written during the late summer of 1918.

64. See Barbey d'Aurevilly, *Du dandysme*, 672 and passim; trans. as *Of Dandyism*, 11–13.

65. Jacques Vaché, *Quarante-trois lettres de guerre à Jeanne Derrien* (Paris: Place, 1991), [letter 4]; the letter was written between August and September 1916.

66. See, e.g., Francis Picabia, "Extrait de Jésus-Christ Rastaquouère," *391*, no. 13 (July 1920), 4; or "Jésus-Christ Rastaquouère," *391*, no. 14 (November 1920), 3.

67. Aragon, *Anicet*, 79, 82.

68. Aragon, *Anicet*, 82–83. "Concerning the masks, the first, Ange Miracle, is Jean Cocteau"; Aragon, quoted in Roger Garaudy, *L'Itinéraire d'Aragon* (Paris: Gallimard, 1961), 107. It was a flattering portrait of the upwardly mobile Cocteau, who, despite his professed interest in male fashion, had none of the true dandy's grace or distinction.

69. Louis Aragon, *Lautréamont et nous* (Pin-Balma: Sables, 1992), 71; the text had been published originally in *Les Lettres Françaises*, 1 and 8 June 1967.

70. "What I admire most is Dada's simplicity. The skeleton of the machines is dada or superior to those of the pithecanthropi"; Tzara, quoted by André Breton in "Quelles sont nos garanties?" (What are our guarantees?), in Breton, *Œuvres complètes*, 1:47.

71. Aragon, *Anicet*, 83–84.

72. Tzara's aptly titled poem "Haute Couture" is a prime example of this technique of cutting up; it was first published in *391*, no. 8 (February 1919), [upside down and untitled on page 6], and reprinted in Tristan Tzara, *Œuvres complètes*, 6 vols. (Paris: Flammarion, 1975–1985), 2:271–272.

73. One might think that such subversion could be effected in the ironic treatment of fundamental items such as Chanel's knitted costumes or, much later, Dior's "New Look" dresses. Under the "guidance" of designers such as Karl Lagerfeld and John Galliano, both these couture houses have taken it on themselves to undermine and parody their structure and tradition. Yet in our "post"-modern condition, this irony is but a pale commodified reflection of dada's original critique.

74. In principle, such "alterations" would be open to women as well. But as one can see from the photographic documents of Dada groups in 1921 or 1922, female members such as Mick Soupault or Celine Arnault just appear "dressed up" when shown in unusual poses, handling strange objects. They seem masked, not ironical. Some years later, the female surrealists wearing Schiaparelli—"ironic" haute couture, allegedly—including Eileen Agar and Leonore Fini, again look too subjective, too singular to be part of a sartorial structure that could be undermined. Their difficulty, to be sure, also reflects the patriarchal air within these circles: men stood for structure, while women represented adornment. It is telling indeed that the most effective subversion was achieved by women when they *discarded* their clothes.

75. In an interview on the occasion of the reprinting of his seminal essay "L'Habit noir" (written ca. 1888), Gustave Geffroy said in 1923: "To conclude our documentation, I would like to add that Stéphane Mallarmé, indulging these debuts of mine, showed himself very delighted with the symbolic quality that the *habit noir* and the top hat possess." *Monsieur* 4, no. 37 (January 1923), [6].

76. Barthes, "Histoire et sociologie du vêtement," 436; "praxis"—left in its German spelling in the French text—has to be seen here as social practice in the Marxist sense, as the entire societal process of changing reality.

77. Tristan Tzara, "Manifeste Dada 1918," *Dada,* no. 3 (December 1918), [2]; in Tzara, *Œuvres complètes,* 1:362. Aragon would later comment, "These two lines contained at the same time what united us with Tzara in 1919 and what would divide us in 1921" (*Lautréamont et nous,* 65).

78. Pierre Reverdy, "199 C^{s.}" *Dada,* nos. 4–5 (May 1919), [16].

79. Michel Sanouillet, ed., *Francis Picabia et "391,"* vol. 2 (Paris: Losfeld, 1966), 106.

80. Aragon, *Anicet,* 28. *Cocodès* could be a play on the colloquial *coco,* meaning communist—thus a *cocodès* could be a "pinko."

81. Louis Aragon, "Une Vague de rêves," *Commerce* [no. 2] (autumn 1924), 93–122. Aragon also published at his own cost in Berlin in 1923 a booklet of some thirty pages, elaborately titled *Les Plaisirs de la capitale—Paris la nuit—ses bas fonds, ses jardins secrets—Par l'auteur du Libertinage, de la Bible dépouillée de ses longeurs du Mauvais Plaisant, etc.* (The joys of the capital—Paris by night—Its crowds, its secret gardens—by the author of *Libertinage,* the Bible stripped of

the lengthy passages by a person with a warped sense of humor, etc.). Not actually a *flânerie* through either capital, the text is rather a surrealist chamber piece (somewhat anticipating "Une Vague de rêves") about a Faustian encounter between the narrator and his demon.

82. Louis Aragon, "La Femme française," in *La Libertinage* (Paris: Gallimard, 1924), 215; trans. J. Levy in Aragon, *The Libertine* (London: Calder, 1993), 161.

83. Aragon, *Anicet,* 25.

84. Aragon, "Une Vague de rêves," 113; Barclay was, next to Charvet, the most sophisticated and luxurious purveyor of men's shirts and haberdashery in Paris at that time.

The terms *cravate, fantôme,* and *assassin* can be understood as referring to a particular novel from the Fantômas crime series by Pierre Souvestre and Marcel Allain (whom Aragon mentions, 119), which was greatly admired by the surrealists: *Fantômas—La Cravate de chanvre* (Paris: Fayard, 1913). Pierre Reverdy borrowed the title for his 1922 collection of poetry, republished in *Plupart du temps* (Paris: Gallimard, 1945).

See also Benjamin's following observation in the arcade: "And the 'Fabrique de cravate au 2me'—is there a tie on sale that is fit for strangling someone?" *Das Passagen-Werk,* 1345 (and 1045).

85. Aragon, *Le Paysan de Paris,* 231; trans. S. Watson Taylor as *Paris Peasant* (London: Cape, 1971), 203 (translation slightly modified).

86. Ibid., 233; trans., 204.

87. Ibid., 237; trans., 208 (translation slightly modified); Garaudy in *L'Itinéraire d'Aragon,* 138, views "Le Songe de paysan" as an attempt to describe reality while remaining resolutely surreal.

88. Barthes, "Histoire et sociologie du vêtement," 436.

89. Roger Caillois, "Paris, mythe moderne," *La Nouvelle Revue Française* 25, no. 284 (1 May 1937), 692.

90. Aragon himself would deny this patrilineage vehemently later on ("Shit!"); see *Lautréamont et nous,* 75.

91. Maxime Alexandre, *Mémoires d'un surréaliste* (Paris: La Jeune parque, 1968), 168–169.

92. Let us ignore for the moment that the phallic neckwear has psychological connotations that are more obvious than those of any other male accessory or garment—see, e.g., Sigmund Freud, *The Interpretation of Dreams* in *The Standard Edition of the Complete Psychological Works of Sigmund Freud,* trans. James Strachey, vol. 5 (London: Hogarth, 1953), 356; or Stephan Hollós, "Schlangen und Krawattensymbolik" (The Symbolism of Snakes and Neckties), *Internationale Zeitschrift für Psychoanalyse* 9 (1923), 73.

93. Edmond and Jules de Goncourt, *Journal: Mémoires de la vie littéraire,* vol. 4, *1891–1896* (Paris: Fasquelle & Flammarion, 1956), 115; trans. R. Baldick as *The Goncourt Journal* (Oxford: Oxford University Press, 1962), 366.

94. Alexandre, *Mémoires d'un surréaliste,* 170.

95. Ibid.; Montesquiou prominently displayed above his cabinet "a somewhat homosexual photograph of Larochefoucault, the gymnast at the Mollier circus, taken in tights displaying to advantage his handsome ephebian figure" (E. and J. de Goncourt, *Journal,* 4:115; trans. as *The Goncourt Journal,* 366). If Breton had carried the analogy further in this direction, he could have easily found a corresponding feature in Aragon's taste. After all, Alexandre describes his "astonishment" when he was told of the "rather unorthodox gymnastic experiments" (*Mémoires d'un surréaliste,* 76) that Aragon undertook together with fellow dandy-poet Pierre Drieu la Rochelle.

Of note is also Aragon's camp and dandyesque coming-out live on French television in the 1970s—at a time when he preferred to praise the new suit by Yves Saint Laurent rather than discuss poetry or politics (according to the late Stephen Spender, conversation with author). This might indicate that he did not entirely shed his interest in dandyism and fashion after the 1920s, but deferred it for reasons of political integrity.

96. André Breton, "Les Vases communicants I," in Breton, *Œuvres complètes* 2:128; trans. M. A. Caws and G. T. Harris as *Communicating Vessels* (Lincoln: University of Nebraska Press, 1990), 36.

97. "Finally, according to literary criticism, the dandy of 1913 had become extremely elegant, his apparel was never understudied nor without premeditation, he professed equal interest in the most elevated and the most minute of subjects . . . but without ever letting on that he regarded with any interest the things that occupied him so greatly." Marcel Boulenger, *Cours de vie parisienne* (Paris: Ollendorf, 1913), 215.

98. Aragon also had gone to college with Hilsum; "A certain taste for the quid pro quo guided them." Mireille Hilsum, "René Hilsum, un éditeur des années vingt," *Bulletin de Bibliophile,* no. 4 (1983), 464.

99. Henri Pastoureau, "Des influences dans la poésie présurréaliste d'André Breton," in *André Breton: Essais recueillis par Marc Eigeldinger* (Neuchâtel: Éditions de la Baconnière, 1970), 80. See the preface by Breton for Pastoureau, *Le Corps trop grand pour un cercueil: Poêmes* (Paris: Éditions Surréalistes, 1936).

100. Marguerite Bonnet identifies five in her commentary; in Breton, *Œuvres complètes,* 1:1068–1069.

101. André Breton, letter dated 22 June 1914; quoted in Marguerite Bonnet, *André Breton: Naissance de l'aventure surréaliste,* rev. ed. (Paris: Corti, 1988), 32.

102. Marguerite de Ponty, "La Mode—Bijoux ('Paris, le 1ᵉʳ août 1874')," *La Dernière Mode,* no. 1 (6 September 1874), 3; in Mallarmé, *Œuvres complètes,* 711, 714.

103. See Mme. de P[onty] on memory, mnemotechnique, and lace in *La Dernière Mode,* discussed in section 2.4.2 above.

104. André Breton, "Rêves," *La Révolution surréaliste* 1, no. 1 (1 December 1924), 3; see also the preface by Jacques Boiffard, Paul Éluard, and Roger Vitrac to this inaugural "review column of novelties, of fashion, etc.," which promised: "Fashion will be treated according to the gravitation of white letters on nocturnal bodies" (2).
   On "the railings of the balcony," see Breton's later comment on his collage-poem "Le Corset mystère," discussed in section 5.8.2.

105. André Breton, *Le Surréalisme et la peinture: Nouvelle édition revue et corrigé 1918–1964* (Paris: Gallimard, 1965), 366. The quotation appears toward the end of his 1961 essay on Gustave Moreau. Breton judged the painting thus: "A pretty lesson in libertine taste, which, however, makes too little of a mysterious element: the attraction contained in precious stones (similar to those that appear in the second verse of 'Bijoux')"—a reference to Baudelaire's poem of that title in *Les Épaves;* see Charles Baudelaire, *Œuvres complètes,* 2 vols. (Paris: Gallimard, 1975–1976), 1:158–159. Yet another indication of the thematic tradition that informed the poetry of the surrealists.

106. André Breton, "Rieuse," in *Œuvres complètes,* 1:6.

107. "Your collar is fraying, embellished by the scroll of a vine. / It seems, looking at your hands, that they are embroidering / The leaves with a leafy-colored silk, among which you also could disappear. . . . I feel how distant you are and that your eyes, / The azure, your jewels of darkness and the stars of dawn / Will disappear, imprisoned by the tiresome floral pattern / That will soon appear on your extravagant dress." André Breton, "D'or vert," in Breton, *Œuvres complètes,* 1:7.

108. Breton's dedication was much more respectful than was the ironic, "mechanical" accolade given by Max Ernst in his print of 1919, titled "adieu mon beaux pays de MARIE LAURENCIN."

109. "A shawl that does awful injustice to your sensitive shoulder / Condemns us to gossip." André Breton, "L'an suave," in Breton, *Œuvres complètes,* 1:7.

110. The poem dedicated to the painter is "Crépuscule" (1905–1907), which Apollinaire included in his collection *Alcools;* on the significance of Laurencin as a muse, see the commentary in Breton, *Œuvres complètes,* 1:1076.

111. "The lady had a dress / Of violet-colored silk / And her gold-embroidered tunic / Was made up of two panels / Fastened at the shoulder." Guillaume Apollinaire, "1909," in *Alcools* (1913; reprint, Paris: Gallimard, 1927), 148; trans. O. Bernard in Apollinaire, *Selected Poems* (London: Anvil, 1965), 93.

112. "Boil lace. 'Have you / By any chance taken the cuffs?' / Not bothered by success, / Sighs Fanchette." André Breton, "Lingères," in Breton, *Œuvres complètes,* 1:40.

113. See, e.g., Walter Serner's "Manschetten," a number of poems allegedly composed on starched cuffs while sitting at a café table, which were reprinted in the dada magazine *Der Zeltweg* (November 1919), 9–10.

114. See Marguerite Bonnet, "Chronologie," in Breton, *Œuvres complètes,* 1:xxviii. Christian Dior is described as having had a similar childhood experience of seeing his mother's employees work with lace; the memory would later influence his own choice of work. See also George Sebbag's psychoanalytical interpretation of lace, Breton, and motherhood, in Vaché, *Quarante-trois lettres de guerre à Jeanne Derrien,* xv.

The young Tristan Tzara had been equally enchanted by women working with fabric (an attraction that is related to that of nineteenth-century poets for the *grisettes*: the poor, but well turned-out young milliner assistants or seamstresses). Among his earliest poetry, written around 1912 to 1915, while still in Romania, the piece "Chante, chante encore" (Sing, sing again) began: "Today I have met a girl on the street where I live / Salesgirl in a department store or seamstress / . . . I was poor but I bought her a swatch of precious fabric." Another poem started with the lines: "I don't mind whether you are a seamstress or not / Romance in the provinces is fashionable in literary schools." Tzara, *Œuvres complètes,* 1:66, 69.

115. Bonnet, "Chronologie," xxxiii.

116. Paul Valéry, letter dated February 1916, in Breton, *Œuvres complètes,* 1:1078. A different version of "Décembre" is dedicated to Apollinaire; see ibid., 1081–1082.

117. "Shirts clotted on the chair. A silk hat confers reflections of my pursuit. Man . . . A mirror avenges you and, vanquished, treats me like a discarded suit. The moment returns to cast its patina upon the flesh." André Breton, "Âge," in ibid., 9; trans. J.-P. Cauvin and M. A. Caws in Breton, *Poems of André Breton* (Austin: University of Texas Press, 1982), 5 (translation modified).

118. André Breton, "La Confession dédaigneuse," *La Vie Moderne* (winter 1923), a text then published as the first part of *Les Pas perdus* (Paris: Nouvelle Revue française, 1924); in *Œuvres complètes,* 1:198–199; trans. in parts adopted from Breton, *War Letters,* 16.

119. Ibid., 199.

120. See Michel Carassou, *Jacques Vaché et le groupe de Nantes* (Paris: Place, 1986).

121. My personal favorite is the description of the British lieutenant who, when the sun came out, left his foxhole wearing "a quite extravagant SUMMER attire: a cachou-colored silk shirt, short trousers (impeccably pressed!), black stockings also made from silk, and PUMPS." Vaché, *Quarante-trois lettres de guerre à Jeanne Derrien,* [letter 37; 29 July 1917].

122. Louis Aragon, *Les Collages* (Paris: Hermann, 1965), 53 n. 1.

123. See Jeanne Derrien's recollection in Vaché, *Quarante-trois lettres de guerre à Jeanne Derrien,* xxvi.

124. André Breton, "Jacques Vaché: Les Pas perdus," in Breton, Œuvres complètes, 1:228; trans. M. Polizzotti in Breton, The Lost Steps (Lincoln: University of Nebraska Press, 1996), 41. Here, Breton must have first encountered the combined metaphor of the funnel—top hat that would become significant some six years later. I return to locomotives and top hats at the end of this chapter.

125. "Way I Fondness strews you with brocaded / taffeta plans / except where the sheen of gold found its delight. / Let July, mad / witness, ate least count the sin / of the old novel for little girls that we read! I With little girls we / courted / dampens (Years, window blinds on the brink of oblivion), / failing / to nurse at the sweet torrent, / —Further pleasure what chosen deed initiates you?— / a future, dazzling Batavian Court. I Labelling balm vain love, have we guaranteed / by our coldness / a foundation, more than hours but, months? The girls / Are making batiste: Forever!—Anyway the smell / annihilates / this jealous spring, I Dear young ladies." André Breton, "Façon," in Breton, Œuvres complètes, 1:5; trans. B. Zavatsky and Z. Rogow in Breton, Earthlight (Los Angeles: Sun & Moon Press, 1993), 23.

126. André Breton, "Lingères," in Breton, Œuvres complètes, 1:40.

127. André Breton, letter to Théodore Fraenkel from November 1916; in Breton, Œuvres complètes, 1:1073.

128. Marcel Proust, À l'ombre des jeunes filles en fleurs, part 2 of À la recherche du temps perdu (Paris: Gallimard, 1988), 254; trans. C. K. Scott Moncrieff and T. Kilmartin as Within a Budding Grove, part 2 of Remembrance of Things Past (London: Chatto & Windus, 1981), 961.

129. "The message is a swatch of fabric"; Pierre Unik, "Place Vendôme," La Révolution Surréaliste 3, nos. 9–10 (1 October 1927), 24.

130. Paul Poiret, En habillant l'époque (Paris: Grasset, 1930), 22.

131. See Bonnet's analysis in Breton, Œuvres complètes, 1:1071–1072.

132. Letter from the end of June to the beginning of July 1916; in ibid., 1072. Coty is one of the most prestigious perfume houses in France; founded in 1904, it excels through the artistry of its packaging and promotion. After bottle designs by the glassmakers Baccarat, it was René Lalique who revolutionized from 1910 onward for Coty the form in which perfume was promoted (the

company was also the first to use advertising on private taxis); François Coti created a total of twenty-one original scents up to 1930. The boulevard des Capucines crosses north of the place Vendôme; in the 1910s some of the most prestigious artisans and designers had their workshops there.

133. Aragon, *Lautréamont et nous,* 27–28.

134. Breton, *Œuvres complètes,* 1:1072.

135. Pastoureau, "Des influences dans la poésie présurréaliste d'André Breton," 52.

136. In the very first issue of *La Dernière Mode,* Ponty enthused: "Nothing is simpler: it is now proven that a stroll along the rue de la Paix, repeated for several afternoons, is enough to teach us about 'all the things done best in the world,' to use this rather banal saying in its proper meaning." Marguerite de Ponty, "La Mode," *La Dernière Mode,* no. 1 (6 September 1876), 2; in Mallarmé, *Œuvres complètes,* 712–713.

137. Aragon, *Anicet,* 91.

138. Jacques Vaché, letter to Breton, dated 29 April 1917, in *Littérature,* no. 5 (July 1919), 4; trans. in Vaché, *War Letters,* 35.

139. Jacques Vaché, letter to Breton, dated 18 August 1917, in *Littérature,* no. 6 (August 1919), 13; trans. in Vaché, *War Letters,* 46–47 (translation slightly modified and amended).

140. Ibid.; trans., 13.

141. "Black Forest* I Out / Tender pod etc. melon / Madame de Saint-Gobain finds it tedious alone / A cutlet is withering I Contours of destiny / Where without shutters this white gable / Waterfalls / Sled-men are favored I It's blowing hard / *que salubre est le vent* the wind of dairies I The author of the Inn of the Guardian Angel / Died after all last year / Appropriately I From Tübingen come to meet me / Young Kepler and young Hegel / And the goodly comrade I *Rimbaud talking." André Breton, "Forêt-Noire," in *Œuvres complètes,* 1:12; trans. K. White in Breton, *Selected Poems* (London: Cape, 1969), 11.

142. Pastoureau, "Des influences dans la poésie présurréaliste d'André Breton," 60.

143. The significant passage in the biography reads: "One day [Verlaine] learned of his friend's new residence; he immediately rushed to see him. . . . In order to create a pleasant surprise for his erstwhile companion, whom he thought to find unchanged in manners and habits, Verlaine had chosen the most unfortunate of costumes, an outfit that made him look like a brigand. But Rimbaud, dressed moderately and bourgeois, in tune with his status as a private tutor, received him badly, full of venom even—absolutely furious that he dared to call on him here in Germany, in such a compromising way, particularly after the Belgian drama. However, Rimbaud yielded after a while to Verlaine's bizarre insistence, in order to have at least some peace and quiet at the doctor's. But already he plotted the revenge that he would execute some hours later in the Black Forest. 'Le Bateau ivre' had become much more reasonable and decent than 'Sagesse.' Verlaine intended to relive the heroic peregrinations; Rimbaud insisted on well-ordered circumstances. Conflict. Brawl. And Verlaine was left half-dead in said forest." Paterne Berrichon [i.e., Pierre Dufour, Rimbaud's brother-in-law], *La Vie de Jean-Arthur Rimbaud* (Paris: Mercure de France, 1897), 17–18.

In a later introduction to three previously unpublished letters by Rimbaud to Ernest Delahaye, Berrichon describes Verlaine's apparel: "he presented himself to Rimbaud in a rather Romantic outfit"; *La Nouvelle Revue Française* 6, no. 67 (1 July 1914), 50. Was it thus a conflict of bourgeoisie versus bohemia, or rather of *modernité* versus Romantic tradition?

144. Pastoureau, "Des influences dans la poésie présurréaliste d'André Breton," 61. He quotes from Arthur Rimbaud, "Délires II: Alchimie du verbe," in *Une saison en enfer*; in Rimbaud, *Œuvres complètes* (Paris: Gallimard, 1954), 236; trans. N. Cameron in Rimbaud, *A Season in Hell, and Other Poems* (London: Anvil, 1994), 176–177.

145. Verlaine's return to the fold of the Catholic Church and his resulting urge to convert Rimbaud must have exacerbated the conflict.

146. Such irony also follows Guillaume Apollinaire's credo: "*L'Esprit moderne* does not look toward transforming the ridiculous; it retains a role for it that is not without saving grace." "L'Esprit nouveau et les poètes" (lecture given at the conference at the Théâtre du Vieux-Colombier in Paris, 26 November 1917), in Apollinaire, *Œuvres complètes,* 4 vols. (Paris: Balland/Lecat, 1965–1966), 3:905.

147. Jacques Vaché, letter to Breton, dated 29 April 1917; in *Littérature,* no. 5 (July 1919), 5; trans. in Vaché, *War Letters,* 36.

148. Jacques Vaché, letter to Breton, dated 5 July [1916]; in *Littérature,* no. 5 (July 1919), 1–2; trans. in Vaché, *War Letters,* 31 (translation slightly modified). Vaché's ideal had its precedent in Baudelaire's "héroïsme de la vie moderne"; see Charles Baudelaire, "Salon de 1845," in Baudelaire, *Œuvres complètes,* 2:407.

149. Jacques Rivière imagines Rimbaud as a schoolboy in Charlesville: "I see him in the midst of his comrades, dressed without elegance but very neatly indeed, in a comfortable jacket and a little white collar—one of those who bear a homely smell at college." Rivière, "Rimbaud (1ère partie)," *La Nouvelle Revue Française* 6, no. 67 (1 July 1914), 21. The desperate attempt to exchange the "homely smell" for a taste of adventure would eventually lead Rimbaud into situations with which he could not cope.

　　See also Rimbaud's "ingenious system" of changing shirts, in "Arthur Rimbaud vu par Jules Mary," *Littérature,* no. 8 (October, 1919), 24.

150. The ability of sustaining distance and subversion for an extended period of time never was tested in the cases of Rimbaud, Vaché, and many other true dandies, simply because they chose to remove themselves (violently) from this possible "embarrassment" in/of life.

151. "The Mysterious Corset I My dear lady readers, / because we've seen some in all colours / Splendid maps, high-lighted, Venice / The furniture in my room used to be fastened solidly to the walls and I'd have myself strapped into it to write: I've found my sea legs / we're members of a kind of emotional Touring Club / A CASTLE INSTEAD OF A HEAD / it's the Charity Bazaar too / Entertaining games for all ages; / Poetry games, etc. / I hold Paris like—if I may unveil the future to you—your open hand / her elegant figure." André Breton, "Le Corset mystère," in Breton, *Œuvres complètes,* 1:16; trans. in Breton, *Earthlight,* 31.

152. Breton, *Œuvres complètes,* 1:1098.

153. See *Littérature,* no. 4 (June 1919), 7—*Mont de piété* was to appear finally in October 1919.

154. See Werner Spies et al., *Max Ernst: Werke 1906–1925* (Houston: Menil; Cologne: DuMont, 1975), 156 [catalogue raisonné no. 309]. Cologne was practically though not physically very distant, given the extremely limited exchanges between artists of the two countries so soon after the Great War.

原书注释

155. Benjamin describes "the corset as the arcade/passage [*Passage*] of the torso"; see *Das Passagen-Werk,* 614.

156. See *Bulletin Dada,* no. 6 (February 1920), [2].

157. André Breton, letter dated 27 April 1919; in Bonnet, *André Breton,* 158 n. 192.

158. See Tristan Tzara's retrospective comment on the methods of dada in *Anthologie de la nouvelle poésie française,* rev. ed. (Paris: Kra, 1930), 423.

159. "White Acetylene / You as well!—My beautiful whiskies—My horrible mixture . . . / seeping yellow—pharmaceutical office—My green / chartreuse liquor—Citrin—Swayed rose of Carthame— / Smoke! / Smoke! / Smoke! / Black sickening angostura bitter and the uncertainty of cordials— / I am a mosaist / [. . .]." Jacques Vaché, letter to Breton, dated 26 November 1918, with the following marked "nota bene": "Everywhere the law opposes deliberate homicide—(and that's for moral reasons . . . no doubt?). (Harry James)"; facsimile in Carassou, *Jacques Vaché et le groupe de Nantes,* 253.

160. Bonnet, in Breton, *Œuvres complètes,* 1:1227.

161. Some five years later Breton would resume the fabrication of collage-poems for *Poisson soluble.* Once again, however, the cutups were not deemed suitable for the final published version; thus they remained in manuscript. See Breton, *Œuvres complètes,* 1:562–567, 571–583, 585–590, and the note by Bonnet, 1365–1377.

162. Breton, "La Confession dédaigneuse," 198–199.

163. Vaché, *Quarante-trois lettres de guerre à Jeanne Derrien* [letter no. 18, dated Friday, 20 April 1917].

164. Marguerite de Ponty, "Conseils sur l'education," *La Dernière Mode,* no. 7 (6 December 1874), 10; in Mallarmé, *Œuvres complètes,* 828; see section 2.4.2 above. On Vaché's use of lace to dress his puppets, see Vaché, *Quarante-trois lettres de guerre à Jeanne Derrien* [letter no. 19, dated Wednesday, 25 April 1917]; on Brummell's "sort of lace," see section 5.4.

165. Stéphane Mallarmé composed a sonnet in 1887 whose first verse commenced on an ironic as well as prophetic note: "Lace passes into nothingness, / With the ultimate Gamble in doubt, / in blasphemy revealing just / Eternal absence of any bed." Mallarmé, *Œuvres complètes,* 74; trans. P. Terry and M. Z. Shroder in Mallarmé, *Selected Poetry and Prose* (New York: New Directions, 1982), 58.

166. André Breton, "Jacques Vaché," in *Anthologie de l'humour noir;* in Breton, *Œuvres complètes,* 2:1128 (my emphasis); trans. in Vaché, *War Letters,* 23 (translation modified).

167. Barthes, *Système de la mode,* 246 n. 2; trans. as *The Fashion System,* 242 n. 11.

168. The psychological dimension of Vaché's attempt to "live fashion" is explored by Sebbag's introduction to Vaché, *Quarante-trois lettres de guerre à Jeanne Derrien,* xv. As a result, speculation about Vaché's sexuality (see also Carassou, *Jacques Vaché et le groupe de Nantes,* 217–218) could prove interesting, especially in relation to his close friendship with Breton, who—according to Derrien (xxvi)—first displayed a distinctly misogynist and later an openly homophobic attitude. Aragon wrote: "Who can say what happened between these two men? A mystery!" (*Anicet,* 91; see section 5.8.1 above).

169. Georg Wilhelm Friedrich Hegel, *Vorlesungen über die Ästhetik II,* in *Werke,* vol. 14 (Frankfurt a.M.: Suhrkamp, 1986), 406; trans. T. M. Knox as Hegel, *Aesthetics: Lectures on Fine Arts,* 2 vols. (Oxford: Clarendon, 1975), 2:745.

170. Carassus, *Le Mythe du dandy,* 108.

171. See Marc Eigeldinger, *Lumières du mythe* (Paris: Presses Universitaires de France, 1983), 175–220; Philippe Lavergne, *André Breton et le mythe* (Paris: Corti, 1985), 75–91; Caillois, "Paris, mythe moderne," 682–683.

172. André Breton, "Récit de trois rêves," *Littérature,* n.s., no. 1 (1 March 1922), 6–7, republished as "Cinq rêves," in *Clair de terre;* in Breton, *Œuvres complètes,* 1:151; trans. in Breton, *Earthlight,* 39–40 (translation slightly modified).
This dream has a prophetic quality itself, as Roger Lefébure came to act as an advocate for (the habitually monocled, as we will see) Tzara, in the litigation he brought against his former friend Éluard in the aftermath of the disastrous performance "Soirée du cœur à barbe" in July 1923; see Michel Sanouillet, *Dada à Paris* (Paris: Pauvert, 1965), 385–386.

原书注释

173. See Sanouillet, *Francis Picabia et "391,"* 2:43, 93.

174. Pharamousse, "New York = Paris = Zurich = Barcelona," *391,* no. 8 (January–February 1919), 8.

175. Francis Picabia, *Le Philhaou-Thibaou* (a special "illustrated supplement" of *391*), 10 July 1921, 6.

176. The only one in the group who could have afforded Poiret's clothing was the English heiress Nancy Cunard, who had a liaison with Aragon in 1920/1921; Éluard's wife Nusch worked occasionally as a fashion model in the 1920s, and at one stage turned out for Poiret.

177. Man Ray's photographic chronicles of dada and surrealism had in turn been helped along by Tzara's enthusiasm; see Man Ray, *Self-Portrait* (1963; reprint, New York: Graphic Society, 1988), 100–115.

178. Tristan Tzara, "D'un certain automatisme du goût," *Minotaure,* nos. 3–4 (Skira, 1933), 81–94; in Tzara, *Œuvres complètes,* 4:321–331.

179. See, e.g., the 1911 analysis of a young woman's dream in Freud, *The Interpretation of Dreams,* 360–362; and also Max Ernst's collage-painting of 1920, *C'est le chapeau qui fait l'homme* (The Hat Maketh the Man), where erectile tubular structures are capped by (or even composed of) various models of *female* headgear, cut out from a catalogue for the hat factory by Ernst's father-in-law. The intricate relations of these ironic gestures toward Freud can hardly be surpassed.

180. See Jacques Gaucheron, "Esquisse pour un portrait," *Europe* 53, nos. 555–556 (July–August 1975), 33–34.

181. Quoted in Giuseppe Scaraffia, *Dizionario del dandy* (Rome: Laterza, 1981), 91, 94. Proust provides descriptions of the different ways to sport an eyeglass in *Du côté de chez Swann III* (*À la recherche du temps perdu,* part 1 [Paris: Gallimard, 1987], 321–322); see also Robert Saint-Loup's monocled elegance in *À l'ombre des jeunes filles en fleurs II* (*À la recherche du temps perdu,* part 2, 88–89). However, these examples, perfect as they are, belong to the nineteenth century and their analysis therefore reveals little about a modern mythology.

182. Quoted from unpublished memoirs by Karl Schodder, in Walter Serner, "Der Abreiser" (The Departee), in Serner, *Gesammelte Werke,* 2d ed., 10 vols. (Munich: Goldmann, 1989–1990), 10:236.

183. Walter Serner, "Der Schluck um die Achse-manifest" (The Sip around the Axis-Manifesto), *Der Zeltweg,* November 1919, [18]; see "Das Hirngeschwür," in Serner, *Gesammelte Werke,* 2:60.

184. See Sanouillet, *Dada à Paris,* 384–385; on the resulting lawsuit see note 172 above.

185. Stéphane Mallarmé, letter dated Sunday, 5 October [1890]; in Mallarmé, *Correspondance Mallarmé-Whistler: Histoire de la grande amitié de leurs dernières années,* ed. C. P. Barbier (Paris: Nizet, 1964), 68. The quotation from the review is on 68. On Mallarmé's acting as Whistler's ally in Paris, see Jean-Michel Nectoux, *Mallarmé: Un Clair Regard dans les ténèbres: Peinture, musique, poésie* (Paris: Biro, 1998), 84.

186. Cover of *Littérature,* n.s., no. 9 (1 February–1 March 1923).

187. See the photo of Hausmann from ca. 1920, assuming the pose of an athlete on the roof of his Berlin apartment, or the double portrait (collage) of him and fellow anarchist Johannes Baader dating from the same time; in Hanne Bergius, *Das Lachen Dadas* (Giessen: Anabas, 1989), 34, 158. August Sander in 1929 portrayed Hausmann again in an artificial pose, showing off his torso against white sailor trousers and the reflection of the ubiquitous monocle in his left eye (August Sander-Archive, Cologne).

   See also Tristan Tzara, Hans Arp, and Walter Serner with their simultaneous poem of ca. 1916, which featured the line: "the athletes' mothers stick the monocles in the armpits of their dead sons and sing *it's a long way jusqu'au bout*"; in Tzara, *Œuvres complètes,* 1:498.

188. Tristan Tzara, "Dada à Weimar," in "L'Allemagne: Un film à épisodes"; in Tzara, *Œuvres complètes,* 1:603. Hausmann was, in fact, born in Vienna.

189. Jacques Vaché, letter to Breton, dated X. 11 October 1916/3 P.M., in *Littérature,* no. 5 (July 1919), 2–3; trans. in Vaché, *War Letters,* 32.

190. Jacques Vaché, letter to Fraenkel, dated X. 29 April 1917, in ibid., 6; trans. in Vaché, *War Letters,* 39.

原书注释

501

191. Jacques Vaché, letter to Breton, dated 18 August 1917, in *Littérature,* no. 6 (August 1919), 14; trans. in Vaché, *War Letters,* 46–47 (translation modified). Note the reference to the locomotive.

192. Ibid.; trans., 47 (translation modified).

193. Ibid., 15; trans., 49 (translation modified).

194. Jean Sarment, *Cavalcadour* (Paris: Simoën, 1977), 538; see Sarment's initial, fictionalized account of Vaché in *Jean-Jacques de Nantes* (Paris: Plon, 1922), 112: "He dressed with great care and with deliberate dandyism. He wore his monocle in the left eye and dedicated himself to English style [*au genre anglais*]."

195. Breton, "Jacques Vaché," in 1127; trans. partly adopted from Vaché, *War Letters,* 22.

196. "Voir des papillons noirs" (to see black butterflies) is a French expression for being melancholy or depressed. With similar vocabulary, Breton and Soupault evoke a possible reminiscence to Vaché and to a mutual attraction to fashion in *Les Champs magnétiques:* "a butterfly of the sphinx variety. They wrap their icy utterances in silver-paper . . . and would not exchange places with fashion-plates" (56); trans. as *The Magnetic Fields,* 28 (translation slightly modified).

197. Jacques-Émile Blanche, quoted in Victor Castre, "Trois héros surréalistes [Rigaut, Vaché, Crevel]," *La Gazette des Lettres,* no. 39 (June 1947), 6; Blanche, "Sur Jacques Rigaut," *Les Nouvelles Littéraires,* 11 January 1930, 5.

198. Pierre Drieu la Rochelle, "La Valise vide," *La Nouvelle Revue Française* 10, no. 119 (1 August 1923), 166; the protagonist Gonzague in this story is a portrait of Rigaut.

199. See Elisabeth Lenk, *Der springende Narziß: André Bretons poetischer Materialismus* (Jumping Narcissus: The Poetic Materialism of André Breton) (Munich: Rogner & Bernhard, 1971), 22.

200. Arthur Cravan, *J'étais cigare* (Paris: Losfeld, 1971), 122.

201. See the account in André Salmon, *Souvenirs sans fin: 2e époque (1908–1920)* (Paris: Gallimard, 1956), 216. Another of Salmon's fictionalized memoirs is titled *Le Monocle à deux coups*

(Paris: Pauvert, 1968), see esp. chap. 4, "Ce monocle" (178–182), which describes his withdrawal symptoms when he is deprived of the eyeglass.

202. Louis Aragon, "Oscar Wilde—La Maison de la courtisane," review in "Livres choisis," *Littérature*, no. 8 (October 1919), 28.

203. Sanouillet, *Dada à Paris*, 163.

204. Ibid., 141.

205. Tristan Tzara, "Pile ou face [a pantomime in three acts]," in Tzara, *Œuvres complètes*, 1:525.

206. "Les Auteurs des Mémoires de Bilboquet," in *Paris-Viveur* (Paris: Taride, 1854), 26; this book, part of the series *Les Petits Paris*, is likely to have been written by two feuilletonists, Taxile Delord and Clément Caraguel.

207. The monocle was not so much a separate invention in itself, but a concentration of the lorgnette and quizzer into one glass circle without the handle—to which could be added the advantage of a magnifying glass; see D. C. Davidson, *Spectacles, Lorgnettes, and Monocles* (Aylesbury: Shire, 1989), 7–10, and Richard Corson, *Fashion in Eyeglasses* (London: Owen, 1967), 114, 221–225.

208. The typical nineteenth-century posture involved reclining into a soft chair or upholstered sofa in the salon (see, e.g., Sigfried Giedion, *Mechanization Takes Command: A Contribution to Anonymous History* [New York: Oxford University Press, 1948], 396 and passim; thus the upright and stiff posture of the head and neck while balancing the eyeglass seems an even starker contrast.

209. Even "intellectual" labor, such as writing literature, becomes extremely difficult with a monocle, as bowing the head over a piece of paper almost instantly forces the eyeglass from its designated place.

210. *DADAphone*, special issue of *Dada*, no. 7 (March 1920), 1–3.

原书注释

503

211. After the confrontation of "Lâchez tout," Péret sided with Breton in declaring: "I left the dada glasses behind and got up to leave"; Benjamin Péret, "À travers mes yeux," *Littérature,* n.s., no. 5 (1 October 1922), 13.

212. Jimmy Ernst, *Nicht gerade ein Stilleben* (Cologne: Kiepenheuer & Witsch, 1985), 56.

213. Francis Picabia, "Post-scriptum aux Mariés de la Tour Eiffel," *Le Pilhaou-Thibaou,* 10 July 1921, 14. Jean Lorrain was the prolific nineteenth-century poet and monocle-wearing author of *Modernités* (Paris: Giraud, 1885), 9–12, 110–111; see Louis Aragon's poem "Moderne" in *La Grande gaîté* (Paris: Gallimard, 1929), 26: "Whorehouse for whorehouse / I myself prefer the Metro / It is more fun / And also it's warmer," which recalls Lorrain's refrain: "Modernity, Modernity / Through the cries, the booing / The shamelessness of whores / Sparkles in eternity."

214. Picabia, "Post-scriptum," 14.

215. Francis Picabia [?], *Cannibale,* no. 2 (25 May 1920), 15.

216. André Breton, *Poisson soluble II,* in *Œuvres complètes,* 1:522; this automatic writing was filled with "bijoux" and metaphors of material elegance. See Julien Gracq, "Spectre du 'Poisson soluble,'" in *André Breton: Essais et témoignages,* ed. Marc Eigeldinger (Neuchâtel: Baconnière, 1950), 216–217.

217. Aragon, "Une Vague de rêves," 114.

218. Man Ray's photograph is featured on the cover of *La Révolution surréaliste,* no. 1 (1 December 1924).

219. René Crevel, review published in *Les Nouvelles Littéraires,* 23 February 1924; quoted in Tzara, *Œuvres complètes,* 1:685. The scarf mentioned was a gift from the painter Sonia Delaunay-Terk, who also designed Crevel's abstract waistcoats.

220. [Breton], "Avant le Congrès de Paris," *Comœdia,* 3 January 1922, 1. For a complete chronological and critical account of the congress, see Sanouillet, *Dada à Paris,* 319–347, and also Georges Hugnet, *L'Aventure Dada (1916–1922)* (Paris: Galerie de l'Institut, 1957), 93.

221. André Breton, "Caractères de l'évolution moderne," in Breton, *Œuvres complètes,* 1:297; this talk was given at the Ateneo in Barcelona on 17 November 1922, to coincide with an exhibition of works by Picabia.

222. Tristan Tzara, quoted in Roger Vitrac, "Tristan Tzara Vaché cultiver ses vices," *Le Journal du Peuple,* 14 April 1923, 3; in Tzara, *Œuvres complètes,* 1:624.

223. [Breton], "Avant le Congrès de Paris," 1.

224. See *Dictionnaire de la langue française* (Paris: Larousse, 1992), s.v. "locomotive"; the word is a composite nominalization, from the Latin *locus* and *movere*—to move from a spot. In 1804, Richard Trevithik invented (for the Welsh mining industry) the first engine that ran on rails; George Stephenson's celebrated *Rocket* first ran in 1829.

225. The "top hat" (i.e., a cylindrical structure covered in black silk) is documented as having appeared first in 1797, created by the London haberdasher John Hetherington. Yet according to the anonymous, but fervently patriotic, author of "La Centenaire du chapeau" (*La Mode pratique,* no. 6 [6 February 1897], 66–67), a painting by Charles Vernet of 1796, titled *Incroyable,* "is proof that it existed in France before John Hetherington's 'adventure.'"

226. An untitled text, composed by Breton and signed by him, Fernand Léger, Robert Delaunay, Georges Auric, Amédée Ozenfant, and Roger Vitrac (the sixth member of the committee, the linguist Jean Paulhan, seems to have been absent); published in *Comœdia,* 7 February 1922; quoted in Sanouillet, *Dada à Paris,* 329.

227. Published in *Comœdia,* 8 February 1922; quoted in Tzara, *Œuvres complètes,* 1:590.

228. Ibid., 589.

229. Maxime du Camp, "Les Chants modernes," *Revue de Paris* 24 (February 1855), 337; the collection itself was published in Paris in March 1855 by Michel Lévy. Walter Benjamin in 1937 links the metaphor of the locomotive with modernist poems: "At the beginning there were the Saint-Simonians with their industrial poetry. They are followed by the realism of du Camp who sees the locomotive as the saint of the future. Finally there is a Ludwig Pfau: 'is it quite unnecessary to become an angel,' he wrote, 'since a locomotive is worth more than the nicest pair of wings.' This image of technology comes from the *Gartenlaube* [a *Reader's Digest*–type weekly for the German

bourgeois]. This may cause one to ask whether the *Gemütlichkeit* which the nineteenth-century bourgeoisie enjoyed does not arise from the hollow comfort of never having to experience how the productive forces had to develop under their hands." Benjamin, "Eduard Fuchs, der Sammler und der Historiker," in *Gesammelte Schriften* 2.2:475; trans. K. Tarnowski as "Eduard Fuchs: Collector and Historian," *New German Critique,* no. 5 (spring 1975), 34.

230. See Maxime du Camp, "La Locomotive," in *Les Chants modernes,* new ed. (Paris: Librairie Nouvelle/Bourdilliat, 1860), 197–203.

231. Ix., "Chronique de Paris," *La Dernière Mode,* no. 1 (6 September 1874), 5; in Mallarmé, *Œuvres complètes,* 719 (see also section 2.4.2 above). Ix.'s reflection is immediately followed by a "Menu d'un déjeuner au bord de la mer," and Mallarmé's readers thus travel together with his poetic imagination.

232. Tristan Tzara, "Atrocités d'Arthur & trompette & scaphandrier," *Der Zeltweg,* November 1919, [22]; see chap. 5 of *L'Antitête,* in Tzara, *Œuvres complètes,* 2:273.

233. Tristan Tzara, *L'Antitête* (XLIII), in Tzara, *Œuvres complètes,* 2:320.

234. Ix., "Chronique de Paris," *La Dernière Mode,* no. 5 (1 November 1874), [4]; in Mallarmé, *Œuvres complètes,* 784.

235. "Not gusts of wind that hold the streets / Always without the slightest reason / Subject to dark flights of hats; / But a dancing girl arisen." Stéphane Mallarmé, "Billet à Whistler," in Mallarmé, *Œuvres complètes,* 65; trans. H. Wenfield in Mallarmé, *Collected Poems,* (Berkeley: University of California Press, 1994), 62.
    Note Mallarmé's praise for the symbolism of the black suit and top hat to Geffroy (section 5.6, with n. 75, above). Geffroy wrote ca. 1888: "This century of the locomotive . . . cannot include . . . a population braided and adorned in iridescent colors. One has to clothe oneself in harmony with the machines and products of contemporary industry" ("L'Habit noir," [4]).

236. Max Morise, "Les Yeux enchantés," *La Révolution Surréaliste,* no. 1, (1 December 1924), 27.
    See also Rigaut's wordplay about woman and car (and top hat): "I count the woman in cylinders," or "Young, poor, mediocre man, twenty-one years of age, clean hands, would like to marry woman, twenty-four cylinders, healthy, erotomaniac, or able to speak Vietnamese." Jacques Rigaut, *Écrits* (Paris: Gallimard, 1970), 83, 26.

237. The word *gibus* was first recorded in the French language in 1834 (in the same year as *locomotive*), and together with the term *chapeau-claque*—more obviously referring to the ability of many hats to fold—it was used to describe the top hat until both were replaced in the late 1880s by the expression *chapeau haut-de-forme.*

238. Eugène Delacroix, *La Liberté guidant le peuple, ou "le 28 Juillet"* (1830; in Paris, Musée du Louvre); see Perrot, *Les Dessus et les dessous de la bourgeoisie,* 66 n. 9: "The top hat can be considered also as the reincarnation of revolutionary hairdos."

239. Jacques Boulenger, *Monsieur ou le professeur de snobisme* (Paris: Crès, 1901), 48.

240. Stéphane Mallarmé, "Sur le chapeau haut de forme," *Le Figaro,* 19 January 1897, [1]; in Mallarmé, *Œuvres complètes,* 881.

241. Henri Mondor, *Vie de Mallarmé* (Paris: Gallimard, 1941), 534; see also Mallarmé's ironic reference to "the atmospheric column" that is continued by the top hat (665).

242. Breton, "Jacques Vaché: Les Pas perdus," 228; trans. in Breton, *The Lost Steps,* 41—see section 5.8.1 of this chapter.

243. In English and German the industrial association is indicated by vernacular words: "stovepipe" and *Angströhre* (literally, "fear pipe").

244. André Breton, "Giorgio de Chirico—12 Tavola in Fototipia," review in "Livres choisis," *Littérature* 2, no. 11 (January 1920), 28.

245. "A top hat rests upon / A table bearing fruit / Near an apple the gloves lie dead / A lady wrings her neck / Beside a man who gulps himself." Guillaume Apollinaire, "Les Collines," verse 37, in *Calligrammes;* in Apollinaire, *Œuvres complètes,* 3:168; trans. A. Hyde Greet as "The Hills," in Apollinaire, *Calligrammes: Poems of Peace and War (1913–1916)* (Berkeley: University of California Press, 1980), 45. The poem was written in 1917.

246. The subtitle of the painting, *Cézanne's Hat,* refers to Georges Braques's acquired habit of sporting a bowler in reference to the forefather of cubism. However, Picasso's cubist style transforms the dome-shaped bowler hat into an elongated topper.

247. Richard Huelsenbeck, "Die Arbeiten von Hans Arp," *Dada,* no. 3 [German version] (1918), [9].

248. Sanouillet, *Dada à Paris,* 326. He quotes from Guillaume Apollinaire, "La Jolie russe," in *Calligrammes,* in Apollinaire, *Œuvres complètes,* 3:228–229.

Bonnet questions this assessment in *André Breton,* 221–222 n. 117. Her criticism is based on the assumption that the locomotive equals modernity, while the top hat represents the ancient. However, in light of Breton's own view on the prophetic powers of Lautréamont and Apollinaire, objects such as the umbrella, the sewing machine, and, of course, the top hat cannot be assigned exclusively to the past.

249. Caillois, "Paris, mythe moderne," 697; see Farid Chenoune, *Des modes et des hommes* (Paris: Flammarion, 1993), 109.

For Breton a similarly attired figure held "the possibility of going wherever I want to [*le clé des champs*—literally, 'the key to the fields']: this man was myself" (*Œuvres complètes,* 1:399); this attire was in turn copied by Caillois in a photograph of the 1970s, in which he is dressed as Fantômas holding a huge key (frontispiece to Roger Caillois, *Apprentissages de Paris* [Paris: Fata Morgana, 1984]).

250. Sanouillet, *Dada à Paris,* 176; in regard to the stiffness of the paper (or rather celluloid) collars that many Dadaists still used to complement their evening wear, Sanouillet remarks (not quite seriously): "After all, Raymond Duncan [the American Grecophile brother of the dancer Isadora] was more dadaist than the dadaists; did he not have the courage to wear an antique toga, visible symbol of his beliefs, while they still wore high wing-collars?" (158). However, any fanciful adherence to antiquity is contrary to dada, while the ironic adaptation and subversion of bourgeois past symbols is not.

251. "Unveiled Optimism I for . . . the ennui of money / a night of the highest order / a nitrogen cylinder covered by a top hat . . . / the cheapest and most resistant / for sale / everywhere / always." Tristan Tzara, "L'Optimisme dévoilé," in Tzara, *Œuvres complètes,* 1:226. The poem, written in 1919, was first published in *Mecano,* no. 3 (1922), under the title "Dada pour tous: L'Optimisme dévoilé."

252. Published in *La Tribune de Genève,* no. 19 (23 January 1920); quotation from Serner, "Das Hirngeschwür," 105; see also Sanouillet's slightly different quote (in *Dada à Paris,* 163) from "Du

Dadaïsme intégral" in the Swiss paper L'Œuvre, 16 February 1920; that article was not signed but was probably also submitted by Serner.

253. Tristan Tzara, "Manifeste Dada 1918," in Tzara, Œuvres complètes, 1:362.

254. See the reproduction of the cover study in Sanouillet, Dada à Paris, [593].

255. The "Connerie des Lilas" of the original is a wordplay on con (idiot, stupid jerk) and the Closerie de Lilas, the term for particular gardens or small parks used in nineteenth-century Paris for dancing and other entertainment.

256. Francis Picabia, "[Sentences]," La Pomme de Pins, 25 February 1922, [1]—a "numéro unique" published on occasion of the Congrès de Paris.

257. Jacques Vaché, letter to Breton, dated 18 November 1917; in Littérature, no. 6 (August 1919), 14; see section 5.9.1 above.

258. Stanislaw Ignaz Witkiewicz, Szalona lokomotywa, in Dramaty, vol. 2 (Warsaw: Panstwowy Instytut Wydanicy, 1962), 593–624; this "piece without thesis in two acts and epilogue" was written in 1923; the original was lost and it had to be retranslated (by K. Puzyna) from a French version that had been commissioned for a performance in Paris in the 1920s.
    See also Émile Zola's fourth part of the Rougon-Macquart cycle, in which the drama of a railway accident, involving the famed locomotive La Lison, is describes in realistic detail; La Bête humaine, vol. 4 of Les Rougon-Macquart (Paris: Gallimard, 1966), 1244–1275.

259. Osip Mandelstam, "The Egyptian Stamp," trans. C. Brown in The Prose of Osip Mandelstam (Princeton: Princeton University Press, 1965), 168; for the Russian original, see Mandelstam, Collected Works, vol. 2 (New York: Inter-Language Literary Associates, 1966), 59.

260. Aragon, Anicet, 152.

261. André Breton, "Clairement," Littérature, no. 4 [new series] (1 September 1922), 1, in Breton, Œuvres complètes, 1:264.

262. Breton and Soupault, "La Glace sans tain," in Les Champs magnétiques, in Breton, Œuvres complètes, 1:57; trans. in Breton and Soupault, The Magnetic Fields, 28.

原书注释

263. Jacques Baron, "Autour de *Littérature,*" preface to reprint, in *Littérature* (Paris: Place, 1978), vii–viii.

264. Aragon, *Le Paysan de Paris,* 73; trans. as *Paris Peasant,* 71 (translation slightly modified).

265. The criticism of fashion and its snobbery never turned into a social revolt whose origin Mandelstam fictionalized in the "complaint" of the locomotive about the top hat as ballast left over from the unjust society of the previous century.

266. André Breton, "Second Manifeste du surréalisme," in Breton, *Œuvres complètes,* 1:779; trans. R. Seaver and H. R. Lane in Breton, *Manifestoes of Surrealism* (Ann Arbor: University of Michigan Press, 1972), 122. The practice described is essentially *dadaist,* of course; see the article on Tzara in *Anthologie de la nouvelle poésie française,* 423.

267. The text was first published by Kra in Paris in 1924; the complete passage to which Janet refers reads: "Everybody knows that the head of turkeys is a seven- or eight-faced prism just like the top hat is a prism with seven or eight reflective surfaces. / The top hat swayed on the sea barrier like an enormous mussel that sings on a rock. . . . / The turkey felt lost when he did not manage to move the passerby. The child saw the top hat and, because he was hungry, he took to emptying it of its contents; inside it was a beautiful jellyfish with a parrot beak." Breton, *Poisson soluble,* in *Œuvres complètes,* 1:386.

268. See, e.g., Yolande Papetti, Françoise Valier, Bernard de Freminville, and Serge Tisseron, *La Passion des étoffes chez un neuro-psychiatre: Gaëtan Gatian de Clérambault (1872–1934)* (Paris: Solin, 1990), and the film by Yvon Marciano, *Le Cri de soie* (CH/F/B, 1996).

269. On the psychology of the top hat, see, e.g., Flügel, *The Psychology of Clothes,* 37–38, 71, 209 (on the male costume).

270. André Breton, *L'Amour fou* (Paris: Gallimard, 1937); in Breton, *Œuvres complètes,* 2:680; trans. M. A. Caws as Breton, *Mad Love* (Lincoln: University of Nebraska Press, 1987), 10. His credo appears in the last sentence of *Nadja,* completed in 1928.

271. "Send me the photo of the forest of oak and cork trees / which grows over 400 locomotives abandoned / by the French industry." Blaise Cendrars, *Le Panorama ou les aventures de mes sept*

oncles (Paris: Sirène, 1918); in Cendrars, *Édition complète des œuvres,* vol. 1 (Paris: Denoël, 1963), 47; see Bonnet in Breton, *Œuvres complètes,* 2:1708.

272. Georges Auric, letter to Picabia from May 1921; quoted in Sanouillet, *Francis Picabia et "391,"* 2:137.

273. "Without even a glance at the locomotive in the grip of / great barometric roots / who bemoans in the virgin forest all its / deadly boilers." André Breton, "Facteur cheval," in *Le Revolver à cheveux blancs* (Paris: Cahiers libres, 1932); in Breton, *Œuvres complètes,* 2:90. The same book contains lines that are reminiscent of an early age of city life: "I am at the window far away in a city filled with horrors / Outside men with top hats follow each other at regular intervals" ("Non-lieu," 67).

274. André Breton, "Max Ernst" (preface in the catalogue of Ernst's exhibition at René Hilsum's bookstore Au sans pareil, 3 May–3 June 1921); in Breton, *Œuvres complètes,* 1:246. Breton alludes here to the celebrated film by Auguste and Louis Lumière that focuses on the front of a train as it arrives at the Gare La Ciotat in 1894.
   See also René Magritte's painting *La Durée poignardée* (Time Transfixed, 1938), which shows a locomotive emerging from a bourgeois fireplace.

275. André Breton, "L'Année des chapeaux rouges," *Littérature,* n.s., no. 3 (1 May 1922), 9; this was the earliest text included in *Poisson soluble.*

276. André Breton, *Poisson soluble,* 351; this part was written between March and May of 1924.

277. Benjamin Péret, "La Nature dévore le progrès et le dépasse," *Minotaure,* no. 10 (winter 1937), 20, 21; on the machine and nature, see Tristan Tzara, "Sur un ride du Soleil" (1922): "the world / a hat with flowers / the world . . . a small locomotive with flowery eyes" (*De nos oiseaux,* in Tzara, *Œuvres complètes,* 1:238–239).

278. Guillermo de Torre, "Poème dadaïste: *Roues* (Madrid, 1920)," *Le Pilhaou-Thibaou,* 10 July 1921, 5.

279. Marcel Noll, quoted in Breton, *Œuvres complètes,* 1:1727. In Breton's questionnaire "What Is Surrealism?" the last answer read: "It is the violet that keeps Tristan Tzara's cantharide-green hats" (in ibid., 2:540).

280. Péret, "La Nature dévore le progrès et le dépasse," 21.

Conclusion

1. Louis Aragon, "Introduction à 1930," *La Révolution Surréaliste* 5, no. 12 (12 December 1925), 58, 63; one of the two elements Aragon lists subsequently as examples of a "dated" modernity is—could it be otherwise?—the locomotive.

2. Charles Baudelaire, "Le Peintre de la vie moderne IV: La Modernité," in Baudelaire, *Œuvres complètes,* 2 vols. (Paris: Gallimard, 1975–1976), 2:694; trans. J. Mayne in Baudelaire, *The Painter of Modern Life and Other Essays* (London: Phaidon, 1995), 12; see section 1.2.1 above.

原书参考文献

Selected Bibliography

Abel, Hermant. *La Vie à Paris*. 3 vols. Paris: Flammarion, 1917–1919.

Absolut modern sein: Culture technique in Frankreich 1889–1937. Berlin: NGBK/Elefanten Press, 1986.

Ades, Dawn. *Dada and Surrealism Reviewed*. London: Arts Council, 1978.

Adler, Max. *Georg Simmels Bedeutung für die Geistesgeschiche*. Vienna: Anzengruber, 1919.

Adorno, Theodor Wiesengrund. *Aesthetic Theory*. Ed. Gretel Adorno and Rolf Tiedemann. Trans. C. Lenhardt. London: Routledge & Kegan Paul, 1984.

Adorno, Theodor Wiesengrund. *Über Walter Benjamin: Aufsätze, Artikel, Briefe*. Rev. ed. Frankfurt a.M.: Suhrkamp, 1990.

Adorno, Theodor Wiesengrund, and Walter Benjamin. *Briefwechsel 1928–1940*. Frankfurt a.M.: Suhrkamp, 1994.

Alexandre, Maxime. *Mémoires d'un surréaliste*. Paris: La Jeune Parque, 1968.

Anthologie de la nouvelle poésie française. New ed. Paris: Kra, 1928.

Aragon, Louis. *Anicet ou le panorama, roman*. Paris: Gallimard, 1921.

Aragon, Louis. *Lautréamont et nous*. 1967. Reprint, Pin-Balma: Sables, 1992.

Aragon, Louis. *The Libertine*. Trans. J. Levy. London: Calder, 1993.

Aragon, Louis. *Paris Peasant*. Trans. S. Watson Taylor. London: Cape, 1971.

Aragon, Louis. *Une Vague de rêves*. 1924. Reprint, Paris: Seghers, 1990.

Atget, Eugène. *The Work of Atget*. Vol. 4, *The New Century*. New York: Museum of Modern Art; Munich: Prestel, 1984.

Avenel, Vicomte George d'. *Le Méchanisme de la vie moderne*. 5 vols. Paris: Colin, 1896–1905.

Banville, Théodore de. *Œuvres*. 7 vols. Paris: Lemerre, 1889–1892.

Barbey d'Aurevilly, Jules A. *Œuvres romanesques complètes*. 2 vols. Paris: Gallimard, 1964–1966.

Barbey d'Aurevilly, Jules A. *Premiers articles (1834–1852)*. Paris: Les Belles Lettres, 1973.

Barthes, Roland. *Œuvres complètes*. 3 vols. Paris: Seuil, 1993–1995.

Baudelaire, Charles. *Correspondance*. 2 vols. Paris: Gallimard, 1973.

Baudelaire, Charles. *Œuvres complètes*. 2 vols. Paris: Gallimard, 1975–1976.

Baudrillard, Jean. *Symbolic Exchange and Death*. Trans. I. H. Granti. London: Sage, 1993.

Baumann, Zygmunt. *Modernity and Ambivalence*. Cambridge: Polity, 1991.

Bellet, Roger, ed. *Paris au XIXe siècle: Aspects d'un mythe littéraire*. Lyons: Presses Universitaires de Lyon, 1984.

Benjamin, Walter. *The Correspondence of Walter Benjamin, 1910–1940*. Ed. G. Scholem and T. W. Adorno. Trans. M. R. and E. M. Jacobson. Chicago: University of Chicago Press, 1994.

Benjamin, Walter. *Gesammelte Schriften*. 7 vols. Frankfurt a.M.: Suhrkamp, 1974–1989.

Bergius, Hanne. *Das Lachen Dadas*. Gießen: Anabas, 1989.

Bergson, Henri. *Œuvres*. Paris: Presses Universitaires de France, 1959.

Berl, Emmanuel. *Essais*. Paris: Julliard, 1985.

Berman, Marshall. *All That Is Solid Melts into Air: The Experience of Modernity*. New York: Simon & Schuster, 1982.

Bibesco, Princesse Marthe. *Noblesse de robe*. Paris: Grasset, 1928.

Blanche, Jacques-Émile. *Mes modèles. Souvenirs littéraires*. Paris: Stock, 1929.

Boehn, Max von. *Modes and Manners of the Nineteenth Century, as Represented in the Pictures and Engravings of the Time*. Trans. M. Edwardes. 4 vols. London: Dent & Sons, 1927.

Bohrer, Karl Heinz, ed. *Mythos und Moderne: Begriff und Bild einer Rekonstruktion*. Frankfurt a.M.: Suhrkamp, 1983.

Böhringer, Hannes, and Karlfried Gründer, eds. *Ästhetik und Soziologie um die Jahrhundertwende: Georg Simmel*. Frankfurt a.M.: Klostermann, 1976.

Bolz, Norbert W., and Richard Faber, eds. *Antike und Moderne: Zu Walter Benjamins "Passagen."* Würzburg: Königshausen & Neumann, 1986.

Bolz, Norbert W., and Bernd Witte, eds. *Passagen. Walter Benjamins Urgeschichte des XIX. Jahrhunderts*. Munich: Fink, 1984.

516

Bonnet, Marguerite. *André Breton: Naissance de l'aventure surréaliste*. Rev. ed. Paris: Corti, 1988.

Borie, Jean. *Archéologie de la modernité*. Paris: Grasset & Fasquelle, 1999.

Boulenger, Jacques. *Sous Louis-Philippe: Les dandys*. Paris: Ollendorf, 1907.

Bourdieu, Pierre. *Sociology in Question*. Trans. R. Nice. London: Sage, 1993.

Bovenschen, Silvia, ed. *Die Listen der Mode*. Frankfurt a.M.: Suhrkamp, 1986.

Boym, Svetlana. *Death in Quotation Marks: Cultural Myths of the Modern Poet*. Cambridge, Mass.: Harvard University Press, 1991.

Breton, André. *Œuvres complètes*. 2 vols. Paris: Gallimard, 1988–1992.

Brin, Irene. *Usi e costumi 1920–1940*. Palermo: Sellerio, 1981.

Buchloh, Benjamin H. D., Serge Guilbaut, and David Solkin, eds. *Modernism and Modernity: The Vancouver Conference Papers*. Halifax, N.S.: Press of the Nova Scotia College of Art and Design, 1983.

Buck-Morss, Susan. *The Dialectics of Seeing: Walter Benjamin and the Arcades Project*. Cambridge, Mass.: MIT Press, 1989.

Bulthaupt, Peter, ed. *Materialien zu Benjamins Thesen "Über den Begriff der Geschichte."* Frankfurt a.M.: Suhrkamp, 1975.

Busch, Werner. *Das sentimentalistische Bild: Die Krise der Kunst im 18. Jahrhundert und die Geburt der Moderne*. Munich: Beck, 1993.

Calinescu, Matei. *Faces of Modernity: Avant-garde, Decadence, Kitsch*. Bloomington: Indiana University Press, 1977.

Carassou, Michel. *Jacques Vaché et le Groupe de Nantes*. Paris: Place, 1986.

Carassus, Émilien. *Le Mythe du dandy*. Paris: Colin, 1971.

Chapon, François. *Mystère et splendeurs de Jacques Doucet 1853–1929*. Paris: Lattès, 1984.

Chenoune, Farid. *Des modes et des hommes*. Paris: Flammarion, 1993.

Coleman, Elizabeth Ann. *The Opulent Era: Fashions of Worth, Doucet, and Pingat*. London: Thames & Hudson; New York: Brooklyn Museum, 1989.

Compagnon, Antoine. *The Five Paradoxes of Modernity*. Trans. F. Philip. New York: Columbia University Press, 1994.

Creed, Elizabeth. *Le Dandysme de Jules Barbey d'Aurevilly*. Paris: Droz, 1938.

Dahme, Heinz-Jürgen, and Otthein Rammstedt, eds. *Georg Simmel und die Moderne: Neue Interpretationen und Materialien*. Frankfurt a.M.: Suhrkamp, 1984.

De la mode et des lettres. Paris: Musée de la Mode et du Costume/Palais Galliera, 1984.

Deleuze, Gilles. *The Fold: Leibniz and the Baroque*. Trans. T. Conley. London: Athlone, 1993.

Deleuze, Gilles. *The Logic of Sense*. Trans. M. Lester with C. Stivale. London: Athlone, 1990.

Delord, Taxile. *Physiologie de la parisienne*. Paris: Aubert/Lavigne, 1873.

Delvau, Alfred. *Les Dessous de Paris*. Paris: Poulet-Malassis & de Broise, 1860.

de Man, Paul. *Blindness and Insight: Essays in the Rhetoric of Contemporary Criticism*. New York: Oxford University Press, 1971.

Eigeldinger, Marc. *Lumières du mythe*. Paris: Presses Universitaires de France, 1983.

Einstein, Carl, and Paul Westheim, eds. *Europa Almanach*. Potsdam: Kiepenheuer, 1925.

Eisenstadt, S. N., ed. *Patterns of Modernity*. Vol. 1, *The West*. London: Pinter, 1987.

Engels, Friedrich. *Anti-Dühring* (1876–1878, 1880). In vol. 25 of Karl Marx and Friedrich Engels, *Collected Works*. London: Lawrence & Wishart, 1983.

Engels, Friedrich. *Dialectics of Nature* (1873–1883). In vol. 25 of Karl Marx and Friedrich Engels, *Collected Works*. London: Lawrence & Wishart, 1983.

Falke, Jacob von. *Die Geschichte des modernen Geschmacks*. Leipzig: Weigel, 1866.

Fargue, Léon-Paul. *De la mode*. Paris: Éditions littéraires de France, 1945.

Fausch, Deborah, et al., eds. *Architecture: In Fashion*. New York: Princeton Architectural Press, 1994.

Fietkau, Wolfgang. *Schwanengesang auf 1848: Ein Rendez-vous am Louvre. Baudelaire, Marx, Proudhon und Victor Hugo*. Reinbek bei Hamburg: Rowohlt, 1978.

Fontainas, André. *De Stéphane Mallarmé à Paul Valéry: Notes d'un témoin 1894–1922*. Paris: Bernard, 1928.

Fortassier, Rose. *Les Écrivains français et la mode: De Balzac à nos jours*. Paris: Presses Universitaires de France, 1988.

Foster, Hal. *Compulsive Beauty*. Cambridge, Mass.: MIT Press, 1993.

Frisby, David. *Fragments of Modernity: Theories of Modernity in the Work of Simmel, Kracauer, and Benjamin*. Cambridge: Polity, 1985.

Frisby, David. *Sociological Impressionism: A Reassessment of Georg Simmel's Social Theory*. 2d ed. London: Routledge, 1992.

Froidevaux, Gérald. *Baudelaire: Représentation et modernité*. Paris: Corti, 1989.

Gassen, Kurt, and Michael Landmann, eds. *Buch des Dankes an Georg Simmel*. Berlin: Duncker & Humblot, 1958.

Gauthier, Xavière. *Surréalisme et sexualité*. Paris: Gallimard, 1971.

Gautier, Théophile. *De la mode*. Paris: Poulet-Malassis & de Broise, 1858.

Geffroy, Gustave. *Constantin Guys: L'Historien du Second Empire*. 1904. Reprint, Paris: Crès, 1920.

Geffroy, Gustave. *Images du jour et de la nuit*. 1897. Reprint, Paris: Grasset, 1924.

Giddens, Anthony. *Capitalism and Modern Social Theory: An Analysis of the Writings of Marx, Durkheim, and Max Weber*. London: Cambridge University Press, 1971.

Giddens, Anthony. *Modernity and Self-Identity*. Cambridge: Polity, 1991.

Giedion, Sigfried. *Mechanization Takes Command: A Contribution to Anonymous History*. New York: Oxford University Press, 1948.

Gomez, Carillo Enrique. *Psychologie de la mode*. Paris: Garnier, 1910.

Goncourt, Edmond de, and Jules de Goncourt. *Journal: Mémoires de la vie littéraire*. 4 vols. Paris: Fasquelle & Flammarion, 1956.

Gourmont, Rémy de. *Decadence and Other Essays on the Culture of Ideas*. Trans. W. A. Bradley. London: Grant Richards, 1922.

Gourmont, Rémy de. *Promenades philosophiques*. Paris: Mercure de France, 1905.

Grandville [Jean-Ignace-Isidore Gérard]. *Un Autre Monde*. Paris: Fournier, 1844.

Grumbach, Didier. *Histoires de la mode*. Paris: Seuil, 1993.

Grund, Helen. *Vom Wesen der Mode*. Munich: Meisterschule für Deutschlands Buchdrucker, 1935.

Guégan, Stéphane, ed. *Théophile Gautier: La Critique en liberté*. Les Dossiers du Musée d'Orsay, no. 62. Paris: Réunion des musées nationaux, 1997.

Habermas, Jürgen. *The Philosophical Discourse of Modernity*. Trans. F. Lawrence. Cambridge, Mass.: MIT Press, 1987.

Harvey, John. *Men in Black*. London: Reaktion, 1995.

Hegel, Georg Wilhelm Friedrich. *Aesthetics: Lectures on Fine Art*. Trans. T. M. Knox. Oxford: Clarendon, 1988.

Hobsbawn, Eric J. *The Age of Capital: 1848–1875*. London: Weidenfeld & Nicolson, 1975.

Hobsbawn, Eric. *On History*. London: Weidenfeld & Nicolson, 1997.

Hollander, Anne. *Seeing through Clothes*. New York: Viking, 1978.

Hollander, Anne. *Sex and Suits: The Evolution of Modern Dress*. New York: Kodansha Int., 1994.

Huelsenbeck, Richard. *Dada siegt; eine Bilanz des Dadaismus*. Berlin: Malik, 1920.

Hugnet, Georges. *L'Aventure Dada (1916–1922)*. Paris: Galerie de l'Institut, 1957.

Jameson, Fredric. *The Political Unconscious: Narrative as a Socially Symbolic Act*. London: Methuen, 1981.

Jauß, Hans Robert. *Literaturgeschichte als Provokation*. Frankfurt a.M.: Suhrkamp, 1970.

Johnson, Barbara. *A World of Difference*. Baltimore: Johns Hopkins University Press, 1987.

Kaern, Michael, Bernard S. Phillips, and Robert S. Cohen, eds. *Georg Simmel and Contemporary Sociology*. Dordrecht: Kluwer, 1990.

Kant, Immanuel. *The Critique of Judgment*. Trans. J. C. Meredith. Oxford: Clarendon, 1952.

Kempf, Roger. *Dandies: Baudelaire et Cie*. Paris: Seuil, 1977.

Koella, Rudolf. *Constantin Guys*. Exhib. Cat. Winterthur: Kunstmuseum, 1989.

Koselleck, Reinhart. *Critique and Crisis: Enlightenment and the Pathogenesis of Modern Society*. Oxford: Berg, 1988.

Koselleck, Reinhart. *Futures Past: On the Semantics of Historical Time.* Trans. K. Tribe. Cambridge, Mass.: MIT Press, 1985.

Kracauer, Siegfried. *The Mass Ornament: Weimar Essays.* Trans. and ed. T. Y. Levin. Cambridge, Mass.: Harvard University Press, 1995.

Kracauer, Siegfried. *Offenbach and the Paris of His Time.* Trans. G. David and E. Mosbacher. London: Constable, 1937.

Lartigue, Jacques Henri. *Diary of a Century.* Ed. R. Avedon. Trans. C. van Splunteren. New York: Penguin, 1970.

Lecercle, Jean-Pierre. *Mallarmé et la mode.* Paris: Séguier, 1989.

Lefebvre, Henri. *Introduction to Modernity: Twelve Preludes, September 1959–May 1961.* Trans. J. Moore. London: Verso, 1995.

Léger, François. *La Pensée de Georg Simmel: Contribution à l'histoire des idées en Allemagne au début du XXe siècle.* Paris: Kimé, 1989.

Lehnert, Gertrud, ed. *Mode, Weiblichkeit und Modernität.* Dortmund: Ebersbach, 1998.

Lemoine-Luccioni, Eugénie. *La Robe: Essai psychanalytique sur le vêtement.* Paris: Seuil, 1983.

Lenk, Elisabeth. *Der springende Narziß: André Bretons poetischer Materialismus.* Munich: Rogner & Bernhard, 1971.

Leroy-Beaulieu, Paul. *Le Travail des femmes au XIXe siècle.* Paris: Charpentier, 1873.

Levine, Donald N. *The Flight from Ambiguity.* Chicago: University of Chicago Press, 1985.

Lichtblau, Klaus. *Kulturkrise und Soziologie um die Jahrhundertwende: Zur Genealogie der Kultursoziologie in Deutschland.* Frankfurt a.M.: Suhrkamp, 1996.

Lilly, Reginald, ed. *The Ancients and Moderns.* Bloomington: Indiana University Press, 1996.

Lindner, Burkhardt, and W. Martin Lüdke, eds. *Materialien zur ästhetische Theorie: Theodor W. Adornos Konstruktion der Moderne*. Frankfurt a.M.: Suhrkamp, 1980.

Lipovetsky, Gilles. *The Empire of Fashion: Dressing Modern Democracy*. Trans. C. Porter. Princeton: Princeton University Press, 1994.

Loos, Adolf. *Spoken into the Void: Collected Essays, 1897–1900*. Trans. J. O. Newman and J. H. Smith. Cambridge, Mass.: MIT Press, 1982.

Löwith, Karl. *Permanence and Change: Lectures on the Philosophy of History*. Cape Town: Haum, 1969.

Lukács, Georg. *History and Class Consciousness: Studies in Marxist Dialectics*. Trans. R. Livingstone. London: Merlin, 1971.

Maigron, Louis. *Le Romantisme et la mode: D'après des documents inédits*. Paris: Champion, 1911.

Mallarmé, Stéphane. *Correspondance*. 11 vols. Paris: Gallimard, 1965–1985.

Mallarmé, Stéphane. *Le "livre" de Mallarmé*. Ed. Jacques Scherer. New ed. Paris: Gallimard, 1977.

Mallarmé, Stéphane. *Œuvres complètes*. Paris: Gallimard, 1945.

Martin-Fugier, Anne. *La Vie élégante ou la formation du Tout-Paris: 1815–1848*. Paris: Fayard, 1990.

Marx, Karl. *The Capital*, vol. 1 (1890). Vol. 35 of Karl Marx and Friedrich Engels, *Collected Works*. London: Lawrence & Wishart, 1996.

Marx, Karl. *The Eighteenth Brumaire of Louis Bonaparte* (1852). In vol. 11 of Karl Marx and Friedrich Engels, *Collected Works*. London: Lawrence & Wishart, 1979.

Marx, Karl, and Friedrich Engels. *The Communist Manifesto*. In vol. 6 of Marx and Engels, *Collected Works*. London: Lawrence & Wishart, 1976.

Max Ernst: Das Rendezvous der Freunde. Exhib. cat. Cologne: Museum Ludwig, 1991.

Mayer, Hans. *Der Zeitgenosse Walter Benjamin*. Frankfurt a.M.: Jüdischer Verlag, 1992.

McCormick, Peter J. *Modernity, Aesthetics, and the Bounds of Art*. Ithaca: Cornell University Press, 1990.

Menninghaus, Winfried. *Schwellenkunde: Walter Benjamins Passage des Mythos*. Frankfurt a.M.: Suhrkamp, 1986.

Michelet, Jules. *Cours au Collège de France*. 2 vols. Paris: Gallimard, 1995.

La Mode, l'invention. Change, 4. Paris: Seuil, 1969.

Mondor, Henri. *Vie de Mallarmé*. Paris: Gallimard, 1941.

Müller, Horst. *Lebensphilosophie und Religion bei Georg Simmel*. Berlin: Duncker & Humblot, 1960.

Naville, Pierre. *La Révolution et les intellectuels*. New ed. Paris: Gallimard, 1975.

Nectoux, Jean-Michel. *Mallarmé: Un Clair Regard dans les ténèbres: Peinture, musique, poésie*. Paris: Biro, 1998.

Newmark, Kevin, ed. *Phantom Proxies: Symbolism and the Rhetoric of History*. Special issue of *Yale French Studies,* no. 74 (1988).

Oehler, Dolf. *Pariser Bilder I (1830–1848): Antibourgeoise Ästhetik bei Baudelaire, Daumier und Heine*. Frankfurt a.M.: Suhrkamp, 1979.

Papetti, Yolande, Françoise Valier, Bernard de Freminville, and Serge Tisseron. *La Passion des étoffes chez un neuro-psychiatre: Gaëtan Gatian de Clérambault (1872–1934)*. Paris: Solin, 1990.

Perrault, Charles. *Parallèle des anciens et des modernes. En ce qui regarde les arts et les sciences*. Intros. H.-R. Jauß and M. Imdahl. Munich: Eidos, 1964.

Perrot, Philippe. *Fashioning the Bourgeoisie: A History of Clothing in the Nineteenth Century.* Trans. R. Bienvenu. Princeton: Princeton University Press, 1994.

Perrot, Philippe. *Le Luxe: Une Richesse entre faste et confort, XVIIIe–XIXe siècles.* Paris: Seuil, 1995.

Peyré, Yves, ed. *Mallarmé 1842–1898: Un Destin d'écriture.* Paris: Gallimard/Réunion des Musées Nationaux, 1998.

Pichois, Claude. *Littérature et progrès: Vitesse et vision du monde.* Neuchâtel: La Baconnière, 1973.

Pippin, Robert B. *Modernism as a Philosophical Problem.* 2d ed. Oxford: Blackwell, 1999.

Poschardt, Ulf. *Anpassen.* Munich: Rogner & Bernhard, 1998.

Rammstedt, Otthein, ed. *Simmel und die frühen Soziologen. Nähe und Distanz zu Durkheim, Tönnies und Max Weber.* Frankfurt a.M.: Suhrkamp, 1988.

Raphael, Max. *Proudhon Marx Picasso: Three Essays in Marxist Asthetics.* Trans. I. Marcuse. London: Lawrence & Wishart, 1980.

Raphael, Max. *Theorie des geistigen Schaffens auf marxistischer Grundlage.* Frankfurt a.M.: Fischer, 1974.

Ray, Man. *Self Portrait.* Reprint, New York: Graphic Society, 1988.

Rigaut, Jacques. *Écrits.* Paris: Gallimard, 1970.

Roubaud, Jacques. *Au pays des mannequins.* Paris: Éditions de France, 1928.

Salzinger, Helmut. *Swinging Benjamin.* Rev. ed. Hamburg: Kellner, 1990.

Sanouillet, Michel. *Dada à Paris.* Paris: Pauvert, 1965.

Sanouillet, Michel, ed. *Francis Picabia et "391."* 2 vols. Paris: Belfond/Losfeld, 1960, 1966.

原书参考文献

Sayer, Derek. *Capitalism and Modernity: An Excursus on Marx and Weber.* London: Routledge, 1991.

Schmidt, Alfred. *History and Structure: An Essay on Hegelian-Marxist and Structuralist Theories on History.* Trans. J. Herf. Cambridge, Mass.: MIT Press, 1981.

The Second Empire: Art in France under Napoleon III. Exhib. cat. Philadelphia: Philadelphia Museum of Art, 1978.

Simmel, Georg. *Gesamtausgabe.* Ed. O. Rammstedt. 16 vols. to date. Frankfurt a.M.: Suhrkamp, 1989–.

Smith, Gary, ed. *On Walter Benjamin: Critical Essays and Recollections.* Cambridge, Mass.: MIT Press, 1988.

Snell, Robert. *Théophile Gautier.* Oxford: Clarendon, 1982.

Sombart, Werner. *Liebe, Luxus und Kapitalismus: Über die Enstehung der modernen Welt aus dem Geist der Verschwendung.* 2d ed. Berlin: Wagenbach, 1992.

Steele, Valerie. *Paris Fashion: A Cultural History.* New York: Oxford University Press, 1988.

Stern, Radu. *Gegen den Strich/À contre-courant. Kleider von Künstlern/Vêtements d'artistes 1900–1940.* Berne: Benteli, 1992.

Tarde, Gabriel. *Les Lois de l'imitation.* Paris: Alcan, 1890.

Tzara, Tristan. *Œuvres complètes.* 6 vols. Paris: Flammarion, 1975–1985.

Vaché, Jacques. *Quarante-trois lettres de guerre à Jeanne Derrien.* Ed. Georges Sebbag. Paris: Place, 1991.

Vaché, Jacques. *Soixante-dix-neuf lettres de guerre.* Ed. Georges Sebbag. Paris: Place, 1989.

Varnier, Henriette, with Guy P. Palmade. *La Mode et ses métiers: Frivolités et luttes des classes 1830–1870.* Paris: Colin, 1960.

Vinken, Barbara. *Mode nach der Mode: Kleid und Geist am Ende des 20. Jahrhunderts.* Frankfurt a.M.: Fischer, 1993.

Virmaux, Alain, and Odette Virmaux. *Cravan, Vaché, Rigaut.* Mortemart: Rougerie, 1982.

Weber, Max. *The Protestant Ethic and the Spirit of Capitalism.* Trans. T. Parsons. London: Allen & Unwin, 1976.

Weidmann, Heiner. *Flanerie, Sammlung, Spiel: Die Erinnerung des 19. Jahrhunderts bei Walter Benjamin.* Munich: Fink, 1992.

Wellmer, Albrecht. *Endgames: The Irreconcilable Nature of Modernity.* Trans. D. Midgley. Cambridge, Mass.: MIT Press, 1998.

Wigley, Mark. *White Walls, Designer Dresses: The Fashioning of Modern Architecture.* Cambridge, Mass.: MIT Press, 1996.

Williams, Rosalind H. *Dream Worlds: Mass Consumption in Late Nineteenth-Century France.* Berkeley: University of California Press, 1982.

Wilson, Elizabeth. *Adorned in Dreams: Fashion and Modernity.* Berkeley: University of California Press, 1987.

Wißmann, H., ed. *Walter Benjamin et Paris.* Paris: Cerf, 1986.

图书在版编目（CIP）数据

虎跃：现代性中的时尚 /（德）乌尔里希·莱曼
（Ulrich Lehmann）著；李思达译. -- 重庆：重庆大学
出版社，2024.7
（万花筒）
书名原文：Tigersprung: Fashion in Modernity
ISBN 978-7-5689-4253-9

Ⅰ.①虎… Ⅱ.①乌… ②李… Ⅲ.①服饰文化—研
究 Ⅳ.①TS941.12

中国国家版本馆CIP数据核字(2024)第007832号

虎跃：现代性中的时尚

HUYUE: XIANDAIXING ZHONG DE SHISHANG

[德] 乌尔里希·莱曼（Ulrich Lehmann）—— 著
李思达 —— 译

策划编辑：张　维
责任编辑：鲁　静
责任校对：关德强
书籍设计：崔晓晋
责任印制：张　策

重庆大学出版社出版发行
出版人：陈晓阳
社址：（401331）重庆市沙坪坝区大学城西路 21 号
网址：http://www.cqup.com.cn
印刷：天津裕同印刷有限公司

开本：720mm×1020mm　1/16　印张：34.25　字数：477 千
2024 年 7 月第 1 版　　2024 年 7 月第 1 次印刷
ISBN 978-7-5689-4253-9　定价：169.00 元

Tigersprung : fashion in modernity by Ulrich Lehmann©2000
Massachusetts Institute of Technology

版贸核渝字 （2022）第 007 号